Werner Franke (Hrsg.)

Prüfung von Papier, Pappe, Zellstoff und Holzstoff

Band 3 · Physikalisch-technologische Prüfung der Papierfaserstoffe

Herausgegeben von Werner Franke

Mit 110 Abbildungen

Springer-Verlag
Berlin Heidelberg New York
London Paris Tokyo
Hong Kong Barcelona Budapest

Prof. Dr.-Ing. Werner Franke

BAM − Bundesanstalt für Materialforschung und -prüfung
Unter den Eichen 87
12203 Berlin

Prof. Dr. rer. nat. Otmar Töppel

Schwaiger Weg 10
83026 Rosenheim

„Prüfung von Papier, Pappe, Zellstoff und Holzstoff" ist das Folgewerk des zuletzt 1953 von R. Korn und F. Burgstaller herausgegebenen „Handbuch für die Werkstoffprüfung" Band IV, Papier- und Zellstoffprüfung.

ISBN 978-3-642-51108-0

Die Deutsche Bibliothek − CIP-Einheitsaufnahme
Prüfung von Papier, Pappe, Zellstoff und Holzstoff / Werner Franke (Hrsg.). − Berlin; Heidelberg; New York; London; Paris; Tokyo; Hong Kong; Barcelona; Budapest: Springer. NE: Franke, Werner [Hrsg.]
Bd. 3. Töppel, Otmar: Physikalisch-technologische Prüfung der Papierfaserstoffe. − 1993
   ISBN 978-3-642-51108-0   ISBN 978-3-642-51107-3 (eBook)
   DOI 10.1007/978-3-642-51107-3

Satz: K+V Fotosatz, Beerfelden;
68/3020-5 4 3 2 1 0 − Gedruckt auf säurefreiem Papier

Otmar Töppel, Prof. Dr. rer. nat.
Schwaiger Weg 10
83026 Rosenheim

Vorwort

Das mehrbändige Gesamtwerk „Prüfung von Papier, Pappe, Zellstoff und Holzstoff" ist als das Nachfolgewerk des Bandes IV des Handbuches für Werkstoffprüfung „Papier- und Zellstoffprüfung" konzipiert, das zuletzt im Jahre 1953 unter der Herausgeber- und Autorenschaft von Prof. Dr.-Ing. R. Korn und Dr.-Ing. F. Burgstaller erschienen ist; der Autor und Herausgeber der 1. Auflage des Handbuches „Papierprüfung" im Jahre 1888 war Prof. Dr. Herzberg, ihr folgten insgesamt sieben weitere aktualisierte Auflagen.

Seit der Herausgabe dieses Handbuches hat die Produktion an Papierfaserstofferzeugnissen weltweit beachtlich zugenommen, und die Produktpalette hat eine große Erweiterung erfahren. Neue Einsatzgebiete dieser Erzeugnisse initiierten neue und weitergehende Anforderungen hinsichtlich verschiedener neuer bzw. veränderter Eigenschaften, die durch die Anwendung modifizierter Faserstoffe und durch den Einsatz einer erweiterten Palette von verschiedenen Hilfsstoffen und Veredelungsmitteln ermöglicht werden.

Dadurch entstand das Erfordernis für die Entwicklung neuer oder auch verbesserter Prüfmethoden zur Ermittlung der Werkstoffeigenschaften. So haben seit der letzten Ausgabe einerseits bestehende Prüfverfahren zahlreiche Änderungen erfahren und andererseits hat ihre Anzahl beträchtlich zugenommen.

Eine Neuausgabe des Handbuches für Werkstoffprüfung auf diesem Materialbereich wurde daher dringend erforderlich. Die große Anzahl bestehender, sehr unterschiedlicher Prüfverfahren (chemische, mikrobiologische, mikroskopische, physikalische und technologische Methoden) führte zu einer Aufteilung des Gesamtwerkes in mehrere Bände, die zeitlich versetzt aufeinanderfolgend erscheinen werden.

Die so kurz wie möglich gefaßten Ausführungen sollen sowohl dem praktisch Prüfenden als auch dem wissenschaftlich Tätigen ausreichende Informationen vermitteln.

Zur Begrenzung der Ausführungen im Rahmen des vorgegebenen Umfanges wird nur über in der Praxis angewendete Verfahren berichtet, die nationale und oft auch internationale Anerkenntnis gewonnen haben; so finden sowohl genormte als auch nicht genormte Prüfverfahren aus dem Werkstoffbereich Papier, Karton, Pappe und den dafür verwendeten Faserstoffen und Hilfsstoffen Erwähnung.

Mit Hilfe der zitierten Fachliteratur wird dem Leser die Möglichkeit vermittelt, sich je nach Interessenlage mit speziellen Themen ausführlicher zu befassen.

Wenn auch die jeweiligen Ausführungen, wegen des vorgegebenen Umfanges in Anbetracht der Fülle des publizierten Wissens auf diesem Fachgebiet, nicht den Anspruch auf absolute Vollständigkeit erheben können, so hoffen die Herausgeber und

Autoren jedoch, daß die Nutzer dieses Werkes trotzdem ausreichende, aktuelle Informationen erhalten, die zur Beantwortung einschlägiger Fragen hilfreich und für die Fachwelt von besonderem Interesse sind.

Allen Mitwirkenden an dieser gemeinsamen Aufgabe sei für ihr persönliches Engagement und ihre gewissenhafte Tätigkeit gedankt; dies waren wesentliche Voraussetzungen für die Herausgabe dieses Werkes in der vorliegenden Ausführung.

Abschließend sei zugleich den vorausgegangenen Generationen von Herausgebern und Autoren gedankt, die durch ihr allgemein anerkanntes Wirken die Voraussetzungen für die Kontinuität der Herausgabe dieses Handbuches hinsichtlich der verschiedenen Auflagen geschafft haben.

Berlin, Frühjahr 1993   Werner Franke

Vorwort zu Band 3

Spezielle natürliche Faserstoffe sind die wesentlichsten Bauelemente von Papieren und Pappen; sie werden durch besondere Aufschlußverfahren aus dafür ausgewählten Pflanzen gewonnen.

Die vielfältigen unterschiedlichen Eigenschaften, der aus ihnen hergestellten Papiere verschiedener Qualität hängen vorzugsweise von der pflanzlichen Herkunft dieser Faserstoffe, von ihrer Morphologie, von der zum Aufschluß verwendeten Technologie und von den an ihnen vorgenommenen Veredelungsprozessen ab.

Dem Sachverstand des Papierherstellers ist es anheim gestellt, zur Erzielung der jeweils gewünschten Papiereigenschaften eine geeignete Auswahl an Faserstoffen einzusetzen, wofür auch wirtschaftliche Erwägungen erforderlich sind.

Mit den Fortschritten in der Technologie der Papiererzeugung wurden zahlreiche physikalisch-technologische Beurteilungsverfahren für die Ermittlung der interessierenden Eigenschaften von Faserstoffen für die Papierherstellung entwickelt und in der Praxis eingesetzt. Anhand der mit ihnen gewonnenen Kennwerte für spezielle natürliche Faserstoffe ist es dem Papierhersteller möglich, für das jeweilige Erzeugnis die erforderliche Auswahl an Faserstoffen und deren Mischungen zu treffen und diese wirtschaftlich für die Produktion einzusetzen.

In diesem Band werden die in der Praxis eingeführten physikalisch-technologischen Prüfmethoden zur Eignungsbeurteilung der am häufigsten für die Papierherstellung verwendeten Faserstoffe zusammengefaßt und vergleichend vorgestellt. Außer dem Holzschliff werden auch die verschiedenen Holzstoffqualitäten erwähnt.

Da der Wiederverwendung von verschiedenen Faserstoffqualitäten, die aus Altpapier gewonnen werden, in zunehmendem Maße wirtschaftliche Bedeutung für die Papierherstellung beizumessen ist, wurden auch die zur Bewertung solcher Faserstoffe bisher empfohlenen Prüfmethoden neu in diesen Band der Handbuchreihe aufgenommen; hierbei wird auch auf die Möglichkeit der Beurteilung der Entfärbbarkeit dieser Faserstoffe (Deinking) eingegangen.

Der besondere Dank gilt dem alleinigen Autor der Beiträge dieses Bandes, Herrn Prof. Dr. O. Töppel, der als allgemein anerkannter Fachmann die Mühen nicht scheute, um an diesem Gemeinschaftswerk der Handbuchreihe mitzuwirken und sein Wissen auf diesem Themenbereich dem Leser zugänglich zu machen.

Auch allen Mitarbeitern des Verlages sei für die engagierte, konstruktive und hilfreiche Zusammenarbeit bei der Fertigstellung dieses Bandes gedankt.

Wenn auch seit der letzten Auflage dieses Werkes umständehalber vier Jahrzehnte vergangen sind, hofft der Herausgeber trotzdem, daß die von Prof.

W. Herzberg im Jahre 1888 begründete und in mehreren aktualisierten Auflagen über den in der Fachwelt bekannten „Korn-Burgstaller" fortgeführten Tradition durch den vorliegenden Band III so fortsetzen zu können, daß auch diese neue Auflage allgemeines Interesse und Anerkenntnis als hilfreiches Handbuch bei den Benutzern findet.

Berlin, Juli 1993   Werner Franke

Inhalt

Einleitung 1

1 Prüfung von Zellstoff 3
1.1 Aufgabe, Prinzip, Zweck und Stand der Prüftechnik 3
1.2 Begriffe 4
1.3 Probenahme und Lagern von Proben 5
   1.3.1 Probenahme 5
   1.3.2 Lagerung von Proben 5
   1.3.3 Trocknungseinfluß 5
   1.3.4 Bestimmung von Schmutz und Splittern am Zellstoffbogen . . 8
1.4 Probenvorbereitung 8
   1.4.1 Zerkleinerung 8
   1.4.2 Vorquellung 9
   1.4.3 Bestimmung des Trockengehaltes 9
   1.4.4 Aufschlagen 10
1.5 Formcharakter von Zellstoff 15
   1.5.1 Allgemeines 15
   1.5.2 Fraktionierung durch Siebanalyse 15
   1.5.3 Messung der Faserlänge durch Projektion 18
   1.5.4 Messung der Faserfeinheit (Coarseness), massenbezogene
       Faserlängeneinheit in mg/100 m 18
   1.5.5 Opto-elektronische Messung und akusto-elektronische
       Messung von Faserlänge und Faserbreite 19
1.6 Labormahlung 19
   1.6.1 Allgemeines 19
   1.6.2 Jokro-Mühle 22
   1.6.3 Valley-Holländer 22
   1.6.4 Lampén-Mühle 24
   1.6.5 PFI-Mühle 25
   1.6.6 Laborrefiner-Mahlung 26
1.7 Egalisierung und Mengenverteilung 34
1.8 Entwässerungsverhalten 34
   1.8.1 Allgemeines und Prinzipien 34
   1.8.2 Entwässerungsprüfverfahren 35
   1.8.3 Entwässerungsdauer mit Blattbildungsgeräten 38
   1.8.4 Anwendungen 39

1.8.5   Wasserrückhaltevermögen 39
1.8.6   Anwendung 41
1.9   Laborblattbildung 42
1.9.1   Allgemeines 42
1.9.2   Rapid-Köthen-Blattbildner 43
1.9.3   Konventioneller Blattbildner 45
1.9.4   Vergleich der beiden Blattbildungsverfahren 45
1.9.5   Vergleich der Laborblatteigenschaften 48
1.9.6   Laborblattherstellung für optische Untersuchungen 50
1.9.7   Dynamische Blattbildner 50
1.10   Prüfung der Laborblätter 52
1.10.1   Klimatisierung 52
1.10.2   Flächenmasse 53
1.10.3   Dicke und Rohdichte 53
1.10.4   Aufteilung der Laborblätter 53
1.10.5   Trockengehalt 53
1.10.6   Bruchkraft, Bruchdehnung, Reißlänge 54
1.10.7   Weiterreißarbeit nach Brecht-Imset 54
1.10.8   Berstfestigkeit 54
1.10.9   Falzwiderstand 54
1.10.10   Bestimmung optischer Eigenschaften 55
1.10.11   Bestimmung der Reinheit 55
1.11   Bestimmung der Eigenfestigkeit von Zellstoffasern 55
1.12   Darstellung und Auswertung der Ergebnisse 66

2 Prüfung von Holzstoff 67
2.1   Aufgabe, Zweck und Stand der Prüfung von Holzstoff 67
2.2   Begriffe 69
2.3   Probenahme 74
2.4   Probenvorbereitung 75
2.4.1   Trockengehaltsbestimmung 75
2.4.2   Aufschlagen 75
2.4.3   Stoffdichtebestimmung 77
2.5   Formcharakter von Holzstoff 77
2.5.1   Visuelle Prüfungen 77
2.5.2   Formkennzeichnung von Holzstoffen 78
2.5.3   Entwässerungsverhalten 84
2.5.4   Initiale Naßfestigkeit 86
2.5.5   Formkennzeichnung durch das Wasserrückhaltevermögen . 88
2.5.6   Faserstoffzusammensetzung 88
2.6   Mahlung von Holzstoffen 89
2.7   Laborblattbildung 90
2.7.1   Allgemeines 90
2.7.2   Herstellung von Laborblättern 91
2.8   Prüfung der Laborblätter 91
2.8.1   Mechanische Eigenschaften 91

	2.8.2 Optische Eigenschaften	92
2.9	Bewertung von Holzstoffen, Zusammenhänge zwischen Formcharakter und technologischen Eigenschaften von Holzstoffen	95
	2.9.1 Grundlagen	95
	2.9.2 Standardbewertung von Holzstoffen	98
	2.9.3 Gütebewertung	100
	2.9.4 Erweiterte Untersuchungsmethoden für die Gütebeurteilung	101
	2.9.5 Bewertung von Holzstoffen für spezifische Verwendungszwecke	104
	2.9.6 Güteanforderungen an Holzstoffe zur Herstellung spezieller Papiersorten	115
	2.9.7 Zusammenfassung	121
2.10	Auswertung der Ergebnisse und Prüfbericht	123
3	**Prüfung von Altpapier**	**125**
3.1	Aufgabe, Zweck und Stand der Prüfung von Altpapier und Altpapierhalbstoffen	125
3.2	Begriffe	129
	3.2.1 Allgemeine Begriffe	129
	3.2.2 Altpapierbestandteile	130
	3.2.3 Altpapiersorten	131
	3.2.4 Kennzeichnung der papiertechnologischen Qualität von Altpapiersorten	132
3.3	Probenahme	133
	3.3.1 Probenahme aus Ballen	133
	3.3.2 Probenahme aus Schüttgut	136
3.4	Prüfung der Altpapierlieferungen auf stoffliche Zusammensetzung	137
	3.4.1 Allgemeines	137
	3.4.2 Bestimmung des Trockengewichts bzw. des Handelsgewichts von Altpapierlieferungen	138
	3.4.3 Faserausbeute	144
	3.4.4 Papierfremde Bestandteile (Unrat)	146
	3.4.5 Produktionsschädliche Papiere und Pappen (Ungehörigkeiten)	146
	3.4.6 Störstoffe	147
	3.4.7 Stoffzusammensetzung	158
3.5	Probenvorbereitung	158
	3.5.1 Allgemeines	158
	3.5.2 Trockengehaltsbestimmung	158
	3.5.3 Aufschlagen	158
	3.5.4 Stoffdichte	167
3.6	Formcharakter	168
	3.6.1 Allgemeines	168
	3.6.2 Reinheit	169

3.6.3 Stippen 169
3.6.4 Formkennzeichnung 169
3.6.5 Vergleich der Verfahren für die Untersuchung
von Altpapierstoff 170
3.6.6 Anwendungen und Ergebnisse 171

3.7 Deinkbarkeit 174
3.7.1 Allgemeines 174
3.7.2 Begriffe 174
3.7.3 Deinkbarkeit im Flotations-Deinkingverfahren 175
3.7.4 Deinkbarkeit im Wasch-Deinkingverfahren 181
3.7.5 Andere Deinking-Prüfverfahren 182
3.7.6 Bewertung des Deinkingprozesses 183

3.8 Mahlung 193
3.8.1 Allgemeines 193
3.8.2 Laborrefiner-Mahlung 193
3.8.3 Prüftechnische Möglichkeiten 194

3.9 Entwässerung 197
3.9.1 Allgemeines 197
3.9.2 WRV-Wert 198

3.10 Laborblattbildung 199
3.11 Prüfung der Laborblätter 200
3.12 Prüfbericht und Bewertung von Altpapierstoffen 200

4 Anhang 207
4.1 EN-Normen, die für die Prüfung von Halbstoffen herangezogen
werden können (Stand Januar 1993) 207
4.2 DIN-Normen, die für die Prüfung von Halbstoffen herangezogen
werden können 207
4.2.1 Probenahme, Probenvorbereitung,
Trockengehaltsbestimmung, Reinheit 207
4.2.2 Halbstoffprüfung 208
4.2.3 Prüfung von Laborblättern 208
4.2.3.1 Mechanische Prüfungen 208
4.2.3.2 Optische Prüfungen 209
4.3 ISO-Normen, die für die Prüfung von Halbstoffen herangezogen
werden können (Stand Dezember 1992) 210
4.3.1 Probenahme, Probenvorbereitung,
Trockengehaltsbestimmung, Reinheit 210
4.3.2 Halbstoffprüfungen 210
4.3.2.1 Aufschlagen, Mahlung, Stoffdichte,
Entwässerungsprüfung, Laborblattherstellung 210
4.3.2.2 Künstliche Alterung 211
4.3.3 Prüfung von Laborblättern 211
4.3.3.1 Mechanische Prüfung 211
4.3.3.3 Optische Prüfungen 212

4.4 Zellcheming-Merkblätter (ZM) für die Untersuchung
von Halbstoffen 212
4.5 SCAN-Regelwerke für die Untersuchung von Halbstoffen 213
4.5.1 Regelwerke für die Untersuchung von Zellstoffen 213
4.5.2 Regelwerke, die für die Untersuchung von Laborblättern
im Rahmen der Halbstoffprüfung anwendbar sind 214
4.5.3 Regelwerke für die Untersuchung von Halbstoffen 214
4.5.4 Regelwerke für die Untersuchung von Flockenstoff 215
4.5.5 Regelwerke genereller Methoden
für allgemeine Anwendungen 215
4.6 TAPPI-Regelwerke für die Untersuchung von Halbstoffen 215
4.6.1 TAPPI-Official, Provisional and Historical Test Methods ... 215
4.6.2 Useful Methods 217
4.7 ASTM-Regelwerke für die Untersuchung von Halbstoffen 218
4.8 APPITA Methods (Australian Standard AS 1301),
die für die Prüfung von Halbstoffen herangezogen werden können 218
4.9 PTS-Methoden, die für die Prüfung von Halbstoffen herangezogen
werden können 220

Literatur 221

Sachverzeichnis 249

Einleitung
Introduction

Die Untersuchung von Halbstoffen auf papiertechnologische Eigenschaften dient hauptsächlich den nachfolgend aufgeführten Zielrichtungen:

1. Produktkennzeichnung von Halbstoffen für Handelszwecke: Die Bedeutung liegt im handelstechnischen Bereich. Für diesen Bereich sind weitgehend nationale Regelwerke und aus der Harmonisierung dieses historisch gewachsenen Wissenschatzes teilweise internationale Normen geschaffen worden. Diese ISO- und neuerdings EN-Normen sind auf eine einheitliche Ausführbarkeit mit möglichst guter Präzision ausgerichtet, um eine allgemeine Wiederholbarkeit und Vergleichbarkeit zu sichern. Gleichzeitig wird angestrebt, die Anzahl der Prüfmethoden und der damit verbundenen Prüfgerätetypen zu vermindern. Der wirtschaftliche Zweck dieser Gruppe richtet sich auf die Erleichterung der Verständigung zwischen Handelspartnern und auf die Beseitigung von Handelshemmnissen.

2. Produktionskontrolle in Holzstoff-, Zellstoff-, Karton- und Pappenfabriken sowie in integrierten Fabriken: In dieser Gruppe überwiegt die produktionstechnische Bedeutung der Prüfverfahren und Prüfgeräte. Es gilt, hohe Anforderungen an die möglichst schnelle und reproduzierbare sowie jederzeit störungsfreie und zuverlässige Ausführbarkeit zu erfüllen. Es werden daher zunehmend Online-Meß- und Prüfverfahren angestrebt, um die Meßdaten möglichst in Echtzeit für die automatisierte rechnergeführte Prozeßsteuerung und Qualitätssicherung verwenden zu können. In vielen Fällen genügen für diese Zwecke Hausmethoden für den innerbetrieblichen Gebrauch, da Vergleichsmessungen in bezug auf einen vorgegebenen Standard ausreichen.

3. Wissenschaftliche und technologische Untersuchungen mit Untersuchungsverfahren für folgende Aufgaben:
- Untersuchung der Eignung von Holzarten und anderen Pflanzenarten für die Herstellung und Nutzung von Halbstoffen für die Papierfabrikation und Papieranwendung;
- Entwicklung von Verfahren und von Hilfsmitteln zur gezielten Verbesserung bestimmter Halbstoffeigenschaften, z. B. in bezug auf Verbesserung und Vergleichmäßigung der Blattbildung, initialen Naßfestigkeit, Trockenfestigkeit, Erhöhung der Entwässerungsfähigkeit, Retention für Feinstoffe und Füllstoffe und damit der optischen Eigenschaften einschließlich Bedruckbarkeit, Verdruckbarkeit und Gebrauchsfähigkeit;
- Hilfestellung bei der Erprobung von neuentwickelten Halbstoffproduktionsanlagen, Papiermaschinen, Ausrüstungsanlagen, Bespannungen oder Maschinen-

bauteilen von Refinern, Sortieranlagen und ähnlichen Einrichtungen, um durch Prüfverfahren eine Meßbasis für die erzielten Veränderungen der Halbstoffe zu gewinnen. Für derartige Aufgaben reichen meist auf den spezifischen Zweck ausgerichtete, schnell ausführbare Methoden oder auch neue maßgeschneiderte Meßverfahren oder Meßgeräte aus. Diese können mit dem Einzug einer neuen technologischen Entwicklung ein Ausgangspunkt für neue Prüfverfahren werden, die dann in die Gruppe 1 aufrücken, wie Beispiele aus der Vergangenheit zeigen.

Im folgenden wird ein Überblick über die in Gruppe 1 einzuordnenden Prüfverfahren und Prüfgeräte gegeben, die die größte Bedeutung haben und dem Stand der gegenwärtigen Prüftechnik entsprechen. Er wird ergänzt durch die Besprechung von Veröffentlichungen über Prüfverfahren, Prüfgeräte, Prüf- und Untersuchungsergebnisse. Diese Veröffentlichungen dienen der allgemeinen Weiterentwicklung und liefern Beispiele für Hilfestellungen bei den in Gruppe 2 und 3 zusammengefaßten Aufgaben.

Das Prinzip der Halbstoffprüfung besteht in der Durchführung folgender Arbeitsschritte:

1. Probenahme und Lagern der Proben,
2. Untersuchungen des Halbstoffs (z. B. Zellstoffbogen) in der Lieferform (z. B. Schmutz, Splitter, Kunststoffteilchen),
3. Probenvorbereitung:
   - Vorzerkleinern und Quellen des Zellstoffs,
   - Zerfasern und Aufschlagen,
4. Mahlen,
5. Egalisieren und Mengenverteilung des Mahlguts,
6. Prüfung des Entwässerungsverhaltens des Mahlguts,
7. Laborblattherstellung,
8. Klimatisieren der Laborblätter,
9. Teilen der Laborblätter,
10. Untersuchung der Laborblätter,
11. Auswertung und Darstellung der Ergebnisse.

Die Halbstoffe werden entsprechend ihrer bisherigen Einteilung und ihrer Bedeutung besprochen. Dabei kommt zum Tragen, daß eine große Anzahl von Prüfmethoden und Geräten für die Prüfung von Zellstoffen entwickelt und daß diese Methoden später auf die Prüfung von Holzstoff und Altpapierstoff sinngemäß übertragen wurden. Die folgenden Ausführungen erstrecken sich auf:

1. Prüfung von Zellstoff,
2. Prüfung von Holzstoff,
3. Prüfung von Altpapierstoff.

1 Prüfung von Zellstoff
Testing of chemical pulp

1.1 Aufgabe, Prinzip, Zweck und Stand der Prüftechnik
Scope, principles, purpose, and current status
of testing chemical pulp

Bei der physikalisch-technologischen Prüfung von Zellstoff werden die Fähigkeit des zu untersuchenden Zellstoffs zur Papierherstellung [1.1] allgemein und die potentiell erreichbaren Papiereigenschaften [1.2] bestimmt. Das Prinzip der Prüfung besteht im Versuch einer möglichst weitgehenden Simulierung aller Verfahren bzw. Behandlungen, die der Zellstoff bei der Papierherstellung von der Anlieferung über Auflösen, Mahlen, Blattbildung, Naßpressen bis zur Trocknung und Ausrüstung zu durchlaufen hat. Der Stand der Prüftechnik [1.3] ist durch die historische Entwicklung der Zellstoff- und Papierindustrie sowie der papierverarbeitenden Industrie seit etwa 100 Jahren vorgeprägt. Zuerst entstanden Hausmethoden für die Betriebskontrolle. Ab Beginn des 20. Jahrhunderts setzten vereinzelt Vereinheitlichungsbestrebungen ein, die sich von den 20er Jahren an auf die internationale Zusammenarbeit für Prüfentwicklungen ausweiteten. 1961 begann für die Zellstoffprüfung die Normungsarbeit in der ISO [1.3] und 1990 die in CEN.

Die Aufgaben dieser internationalen Normungsorganisationen bestehen vor allem darin, die zahlreichen national gewachsenen Prüfverfahren [1.4] und die damit meist verknüpften konventionellen Prüfgeräte zu harmonisieren, um für handelstechnische Zwecke die Verständigung zwischen Handelspartnern zu erleichtern und um Handelshemmnisse zu beseitigen.

Darüber hinaus gilt es, neue Prüfverfahren, die aus technischen und/oder wirtschaftlichen Gründen benötigt werden, bereits im Entwicklungsstadium in die internationale Normungsarbeit einzubringen. Damit sollen Parallelentwicklungen wie in der Vergangenheit vermieden werden, die häufig zu unterschiedlichen Ergebnissen und damit nachträglich zu Verständigungsschwierigkeiten führten.

Bei der Betrachtung des Standes der Prüftechnik ist zu berücksichtigen, daß zahlreiche ältere Prüfverfahren und Prüfgeräte unterschiedlicher Art für gleiche Prüfaufgaben bislang unverzichtbar sind. Diese stellen das gewachsene und durch langjährige Erfahrungen erprobte und festliegende Verständigungsinstrument in der Kette von Herstellern über Verarbeiter gegebenenfalls bis zu Endverbrauchern dar. Für neue prüfmethodische Entwicklungen ist zu bedenken, daß Absolutmessungen im Aufgabenbereich nur in Einzelfällen möglich sind. Meist sind Prüfmethoden und Prüfgeräte konventionell festzulegen.

Das Ziel der internationalen Normungsarbeit [1.3, 1.4] auf diesem Gebiet ist daher darauf gerichtet, möglichst nur Prüfprinzipien festzulegen, die es ermöglichen, unabhängig von Prüfgerätetypen oder zumindest Prüfgerätebauarten zu wiederholbaren und vergleichbaren Ergebnissen zu kommen. Es ist verständlich, daß diese Arbeit noch viele Jahre in Anspruch nehmen und sich auf Prüfaufgaben handelstechnischer Art konzentrieren wird, die bei Bedarf die Grundlage für Gütebestimmungen bilden können.

Die folgenden Darstellungen gehen daher über den Rahmen genormter Prüfverfahren hinaus und erfassen auch Prüfverfahren für allgemeine Zwecke in der Produktionspraxis sowie in Einzelfällen für Forschungs- und Entwicklungsaufgaben.

Diese sind unverzichtbar als Quelle für die Entwicklung verbesserter, routinemäßig anwendbarer Prüfverfahren und Prüfgeräte für die Zukunft.

1.2 Begriffe
Definitions

Für die Untersuchung von Zellstoffen, inbesondere für Handelszwecke, gibt eine genaue Sortenbezeichnung einen Hinweis auf das zu erwartende Eigenschaftsprofil in bezug auf Verwendungsmöglichkeiten. Folgende Merkmale sind in dieser Beziehung wichtig, und eine Angabe im Prüfbericht ist empfehlenswert:

1. Faserrohstoff

a) Holzart [1.5 – 1.7]: Nadelholz, z. B. Kiefer, Fichte [1.7a], Radiatakiefer; Laubholz, z. B. Pappel [1.7b, 1.7c], Buche, Birke, Eukalyptus, tropische Laubhölzer [1.8]; Mischholz; z. B. Mischungen aus verschiedenen Laubholzarten;
b) nicht verholzende Pflanzen [1.9]: landwirtschaftliche Abfälle, z. B. Bagasse, Strohsorten [1.10, 1.11]; einjährige und ähnliche Pflanzen: z. B. Gräser, Esparto, Bambus, Schilf u. a.; Flughaare: z. B. Baumwolle, Linters u. a. [1.11a]
c) künstliche Faserrohstoffe anorganischer Art, z. B. Glasfasern [1.12]; organischer Art, z. B. Synthesepulp [1.13]

2. Herkunft

Wuchsgebiet, z. B. Skandinavien, Südstaaten der USA, Tropen

3. Aufschlußverfahren [1.14, 1.15]

a) in wäßriger oder Dampfphase
  - alkalische Aufschlußverfahren: Sulfatzellstoff, Natronzellstoff, alkalischer Sulfitzellstoff, Anthrachinon-Sulfitzellstoff u. a.;
  - neutrale Aufschlußverfahren: Neutralsulfitzellstoff und -halbzellstoff, Anthrachinon-Neutralsulfitzellstoff, Magnesiumsulfitzellstoff (Magnefitezellstoff);
  - saures Aufschlußverfahren mit überschüssigem Schwefeldioxid: Magnesium-, Calcium-, Ammoniumbisulfitzellstoff;

b) in nichtwäßriger Phase

Organosolv-Zellstoffe [1.16], ASAM-Zellstoffe, Acetosolvzellstoffe u. a.

4. Ausbeute

Hochausbeutezellstoffe, Halbzellstoffe, Zellstoffe

5. Verwendungszweck

Papierzellstoff, Chemiezellstoff, Edelzellstoff, Fotozellstoff und andere

6. Lieferform

a) Zustand: ungebleicht, gebleicht, veredelt;
b) Trockengehalt: feucht, halbtrocken, lufttrocken;
c) Versandform: Rollen, Ballen, Großballen (units), Flockenmasse (Fluff) [1.17], Verpackung;
d) Transport: per Schiff, Eisenbahn, Lastkraftwagen; Zwischenlager wegen evtl. Beeinträchtigung von Eigenschaften, Reinheit, Verschmutzung, biologischem Befall und/oder des Trockengehaltes (Handelsgewicht) bei Transport und Lagerung.

Eine vollständige Erfassung dieser Angaben vereinfacht die Diskussion von Prüfergebnissen, bei Bestellungen die Verständigung zwischen den Handelspartnern und erleichtert bei Reklamationen von Handelszellstofflieferungen die Bearbeitung und Klärung qualitätsbeeinflussender Sachverhalte.

1.3 Probenahme und Lagern von Proben
Sampling and storage of test samples

1.3.1 Probenahme
[ISO 7213, DIN ISO 7213]

Vor Beginn der Probenahme ist die Übereinstimmung der Lieferung mit den Bestellangaben und den Rechnungsangaben in bezug auf Liefermenge bzw. Handelsgewicht als wesentlichem Kostenfaktor sowie auf einwandfreie Beschaffenheit zu überprüfen. Bei Transport oder Zwischenlagerung eingetretene Schäden, Verschmutzungen oder sonstige wertmindernde Umstände sind sofort dem Lieferanten mitzuteilen.

Für die Probenahme von Zellstoff und Holzstoff für Prüfzwecke legt DIN ISO 7213 ein Verfahren zur Entnahme einer Sammelprobe für Prüfzwecke fest. Das Verfahren gilt nicht für die Bestimmung des Handelsgewichts von Zellstoff- oder Holzstoffsendungen. Hierzu ist für Prüfzwecke auf der Basis der Untersuchung von Einzelballen nach DIN 54371 (vgl. ZM IV/31, TAPPI UM 221) und von Ballenserien nach ISO 801 vorzugehen.

Das Prinzip von DIN ISO 7213 besteht in einer Zufallsentnahme von Einzelproben gleicher Menge aus einer Anzahl von Prüfballen bzw. Prüfrollen. Deren Anzahl n soll der Wurzel aus der Anzahl der gelieferten Ballen entsprechen, mindestens aber 10 und nicht mehr als 32 betragen, unabhängig von der Sendungsmenge. Im allgemeinen reichen Einzelproben von 100 g Masse aus.

Diese sind bei Ballen in Bogenform statistisch verteilt aus Stellen zu entnehmen, die mindestens 5 cm von den oberen und unteren Seiten und mindestens 7 bis 8 cm von den Rändern entfernt sind.

Bei Großballen sind nach ISO 901 Teil 3 die Probeballen aus den unteren und oberen Lagen der Großballen zu entnehmen. Bei Ballen aus flockengetrocknetem Zellstoff sind Einzelproben [ISO 801, Teil 2] z. B. von der Innenseite einer Plattenecke herauszubrechen. Bei Rollen sind die drei äußersten Lagen anzuheben, und aus den folgenden Lagen sind Einzelproben zu entnehmen, wobei die Kanten unberücksichtigt bleiben. Die Einzelproben sind zu einer Sammelprobe zu vereinigen, und aus dieser ist die Laborprobe zu erstellen. Bei Beginn der Probenahme für Schiedszwecke muß mindestens die Hälfte des Lieferpostens vorhanden sein.

1.3.2 Lagerung von Proben
[ZM V/3]

Bei der Lagerung von Zellstoffproben können mechanische und optische Eigenschaften durch Einfluß von Luft, Licht und/oder Wärme nachteilig beeinträchtigt werden [TAPPI 452, 541].

Für Langzeit- oder Vergleichsversuche sind die dazu bestimmten Proben wärme-, licht- und strahlengeschützt am zweckmäßigsten bei 6 °C aufzubewahren [1.8, 1.9].

1.3.3 Trocknungseinfluß

Beim Trocknen von Zellstoffasern sind irreversible Veränderungen durch Verhornung und Abnahme der inneren Oberfläche sowie gegebenenfalls durch Oxidationseinflüsse unvermeidlich [1.20]. Ungebleichte Sulfitzellstoffe werden durch Wärmebehandlung im Gegensatz zu ungebleichten Sulfatzellstoffen schwerer aufschlagbar. Die Mahlkurven verändern sich bei beiden Zellstofftypen in gleicher Weise. Gebleichte Sulfatzellstoffe werden brüchig. Die Mahlentwicklung verläuft schneller als bei nicht wärmebehandelten Zellstoffen, ohne daß die gleich hohe Reißlänge erreicht wird. Der Abfall der Reißlänge äußert sich bei niederem Mahlgrad verhältnismäßig stärker als bei hohem Mahlgrad. Nasse Zellstoffe werden mehr als trockene und ungebleichte mehr als gebleichte Zellstoffe geschädigt [1.21]. Bis zu einer Temperatur von 20 °C treten bei Lagerung in Stickstoff- oder Luftatmosphäre keine wesentlichen Schädigungen durch Oxidation auf. Der Festigkeitsabfall der Proben ist in beiden Medien etwa gleich. Nach Behandlung bei 140 °C in oxidativer Atmosphäre ist der Abfall des Durchschnittspolymerisationsgrades und der Fortreißfestigkeit bei einer bestimmten Reißlänge ausgeprägter im Vergleich zu den unter Stickstoff gelagerten Proben.

Der Lichtstreukoeffizient bleibt praktisch unverändert. Der Weißgrad von gebleichten Sulfatzellstoffen wird bei Lagertemperaturen bis zu 100 °C bei Anwesenheit von Sauerstoff nicht beeinflußt. Bei Sulfitzellstoffen ist der Weißgradabfall bei Behandlung in oxidativer Atmosphäre wesentlich geringer als in einem inerten Medium infolge der Oxidation von Extraktstoffen.

Ein Zusammenhang zwischen Festigkeitseigenschaften und Durchschnittspolymerisationsgrad wurde für Proben mit einer Grenzviskositätszahl über 700 nachgewiesen. Unter dieser Grenze tritt ein stärkerer Festigkeitsverlust ein. Die mit der Wasserentfernung verbundenen Vorgänge laufen hauptsächlich in den hemicellulosehaltigen Faserwandschichten ab [1.22].

Bei Quellung getrockneter Fasern in Wasser werden die ursprünglichen Quellungszustände nicht wiederhergestellt. Bei ungemahlenem, gebleichtem Sulfitzellstoff fallen Reißlänge, Berstwiderstand und Falzzahl mit steigendem Trockengehalt stark ab, und die Opazität nimmt zu. Die Fortreißfestigkeit durchläuft bei 70% Trockengehalt ein Maximum. Die Unterschiede werden durch die Mahlung geringer. Der Mahlarbeitsbedarf ist bei trockenen Stoffen höher als bei initial feuchten Stoffen. Die kritische Temperaturgrenze zur Vermeidung von Festigkeitsverlusten wurde mit 70–75 °C angegeben.

Bei Hemicellulosen treten Depolymerisationserscheinungen bei Temperaturen oberhalb von 70 °C und bei Cellulose i. allg. ab etwa 110 °C auf.

Bei Untersuchungen in der Jokromühle mit Sulfatzellstoffen und je einem Natrium-bisulfitzellstoff hoher und niederer Ausbeute, die an der Luft bei 20/65 (20 °C und 65% rel. Luftfeuchtigkeit) und im Wärmeschrank bei 50 °C, 90 °C und 100 °C getrocknet wurden, zeigte sich, daß eine Warmbehandlung die Mahlung und die Festigkeitseigenschaften nachteilig beeinflussen kann [1.23]. Ein getrockneter Zellstoff erreicht bei der Mahlung nicht mehr die Werte eines intrinsisch feucht verarbeiteten Zellstoffs. Bei Sulfatzellstoff ließ sich die negative Auswirkung durch leichte Quellung in sehr verdünnter Natronlauge zum Teil wieder aufheben. Lösungsversuche mit EWNN wiesen auf irreversible Veränderungen (Synaerese) in der Zellstoffaserstruktur hin.

Aus anderen Untersuchungen [1.24] wurde geschlossen, daß durch Trocknung irreversible Wasserstoffbrückenbindungen gebildet werden, die eine Wiederaufquellung verhindern. Die Vorgänge spielen sich innerhalb der Zellwände ab. Die Festigkeit von Sulfatzellstoffen wurde mehr als die von Neutralsulfitzellstoffen durch Trocknung beeinflußt. Diese verändert auch die Zusammensetzung und den Gehalt von Extraktstoffen.

Die Hauptmenge an extrahierbarem Material wird durch Abbau von Polyosen gebildet [1.25].

Für Sulfitzellstoffe soll eine Alterung von 72 Stunden bei 100 °C einer Alterung von 6 Jahren unter normalen Bedingungen in etwa entsprechen. Die Änderungen der Festigkeitseigenschaften verlaufen bei natürlicher und künstlicher thermischer Alterung unterschiedlich [1.26].

Zusammenfassend ist festzustellen, daß die Vorgeschichte von Zellstoffen, mehr noch die von Holzstoffen (Kap. 2), die Festigkeitseigenschaften und die Mahlfähigkeit beeinflussen kann [1.26a].

1.3.4 Bestimmung von Schmutz und Splittern am Zellstoffbogen
[ISO 5350/1, DIN 54362/2, TAPPI T 213, TAPPI UM 215, 234]

Im Zusammenhang mit der Probenahme von Zellstoff in Pappenform aus Ballen oder Rollen kann eine Bestimmung von Schmutz und Splittern vorgenommen werden. Diese Methode hat im Vergleich zur Prüfung an Laborblättern den Vorteil, daß etwaige Veränderungen durch die Probenvorbereitung, das Aufschlagen und die Blattbildung ausgeschaltet werden, die die Abmessungen und die Anzahl der Schmutzpunkte verändern können. Das Prinzip besteht in der Zählung und Klassifizierung der im reflektierten Licht zu erkennenden Schmutzteilchen und Splitter in fünf Größenklassen. Die Methode stimmt mit den Prüfverfahren für Laborblätter und Papier überein.

Bei der Prüfung am Zellstoffbogen ist meist eine ungleichmäßige Verteilung der Schmutzpunkte zu beobachten. Die gesamte Probenfläche für die Untersuchung sollte mindestens 0,5 m^2 betragen. Der Gehalt an Schmutz und Splittern wird als Anzahl je Größenklasse pro Quadratmeter Zellstoffbogen bzw. pro Kilogramm Probe angegeben, gegebenenfalls getrennt für Schmutzteilchen und für Splitter [1.27 – 1.32]. Da die Genauigkeit derartiger Schmutz- und Splitterbestimmungen stark von der geprüften Fläche abhängt und andererseits die visuelle Untersuchung nicht frei von subjektiven Fehlern ist, gehen die Bestrebungen in Richtung auf instrumentelle, z. B. digitale bildanalytische Verfahren. Durch die bisher im Vergleich zu anderen Prüfgeräten verhältnismäßig hohen Kosten für derartige rechnergesteuerte Anlagen und durch Schwierigkeiten mit der Kalibrierung der Geräte einschließlich der Probenvorbereitung auf die bisher festgelegten Prüfprinzipien sind breitere Anwendungen und örtliche Verbreitungen bzw. auch eine Normung noch nicht zustande gekommen. Es ist jedoch ein großes Interesse an diesen Entwicklungen zwecks praktischer Verwendung festzustellen [vgl. 1.129].

1.4 Probenvorbereitung
Sample preparation
[ZM V/3]

Die Probenvorbereitung dient zur Aufbereitung der Laborproben für nachfolgende Prüfzwecke:

1.4.1 Zerkleinerung

a) Zellstoffe in Form getrockneter Pappen oder Flockenmassen mit einem Trockengehalt größer 88%: Die Pappen sind evtl. nach dem Spalten in Stücke von etwa 3 cm × 5 cm zu reißen, zu mischen und durch Auslegen im Klimaraum bei 23 °C/50% rel. Luftfeuchte zu konditionieren. Zur Aufbewahrung sind die Proben anschließend luft-, wasserdampf- und lichtdicht zu verpacken.

b) Zellstoffe in gleicher Form wie a), aber mit einem Trockengehalt von 88% würden beim Aushängen im Klimaraum trocknen. Derartiges Material ist daher besser wie unter a) angegeben, evtl. nach Zugabe von Konservierungsmittel (z. B. Formaldehyd), zu verpacken.

c) Zellstoffe in Suspension sind z. B. über Nutschen mit eingelegtem Filtrierpapier zur Verhinderung von Faserfeinstoffverlusten zu entwässern. Gegebenenfalls ist der Filterkuchen zwischen Filtrierpapier eingelegt abzupressen.

1.4.2 Vorquellung
[ZM V/3]

Die völlige Benetzung der Zellstoffasern in der Probe ist eine Voraussetzung für eine ohne wesentliche Faserschädigung durchzuführende Trennung der Faserverbände und Stippen in die Einzelfasern. Eine Quellung des Zellstoffs (vor und während der Mahlung) ist zur Erzielung einer möglichst hohen Gefügefestigkeit des aus dem Zellstoff herzustellenden Papiers erforderlich.

Als Quellmittel eignet sich am besten reines, weiches Wasser. Mit steigender Wasserhärte und/oder Wassertemperatur wird die Quellung herabgesetzt. Noch stärker quellungshemmend wirken Elektrolyte wie Aluminiumsulfat.

Im zeitlichen Verlauf nimmt die Quellung während der ersten 6 bis 10 Stunden stark zu. Eine zweistündige Quelldauer liegt im Gebiet des raschen Anstiegs, und Ergebnisse aus Parallelversuchen können streuen. Für trockene Zellstoffe wird ein Vorquellen über Nacht empfohlen. Klimatisierte Zellstoffe sollten mindestens zwei Stunden vor der Mahlung in Wasser eingelegt werden.

Ein hoher Hemicellulosengehalt und eine möglichst schonende Trocknung begünstigen den Quellungsverlauf.

Eine Mischprobe kann auch durch Auflösen größerer Mengen von Zellstoff unter Vermeidung jeglicher Mahlwirkung, vorzugsweise nach Einweichen der trockenen Proben in Wasser, in einem Pulper aufbereitet werden; aus der erhaltenen Mischung kann dann eine Laborprobe gezogen werden (s. Abschn. 1.3.1).

In Suspension vorliegender Zellstoff wird z. B. über eine Nutsche mit eingelegtem Filtrierpapier abgesaugt, um Faserfeinstoffverluste zu vermeiden. Der Filterkuchen wird zwischen Filtrierpapier liegend abgepreßt und bei Temperaturen nicht über 60 °C getrocknet. In gleicher Weise ist mit Einzelproben aus feuchten Rollen oder Ballen zu verfahren. Die lufttrockenen Proben werden wie oben angegeben weiterbehandelt.

1.4.3 Bestimmung des Trockengehaltes
[ISO 683, DIN 54362, TAPPI 210, TAPPI UM 237, ZM IV/42]

Der Trockengehalt in Gewichtsprozent einer Zellstoffprobe ist das Verhältnis von Trockengewicht zu Feuchtgewicht, d. h. der Zustand der Laborprobe bei Beginn der Prüfung. Das Trockengewicht erhält man durch Wiegen der bis zur Gewichtskonstanz bei (105 ± 2 °C) im Wärmeschrank getrockneten Probe. Die Probe in diesem Zustand wird als „ofentrocken" („otro") bezeichnet, da es i. allg. nicht möglich ist, Zellstoff oder Holzstoff in den absolut trockenen („atro") Zustand zu überführen. Dieser Ausdruck sollte daher nicht in der Prüftechnik verwendet werden.

Der Feuchtigkeitsgehalt einer Probe ergibt sich aus der Ergänzung des Trockengehaltes zu 100% Massenanteile.

1.4.4 Aufschlagen
[ISO 5263, DIN ISO 5263; SCAN C 18; TAPPI UM 252; ZM V/4]

Allgemeines

Zur Beurteilung der Zellstoffe im ungemahlenen Zustand (Unbeaten Test) ist ein Aufschlaggerät anzuwenden, das mechanische Beanspruchungen der Fasern und Folgeerscheinungen wie Faserkürzungen, Quetschungen und sonstige Deformationen vermeidet.

Der Test ist für den Einsatz von ungemahlenen Zellstoffen in der Papierfabrikation, z. B. für Zeitungsdruckpapier, von Interesse.

Zellstoffe, die im ungemahlenen Zustand gleiche Festigkeitswerte aufweisen, können durch unterschiedliches Mahlverhalten nach der Mahlung sehr verschiedene Festigkeitswerte besitzen. Die mit dieser Prüfmethode erhaltenen Werte sind daher meist nur als Nullpunkt bei Aufstellung einer Mahlkurve zu verwenden.

Prinzip

Die Aufschlaggeräte für Laborzwecke (sog. Desintegratoren) sind in bezug auf die konstruktiven Parameter, die das Aufschlagergebnis beeinflussen, international durch mehrere einheitliche nationale Regelwerke frühzeitig festgelegt worden, so daß die internationale Normung durch ISO TC 6 „Papier" auf keine wesentlichen Schwierigkeiten stieß.

Die Festlegungen betreffen die Abmessungen des Gerätes, Aufbau und Form des Stofflöserbehälters und des Rotors, die die Aufschlagwirkung beeinflussen. Die Prüfbedingungen sind empirisch für verschiedene Halbstoffarten festgelegt worden.

Für Untersuchungszwecke im Labor reicht häufig die Kapazität des genormten Aufschlaggerätes mit 24 g Probenmenge pro Charge nicht aus. Zur Deckung dieses Bedarfs dienen Labor-Stofflöser, auch Labor-Pulper genannt, die eine freie Wahl der Aufschlagbedingungen erlauben (s. Abschn. 4.4.4).

Standard-Aufschlaggerät (Desintegrator)
[ISO 5263, DIN ISO 5263, SCAN C 18; vgl. TAPPI UM 252, ZM V/4]

Das Gerät (Bild 1.1a) besteht aus einem 2 l Füllvolumen fassenden, runden Stoffbehälter aus rostfreiem Stahl mit Spiralrippen an der Innenwandung. Von oben wird ein dreiflügeliger Rührer eingebracht. Die Rührerdrehzahl beträgt $(2900 \pm 100 \text{ min}^{-1})$.

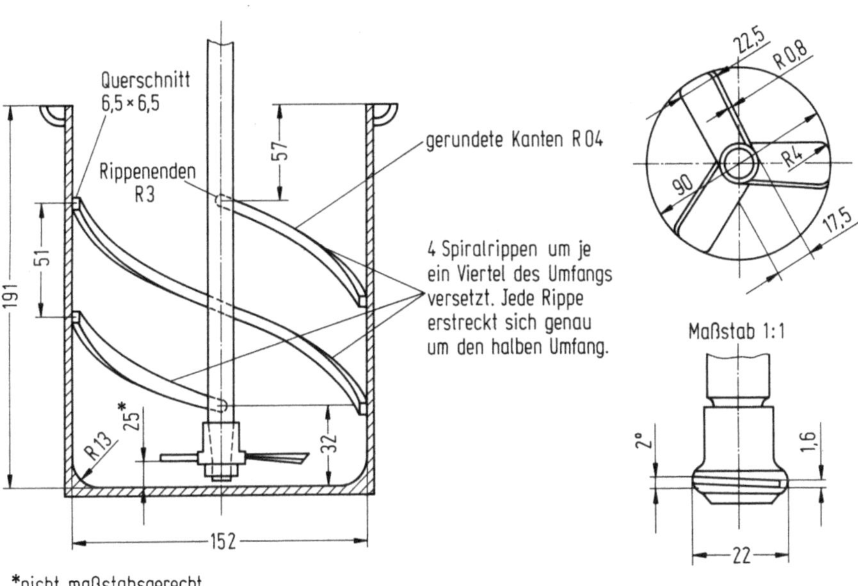

*nicht maßstabsgerecht

a

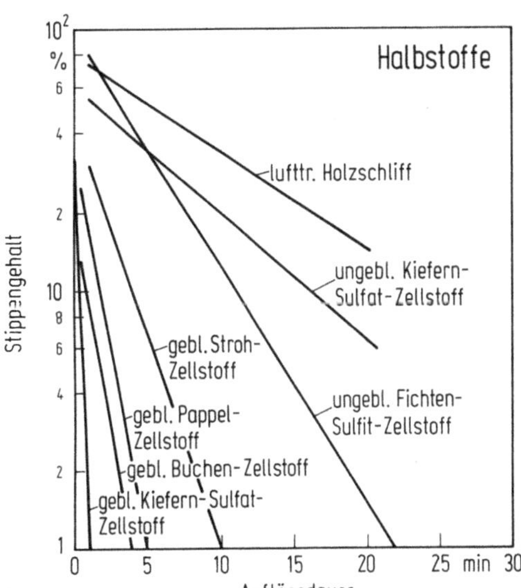

b

Bild 1.1 a – c. a Standard-Aufschlaggerät (Desintegrator) nach ISO 5263 (vgl. ZM V/4/761; **b** Auflösedauer für verschiedene Halbstoffarten zur Erreichung einer ausreichenden Entstippung, aus: [1.40]

Zur Versuchsdurchführung wird eine 24 g „otro" entsprechende Zellstoffmenge, die nach Abschn. 1.4.1 vorbereitet und auf ein Stoffsuspensionsvolumen von 2 l eingestellt wurde, in den Stoffbehälter eingebracht. Die Suspension wird je nach Halbstoffart mit einer vereinbarten Anzahl von Umdrehungen des Rührers aufgeschlagen, s. Tabelle 1.1. Die Suspension wird durch Nachspülen des Behälters mit

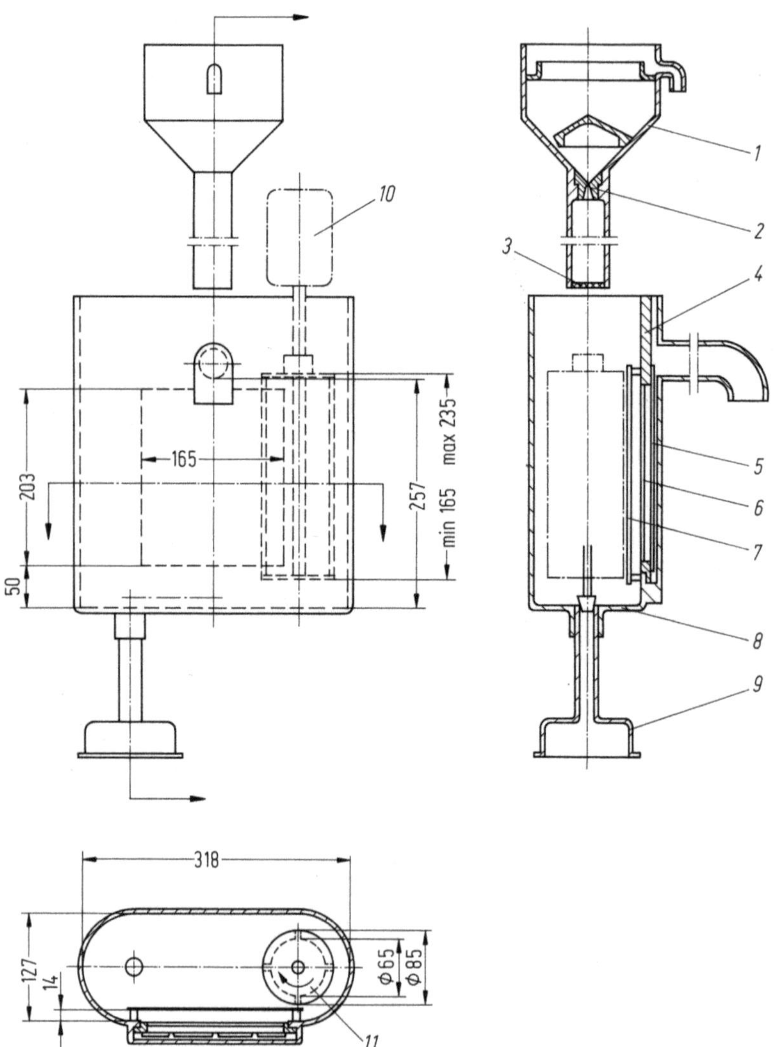

Bild 1.1c McNett-Klassiergerät nach SCAN M 6. *1* Trichter, *2* Auslauföffnung, *3* Siebplatte, *4* Rahmen, *5* Schlitzrahmen, *6* Siebbespannung, *7* Führungsplatte, *8* Behälter, *9* Absaugtasse, *10* Motor, *11* Rührer

Wasser zur Vermeidung von Stoffverlusten in ein größeres Gefäß zur Verdünnung auf 10 l übergeführt und für die weiteren Untersuchungen bereitgestellt.

Das Gerät wird auch für Entstippungsversuche eingesetzt, um die für eine bestimmte Entstippung erforderliche Aufschlagdauer [1.40] unter reproduzierbaren Bedingungen zu ermitteln. Im allgemeinen nimmt der Auflösungs- und Entstippungswiderstand mit geringer werdendem Ligningehalt im Halbstoff ab (Bild 1.1a).

Tabelle 1.1. Aufschlagbedingungen für Zellstoff nach ISO 5263

Halbstoffart	Probenmenge (g)	Quellzeit (h)	Aufschlagvolumen (ml)	Anzahl der Umdrehungen des Rührers
Zellstoff	24	4	2000	75000
Flockengetrock- neter Zellstoff	69	4	2700	30000

Falls entstippungsfördernde Prozeßvariable untersucht werden sollen, wie höhere Stoffdichte, Temperaturen, pH-Werte, Drehzahlen usw., kommen die nachfolgend beschriebenen Laborstofflöser in Betracht.

Laborstofflöser

Diese Geräte dienen der Aufbereitung größerer Mengen und/oder der Untersuchung von Aufschlagbedingungen wie Stoffdichte, Temperatur, Drehzahl, Aufschlagzeit, Wasserqualität, Zusätze von Hilfsmitteln und Bleichmitteln und ähnlichen Zwecken. Die Prinzipien werden stellvertretend für viele derartige Maschinen an folgenden Beispielen beschrieben, die sich z. B. auf Energieeinsparung durch Auflösen bei höherer Stoffdichte beziehen [1.33 – 1.39].

a) Laborstofflöser konventioneller Bauart

Das Gerät der Bauart Sulzer-Escher-Wyss (Ravensburg) [1.35] besteht aus einem zylindrischen Arbeitsbehälter mit 15 l Gesamtvolumen und konischem Boden mit angeflanschtem Flachschieber. Im zylindrischen Teil ist ein Rotor mit einem Durchmesser von 110 mm und drei gekrümmten Rippen angebracht. Die Motorleistung beträgt 2,2 kW und die Motordrehzahl 2800 min^{-1}. Die Rotorumfangsgeschwindigkeit wird mit 8,3 m/s angegeben. Das Fassungsvermögen beträgt 12,5 l Stoffsuspension einer Stoffdichte von 4 bis 6%. Dies entspricht einem Eintrag von 500 g Probe zur Erzielung einer 4%igen Stoffdichte.

b) Laborstofflöser Helico

Das Gerät der Fa. Lamort (Frankreich) [1.38, 1.39] besteht aus einem Stahlbehälter mit Deckel und einem schraubenwendelförmig ausgebildeten Rotor, der in mehrere Segmente unterteilt ist. Der Rotordurchmesser verjüngt sich von unten nach oben von 250 mm auf 110 mm. Das untere Rotorende trägt auf der Rotorwelle drei Greifer in einem Abstrand von etwa 5 mm zum Behälterboden. Damit soll die Mischwirkung gefördert werden. Die Rotorwelle wird über einen Keilriemen für Drehzahlen von etwa 630 min^{-1} von einem 2,2-kW-Motor angetrieben.

Der Stofflöser eignet sich für Stoffdichten von 8 bis 12%. Dies entspricht einem Probeneintrag bis etwa 3 kg.

c) Labor-Bi-Pulper [1.37]

Das Prinzip besteht in der Aufteilung der Funktionen des Stofflöserrades auf zwei unterschiedliche Rotoren. Ein im Boden des 100-l-Behälters angebrachter

Rotor erzeugt durch große Differenzgeschwindigkeiten zwischen Suspension und Laufwerk hohe Scherkräfte. Für den Stoffumtrieb im Behälter dient eine pendelnde, vertikal aufgehängte Wendel mit langsamlaufenden, doppelt konusförmigen, schneckenartigen Arbeitsorganen, die über den Flüssigkeitsspiegel im Behälter hinausragen.

Damit wird an der oberen Wendelspitze eine Lockerung und Vereinzelung der eingetragenen Proben und an der unteren Wendelspitze ein Druck auf den Bodenrotor ausgeübt. Das Gerät eignet sich für die praxissimulierte Stoffauflösung bei Stoffdichten von 10% bis 16%. Das Auflöseorgan wird mit 7,5 kW angetrieben. Die Drehzahl ist zwischen 225 bis 900 min^{-1} einstellbar. Die Wende wird mit 1,1 kW angetrieben, und die Drehzahl ist von 114 auf 228 min^{-1} umschaltbar.

Anwendungsbereiche

Die genannten Laborstofflöser eignen sich für die Auflösung von Zellstoff, Flockenstoff (Fluff), Holzstoff und Altpapier. Es können damit z. B. Auflösegeschwindigkeiten [1.40], Defibrierungsverhalten [1.41] auch von schwer auslösbaren Halbstoffen wie flockengetrocknetem Zellstoff oder Holzstoff [1.42] und, damit verbunden, Entstippungsversuche durchgeführt werden. Diese zielen auf die Ermittlung der optimalen Aufteilung der Entstippung zwischen Behandlung im Pulper und/oder in nachgeschalteten Entstippern im Produktionsbetrieb. Schließlich dienen derartige Geräte auch bei grundsätzlichen Versuchen zur Stoffaufbereitung im größeren Labormaßstab [1.33 – 1.42].

Bestimmung der Stoffdichte
[ISO 4119, DIN 54369, SCAN C 17, TAPPI T 246, ZM V/6]

Die Stoffdichte ist das Verhältnis einer abfiltrierten Menge aus einer Stoffsuspensionsprobe zur Masse der unfiltrierten Probe, angegeben in Gewichtsprozent (= Massenanteile in %).

Zur Durchführung der Bestimmung wird ein Rundfilter bekannter Trockenmasse in einen Büchner-Trichter von 9 – 15 cm Durchmesser eingelegt, der auf eine Saugfläche aufgesetzt ist. Die Probe wird, gegebenenfalls nach Verdünnung, mit einer Stoffdichte unter 1% unter Saugen abfiltriert. Wenn das Filtrat Fasern enthalten sollte, ist dieses auf das Filter zurückzugeben.

Das Rundfilter wird mit dem abfiltrierten Stoffkuchen aus dem Trichter herausgenommen, bis zur Gewichtssubstanz nach Abschn. 1.4.3 getrocknet und gewogen. Die Stoffdichte wird in Gew.% auf die zweite Dezimale angegeben.

Falls die Probe Füllstoffe oder andere Nicht-Faserstoffe enthalten sollte, sind diese Mengen von der Stoffdichte abzuziehen. Es empfiehlt sich, den auf den Faserstoff bezogenen Wert mit „Faserstoffdichte" zu bezeichnen, im Unterschied zum Begriff „Stoffdichte", der einen Summenparameter darstellen kann.

Zur Bestimmung der wahrscheinlichen volumetrischen Konzentration der Halbstoffasern wird in [1.4.3] eine Methode angegeben.

1.5 Formcharakter von Zellstoff
Structural character of chemical pulp
[vgl. ZM V/3]

1.5.1 Allgemeines

Unter dem Begriff Formcharakter von Halbstoffen sollen die wesentlichen geometrischen Abmessungen der Einzelfasern zusammengefaßt werden, wie Faserlänge, Faserlängenverteilung und Faserfeinheit als massenbezogene Faserlängeneinheit. Mechanische Eigenschaften von Laborblättern variieren mit der gewogenen durchschnittlichen Faserlänge L eines Zellstoffs unter den Voraussetzungen gleicher Faserfeinheiten und konstanter Laborblattbildungsbedingungen nach Clark [TAPPI 233] in folgender Weise:

Die Zugfestigkeit variiert mit $L^{0,5}$, die Berstfestigkeit mit L, der Weiterreißwiderstand mit $L^{1,5}$ und die Falzzahl mit L^5. Diese Beziehungen gelten unabhängig von der Gleichförmigkeit der Faserlängen. Die numerischen Werte der Exponenten nehmen mit der Mahlung des Zellstoffs ab.

Die Blattdichte wird wesentlich von L beeinflußt, falls die Fasern die gleiche Faserfeinheit besitzen. Die numerischen durchschnittlichen Faserlängen werden als weniger wichtig eingestuft [1.44].

Faserlänge und Faserlängenverteilung stellen die wohl wichtigsten stofflichen Parameter für die Ausbildung von Papiereigenschaften dar. Diese Parameter können durch die Mahlung beeinflußt werden. Es besteht daher für die Betriebskontrolle und für die Prozeßsteuerung der Mahlung ein großes Interesse an schnell ausführbaren Prüfmethoden [1.45–1.48].

Dazu ist zwischen direkten mikroskopischen Messungen (s. Bd. 2, Teil A) und technologischen Methoden [1.49–1.53] zu unterscheiden, die bisher wesentlich zeit- und arbeitsaufwendiger als indirekte Methoden (z. B. Siebfraktionierungen) sind. Diese erfassen zwar nicht direkt die Faserlänge, aber Siebfraktionsverteilungen, die den Formcharakter von Halbstoffen insbesondere für innerbetriebliche Zwecke ausreichend darstellen [1.54–1.56]. Über die Zuordnung von Siebfraktionen zu Faserlängen liegen für verschiedene Halbstoffarten Erfahrungen vor [1.57–1.60].

1.5.2 Fraktionierung durch Siebanalyse

Prinzip

Das Prinzip besteht in einer Siebanalyse hochverdünnter Faserstoffsuspensionen durch eine Reihe kaskadenförmig hintereinandergeschalteter Siebe zunehmender Feinheit. Die Prüfbedingungen und die Siebreihen sind empirisch festgelegt. Die einzelnen Siebfraktionen werden nach Abfiltrieren gravimetrisch bestimmt. Die Differenz aus der Probeneinwaage und der Summe der einzelnen Fraktionen ergibt die durch das feinste Sieb abgeflossene Fraktion.

Durchführung
[SCAN M 6, TAPPI T 233, 261, vgl. UM 240]

Es sind die Geräteausführungen nach McNett und nach Clark [1.61] standardisiert worden. Das McNett-Gerät scheint eine größere Verbreitung als das Clark-Gerät gefunden zu haben. Das Prinzip ist bei beiden Geräten im wesentlichen gleich. Die Abmessungen sind verschieden.

Handelsmäßige Geräteausführungen können sich in Abmessungen und Werkstoffen unterscheiden. Die Siebeinsätze sind wählbar. Bevorzugt werden vier Kaskaden, um eine Fraktionierung der Proben in fünf Klassen zu erreichen. Für eine einwandfreie Trennung ist ein sorgfältiges Aufschlagen der Proben eine unbedingte Voraussetzung [1.62].

Die Prüfbedingungen für das McNett-Gerät sind nach [TAPPI T 233] und [SCAN M 6] verschieden, so daß die Werte nicht direkt vergleichbar sind.

Methode	Einwaage	Durchflußzeit	Durchflußgeschwindigkeit
T 233	10 g	20 min	11,35 l/min
SCAN M 6	10 g	15 min	10,0 l/min

Als Siebreihe wird für beide Geräte folgende Zusammenstellung empfohlen:

Tyler Siebserie Nr.	1	2	3	4
Langfaserhalbstoff	10	14	28	48
Mittelfaserhalbstoff	14	28	48	100
Kurzfaserhalbstoff	28	48	100	150
Holzschliff	28	28	100	200

Die Sieböffnungen der Prüfsiebe sind in Tabelle 1.2 zusammengestellt.

Die Wahl der Siebnummern beeinflußt bei der gravimetrischen Faserlängenbestimmung nicht wesentlich das Prüfergebnis. Über die Übereinstimmung von Prüfergebnissen des McNett-Gerätes mit anderen Siebfraktionierungsgeräten liegen

Tabelle 1.2. Siebabmessungen für McNett-Klassiergerät nach SCAN M 6

Sieb-Nr.	Siebdrahtdurchmesser (mm)	Sieböffnung (mm)
30	$0,390 \pm 0,039$	$0,595 \pm 0,030$
50	$0,215 \pm 0.022$	0.297 ± 0.015
100	$0,110 \pm 0,011$	$0,149 \pm 0,009$
200	$0,053 \pm 0,008$	$0,074 \pm 0,005$

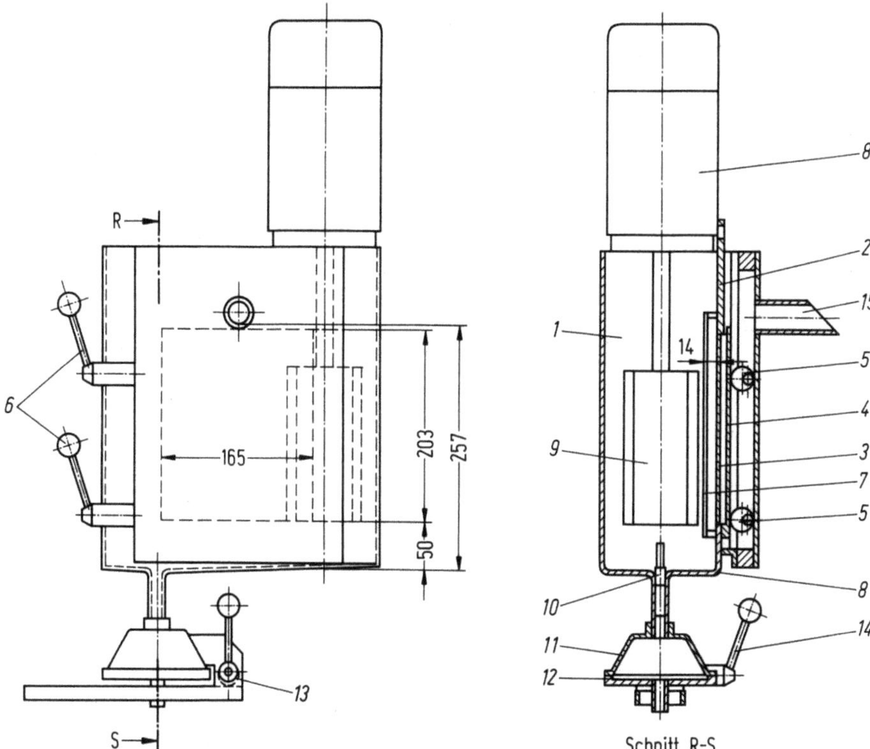

Bild 1.2. Fraktioniereinheit des McNett-Klassiergerätes, aus: ZM V/1.4. *1* Behälter, *2* Siebrahmen, *3* Siebgewebe, *4* Blech mit Schlitzen, *5* Spannexzenter für Siebrahmen, *6* Spannhebel für Siebrahmen, *7* Führungsplatte, *8* Motor, *9* Rührer, *10* Stopfen, *11* Absaugtasse, *12* Absaugteller, *13* Spannexzenter für Absaugteller, *14* Spannhebel für Absaugteller, *15* Überlaufrohr

Erfahrungen vor [63, 64]. Danach liefern beide Geräte innerhalb der gesetzten Genauigkeitsmaße identische Ergebnisse.

Prüfgeräte

McNett-Klassiergerät. Das McNett-Geräte nach [TAPPI T 233] besteht aus vier kaskadenförmig hintereinandergeschalteten Behältern von je 355 mm Tiefe, 127 mm Breite und 320 mm Länge. Die Zargen sind halbrund geformt. Jeder Behälter wird durch einen Siebrahmen zum Einsetzen der Prüfsiebe geteilt. Vor jedem Sieb bewirkt ein vertikaler Rührer mit Drehzahlen von 580 min^{-1} ein horizontales Fließen der Stoffsuspension vor dem Sieb. Der Siebdurchfluß gelangt in die nächste Kaskade, die mit einem feineren Sieb ausgerüstet ist. Die aus der letzten Kaskade ausfließende Fraktion wird nicht aufgefangen. Die auf dem Sieb abgeschiedenen Fraktionen werden nach Versuchsbeendigung abgenommen, und deren Trockengewicht wird bestimmt.

Zur Auswertung der Versuchsergebnisse wird davon ausgegangen, daß z. B. bei einer Faserlänge von 1 mm und einer Fasermasse von w in g die durchschnittliche gewogene Faserlänge $L = \sum (w\,l)/\sum w$ ist. Die Einzelmassen der Fraktionen werden gravimetrisch erfaßt. Die Masse der letzten Fraktion ergibt sich aus der Differenz der Einwaage und der Summe der Massen der einzelnen Fraktionen:

$$w_5 = W - (w_1 + w_2 + w_3 + w_4) \; .$$

Falls keine Erfahrungen oder Tabellenwerte über die durchschnittliche Faserlänge der einzelnen Fraktionen vorliegen, sind diese Parameter z. B. durch die Projektionsmethode nach [TAPPI T 232] zu bestimmen. Aus den Werten der durchschnittlichen Faserlängen in den Fraktionen 1−4 ergeben sich die Faktoren 11−14 sowie die entsprechenden Fraktionsmassen $m_1 - m_4$. Aus diesen Angaben ist die durchschnittliche gewogene Faserlänge zu berechnen:

$$L = (Wn/ln)/\sum W = (w_1\,l_1 + w_2\,l_2 + w_3\,l_3 + w_4\,l_4)/W \; .$$

Clark-Klassiergerät. Das Clark-Gerät nach [TAPPI T 233] besteht aus einem halbrunden Trog mit einer Länge von 640 mm und einem Halbdurchmesser von 355 mm. Dieser Trog ist axial in vier Abteilungen untergliedert. In jeder Abteilung befindet sich ein Sieb von 380 mm Durchmesser, das von einer Zentralwelle mit einer Drehzahl von 48 min^{-1} angetrieben wird. Die Siebe sind ringförmig mit 127 mm Innendurchmesser und 305 mm Außendurchmesser, so daß sich eine Siebfläche von etwa 475 cm^2 ergibt. Der Rand jedes Siebes wird durch die Drehung entlang der Kante mit einer Weichdichtung abgedichtet, die im Trog montiert ist. Die übrige Ausführung und die Durchführung der Prüfung einschließlich der Auswertung sind mit dem McNett-Gerät vergleichbar. Zur Bewertung von Fraktioniergeräten liegen Vorschläge vor [1.162a].

Anwendungen

Beide Methoden werden vorzugsweise für fast ungemahlenen Zellstoff [1.162b], wesentlich mehr aber für die innerbetriebliche Kontrolle in Holzstoff- und integrierten Papierfabriken angewendet.

Ein internationaler Normungsbedarf wurde nach Ringversuchen mit verschiedenen Bauarten von McNett-Geräten nicht erkannt [1.65]. TAPPI hat [T 233] wie auch die beiden folgenden Standards als klassische Methoden qualifiziert, da jetzt leistungsfähigere Verfahren für die entsprechenden Prüfaufgaben vorhanden sind (Abschn. 1.5.5).

1.5.3 Messung der Faserlänge durch Projektion
[TAPPI T 232]; vgl. [1.49−1.51]

1.5.4 Messung der Faserfeinheit (Coarseness), massenbezogene Faserlängeneinheit in mg/100 m
[TAPPI T 234]; vgl. [1.66]

Beiden Verfahren liegen mikroskopische Meßmethoden zugrunde. Diese werden in Bd. 2, Teil A dargestellt.

1.5.5. Opto-elektronische und akusto-elektronische Messung von Faserlänge und Faserbreite

Diese Methoden erlauben eine sehr schnelle und zuverlässige Bestimmung auf der Basis einer sehr großen Zahl von Messungen von Einzelfasern und von Bruchstücken sowie eine wesentlich weitgehendere Klassierung. Zur Durchführung der Messungen sind die Vorschriften der Gerätehersteller maßgebend.

Die Geräte haben sich vor allem für die Prozeßkontrolle in Holzstoffabriken, integrierten Fabriken und teilweise auch in altpapierverarbeitenden Fabriken eingeführt (s. Kap. 3). Sie sind auch vorzüglich zur Klassierung von Zellstofftypen und zur Bestimmung der Faserlängen- und Faserbreitenverteilungen von z. B. Spät- und Frühholzfasern verschiedener Holzarten oder Pflanzen geeignet. Diese Geräte, bewähren sich als Instrumente für die Prozeßsteuerung, da die Methoden die Anforderungen an höhere Genauigkeit, größere Auflösung der Faserstoffraktionen und schnellere Meßausführung erfüllen [1.67–1.71].

1.6 Labormahlung
Laboratory beating

1.6.1 Allgemeines

Begriffe

Das Mahlen eines Zellstoffs ist die mechanische Behandlung von Papierhalbstoffen in wäßriger Suspension, um physikalische Eigenschaften der Halbstoffasern für die Anforderungen zur Herstellung bestimmter Papiersorten mittels mechanischer Mittel zu optimieren. Es besteht daher ein Bedarf an zuverlässigen Prüfmethoden [1.72–1.74].

Beim Mahlvorgang werden schneidende und/oder quetschende Wirkungen auf die Fasern durch die Mahlorgane ausgeübt. Die Änderungen werden durch Prüfung der Entwässerungsfähigkeit (s. Abschn. 1.8.2), des Wasserrückhaltevermögens (s. Abschn. 1.8.5) und schließlich der aus den verschieden gemahlenen Halbstoffen gebildeten Blätter (s. Abschn. 1.9) erfaßt und qualitätsmäßig beurteilt.

Ferner sind zur Erfassung des Mahlzustandes verschiedene Untersuchungsmethoden [1.72–1.74] herangezogen worden, z. B.
– optische Methoden (Fasergehalt und Faserlängenverteilung [1.75–1.77, vgl. 1.51],
– Bestimmung der Oberfläche [1.78], (Versilberungsmethoden) [TAPPI T 226],
– Schleuderverhalten,
– spezielle Verfahren [1.79] und
– Mikrowellenspektrometrie [1.80].

Die Charakterisierung der Mahlergebnisse wurde ausführlich zusammengefaßt [1.81]. Dazu gehören auch die Wirkung der Mahlung auf die Veränderungen des

Reflexionsfaktors von Zellstoffen [1.82], der Opazität und des Wasserrückhaltevermögens (WRV-Wert) [1.83].

Zur Theorie des Mahlungsprozesses besteht eine umfangreiche Literatur, die sich hauptsächlich auf produktionstechnische Mahleinheiten und Mahlverfahren bezieht. Für prüfmethodische Untersuchungen und für das Verständnis der Mahlungsergebnisse sind einige theoretische Grundlagen unerläßlich [1.74, 1.84–1.90].

Prinzip

Das Prinzip des Mahlens besteht darin, die Halbstoffasern möglichst vollkommen zwischen sich bewegenden Körpern zu vereinzeln, wobei diese Körper in bestimmten engen Abständen voneinander angeordnet sind. Dadurch wird eine Fibrillierung und/oder eine Verkürzung der Fasern erreicht.

Stand der Prüftechnik

Der Stand der Prüfgeräte und der Prüfverfahren spiegelt die historische Entwicklung der Mahlmaschinen wider. Es kam zunächst darauf an, die Prinzipien und Wirkungsweisen von in der Produktion eingesetzten „Holländern", „Kugelmühlen", „Kollergängen" und später von „Refinern" zu simulieren, um aus Laborversuchsergebnissen möglichst eng auf die Kriterien für die Papierfabrikation schließen zu können.

Die Entwicklung ging von kleinen Laborholländern aus, von denen sich der Valley-Beater eine gewisse Anwendung erhalten hat. Die Lampén-Kugelmühle wurde ebenfalls wie der Valley-Beater international genormt; diese Norm wurde aber nicht erneuert. Um mehrere Mahlungen in einem Gerät mit geringerem Stoffeintrag als bei Laborholländern oder Kugelmühlen durchführen zu können, wurde vor 1930 mit der Entwicklung der Jokro-Mühle begonnen, die, international genormt, in vielen Ländern für Routinezwecke in Gebrauch ist.

Bei der etwa 10 Jahre später entwickelten PFI-Mühle wird das Prinzip eines Mahlkörpers in einer Mahlbüchse beibehalten. Der bedeutende Fortschritt besteht im getrennten Antrieb der Mahlorgane und in der Möglichkeit, die Drehzahlen, den Anpreßdruck und den Mahlspalt einzustellen. Die Ergebnisse der durch Labormahlung erzielbaren Festigkeitsentwicklungen von Zellstoffasern stimmen bei Valley-, Jokro- und PFI-Mühle i. allg. gut überein. Dies gilt nicht für die Lampén-Mühle, die durch die schwere Kugel als Mahlorgan und das Fehlen von Mahlkanten weiche Zellstoffasern zerdrückt und harte Zellstoffasern nur quetscht, aber nicht schneidet. Bei weichen Zellstoffen ergeben sich geringere und bei harten Zellstoffen höhere Festigkeitswerte als bei einer technischen Mahlung oder einer Mahlung mit den anderen Prüfgeräten. Die Lampénmahlung erreicht bei der Prüfung von Sulfitzellstoffen die Pergamentierschwelle schneller als andere Labormahlverfahren.

Allen Prüfverfahren, mit Ausnahme der PFI-Mühle, ist gemeinsam, daß diese Stoffveränderungen nur in Abhängigkeit von der Mahldauer erfassen, aber keine Messung der Energieaufnahme gestatten.

Da die Mahlung in der Papierfabrikation, von wenigen Ausnahmen abgesehen, nur noch in Refinern durchgeführt wird, liegt das Ziel auch der internationalen Normungsarbeit [1.2] in der Entwicklung eines Refinerprüfverfahrens, das eine Simulierung der Praxisbedingungen sowie eine Messung des Mahlenergiebedarfs zur Erreichung bestimmter Halbstoffeigenschaften zuläßt und eine ausreichende Vergleichbarkeit und Wiederholbarkeit sichert.

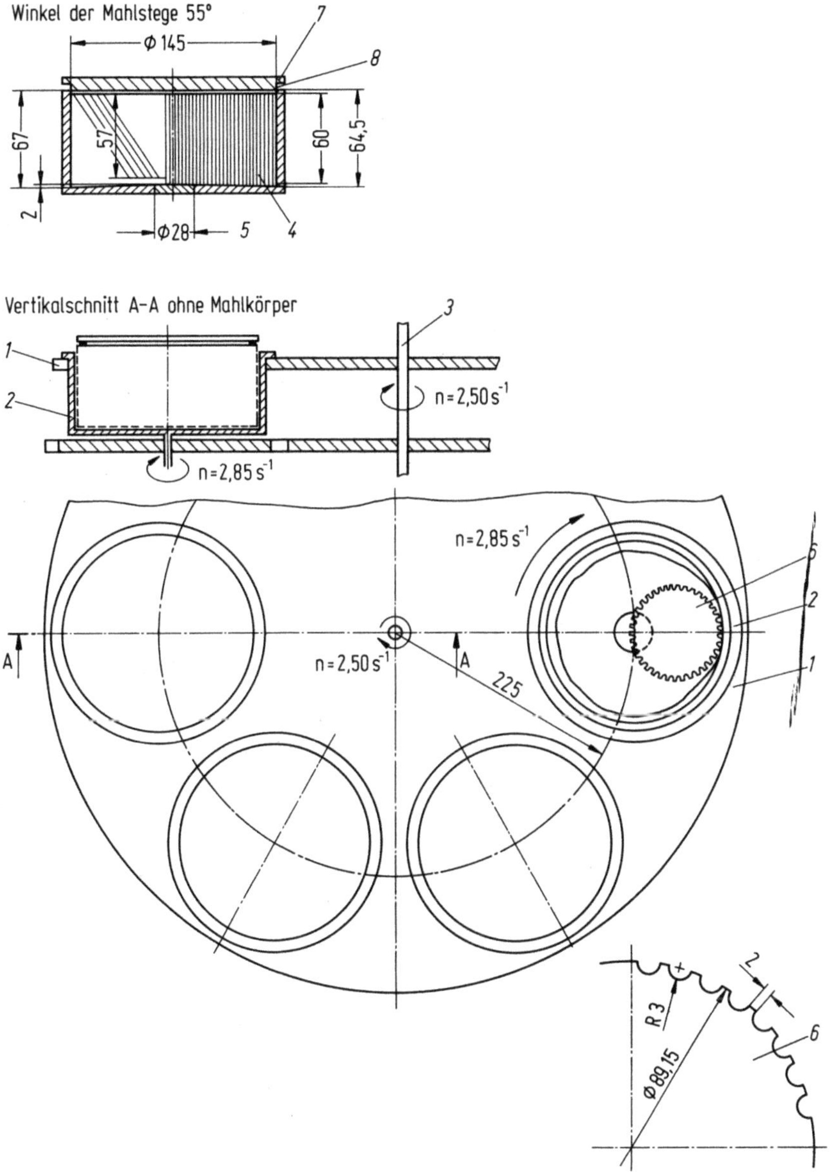

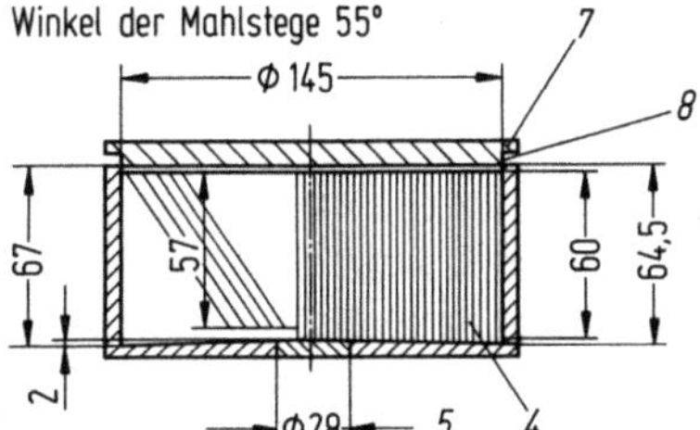

Bild 1.3. Jokro-Labormühle nach ISO 5264/3. *1* horizontaler Drehtisch, *2* zylindrische Führungstöpfe, *3* Zentralachse, *4* Mahlbüchse mit geriffelter Innenwand, *5* Scheibe aus Weißbuche, *6* Mahlkörper, *7* Deckel, *8* Dichtring

1.6.2 Jokro-Mühle
ISO 5264/3, DIN 54360, ZM V/5]

Prinzip

Die Jokro-Mühle [1.91, 1.92] besteht aus einem horizontalen Drehtisch, in den sechs zylinderförmige Führungstöpfe eingelassen sind, die sich planetenartig um die vertikale Zentralachse drehen (Bild 1.3). Der in jede Mahlbüchse lose eingelegte Mahlkörper wird durch die mit 150 min^{-1} angetriebene Zentralachse durch Fliehkraft gegen die geriffelte Mahlbüchsenwand gedrückt; infolge der gleichzeitigen Mahlbüchsendrehung wird er auf dem an der Innenwand befindlichen Fasergut abgerollt, das dadurch gemahlen wird. Durch Eintrag von je 16 g „otro"-Stoffprobe und Zugabe von Wasser in jede Mahlbüchse (es entsteht ein Zellstoff/Wasser-Gemisch von 267 g) stellt sich in jeder Büchse der gleiche Mahldruck ein. Einwandfreien Zustand der Mahlbüchsen vorausgesetzt, ist der Mahlzustand der Fasern der Mahldauer proportional.

Durchführung

Verglichen mit anderen Mahlgeräten ist ein Vorteil, daß für die im Mahlgradbereich von 20–80 SR vorgeschriebenen vier Mahlpunkte nur 64 g Probe benötigt werden, während der Valley-Holländer dazu 360 g Probe erfordert. In einem Arbeitsgang erhält man bis zu sechs Mahlpunkte, wenn alle sechs Mahlbüchsen eingesetzt werden. Eine weitere in Reserve gehaltene Mahlbüchse dient zur Überprüfung des Erhaltungszustands durch Vergleich mit den in Benutzung befindlichen Mahlbüchsen. Bei gleicher Füllung und Mahldauer sollen die Mahlergebnisse der einzelnen Mahlbüchsen im Bereich von 30–35 SR um nicht als ±2 SR voneinander abweichen.

Bei Material- und Zeitmangel beschränkt man sich auf zwei Mahlungen möglichst nahe oder unterhalb eines allgemein zum Vergleich dienenden Mahlgrades von z. B. 50 SR und interpoliert die tatsächlich gefundenen Festigkeitswerte auf den Vergleichsmahlgrad von 50 SR. Betriebserfahrungen zeigen günstige Ergebnisse [1.93]. Vergleichende Untersuchungen mit anderen Mahlgeräten erbrachten für verschiedene Zellstoffarten i. allg. gleiche Klassifizierungsreihenfolgen [1.94]. Neuere Untersuchungen fordern eine Aufwertung der Jokro-Mühle [1.95].

1.6.3. Valley-Holländer
[ISO 5264/1, SCAN C 25, TAPPI T 200]

Prinzip

Das Prinzip (Bild 1.4) entspricht einem nachmodellierten Holländer [1.96] in Papierfabriken [1.97]. Über einem Grundwerk von 158,8 mm Breite mit sieben Mahlschwellen (3,2 mm Dicke und 2,4 mm Höhe), die mit Holz bis zu einem Mahlspalt von 1.6 mm ausgefüllt sind, läuft eine mit Keilriemen angetriebene, bemesserte

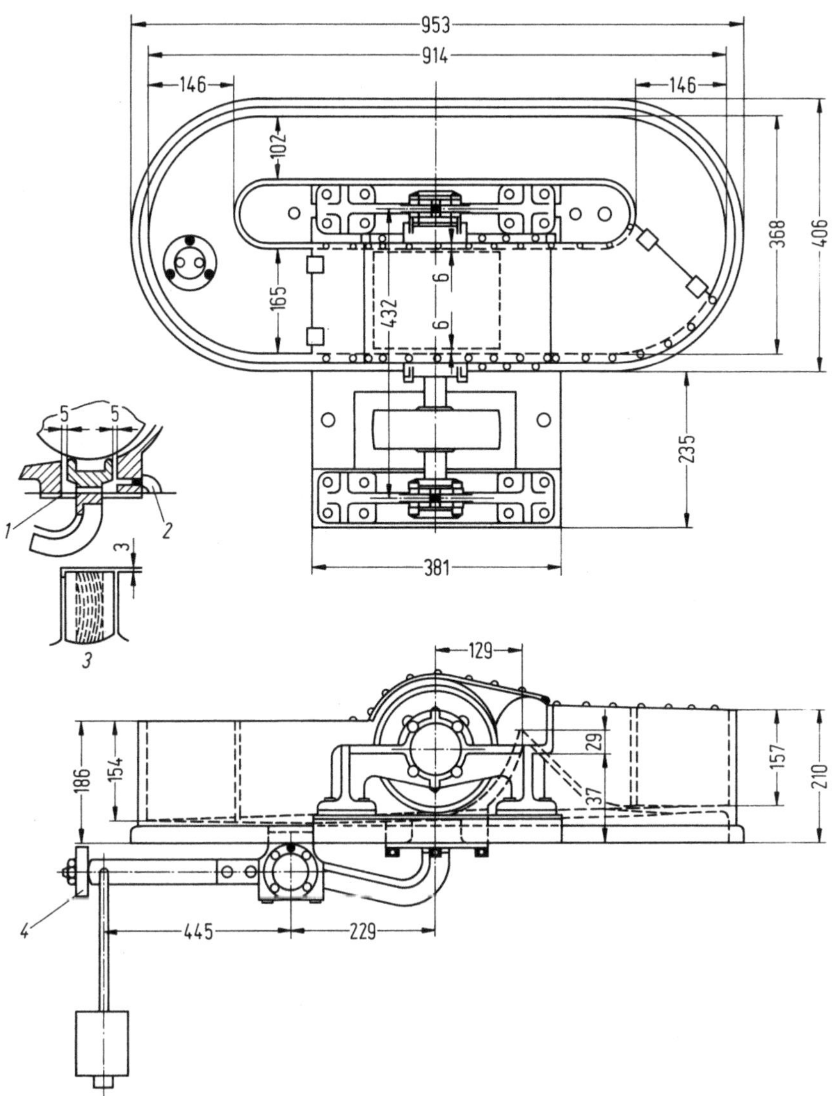

Bild 1.4. Valley-Holländer nach ISO 5364/1. *1* Gummi-Membran (2 mm), *2* Auswaschverbindung, *3* Einzelheit des Bodenwerks, *4* Gegengewicht; Walzenabmessungen: 194 mm × 152 mm; Pulley-Abmessungen: 187 mm × 64 mm. Abmessungen in mm

Walze mit 500 min^{-1}. Das Grundwerk ist so ausgewogen, daß es sich im Gleichgewicht mit 22,5 l Wasser im Holländer befindet. Es wird ein Mahldruck von 20 lb (etwa 105 N) eingestellt.

Durchführung

Es wird eine Probemenge entsprechend (450±5)g otro Masse eingetragen und durch Zugabe von Wasser eine Stoffdichte von 1,57%, 1,75% oder 2,25% je nach Zellstoffart oder nationaler Vorschrift eingestellt. Im Falle leicht mahlfähiger Zellstoffe werden nach 5, 10, 15, 20, 30 und 45 min und gegebenenfalls auch nach 60 min Proben für die nachfolgenden Prüfungen entnommen.

Vergleichende Ergebnisse

Umfangreiche Prüferfahrungen liegen vor [1.98, 1.99]. Nachteilig wirkt, daß je nach Zellstoffart sich verschieden große Mahlabstände einstellen. Diese sind besonders bei einem weichen Laubholzzellstoff kleiner als bei einem Nadelholzzellstoff. Für reproduzierbares Mahlen müssen die Messeroberkanten von Walze und Grundwerk auf konzentrischen Kreisen um die Messerwalzenachse liegen. Diese Konzentrizität ist durch Kalibrieren [1.100, 1.101] oder Einschleifen mit einem Zellstofftyp erzielbar. Wenn ein anderer Zellstofftyp (z. B. Sulfitzellstoff anstelle von Sulfatzellstoff oder Laubholz- anstelle von Nadelholzzellstoff) gemahlen wird, stellt sich ein veränderter Mahlabstand ein. Da die nur ca. 1,6 mm aus ihrer Einbettung herausragenden Grundwerkmesser ein mehrmaliges Einschleifen nicht erlauben, ist es praktisch, für jeden Zellstofftyp einen geeignet eingeschliffenen Valley-Holländer zu benutzen, um gute Reproduzierbarkeit zu erhalten.

Die Präzisionsmaße des Mahlgerätes wurden bestimmt [1.102]. Vergleichende Untersuchungen mit anderen Prüfgeräten liegen vor [1.103–1.107].

Es wurden Einflüsse des Elektrolytgehalts des Zellstoffs bzw. des für die Stoffverdünnung benutzten Wassers auf das Mahlergebnis bekannt [1.108].

1.6.4 Lampén-Mühle
[Appita P 202, SCAN C23, TAPPI T 224, UM 253]

Prinzip

Die Lampén-Mühle [1.109] besteht aus einem drehbar gelagerten, kugelförmigen Bronzegehäuse mit seitlich abnehmbarem Deckel. Im Gehäuse läuft eine glatte Bronzekugel von 10 kg Masse. Diese wird bei Drehung des Gehäuses je nach Haftung auf der Zellstoffprobe verschieden hoch mitgenommen und rollt faserquetschend oder fällt faserschlagend der Schwerkraft folgend auf die tiefste Stelle der Innenwandung des Gehäuses zurück.

Durchführung

Eine 40 g otro-Masse entsprechende Probemenge wird in das Gehäuse eingetragen und dieses mit dem Deckel verschlossen. Da die Mahlentwicklung [1.110] wesentlich langsamer als in anderen Labormahlgeräten verläuft, werden anstelle der für Normalzwecke vorgeschriebenen Drehzahlen von $300\,\mathrm{min}^{-1}$ auch andere Drehzahlen angewendet. Der australische Standard APPITA P 202 arbeitet mit Drehzahlen von $(250\pm5)\,\mathrm{min}^{-1}$. Die Stoffdichte wird für Laubholzzellstoffe auf 3,6% und für Nadelholzzellstoffe auf 3,0% eingestellt.

Für Mischholzzellstoffe sind keine Angaben festgelegt. Das Gerät wird hauptsächlich in Australien und Südafrika [1.111] und in einigen Spezialpapierfabriken in Skandinavien angewendet.

Die Mühle ist durch Vergleichsmahlungen mit dem TAPPI-Referenzzellstoff [1.112] sowie mit anderen Mahlgeräten [1.113] und der PFI-Mühle [1.114] verglichen worden.

1.6.5 PFI-Mühle
[ISO 5264/2, SCAN C24, TAPPI T 248]

Prinzip

Das Prinzip [1.115 – 1.116] besteht darin, daß ein gerippter, zylindrischer Mahlkörper (Bild 1.5), ähnlich dem der Jokro-Mühle geformt, und die Mahlbüchse von je einem Motor getrennt angetrieben werden. Der mit 33 Mahlrippen versehene Mahlkörper läuft quetschend in der Mahlbüchse, die im Gegensatz zur Jokro-Mahlbüchse eine glatte Innenwand besitzt, um Schneidwirkungen zu vermeiden. Der Mahldruck kann durch einen Gewichtshebel und der Mahlspalt durch einen Trieb eingestellt werden. Die Vorteile des Gerätes bestehen u. a. darin, daß Mahldruck, Stoffdichte und Umfangsgeschwindigkeit innerhalb weiter Grenzen und unabhängig voneinander verändert werden können.

Durchführung

Es wird eine 30 g otro-Masse entsprechende Probenmenge bei einer auf 10,0% eingestellten Stoffdichte bei $(20\pm5\,^{\circ}\mathrm{C})$ gemahlen. Die Differenz der Umfangs-

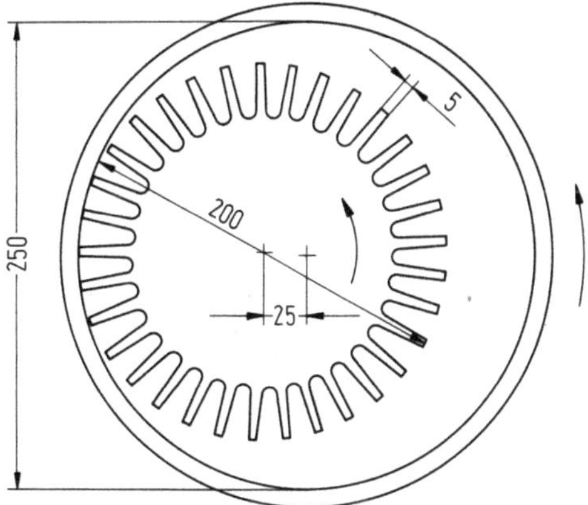

Bild 1.5. Mahlkörper der PFI-Labormühle nach ISO 5264/2. Abmessungen in mm

geschwindigkeiten der Mahlorgane beträgt (6,0±0.1) m/s und der Mahldruck (33,3±1,0) N/cm Kantenlänge.

Ergebnisse im Vergleich

Es werden reproduzierbare Ergebnisse für das Mahlen bis 5% Stoffdichte und für das Zerfasern von Nadelholzzellstoffen aus Hackschnitzeln berichtet [1.117]. Dabei wirkte sich eine hohe Stoffdichte positiv auf die Ausbildung der Fortreißfestigkeit aus.

Die PFI-Mühle erbrachte im Vergleich mit der Lampén-Mühle eine stärkere Festigkeitsentwicklung. Die Mahlentwicklung konnte durch Erhöhung des Mahldrucks beschleunigt werden [1.118]. Ein mit der PFI-Mühle gemahlener Stoff ergab höhere Festigkeitswerte und gleichmäßigere Blattstrukturen im Vergleich zu Proben aus Labor-Holländern mit Basalt-Grundwerk [1.119].

Über eine breite Palette von verschiedenen Zellstoffarten durchgeführte Vergleichsversuche zwischen PFI-Mühle und Valley-Holländern erbrachten sehr ähnliche Mahlergebnisse. Die PFI-Mühle wird für Routinebetrieb in Labors bevorzugt, da sie weitgehend wartungsfrei ist [vgl. 1.127].

Untersuchungen über das Herauslösen von Kohlehydraten während der Mahlung in Mengen von 0,3% bis 0,6% zeigten, daß die Quellung einen begünstigenden Einfluß auf die mechanische Mahleinwirkung ausübt [1.120].

Die Mahlcharakteristiken hängen von der genauen Messung und Einstellung des Mahlspaltes ab [1.121, 1.122].

Die Mahlung ist auch bei höherer Stoffdichte möglich [1.123, 1.124]. Die Mühle bewährte sich gut bei Mahlung von Nadelholz- und Laubholzzellstoffen [1.118, 1.125, 1.126]. Die Prinzipien der Bewertung der Mühle und der Mahlergebnisse wurden diskutiert [1.127−1.129]. Die Auswirkung der Mahlung mit niederer Amplitude auf die Faserflexibilität wurde untersucht [1.130].

1.6.6 Laborrefiner-Mahlung

Ziel

Da das Ziel der internationalen Normung [1.3] auf die Schaffung eines einheitlichen Prüfverfahrens unter Einsatz von Laborrefinern gerichtet ist, sollten die wichtigsten Gesichtspunkte für derartige Verfahren zusammengefaßt werden. Der Zweck ist die Gewinnung direkt verwendbarer Kennzahlen für die Prozeßsteuerung und Optimierung in Verbindung mit der Untersuchung der qualitätsmäßigen Mahlentwicklung in einem Arbeitsgang [1.131−1.135a].

Kennzahlen

Es sollen Kennzahlen [1.136−1.138] ermittelt werden, um das gewünschte Qualitätsergebnis mit dem geringstmöglichen Zeit- und Arbeitsaufwand im Labor ermitteln und die Ergebnisse sofort auf den Produktionsbetrieb übertragen zu können [1.138].

Als derartige Kennzahlen werden angesprochen [136, 138, 139]:
- spezifische Mahlarbeit, netto;
- reine Mahlleistung, netto;
- „sekundliche" Kantenlänge;
- spezifische Kantenbelastung und/oder spezifische Mahlflächenbelastung.

Auf der Basis dieser Kennzahlen sollen Mahlergebnisse von verschiedenen Messermahlmaschinen mit gleichem Messerwinkel bzw. Schnittwinkel und gleichem Mahlgarniturwerkstoff sowie gleicher Mahlgarniturbeschaffenheit vergleichbar werden [1.133, 1.138 – 1.140].

Einflußgrößen wie Messerlänge, Messerbreite, Messerzahl und Drehzahl konnten ohne Änderung der Mahlergebnisse in weiten Grenzen variiert werden, solange die spezifische Kantenbelastung konstant blieb.

Die spezifische Leistungsaufnahme des Refiners sowie Umfangsgeschwindigkeit, Messerwerkstoff und Messerwinkel konnten den Verhältnissen in Produktionsmaschinen angepaßt werden.

Zur Mahlungstheorie sind weitere Modellvorstellungen zwecks Ableitung von Kenngrößen entwickelt worden, die sich auf Produktionsrefiner oder Versuchsrefiner modifizierter Bauart beziehen [1.90, 1.90a].

Laborrefiner

Allgemeines. Die weiteste Verbreitung von verschiedenen Laborrefinerausführungen [vgl. 1.141] scheint Literaturauswertungen zufolge der Mitte der 60er Jahre auf den Markt gebrachte und zwischenzeitlich weiterentwickelte Laborrefiner von Escher-Wyss zu haben. Ein weiterentwickeltes computergesteuertes Tischmodell steht zur Verfügung [1.141a].

Die Prinzipien von Laborrefinern sollen daher an diesem Beispiel beschrieben werden.

Escher-Wyss-Laborrefiner RL. Der gesamte Versuchsstand (Bild 1.6) ist als Tischmodell ausgeführt. Er kann leicht in günstiger Arbeitsposition bedient werden;

Ein Prozeßleitsystem (Bild 1.7) übernimmt die Steuerung und Überwachung des gesamten Systems. Dieses umfaßt eine für Kegel- oder Scheibenrefiner betriebsfähige Zentraleinheit mit Haupt- und Verstellantrieb. Peripheriegeräte und Bedienpult mit Bildschirm sind um die Zentraleinheit angeordnet. Der Garniturwechsel bzw. der Umbau von kegelförmigen auf scheibenförmige Mahlgarnituren und umgekehrt ist von Laborpersonal mit wenigen Handgriffen ausführbar. Die Leerlaufleistung wird vollautomatisch geeicht. Proben werden automatisch entnommen.

Eine Verdrängerpumpe hält Durchflußmenge und hydraulische Verluste konstant. Der Spaltabstand und damit die Leistungsaufnahme werden über einen Servomotor eingestellt. Der Refiner ist schnell be- und entlastbar. Dies verbessert die Reproduzierbarkeit, da der Anfahrvorgang immer unter gleichen Bedingungen abläuft.

Bei zu geringem Stoffeinlaufdruck werden die Mahlgarnituren auseinandergefahren, um sie vor metallischem Kontakt zu schützen.

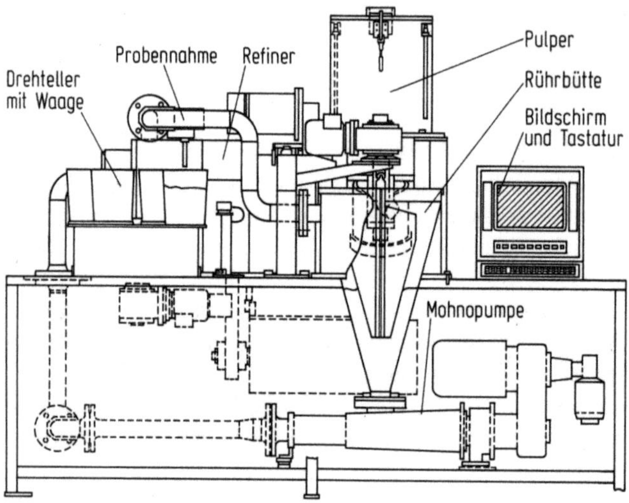

Bild 1.6. Schema des Laborrefiners RL von Escher-Wyss-Papiertechnik, Ravensburg, 1991

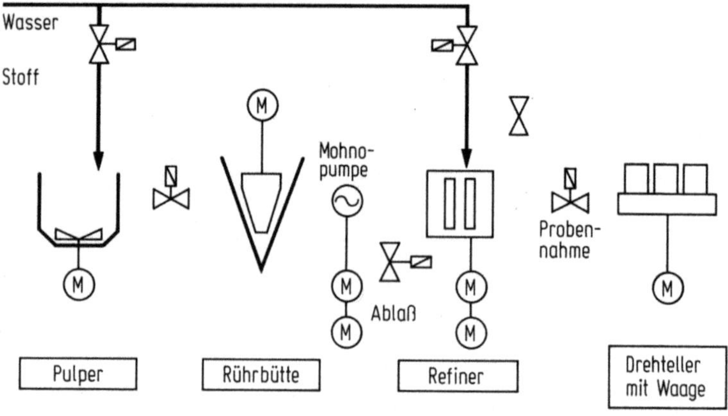

Bild 1.7. Fließschema des Laborrefiners RL von Escher-Wyss-Papiertechnik, Ravensburg, 1991 mit Angabe der Meßstationen (M)

Eine Anfahrautomatik minimiert Fehlmessungen. Ein integrierter Rechner wertet sämtliche Meßdaten aus und speichert Daten von etwa 50 Versuchen. Der Datenspeicher ist erweiterungsfähig und in Datennetze integrierbar.

Der Refiner arbeitet im Stoffdichtebereich von $3-6\%$.

Durchführung der Laborrefinermahlung mit Escher-Wyss-Laborrefiner RL. Die Anlage ist täglich mit 35 l Wasser bei 100 l/min Durchflußgeschwindigkeit und 2000 min^{-1} zu eichen. Zur Versuchsdurchführung werden empfohlen:

– Stoffeintrag mit etwa 85% Trockengehalt entsprechend etwa 1500 g otro Probenmasse

– Pulperfüllung   bis 35 l
– spezifische Kantenbelastung:
  Kurzfaserzellstoffe   500...1500 Ws/km und
  Langfaserzellstoffe   500...4000 Ws/km.

Die spezifische Arbeit, spezifische Kantenbelastung und/oder spezifische Mahlflächenbelastung, die Probemenge, das Probevolumen und die Stoffdichte können speziellen Aufgabenstellungen angepaßt werden.

Der Pulper ist mit etwa handgroßen Zellstoffstücken zu befüllen und zu starten. Der Versuchsbeginn ist durch Knopfdruck auszulösen. Damit verbunden ist die automatische Probenentnahme und Erfassung der Probemenge. Es können bis zu sechs Proben mit bis zu je 2 l Probenvolumen entnommen werden.

Auswertung.

a) Spezifische Arbeit A_s (kWh/t)
   Es ist zwischen der gesamten und der reinen spezifischen Arbeit zu unterscheiden. Die auf das Mahlgut übertragene Leistung im Stoffumlauf des Refinersystems ergibt sich zwischen zwei Probenentnahmen wie folgt:

$$\Delta A_s = (P_e \Delta t / m_{rest}) \ . \tag{1.1}$$

Die im Mahlverlauf übertragene Arbeit A_s beträgt:

$$A_2 = \sum \Delta A_s \ . \tag{1.2}$$

Dabei bedeuten:
m_{rest} Stoffmenge im System bis zum Zeitpunkt der Probenahme,
Δt Zeitdauer zwischen Versuchbeginn und Probenahme bzw. Zeitdauer zwischen zwei Probenahmen,
P_e für die „gesamte spezifische Arbeit" wird die aufgenommene Leistung, für die „reine spezifische Arbeit" die reine Mahlleistung P_e verwendet.

b) Leerlaufleistung P_0 (W)
   Die Leerlaufleistung P_0 erfaßt hydraulische Verluste und Reibungsverluste. Sie ist bei versuchsentsprechendem Durchsatz und entsprechender Drehzahl bei 1 mm Messerabstand bei Betrieb mit Wasserfüllung zu ermitteln.

c) Reine Mahlleistung P_e (W)
   Die reine Mahlleistung ergibt sich aus der Differenz der aufgenommenen Leistung und der Leerlaufleistung.

d) „Sekundliche" Kantenlänge L_s (km/s)
   Diese Kenngröße erfaßt die Schnittlänge pro Zeiteinheit bzw. die Schnittgeschwindigkeit

$$L_s = Z_r Z_s \, l \, n / 60 \ . \tag{1.3}$$

Darin bedeuten:
Z_r Anzahl der Rotormesser,
Z_s Anzahl der Statormesser,
L Wirksame Länge des Messers (km),
n Drehzahl der Scheibe (min^{-1}).

Der Wert für die „sekundliche" Kantenlänge wird bei jeder Mahlgarnitur des Laborrefiners für Drehzahlen von $3000\,\text{min}^{-1}$ angegeben: z. B. Garniturbezeichnung $3-1-60$, Scheibenbezeichnung $3-0,5-30$:
Die erste Kennziffer bezeichnet die Messerbreite in mm (z. B. 3 mm), die zweite die „sekundliche" Kantenlänge bei $3000\,\text{min}^{-1}$ (z. B. 0,5 s) und die dritte den Messerwinkel bei der Scheibe bzw. den mittleren Schnittwinkel bei der Garnitur (z. B. 30°).

e) Spezifische Kantenbelastung B_s (Ws/km)
Die spezifische Kantenbelastung nach der Methode zur theoretisch technischen Beurteilung der Mahlung von Brecht-Siewert [1.133] erfaßt die Belastung der Messerkante, d. h. die reine Mahlleistung wird auf die „sekundliche" Kantenlänge bezogen. Diese Vereinfachung ist aus der Sicht der Autoren zulässig, da die anderen Parameter einer normalen Messergarnitur von wesentlich geringerer Bedeutung sind.

$$B_s = P_e/l_s = P-P_0/l_s \ . \tag{1.4}$$

P_e reine Mahlleistung (W), $P_e \ P_{gesamt} - P_{Leerlauf}$ (Leerlauf)

Dieser Kennwert erfaßt den Mahlzustand in Refinern hinreichend genau.
Auf dieser Basis sind die Mahlergebnisse von verschiedenen Refinern mit gleichen Garniturwerkstoffen, gleicher Garniturbeschaffenheit sowie gleichen Messerwinkeln vergleichbar.

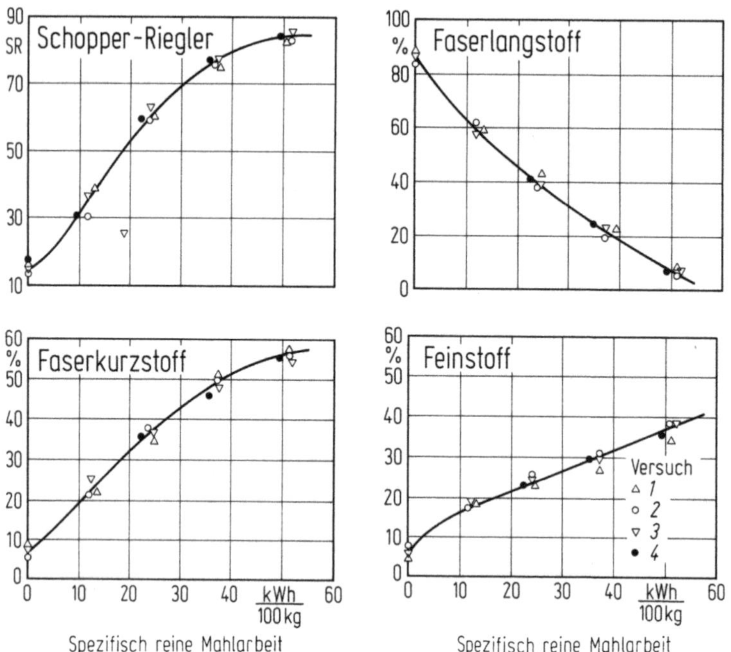

Bild 1.8. Reproduzierbarkeit: SR und Fraktionen $= f$ (spezifisch reine Mahlarbeit) (ungebleichter Fichten-Sulfitzellstoff)

Anwendungen

Für den Einsatz eines Laborrefiners anstelle der bisher verwendeten konventionellen Labormahlgeräte interessiert die Reproduzierbarkeit der Mahlungsergebnisse in bezug auf SR-Werte, Bildung von Faserkurzstoffen und Feinstoffen (Bild 1.8) sowie die Eigenschaften der aus verschiedenen Mahlungszuständen gebildeten Laborblätter (Bild 1.9). Nach Untersuchungen von Brecht und Siewert [1.133] ist eine gute Reproduzierbarkeit in allen diesen Kriterien gegeben. Die Untersuchungen (Bilder 1.8 – 1.12) wurden mit dem Escher-Wyss-Kleinrefiner durchgeführt. Zur Festlegung der Prüfbedingungen für Refinermahlversuche ist die Abhängigkeit der Mahlungsergebnisse von der Refinerdrehzahl (Bild 1.10), der Anzahl der Durchgänge der Probe durch die Mahlzone (Bild 1.10) sowie der Antriebsleistung (Bild 1.11) wichtig. Diese Ergebnisse können die Grundlage für die Erarbeitung einer Einheitsmethode bilden.

Für diese Zielrichtung spricht vor allem, daß die mit einem Laborrefiner erhaltenen Ergebnisse direkt in die Produktionspraxis übernommen werden könnten, da eine gute Übereinstimmung bei Vergleichsmahlungen mit einem Kleinrefiner und einem Betriebsrefiner (Bild 1.12) festgestellt worden sind.

Der neue, wesentlich verbesserte Laborrefiner RL von Escher-Wyss wird durch die Konzeption als Tischmodell und durch angepaßten Probemengenbedarf von

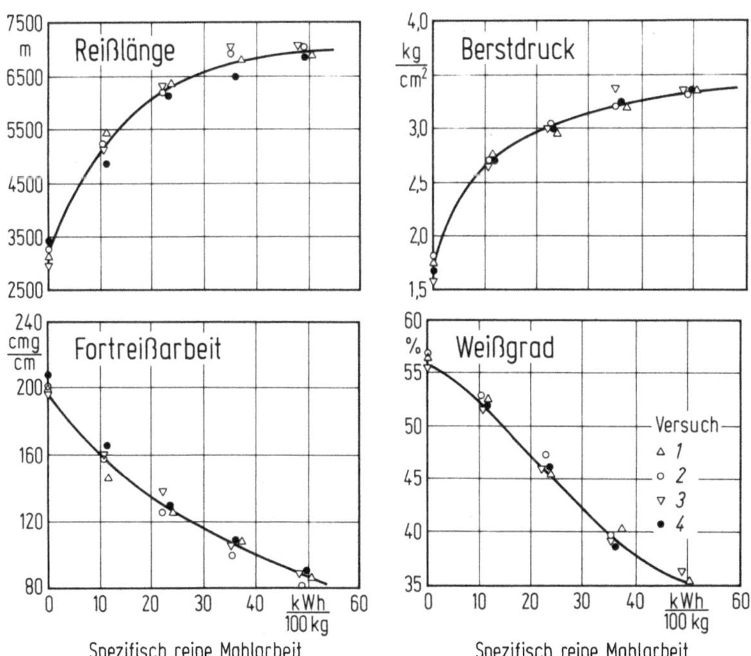

Bild 1.9. Reproduzierbarkeit: Blatteigenschaften $= f$ (spezifisch reine Mahlarbeit) (ungebleichter Fichten-Sulfitzellstoff) [1.133]

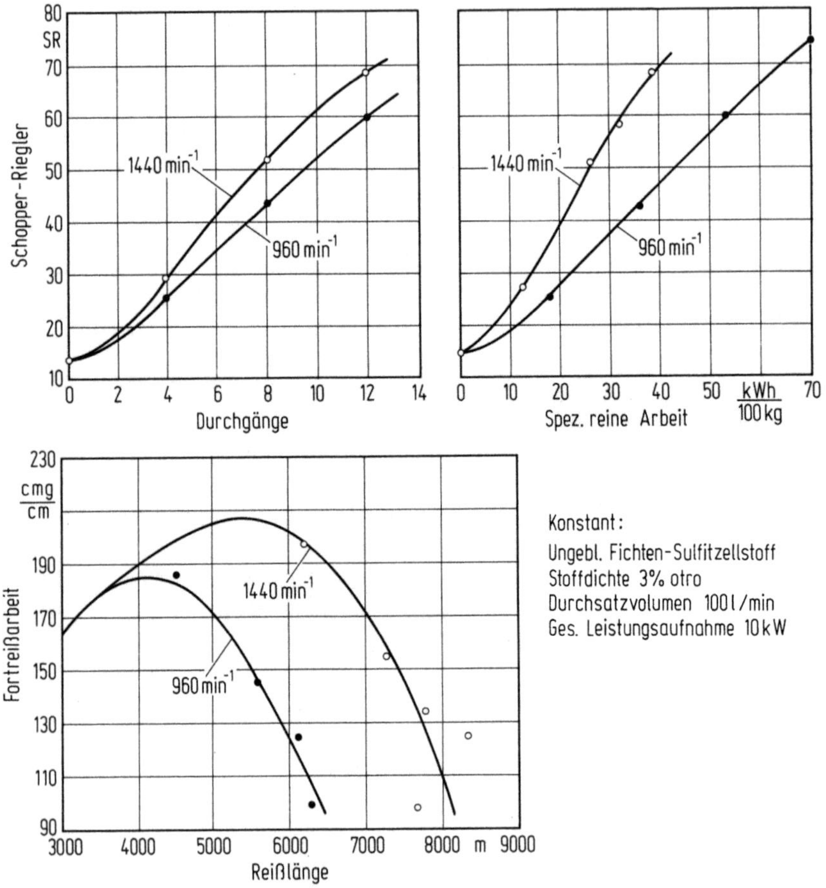

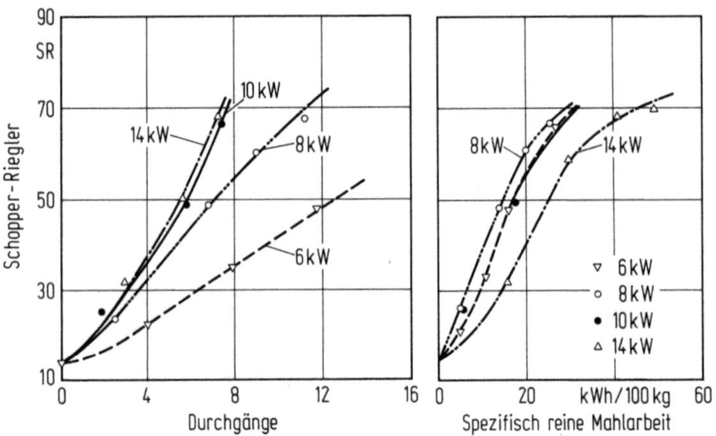

Bild 1.10. Einfluß der Drehzahl [1.133]

Bild 1.11. Einfluß der Antriebsleistung [1.133]

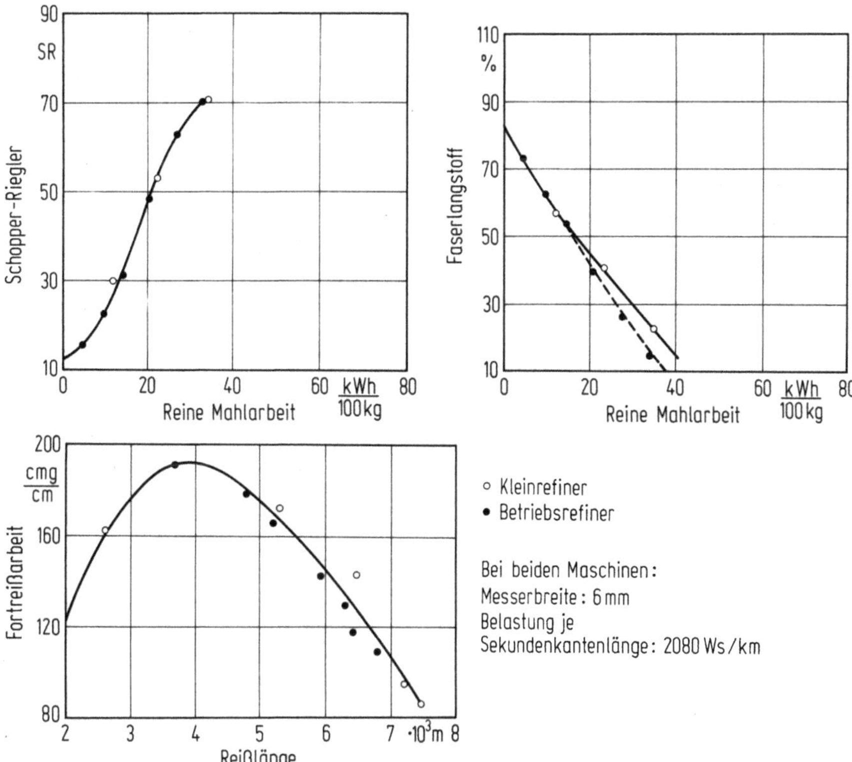

Bild 1.12. Vergleichsmahlungen von ungebleichtem Fichten-Sulfitzellstoff im Kleinrefiner und im EW-Betriebsrefiner R_2 [1.133]

1,5 kg in Verbindung mit dem hohen Bedienungskomfort und Datenerfassung und -auswertung einen Anreiz zur Erprobung geben.

Für konstruktive Gesichtspunkte sind die Auswirkungen von Werkstoff und geometrischer Ausbildung der Mahlgarnituren auf das Mahlergebnis wichtig [1.142, 1.143].

Für verfahrenstechnische Gesichtspunkte ist interessant, wie sich das Mahlverfahren bzw. der Refinertyp bei verschiedenen Zellstofftypen auswirkt [1.144, 1.145].

Über die Einflüsse von Messerabstand [1.146], spezifischer Kantenbelastung [1.147], Stoffdichte [1.148 − 1.150], Mahlfrequenz [1.151], konstanter oder variabler Belastung [1.152] und sonstigen Faktoren [1.153] liegen Erfahrungen vor.

Laborrefiner wurden erfolgreich eingesetzt für:
- produktionssimulierte Mahlversuche mit Nadelholz-, Laubholz- und Mischholz-Halbstoffen [1.154 − 1.158],
- Getrennt- oder Kombinationsmahlungen von Lang- und Kurzfaserhalbstoffen [1.159 − 1.161],
- Bestimmung der Materialverluste bei der Mahlung von Hochausbeutehalbstoffen [1.162, 1.163] und
- Bestimmung der Wirkung von chemischen Zusatzstoffen [1.164 − 1.166].

Beobachtungen der Vorgänge im Mahlspalt [1.167, 1.168] scheinen grundlegend für die Entwicklung eines völlig neuartigen Mahlverfahrens [1.169–1.172] und eines entsprechenden Versuchsrefiners gewesen zu sein. Über Erfahrungen mit Laborrefinern berichten z. B. Lawford [1.172a] und Daub u. M. [1.172b].

1.7 Egalisierung und Mengenverteilung
Equalization and mass distribution
[ZM/V]

Nach der Labormahlung ist der gemahlene Halbstoff für nachfolgende Prüfungen, wie Bestimmung des Entwässerungsverhaltens (Abschn. 8) und Laborblattbildung (Abschn. 1.9) auf eine bestimmte Stoffdichte einzustellen. Die Ausführung wird am Beispiel der Jokro-Mahlung (vgl. Abschn. 1.6.2) beschrieben.

Der Inhalt jeder Mahlbüchse mit 16 g otro-Probe wird auf 2 l mit Wasser aufgefüllt. Die Suspension wird in einem Behälter 2 min mit einem Propeller behandelt, der mit 3000 Touren/min läuft. Anschließend wird die Probe in das Verteilergefäß übergeführt, das Volumen auf 6,67 l aufgefüllt und bis zum Temperaturausgleich mindestens 2 min, aber nicht länger als 10 min, gerührt. Es werden fünfmal 1,0-l-Proben für die Herstellung von fünf Laborblättern (fünfmal 2,4 g otro-Stoff) und zweimal 835 ml für zwei Schopper-Riegler-Entwässerungsprüfungen (zweimal 2,0 g otro-Stoff) abgenommen (s. Abschn. 1.6.2.). Die Ausführung ist sinngemäß auf die Mengenverhältnisse bei anderem Mahlverhalten zu übertragen.

1.8 Entwässerungsverhalten
Drainability

1.8.1 Allgemeines und Prinzipien

Die Mahlentwicklung wird durch das Entwässerungsverhalten der Stoffsuspensionen geprüft. Für Prüfzwecke sind die Methoden nach „Schopper-Riegler (SR)" und die „Canadian Standard Freeness (CSF)" in einer zweiteiligen ISO-Norm zusammengefaßt worden [1.3].

Die Prüfprinzipien unterscheiden sich etwas. Die Prüfwerte sollen nicht gegenseitig umgerechnet werden. Es gibt eine Reihe weiterer Prüfverfahren, die, mit Ausnahme der Bestimmung der Entwässerungsdauer mit Blattbildungsgeräten und der Bestimmung des Wasserrückhaltevermögens, wohl mehr spezielle Bedeutung haben. Aus Platzgründen können Online-Prüfgeräte, z. B. für Stoffaufbereitung und Papierherstellung, hier nicht dargestellt werden.

Das Prinzip der beiden genannten Prüfgeräte besteht darin, daß eine abgemessene Menge eines Stoff-Wasser-Gemisches mit bekanntem Stoffgehalt auf ein Sieb (SR) bzw. eine Siebplatte (CSF) gegeben wird. Es bildet sich ein Filterkuchen, und der nachfolgende Wasserdurchgang durch das Kapillarsystem ist mittels der „Konzeny-Gleichung" erfaßbar.

Die vom Filterkuchen ablaufende Wassermenge wird durch zwei Auslaufdüsen geteilt, wobei eine senkrecht angebrachte, feine Düse eine Wasseruhr darstellt, über die 250 ml Wasser/min ausfließt. Der Wasserüberschuß tritt durch eine seitliche große Öffnung aus. Je langsamer der Filterkuchen entwässert, um so weniger Wasser gelangt durch die seitliche Ausflußöffnung.

Die seitliche Ausflußmenge ist daher beim SR-Gerät durch den Ausdruck $(1000 - z/z)$ direkt in „SR" als Maß für das Entwässerungsverhalten geeicht. Von der früheren Bezeichnung „Schopper-Riegler"-Mahlgrad soll abgesehen werden, da auch nichtgemahlene Proben 14 SR bis 18 SR haben und Wasser einen Wert von 4 SR besitzt.

1.8.2 Entwässerungsprüfverfahren

Schopper-Riegler-Verfahren
[ISO 5267/1, DIN ISO 5267/1, SCAN C 19, ZM V/7]

Prinzip. Aufbau und Abmessungen des Prüfgerätes gehen aus Bild 1.13 hervor. Der Dichtkegel wird mit einer konstanten und genau festgelegten Geschwindigkeit motorisch gesteuert [1.173] abgehoben.

Durchführung mit dem Schopper-Riegler-Gerät. 1 l eines 2,0 g Probe enthaltenden Stoff/Wasser-Gemisches wird bei $(20\pm0,5)\,°C$ in gut gemischtem Zustand in den Apparat eingegeben. Dabei ist das am oberen Ende des Dichtungskegels befindliche Loch mit dem Finger abzudecken. 5 s nach dem Eingießen wird das Anheben des Dichtkegels ausgelöst. Sobald kein Wasser mehr abfließt, wird der Meniskus des Wasserspiegels im Auffangzylinder auf 0,5 SR abgelesen. Der auf dem Sieb verbleibende Rückstand wird mittels eines Wasserstrahls von der Siebrückseite her entfernt. Bei Abweichungen von der vorgeschriebenen Stoffmenge von 2,0 g ist die Stoffkuchentrockenmasse zu bestimmen und der Meßwert nach Tabellenangaben auf 2,0 g zu korrigieren.

Anmerkung: Zur Differenzierung kleiner Unterschiede im Bereich niederer oder mittlerer Schopper-Riegler-Werte kann so verfahren werden, daß das senkrechte Ausflußrohr mit einem Stopfen verschlossen und die Zeit für das seitliche Abfließen von 700 ml aus einem Gemisch von 3 g Zellstoff in 1,0 l Volumen bestimmt wird. Das Meßergebnis wird in SR in Sekunden angegeben.

Canadian-Standard-Freeness-Verfahren
[ISO 5267/2, SCAN C 21, TAPPI T 227]

Prinzip. Das Grundprinzip (Bild 1.14) ist dem des SR-Gerätes ähnlich. Die Apparatabmessungen sind verschieden. Anstelle des Siebes wird eine Siebplatte mit Öffnungen von 0,02″ Durchmesser[1] eingesetzt. Der senkrechte Ablauf ist mit einer

---

[1] 1 Zoll = 25,4 mm

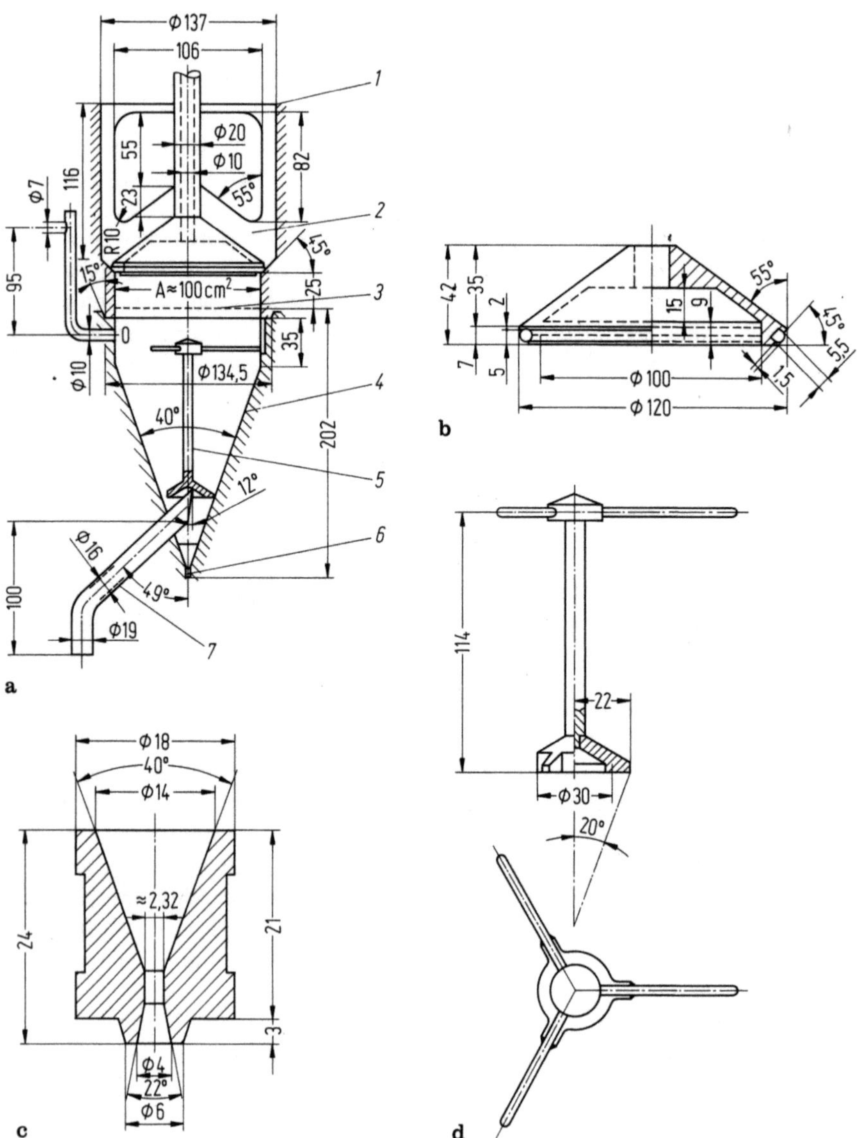

Bild 1.13 a–d. a Schopper-Riegler-Gerät nach DIN ISO 5267/I. *1* Füllkammer, *2* Dichtungskegel, *3* Siebtuch, *4* Scheidekammer, *5* Schutzdach mit Halter, *6* untere Ausflußöffnung, *7* seitliches Ausflußrohr; **b** Dichtungskegel; **c** Düse; **d** Schutzdach mit Halter

Düse mit einem Durchmesser von 0,120″ versehen, und das seitliche Abflußrohr ist auf einen Durchmesser von 0,5″ festgelegt.

Durchführung mit dem Canadian-Standard-Freeness-Tester. Die Einwaage beträgt 3 g anstelle von 2 g beim SR-Verfahren in 1,0 l Wasser. Das seitlich ausfließen-

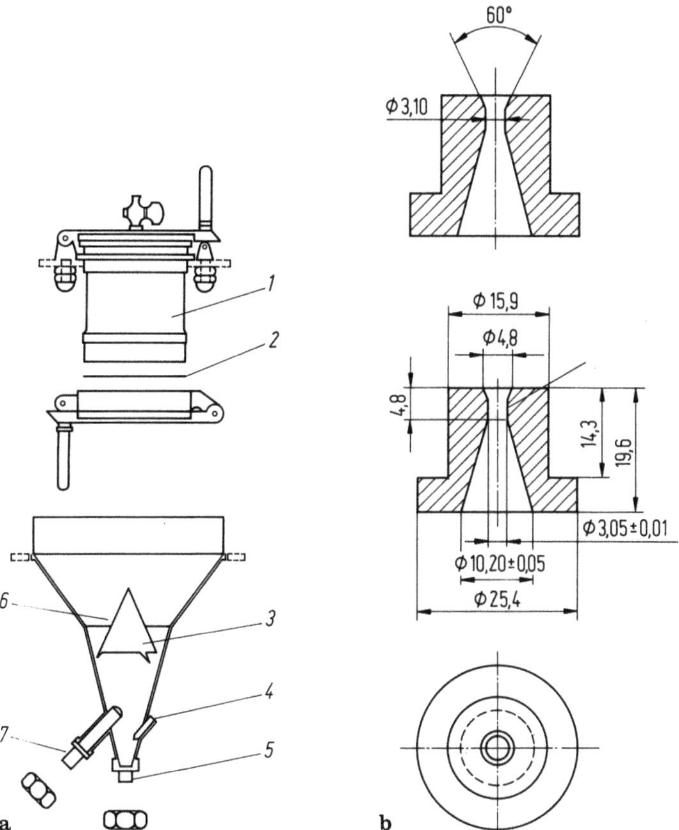

Bild 1.14. a „Canadian Standard" Freeness-Tester nach ISO 5267/2, *1* Füllkammer, *2* Siebplatte, *3* Trichter, *4* Stopfen, *5* untere Ausflußöffnung, *6* Verteilerkonus, *7* seitliche Ausflußöffnungen; **b** untere Ausflußöffnung

de Wasser wird in einem normalen Standzylinder aufgefangen. Zur Korrektur der Temperatur und der Stoffdichte der Probe auf Bezugswerte stehen Rechenprogramme zur Verfügung [1.173 a]. Ungemahlene Zellstoffe haben eine hohe Freeness-Zahl von ca. 700 CSF, während schmierig gemahlener Holzschliff z. B. nur 200 CSF aufweist. Die Entwässerungsplatte wird vom kanadischen Zellstoff- und Papierinstitut in Pointe Claire, Quebec, geeicht.

Anmerkungen

Beiden historisch gewachsenen Methoden haftet der Nachteil an, daß die Meßwerte durch die zunächst nicht kontrollierbaren Faserverluste beeinflußt sein können. Ein weiterer Einfluß geht von der Wasserhärte und dem Elektrolytgehalt aus [1.174].

Für Vergleichsversuche werden daher destilliertes oder Wasser gleicher Reinheit bzw. auch Modellwasser mit bestimmter elektrischer Leitfähigkeit vorgeschlagen

[1.175]. Bei entmineralisiert gemahlenen Zellstoffen wurde ein Mahlgradanstieg beobachtet, der je nach Zellstofftyp verschieden ausfiel. Als Ursache wird eine gegenseitige Abstoßung der Faserfibrillenstrukuren infolge steigender Elektronegativität angenommen [1.176, 1.177].

Eine Übertragung der Meßwerte direkt auf die Entwässerungsleistung von Siebpartien in Papiermaschinen ist daher mit Unsicherheiten behaftet. Zur Verbesserung wurden folgende Prüfungen vorgeschlagen [1.178]:

1. Bestimmung des Verhältnisses von Faserlangstoff zu Feinstoff mit einem Faser-Klassiergerät,
2. Bestimmung der Entwässerungsdauer auf einem Laborblattbildner z.B. nach TAPPI T 221 bzw. ZM V/17 o.a.,
3. Bestimmung der Schrumpfung der Laborblätter bei unbehinderter Schrumpfung,
4. Bestimmung des Berstwiderstandes der Laborblätter.

Es steht durch jahrzehntelange Erfahrung fest, daß die SR- und die CSF-Methode für Routinekontrollen ausreichen. Die gut reproduzierbaren Meßergebnisse stellen ein Kennzeichen für die freie Oberfläche der Fasersuspension dar.

Durch die Vorteile der schnellen und auch von angelernten Kräften sicher auszuführenden Arbeitsweise sind beide Methoden bisher nicht durch andere Prüfverfahren zu ersetzen. Ergebnisse über die Genauigkeit der Methoden liegen vor [1.176, 1.177]. Erfahrungen mit kontinuierlich arbeitenden On-line-Meßsystemen werden beschrieben [1.177a].

1.8.3 Entwässerungsdauer mit Blattbildungsgeräten
[ZM V/17, vgl. Abschn. 1.8.2.]

Allgemeines

Bei hochgemahlenen Zellstoffen wird die Bestimmung des Entwässerungsverhaltens mit dem SR-Gerät zu aufwendig, da Feinstoffverluste auftreten können und die Entwässerungszeit sehr lang wird.

Es haben sich für derartige Zwecke mit üblichen Blattbildungsgeräten durchführbare Meßmethoden eingeführt, die gegebenenfalls mit der Herstellung von Laborblättern verbunden werden können.

Das Prinzip besteht in einer Messung der Zeit, die für das Absinken des Flüssigkeitsspiegels in der Stoffkammer bei der Blattbildung auf einem Sieb benötigt wird.

Die Durchführung interessiert insbesondere für die Prüfung von Holzstoff. Beschreibungen sind in Kap. 2 zu finden.

Zur Entwässerungsdauer mit dem Rapid-Köthen-Gerät in Sekunden s. Abschn. 2.5.3, zur Entwässerungsdauer mit dem konventionellen Blattbildner s. Abschn. 2.5.3, zur Entwässerungsdauer mit Schopper-Riegler-Gerät s. Abschn. 1.8.2.

1.8.4 Anwendungen

Die Prüfverfahren haben sich für auch die für Untersuchung hochausgemahlener Halbstoffe [1.178, 1.179] bewährt. Ergebnisse von Vergleichsversuchen zwischen CSF- bzw. SR-Werten und Entwässerungszeitbestimmungen mit Blattbildnern liegen vor [1.180–1.182]. Vorschläge für neue oder weiterentwickelte Meßverfahren und -geräte sind veröffentlicht worden [1.183–1.186].

1.8.5 Wasserrückhaltevermögen
[ZM IV/33, TAPPI UM 256]

Allgemeines

Das Ziel der Bestimmung ist die Erfassung des Quellwassers in Papierfaserstoffen [1.177, 1.187–1.190]. Das Quellwasser ist ein Teil des im Faserstoff gebundenen Wassers, das sich aus chemisch gebundenen (Konstitutionswasser), sorptiv gebundenen (Sorptions- oder Quellwasser) und oberflächen- und kapillargebundenen Wasseranteilen zusammensetzt. Die Übergänge zwischen diesen Anteilen sind nicht scharf. Die Prüfbedingungen müssen daher konventionell festgelegt werden.

Das Meßergebnis wird als Wasserrückhaltevermögen bzw. abgekürzt als „WRV-Wert" bezeichnet. Dieser Wert kennzeichnet den Quellungszustand der Probe [1.191, 1.192], der mit der inneren Oberfläche der Fasern, dem Mahlungsverhalten [1.193–1.196], den Blattbildungs- [1.197, 1.198], Trocknungs- und Festigkeits- sowie optischen Eigenschaften korreliert. Für viele Zwecke des Papiermachens liefert der WRV-Wert weitergehende Informationen als die SR- oder CSF-Werte.

Prinzip

Das Prinzip besteht im Abschleudern gequollener Zellstoffproben bei Raumtemperatur in einem mit Siebeinsatz versehenen Zentrifugierbecher in einer Zentrifuge bei 3000 g. Der WRV-Wert in Gewichtsprozent (Massenanteile in Prozent) gibt den nicht abschleuderfähigen Wasseranteil in der Probe an.

Durchführung nach Zellcheming-Merkblatt IV/33 (Bild 1.15)

Etwa 2,5 g einer trockenen Zellstoffprobe werden in 100 ml destilliertem Wasser 16 h gequollen und anschließend aufgeschlagen. Die Probe wird ohne Saugen durch eine Glasfritte 11 G2 filtriert, wobei die Probe nicht trocken werden darf. Ein Quellröhrchen festgelegter Abmessungen wird zu etwa 2/3 des Volumens mit der Probe ohne festes Pressen gefüllt. Die Menge entspricht etwa 0,15 g otro-Probemasse. Die Röhrchen werden in Becherzentrifugen eingesetzt. Die Zentrifuge wird innerhalb von 1 min auf 3000 g hochgefahren. Nach 10 min bzw. 15 min Schleudern läßt man die Zentrifuge ohne Abbremsen auslaufen. Die Trockenmasse des Filterkuchens wird bestimmt. Der WRV-Wert beträgt: WRV (Massenanteile in %) = Feuchtgewicht Trockengewicht/Trockengewicht · 100.

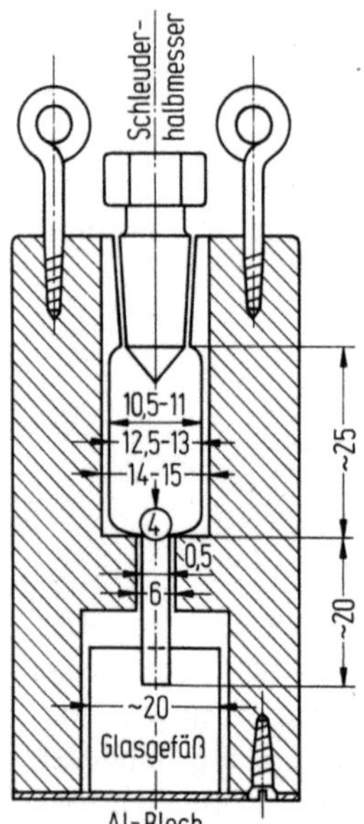

Bild 1.15. Schleudergefäß zur Bestimmung des Wasserrückhalte-vermögens mit Zentrifugeneinsätzen. Nach: ZM IV/33

Durchführung nach Prüfvorschrift TU Dresden (Bild 1.16)
nach J. Blechschmidt [1.199, 1.200], (vgl. Kap. 2)

Es werden 600 ml einer Stoffsuspension, die 4,8 g otro-Probensubstanz enthält, auf einer Nutsche von 70 mm Durchmesser über Filtrierpapier Nr. 388 ohne Saugen abfiltriert. Der Faserkuchen wird in zwei genau gleich schwere Portionen ge-

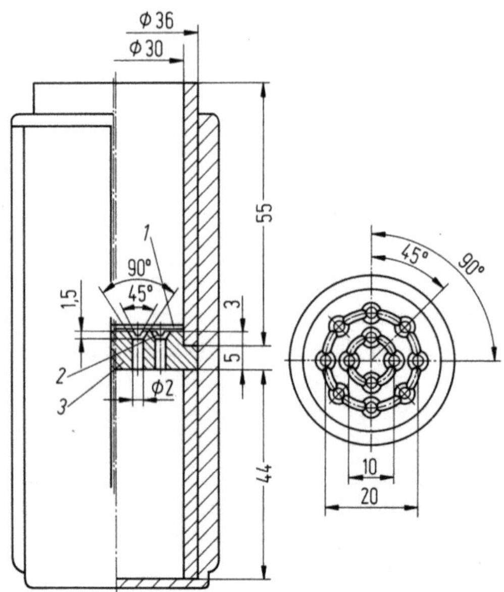

Bild 1.16. Schleudergefäß zur Bestimmung des Wasserrückhaltever-mögens mit Zentrifugiereinsätzen. Nach: Prüfvorschrift TU Dresden

teilt. Die Proben werden in Zentrierfugiereinsätze eingebracht und 15 min geschleudert (s. o. Prüfung nach ZM IV/33). Anschließend wird die Trockenmasse der abgeschleuderten Proben auf 0,01 g bestimmt. Zur Auswertung s. o. (Prüfung nach ZM IV/33).

Der Vorteil dieser Methode wird in der leichteren Handhabung durch die größere Probemenge von etwa 2,5 g anstelle von 0,15 g nach ZM IV/33 gesehen. Die Absicht der Autoren der Zellcheming-Methode bestand offenbar darin, die geometrischen Einflußparameter des Schleuderröhrchens möglichst gering zu halten, um auch in geringen Mengen vorliegende Proben, z. B. aus Fraktionierversuchen, prüfen zu können und den Einfluß der Filterkuchenhöhe auf das Prüfergebnis möglichst gering zu halten [1.187]. Beide Methoden scheinen daher für unterschiedliche Aufgaben nebeneinander brauchbar.

1.8.6 Anwendung

Die Bestimmung des WRV-Wertes interessiert für die Prüfung von Zellstoffen, Holzstoffen [1.187a], Altpapierstoffen und daraus hergestellten Fraktionen.

Für die Mahlung von Zellstoffen aus verschiedenen Holzarten und Aufschlußverfahren zeigen die Untersuchungen von Blechschmidt und Mitarbeitern, daß die WRV-Werte den Mahlungszustand von Stoffen gleicher SR-Werte (Bild 1.17) zu differenzieren imstande sind. Von weiterem Interesse für die Papierherstellung ist, welche Veränderungen durch die Mahlung in den einzelnen Faserstoff-Fraktionen eintreten. Für die Durchführung der WRV-Bestimmung sind nur geringe Probemengen erforderlich, so daß die durch Siebklassierung erhaltenen Fraktionen auf

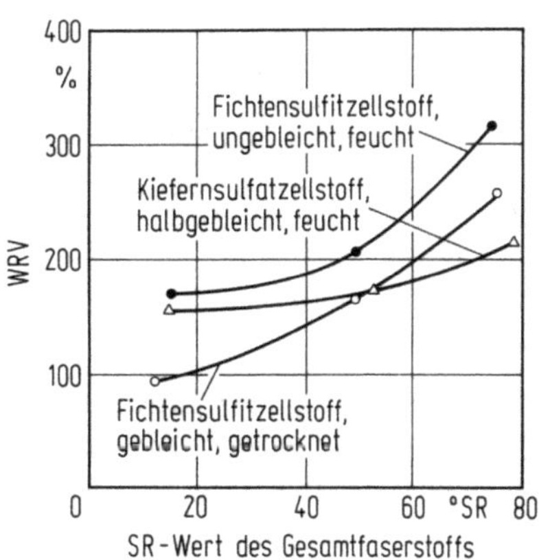

Bild 1.17

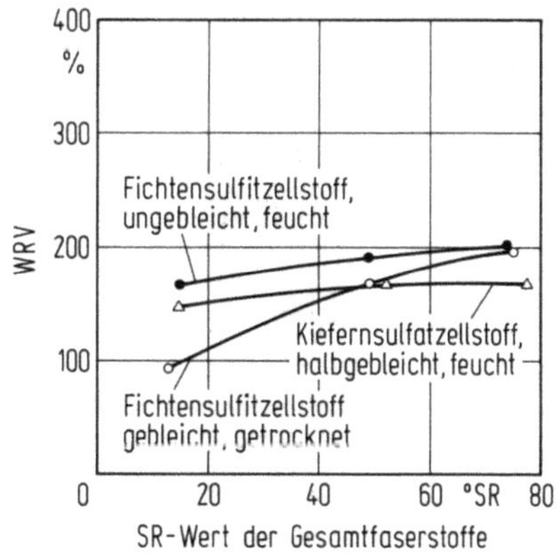

Bild 1.18

Bild 1.17. Entwicklung des WRV-Wertes bei der Mahlung von Zellstoffen: Einfluß auf den Gesamtfaserstoff [3.99]

Bild 1.18. Entwicklung des WRV-Wertes bei der Mahlung von Zellstoff; Einfluß auf die Faserstoffkomponente (rel. Rückstand 0,125) [3.99]

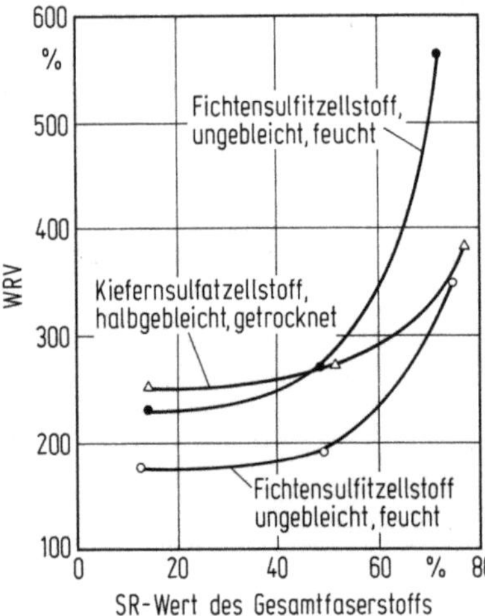

Bild 1.19. Entwicklung des WRV-Wertes bei der Mahlung von Zellstoffen: Einfluß auf den Feinstoff [3.99]

den WRV-Wert untersucht werden können. Die Methoden eignen sich auch, um auf die spezifische Quellbarkeit von ungemahlenem Zellstoff zu schließen [1.187, 1.191].

Ein besonderer Vorteil für die Papierherstellung im Vergleich zu SR und CSF wird darin gesehen, daß über weite Strecken des Mahlzustandes geradlinige Beziehungen zwischen WRV-Werten und verschiedenen Festigkeitswerten bestehen [1.191].

Da bei betrieblichem Einsatz die für die Trocknung der Probe erforderliche Zeit von etwa 4−6 h hinderlich ist, wurden Schnellmethoden [1.176] zur Trockengehaltsbestimmung nach Karl Fischer oder Naßverbrennung mit Dichromat-Schwefelsäure erprobt.

1.9 Laborblattbildung
Preparation of laboratory sheets

1.9.1 Allgemeines

Das Ziel ist, mit Hilfe von Verfahren und Laborapparaturen [1.201] aus Halbstoffen, gegebenenfalls in Mischung mit Papierhilfsmitteln, Füllstoffen oder anderen Substanzen, reproduzierbar Laborblätter herzustellen, die für die Bestimmung von mechanischen, optischen und evtl. von Reinheits-Kennwerten geeignet sind.

Weitere Forderungen richten sich auf gute Reproduzierbarkeit, schnelle, kostengünstige und arbeitserleichternde Ausführbarkeit durch angelerntes Personal sowie auf universelle Einsatzfähigkeit im Schichtbetrieb in Fabriklabors für alle Halbstoffarten [1.203].

Anwendungstechnisch werden Einsatzmöglichkeiten über den Rahmen von Routineprüfaufgaben hinaus für Untersuchungszwecke gewünscht. Beispiele sind:

Aufklärung von Blattbildungsvorgängen, einschließlich Retention von Fein- und Füllstoffen im geschlossenen Kreislaufsystem [1.204–1.207]; Einfluß von Flächenmasse auf Formation und Festigkeitseigenschaften [1.208–1.210]; Preß- und Trocknungsbedingungen [1.211–1.214] neben vielen anderen speziellen Aufgaben.

Die Entwicklung [1.201] führte zu verschiedenen Geräten. Von diesen sind der Rapid-Köthen-Blattbildner [1.202] hauptsächlich in Mitteleuropa und der sogenannte konventionelle Blattbildner in England, Skandinavien und in überseeischen Ländern verbreitet. Diese beiden Prüfverfahren sind international genormt worden. Die Art der Arbeitsfolgeschritte von der Probenvorbereitung bis zur Untersuchung der Laborblätter ist praktisch gleich. Die Unterschiede bestehen in einzelnen Prüfbedingungen, die in der Folge näher zu untersuchen sind.

Zur Simulierung der Blattbildungsvorgänge auf dem Sieb wurden in letzter Zeit verschiedene dynamische Blattbildner entwickelt, die derzeit für Routineprüfungen in Fabriklabors wegen des erheblichen Geräte- und Materialaufwandes nicht in Betracht kommen (s. Abschn. 1.9.7).

1.9.2 Rapid-Köthen-Blattbildner
[ISO 5269/1, DIN 54358/1, ZM V/8, ZM V/10]

Prinzip

Das Gerät besteht aus drei genormten Teilen:
1. Blattbildner zur Herstellung eines nassen Faservlieses,
2. Geräte zur Übertragung dieses Vlieses vom Blattbildungssieb auf den Trockner und
3. Trockner zur Verdichtung und Trocknung der Laborblätter.

Aufbau und Funktion der einzelnen Teile gehen aus Bild 1.20 hervor. Meist ist ein Blattbildner mit einem oder zwei Trocknern in einer Einheit zusammengefaßt. Das Blattbildungssieb besteht aus Nickel-Drahtgewebe mit 60/55 Kett- bzw. Schußfäden pro cm Köperbindung. Die Drahtdicke mißt 0,06 bis 0,065 mm.

Eine von Unger weiterentwickelte RK-Geräteausführung zeichnet sich durch noch größere Bedienungsfreundlichkeit aus.

Herstellung von Laborblättern

Die Füllkammer (F) wird durch Betätigung des Zentralschalthahnes mit filtriertem Wasser gefüllt. Nach Erreichen der 3-l-Marke wird die Probensuspension aus dem Verteilgerät mengengerecht für die herzustellende Flächenmasse entnommen und in die Kammer eingegossen. Bei Erreichen der 6-l-Marke wird auf Durchwirbelung durch Einleiten von Luft durch Betätigung eines Hahnes umgestellt. In der folgenden Hahnstellung wird die Entwässerung eingeleitet. Das durch eine Pumpe erzeugte Vakuum ist durch ein Schnüffelventil auf maximal 270 mbar begrenzt. Nach Verschwinden des Wasserspiegels wird noch 10 s lang Luft durch das Blatt gesaugt. Durch Zurückdrehen des Hahnes wird der Saugkammerunterdruck mit der freien Atmosphäre ausgeglichen. Nach Zurückklappen der Füllkammer wird

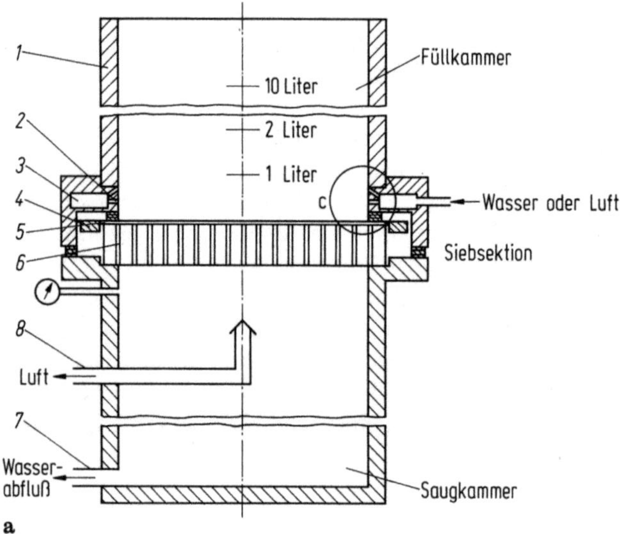

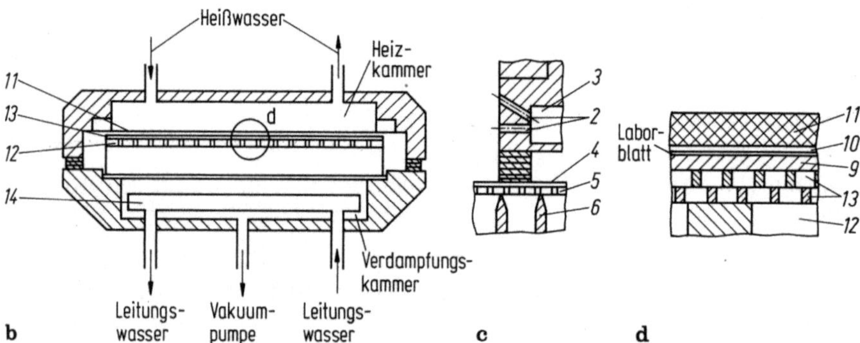

Bild 1.20 a – d. a Rapid-Köthen-Blattbildner mit Blatttrocknungsanlage nach ISO 5289/2, **a** Blatt-bildner; **b** Blatttrocknungsanlage; **c, d** Ausschnittszeichnungen. *1* abflußtransparentes, zylindri-sches Rohr, *2* Reihe von Bohrungen, *3* ringförmiger Hohlraum, *4* Blattbildungssieb, *5* Stützsieb, *6* Leisten, *7* Wasserabfluß, *8* Saugrohr, *9* Trägerkarton, *10* Deckblatt, *11* Gummimembran, *12* Loch-platte, *13* Siebtuch, *14* Kühlkörper

das nasse Faservlies auf einen 200-g/m²-Chromoersatzkarton mit einer 3 kg schweren filzbespannten Eisenrolle durch zweimaliges Hin- und Herrollen ohne Druckeinwirkung abgegautscht, und das Blatt wird vom Sieb durch Abblasen, Ab-ziehen und Abschlagen vorsichtig abgelöst. Es wird ein Deckblatt aus vollgeleim-tem, holzfreiem 60- bis 80-g/m²-Feinpapier aufgelegt und in den mit Wasser be-heizten Trockner eingelegt. Das Blatt wird bei 0,945 mbar in 4 bis 5 min getrock-net.

Der Arbeitsaufwand für die Blattbildung ist durch elektro-pneumatische Steue-rungen automatisiert und die Möglichkeit subjektiver Fehler weitgehend ausge-schlossen.

Durch Kreislaufschaltung für das Rückwasser sind fabrikationsähnliche Bedingungen herstellbar. Diese sind z. B. für Retentionsversuche interessant.

1.9.3 Konventioneller Blattbildner
[ISO 5269/1, SCAN C 26, TAPPI T 205]

Prinzip

Der Gerät besteht aus drei genormten Teilen:
1. Blattbildner mit handbetätigtem Rührer in der Füllkammer,
2. Geräte zur Überführung der Faservliese einschließlich einer 13 kg schwerer Gautschrolle,
3. Presse für Trocknen und Verdichten der Laborblätter und
4. Trockenringe für das Einspannen und Trocknen von gepreßten Laborblättern z. B. im Klimaraum.

Herstellung von Laborblättern

Die Füllkammer wird mit Wasser teilweise gefüllt. Der Zulauf liegt unter dem Blattbildungssieb. Die Faserstoffsuspension mit 1,2 g otro-Stoff in 800 ml Wasser wird zugegeben und der Wasserspiegel durch Auffüllen mit Wasser bis zur oberen Marke gehoben. Ein gelochter Rührer wird zunächst sechsmal von Hand während 6 s gleichmäßig zur Durchmischung auf- und abbewegt. Dies ist nach 10 s zu wiederholen. Nach 10 s Beruhigungsdauer wird ein Ablaufhahn zur Entwässerung der Faserstoffsuspension auf dem Sieb geöffnet. Durch das Fallrohr stellt sich ein maximaler Unterdruck von etwa 80 mbar ein. Eine Saugpumpe ist nicht vorhanden. Die Füllkammer wird zurückgeklappt und zwei Löschblätter sowie eine ebene Messingplatte zentrisch auf das Faservlies auf dem Sieb aufgelegt. Das Vlies wird in eine Presse zur Vortrocknung und Verdichtung übergeführt. (Es werden neuerdings teilautomatisierte Ausführungen [1.212−1.214] für den Blattbildungsteil angeboten [1.215, 1.216]). Dies betrifft z. B. den Ersatz des Handrührers durch eine Luftdüse zur Durchwirbelung der Stoffsuspension in der Füllkammer, Schließung des Entwässerungsventils nach Ablauf der Beruhigungszeit und Abgautschen des Laborblattes vom Sieb nach Auflegen von zwei Löschblättern und einer Stahlplatte. Diese wird mit einem Druck pneumatisch angepreßt, der dem Anpreßdruck einer 13-kg-Gautschrolle entspricht. Die Entwässerungszeit wird automatisch gemessen. Die halbautomatische Geräteausführung ist nicht Bestandteil von ISO 5269/1.

1.9.4 Vergleich der beiden Blattbildungsverfahren
[vgl. 208]

Verfahrenstechnische Unterschiede

Unterschiede bestehen in Form und Format der Laborblätter:

- Rapid-Köthen: runde Laborblätter mit 20 cm Durchmesser und vorzugsweise 75 g/m^2 Flächenmasse, wahlweise auch 60, 80, 120 und 140 g/m^2 je nach Verwendungszweck;
- konventioneller Blattbildner: viereckige oder runde Laborblätter verschiedenen Formats und vorzugsweise 60 g/m^2 Flächenmasse, wahlweise auch höher.

Bei der Gautschrolle bestehen Unterschiede im Gewicht von 3 kg gegenüber 13 kg und in der Anzahl und der Dauer der Rollbewegungen. Beim konventionellen Verfahren wird das Vlies von der Messingplatte abgenommen, auf eine polierte, verchromte Messingplatte gelegt und mit einem Löschblatt abgedeckt. Nach dem Füllen der Presse mit sieben Laborblättern wird diese mit Hilfe eines mit vier Flügelmuttern befestigten Pressendeckels geschlossen. Ein Preßdruck von 3,5 kg/cm^2 wird innerhalb von 30 s durch Betätigung einer Handpumpe aufgebracht und 5 min gehalten. Nach der ersten Pressung werden die feuchten Löschblätter durch trockene ersetzt und nochmals 2 min gepreßt. Anschließend werden die Hochglanzplatten mit dem darauf befindlichen Laborblatt in Trockenringe eingelegt und z. B. in einem Windkanal bei 20 °C/50% rel. Luftfeuchte klimatisiert.

Arbeitstechnische Unterschiede [1.208]

Ein Vergleich der Blattbildungsverfahren zeigt folgende Unterschiede (Tabelle 1.3):

Personeller Aufwand. Die Möglichkeiten subjektiver Fehler sind bei der RK-Methode durch einen etwas höheren apparativen Aufwand weitgehend ausgeschaltet. Im Gegensatz dazu sind beim konventionellen Verfahren potentiell durch die Rührung der Stoffsuspension von Hand Ermüdungsgefahren, durch Abgautschen mit einer 13 kg schweren Gautschwalze zusätzlich Unfallgefahren, besonders bei weiblichem Personal, sowie durch das zweimalige Einlegen der Blätter in eine Presse und die Trocknung der Blätter an Luft mehr Fehlermöglichkeiten gegeben.

Arbeitsfluß. Dadurch, daß jeweils sieben Laborblätter in der Presse gesammelt werden müssen, ist der Betrieb bei der konventionellen Methode arhythmisch. Die Ausbringungsleistung an Laborblättern ist beim RK-Verfahren höher. Die Entwässerungsdauer ist i. allg. beim konventionellen Verfahren länger und hängt infolge des schwächeren Unterdrucks stärker als beim RK-Verfahren vom Mahlungszustand der Probe ab.

Körperliche Beanspruchung. Die körperliche und die geistige Beanspruchung für das Bedienungspersonal sind bei der RK-Methode durch Automatisierung und eine kleinere Anzahl von leichter ausführbaren Handgriffen geringer.

Hilfsmittel. Der Aufwand für Löschblätter ist bei der konventionellen Methode etwa dreimal höher, der Energiebedarf aber geringer als beim RK-Verfahren. Das RK-Gerät erfordert mehr Wartung als der konventionelle Blattbildner ohne Teilautomatisierung.

Tabelle 1.3. Vergleich der Blattbildungsverfahren

Rapid Köthen-Methode	TAPPI-Methode
Suspension	einfüllen
1 l mit 0,24% Stoffdichte = 2,4 g Stoff	0,8 l mit 0,15% Stoffdichte = 1,2 g Stoff

↓

Füllkammer	
Material: Kunstglas Höhe: 224 mm für 7-l-Marke Wasserzulauf: *über* dem Sieb durch Pumpe Mischen durch: Druckluft	Messing 350 mm für 7-l-Marke *unter* dem Sieb durch Leitungsdruck Handrührer

↓

Sieb	
Maschen/cm: 60/55 Siebplatte: parallele Stege 12 mm Abstand aus: 2-mm-Blech	60/60 quadratische Öffnungen 9,5 × 9,5 mm Durchmesser gegossen

↓

Saugen	
durch: Pumpe max. Vakuum: 266 mbar	Fallrohr 78,2 mbar

↓

Abgautschen des nassen Faservlieses	
durch: 1 Chromoersatzkarton Träger: ohne	2 Löschblätter Messingplatte

↓

Naßpressen	
durch: Filzmantelwalze Masse: 3 kg Abrollung: 2×	Messingwalze 13 kg 5× hin und her

↓

Tabelle 1.3. Fortsetzung

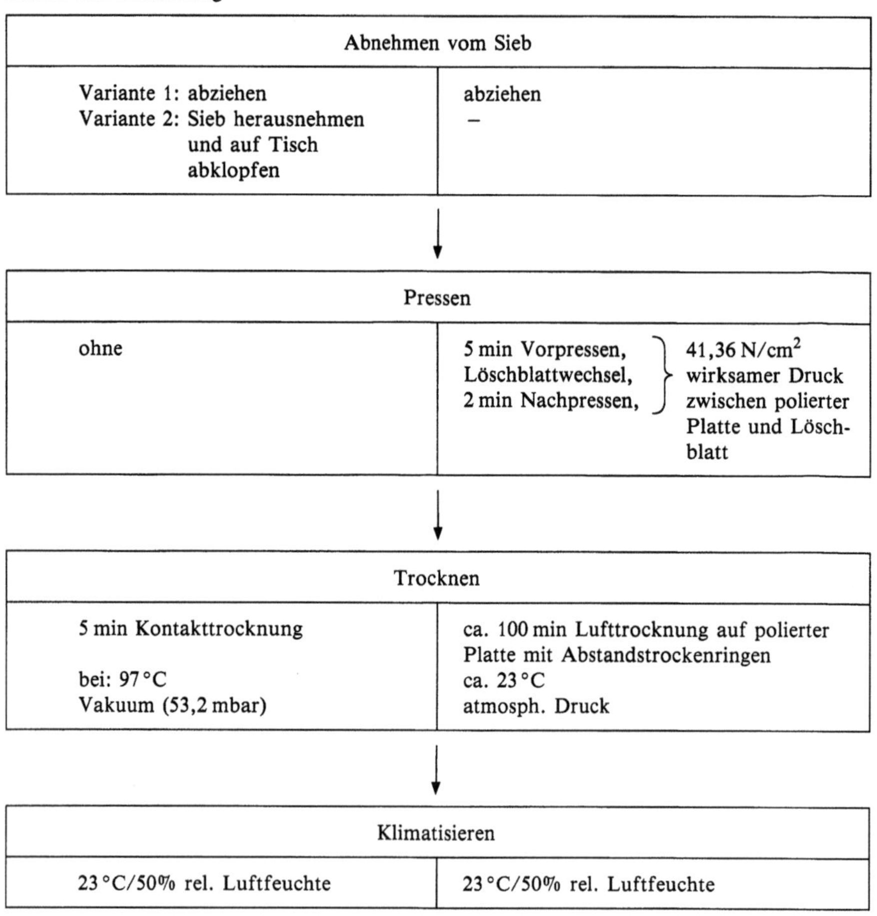

1.9.5 Vergleich der Laborblatteigenschaften

Unterschiede sind bei folgenden Kriterien vorhanden:

	RK-Verfahren	konvent. Verfahren
Unterdruck bei Entwässerung	höher	niedriger
vorgeschriebene Flächenmasse	$75\ \text{g/m}^2$	$60\ \text{g/m}^2$
Flächenpressung	niedriger	höher
Trocknung	97 °C (Vakuum)	23 °C/50% rel. LF
Schrumpfungsbehinderung der Laborblätter beim Trocknen	stärker	schwächer

Tabelle 1.4a. Eigenschaftsvergleich von Blättern, hergestellt nach der TAPPI-Methode ~65 g/m² (lutro) und nach der RK-Methode mit ~80 g/m² (lutro) für 3 Papierhalbstoffe [1.208]

Versuchsstoff	Gebl. Kiefer-Sulfat von 55 SR		Gebl. Strohzell-stoff von 50 SR		Holzschliff von 65,5 SR	
Blattbildner	A*	B**	A*	B**	A*	B**
Blattgewicht (g)	2,549	1,318	2,552	1,316	2,578	1,323
Flächengewicht (lutro) (g/m²)	79,7	65,9	79,3	65,8	79,3	66,2
Dicke (mm)	0,110	0,086	0,108	0,078	0,200	0,143
Raumgewicht (g/dm³)	725	766	739	844	397	463
Bruchlast (kg)	9,44	8,00	6,78	5,67	2,95	2,59
Reißlänge (m)	7920	8198	5718	5898	2478	2678
Dehnung (%)	4,2	4,3	3,5	3,6	1,7	2,0
Weiterreißarbeit (cmg/cm)	204	167	73	63	65	49
Weiterreißarbeit bei 75 g otro/m² (cmg/cm)	204	209	73	79	65	61
Berstdruck abs. (kg/cm²)	6,26	5,10	3,43	2,81	1,45	1,28
Berstdruck rel. (kg/cm²)	7,85	7,74	4,30	4,27	1,83	1,93
Luftdurchlässigkeit nach Bendtsen (cm³/min)	21	19	40	28	354	212

A* = RK-Methode
B** = TAPPI-Blattbildner ohne Pressung, im RK getrocknet

Tabelle 1.4b. Eigenschaftsvergleich von Blättern gleichen Flächengewichtes (70 g/m²) nach der TAPPI-Methode, jedoch ohne Pressung, mit Trocknung im RK und nach der RK-Methode für 2 Halbstoffe [1.208]

Versuchstoff	Gebl. Strohzellstoff von 50° SR		Holzschliff von 65,5° SR	
Blattbildner	A*	B**	A*	B**
Blattgewicht (g)	2,240	1,401	2,207	1,410
Flächengewicht (lutro) (g/m²)	70,0	70,1	69,0	70,5
Dicke (mm)	0,095	0,099	0,174	0,181
Raumgewicht (g/dm³)	738	703	398	390
Bruchlast (kg)	6,23	6,13	2,58	2,69
Reißlänge (m)	5835	5955	2485	2580
Dehnung (%)	3,3	3,1	1,5	1,6
Weiterreißarbeit (cmg/cm)	65	57	57	55
Berstdruck abs. (kg/cm²)	3,18	3,04	1,39	1,26
Berstdruck rel. (kg/cm²)	4,54	4,34	1,97	1,79
Luftdurchlässigkeit nach Bendtsen (cm³/min)	53	48	418	362

*A = RK-Methode
**B = TAPPI-Blattbildner ohne Pressung, im RK getrocknet

Infolge der unterschiedlichen Blattbildungsverfahren erhalten die RK-Laborblätter ein etwas niedrigeres Raumgewicht (Tabellen 1.4a, b und Bilder 1.21 und 1.22), wodurch Reißlänge und Dehnung ebenfalls etwas niedriger ausfallen. Dagegen treten in bezug auf Berstwiderstand und Weiterreißwiderstand keine deutlichen Tendenzen auf.

Vergleichende Untersuchungen über den Einfluß des Naßpressens [1.218] liessen einheitliche Zusammenhänge zwischen elastischen Eigenschaften und Lichtstreukoeffizienten einerseits und zwischen verschiedenen Festigkeitseigenschaften andererseits erkennen.

Die Schrumpfung der Blätter während der Trocknung beeinflußt stark die dynamischen Festigkeitseigenschaften. Es wurden Steigerungen von 22 bis 96% gefunden. Durch Bleiche wird sowohl die Schrumpfungsfähigkeit als auch die dynamische Festigkeit erhöht, während keine Beziehungen zum Hemicellulosegehalt nachgewiesen wurden [1.209].

Hinsichtlich des Blattgewichts bei der konventionellen Methode wird eine Verringerung der Fehlergrenze oder eine Erhöhung des Blattgewichts von 60 auf 120 g/m^2 gefordert [1.210].

Aus vergleichenden Untersuchungen an Blattbildnern wird die Schlußfolgerung gezogen, daß mehr die Blattbildungsbedingungen als die Blattbildungsapparaturen die Eigenschaften von Laborblättern beeinflussen [1.217].

1.9.6 Laborblattherstellung für optische Untersuchungen
[ZM V/19, TAPPI T 218]

Laborblätter, die mittels der beschriebenen Blattbildner hergestellt wurden, erfüllen nicht die Reinheitsansprüche für optische Untersuchungen [1.218−1.221].

Für diese Zwecke wird z. B. die Herstellung von Laborblättern einer Flächenmasse von 200 g/m^2, d. h. eines Einzelblattgewichtes von 4 g, durch Abfiltrieren von 1-l-Stoffsuspension auf einer Porzellannutsche von 16 cm Durchmesser über einem Filtrierpapier empfohlen. Zur praktischen Ausführung sollen vom Standard-Aufschlaggerät eine Zellstoffmenge, die 8 g Trockensubstanz entspricht, abgenommen und daraus zwei Blätter hergestellt werden. Die zwei Laborblätter pro Probe gestatten acht Messungen an der Blattoberseite.

Die Blätter werden, noch auf der Nutsche liegend, mit einem Rundfilter von 18,5 cm Durchmesser abgedeckt, der Nutsche entnommen und nach Auflegen von je einem Löschkarton und einer Preßplatte auf beide Seiten in einer Laborpresse mit 4,2 kg/m^2 Anpreßdruck 5 min gepreßt. Das Laborblatt wird, ohne die Rundfilter abzunehmen, in Trockenringe gespannt und im Klimaraum bei 23 °C/50% relative Luftfeuchte oder in einem Windkanal getrocknet.

1.9.7 Dynamische Blattbildner

Die Aufgabe derartiger Geräte ist, die dynamischen Blattbildungsvorgänge in Produktionsmaschinen zu simulieren. Man benutzt sie hauptsächlich für die Untersu-

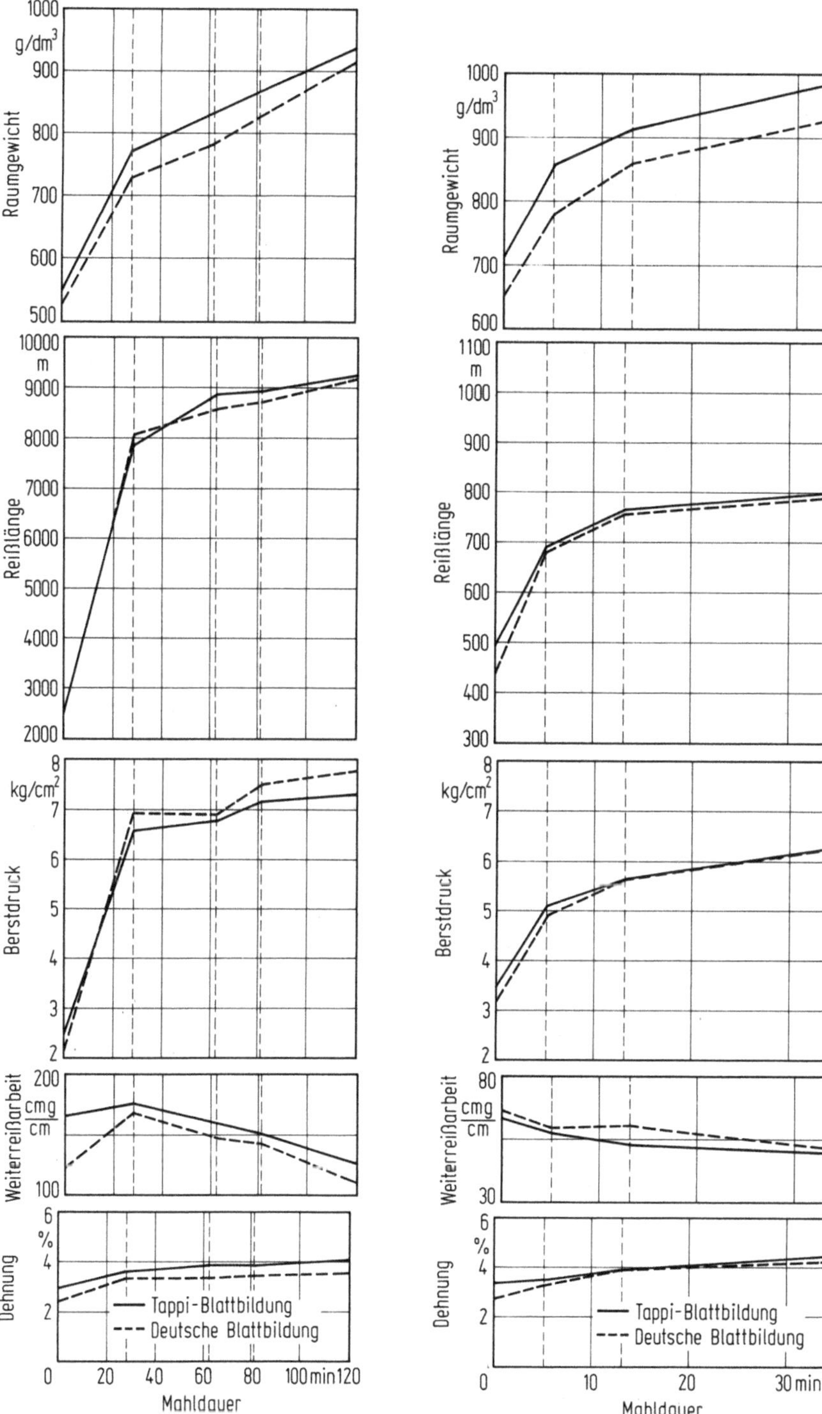

Bild 1.21. Eigenschaften der nach beiden Verfahren gebildeten Laborblätter mit Flächengewicht 70 g/m² für die Jokromahlung eines gebleichten Kiefern-Sulfat-Zellstoffes [1.208]

Bild 1.22. Eigenschaften der nach beiden Verfahren gebildeten Laborblätter mit Flächengewicht 70 g/m² für die Jokromahlung eines gebleichten Strohzellstoffes [1.208]

chung der Einflüsse von Prozeßvariablen wie Ganzstoffzusammensetzung, Stoffdichte, Flächenmasse, Retention, Hilfsmittel, Siebstrukturen, Siebmaterialien und Siebbespannung, Entwässerungsmechanismen und deren Beeinflussung durch Saugelemente verschiedener Konstruktion, Stoffauflaufkonstruktion einschließlich Geschwindigkeitsunterschieden zwischen Stoffstrahl und Siebgeschwindigkeit. Außerdem erfaßt man die Einflüsse der Anisotropie der Blattstruktur auf Papiereigenschaften. Für diesen Zweck sind verschiedene Apparaturen entwickelt worden [1.222 – 1.226]. Größere Versuchsanlagen sind für Routineprüfzwecke bisher noch wenig geeignet. Diese interessieren für Aufgaben, bei denen es z. B. darauf ankommt, anisotrope Papiere herzustellen, die maschinell hergestellten Papieren möglichst weitgehend entsprechen und die eine hohe Blattbildungs- und Entwässerungsgeschwindigkeit erfordern. An zwei Beispielen sollen die wichtigsten Prinzipien dargestellt werden:

a) Bei der „Formette Dynamique" [1.227, 1.228] des Centre Technique, Frankreich, handelt es sich um einen Zentrifugalblattbildner. Der Ganzstoffstrom trifft aus einer Stoffdüse tangential auf eine vertikale Siebtrommel zur Entwässerung auf. Die Drehzahl der Trommel beträgt 1500 min^{-1} oder mehr. Die Bahnen einer Abmessung von 80 cm × 14 cm werden der Trommel entnommen.

b) Beim dynamischen Blattbildner von STFI, Stockholm, [1.229 – 1.231] wird ein Stoffauflauf über ein auf einen Vakuumsaugkasten montiertes, stationäres Sieb mit Geschwindigkeiten bis zu 1250 m/min geführt. Das Gerät wurde erfolgreich zur Lösung von Betriebsproblemen, wie Siebmarkierungen, Nadellöcher, Spaltneigung und Siebbespannungsfragen eingesetzt [1.232, 1.232a]. Die Anforderungen zum laboratoriumsmäßigen Herstellen von orientierten Blättern und Bahnen wurden in [1.233] zusammengefaßt.

Derartige Versuchsanlagen stellen ein Bindeglied zwischen den einfachen Blattbildnern und Versuchspapiermaschinen dar.

1.10 Prüfung der Laborblätter
Testing of laboratory sheets
[ISO 5270, SCAN C 28, TAPPI T 220, ZM V/10, V/11]

Die Laborblätter werden entsprechend den Prüfvorschriften für Papier geprüft; [ZM V/14], s. a. die Ausführungen in Band 4. Folgende Besonderheiten sind zu beachten.

1.10.1 Klimatisierung
[ISO 187, DIN ISO 187, SCAN P 2, TAPPI T 402, ZM V/10]

Für die Klimatisierung wird vorzugsweise das Normalklima 23/50 [DIN 50014] eingesetzt. Bei der konventionellen Methode erübrigt sich diese Maßnahme.

1.10.2 Flächenmasse
[ISO 536, DIN ISO 536, SCAN P 6, TAPPI T 410, ZM V/11]

Das ungeschnittene, klimatisierte Laborblatt wird auf 0,01 g genau gewogen. Es werden vier Blätter geprüft. Die Einzeldaten und der Mittelwert der vier Blätter sind auf 0,5 g/m^2 zu runden.

1.10.3 Dicke und Rohdichte
[ISO 534, DIN 53 105/1, SCAN P 7, TAPPI T 411, ZM V/11]

Die Dickenmessung von Laborblättern wird am Einzelblatt und nicht am Stapel aus mehreren Blätter vorgenommen. Prüfbedingungen sind: Prüffläche 200 mm^2, Flächendruck 100 kPa und Probenanzahl mindestens zehn Proben. Zehn Einzelmessungen von fünf Blättern bilden den Mittelwert. Dieser ist auf 0,001 mm abzurunden.

Aus der Probendicke und der Flächenmasse sind die Rohdichte und das spezifische Volumen zu errechnen:

Rohdichte ϱ_r = Flächenmasse/Dickenmittelwert   (g/cm^3)

Spezifisches Volumen = 1 l/Rohdichte bzw.   (cm^3/g)

                      = Rohdichte/Flächenmasse.

1.10.4 Aufteilung der Laborblätter
[ZM V/10]

Von einer Serie von fünf RK-Blättern werden vier RK-Blätter zweckmäßig für Festigkeitsprüfungen nach Bild 1.23 aufgeteilt. Das fünfte Blatt bleibt in Reserve.

1.10.5 Trockengehalt
[ISO 287, DIN ISO 287, SCAN P 4, TAPPI T 412, UM 447, 448, 449, 452, ZM V/11]

Die bei der Zugfestigkeitsprüfung zwischen den Einspannklemmen abgeschnittenen und gewogenen Streifen werden zur Trockengehaltsbestimmung verwendet.

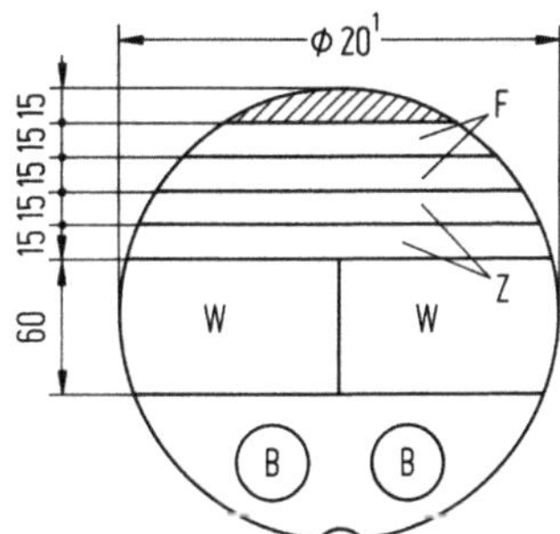

Bild 1.23. Aufteilen der Rapid-Köthen-Laborblätter für Festigkeitsprüfungen. Quelle: Zellcheming-Merkblatt V/10. *Z* Streifen für die Zugfestigkeitsprüfung, *W* Proben für die Bestimmung der Weiterreißfestigkeit, *F* Falzversuch, *B* Berstversuch

1.10.6 Bruchkraft, Bruchdehnung, Reißlänge
[ISO 1924, DIN 53112/1, 2, SCAN M 8, TAPPI T 404, 457, UM 448, ZM V/12]

In Abweichung zu verschiedenen Prüfvorschriften beträgt die Einspannlänge 100 mm. Die Zeitspanne vom Beginn der Beanspruchung bis zum Bruch der Probe soll (20 ± 5) s betragen. Die Streifenbreite beträgt $(15\pm0,1)$ mm. Die Bruchkraft ist in N abzulesen. Falls die Reißlänge mit Hilfe der Streifengewichte der Probe berechnet werden soll, sind die nach dem Bruch verbleibenden zwei Probestücke zwischen den Einspannklemmen abzuschneiden und deren Gewicht je Probe auf 0,001 g zu bestimmen. Die Bruchdehnung ist anzugeben.

$$\text{Reißlänge: } R = 10^3\,\frac{F_B}{m_A\,b\,g}\;(\text{km})$$

$$= 10^{-3}\,\frac{F_B\,L_0}{m\,g}\;.$$

Es bedeuten:
F_b Bruchkraft der Probe in N,
m Masse der Probe innerhalb der Einspannlänge,
m_A Flächenmasse in g/m^2,
b Breite des Probenstreifens in mm,
L_0 freie Einspannlänge der Probe in mm,
g $9,812\,m/s^2$.

1.10.7 Weiterreißarbeit nach Brecht-Imset
[ZM V/12, vgl. ISO 1974, TAPPI T 220, T 414]

Es werden mit dem Brecht-Imset-Gerät acht Proben aus vier Blättern untersucht. Das Meßergebnis wird in $\dfrac{\text{mN}}{\text{m}} = (\text{mN})$ angegeben.

1.10.8 Berstfestigkeit
[ISO 2758, (2759), DIN ISO 2758, TAPPI T 403, ZM V/12]

Die Drucksteigerung wird auf 1,3 kp/s (12,74 N/s) eingestellt. Die Blätter sind mit der Siebseite nach oben mit einer Fläche von $10\,cm^2$ einzuspannen. Aus sechs auf $0,01\,kp/m^2$ $(0,98\,N/m^2)$ abgelesenen Meßwerten wird das Mittel gebildet und auf $0,1\,m^2$ abgerundet.

1.10.9 Falzwiderstand
[TAPPI T 220, T 511 (mit MIT-Folding-Tester), ZM V/12 (Schopper-Falzer)]

Es sind zwei Streifen von vier Blättern zu prüfen. Bei Falzzahlen <2000 genügt die Untersuchung nur eines Streifens je Blatt.

1.10.10 Bestimmung optischer Eigenschaften
(Prüfnormen s. Bd. 2, Teil C)

Für die Prüfung von Zellstoffen interessieren hauptsächlich der Reflexionsfaktor (Weißgrad) sowie der Lichtstreukoeffizient. In Einzelfällen sind auch weitere optische Eigenschaften wie Farbort, Opazität und Transparenz gefragt. Zur Prüfung sind die nach Abschn. 1.9.6 hergestellen Laborblätter zu verwenden.

Die je Probe hergestellten zwei Blätter sind zu vierteln, je Viertel ist eine Messung nach den Methoden der optischen Papierprüfung durchzuführen (s. Bd. 2, Teil C).

1.10.11 Bestimmung der Reinheit
[ISO 5350/1, 2, DIN 54362/1, TAPPI T 213, T 413, UM 239, UM 443]

Die auf Blattbildnern (s. Abschn. 1.9.2; 1.9.3 oder 1.9.5) hergestellten Laborblätter werden durch Tränkung mit Olivenöl oder Paraffinöl lichtdurchlässig gemacht. Mit Hilfe einer transparenten Vergleichstafel werden im Auflicht die Schmutzpunkte und die Splitter ausgezählt und je nach Fläche in fünf Gruppen eingeteilt:
Gruppe 1: $>5,00\,\mathrm{mm}^2$,
Gruppe 2: $1,00\ldots4,99\,\mathrm{mm}^2$,
Gruppe 3: $0,40\ldots0,99\,\mathrm{mm}^2$,
Gruppe 4: $0,15\ldots0,39\,\mathrm{mm}^2$,
Gruppe 5: $0,04\ldots0,14\,\mathrm{mm}^2$.

Bei gebleichtem Zellstoff sind zehn und bei ungebleichtem Zellstoff fünf Laborblätter auszuzählen. Beträgt die Gesamtzahl der Schmutz- und Splitteranteile $\lesssim 2$ je Blatt, ist die Anzahl der zu untersuchenden Blätter aus einer weiteren Probenahme aus der Sendung zu verdoppeln. Der Gehalt an Schmutz und Splittern, ausgedrückt in 100 Flecken je kg Zellstoff, wird angegeben.

In der Prüfvorschrift nach DIN 54362 wird die Genauigkeit der Flecken-Auszählung durch den Zusammenhang zwischen der Anzahl der geprüften Laborblätter und dem durchschnittlichen Gesamtfehler angegeben.

Zur Erleichterung der langwierigen Durchführung derartiger Untersuchungen dienen optoelektronische Meßgeräte. Diese ermöglichen, einen wesentlich größeren Probenumfang zu untersuchen, automatische Kalibrierungen über einen breiten Weißgradbereich der Proben zur besseren Erkennung von Flecken durchzuführen und die Meßwerte stärker zu klassieren. Die Geräte haben vor allem Eingang für die Prozeßkontrolle von Deinkingsanlagen gefunden (s. Abschn. 3.7.6). Es können Teilchen mit Durchmessern $>50\,\mu\mathrm{m}$ erkannt werden [1.234].

1.11 Bestimmung der Eigenfestigkeit von Zellstoffasern
Determination of strength properties of single fibers

Es wird die Vorstellung [1.234–1.249] diskutiert, daß die Eigenschaften der Einzelfaser, insbesondere ihre Eigenfestigkeit, für die Ausbildung der Gefügefestigkeit des fertigen Papierblattes maßgebend sind. Daraus wird gefolgert, daß aus den Fasereigenfestigkeiten das potentielle Blattbildungsvermögen im Verhältnis zu erreichbaren Blatteigenschaften beurteilt werden kann [1.235]. Für derartige Zwecke interessiert die Untersuchung von Einzelfasern [1.235]. Der praktischen Durchführung stehen Schwierigkeiten entgegen: Die Hantierung einzelner Fasern mit Faserlängen von durchschnittlich 2,8 mm bei Nadelhölzern und etwa 1 mm bei Laubhölzern sowie bei Einjahrespflanzen erfordert subtile Techniken [1.236, 1.239–1.247] (Tabellen 1.5 und 1.6). Die bei diesem biologischen Material anzutreffenden großen Streuungen bedingen die Untersuchung einer großen Anzahl von Fasern. Dabei ist zu bedenken, daß 1 g Fichtenholzsulfitzellstoff etwa 3 Mio. Fasern/g und ein Laubholzzellstoff bis zu 16 Mio. Fasern/g enthalten kann. Diese Unterschiede hängen mit den vom Faserrohstoff gegebenen Faserlängen und Faserlängenverteilungen zusammen [1.2]. Es gibt auch einige Baumarten und Pflanzenarten mit wesentlich größeren Faserlängen bis etwa 6 mm, abgesehen von noch längeren Samenhaaren einiger Pflanzen, die aber nur sehr selten als Papierhalbstoffe eingesetzt werden. Die Faserlänge sowie die übrigen Faserabmessungen (Tabellen 1.5 und 1.6) gehören daher zu den beherrschenden Einflußparametern bei der Verwendung in der Papierfabrikation [1.250–1.253]. Daraus erklären sich die prinzipiellen Unterschiede papiertechnologischer Eigenschaften von Nadelholz- und Laubholzzellstoffen.

Tabelle 1.5. Faserabmessungen, Faserfeinheiten, spezifische Fasermassen und Zellarten in einigen Nadelholzarten [1.302]

	Skandinavische Kiefer	Loblolly-Kiefer	Fichte
Faserlänge – Mittelwert, (Bereich) (mm)			
	2,6 (0,8···4,6)	3,4 (1,1···6,0)	3,1 (0,8···5,5)
Faserbreite – Mittelwert, (Bereich) (μm)			
– Frühholz	54 (36···70)	45	51 (18···40)
– Spätholz	34 (27···40)	35	32 (38···62)
Zellwanddicke (μm)			
– Frühholz	3,5 (1,5···7)		4 (1,5···7)
– Spätholz	8,5 (6···16)		7 (6···12)
Verhältnis Zellwanddicke/Faserbreite			
– Frühholz	0,065		0,078
– Spätholz	0,25		0,22
Massenbezogene Faserlängeneinheit (mg/m)			
	0,17	≙ 0,26	0,17
Faseranzahl pro g Zellstoff (Mio)			
	2,5	1	2
Zellartenanteil (%)			
– Tracheiden	93		95
– Tracheen	–	–	
– Parenchymzellen	7		5

Tabelle 1.6. Faserabmessungen, Faserfeinheiten, spezifische Fasermassen und Zellarten in einigen Laubholzarten, aus [1.302]

	Birke	Buche	Eukalyptus	Gmelina
Faserlänge – Mittelwert (Bereich) (mm)	1,2 (0,5···2,2)	0,9 (0,4···1,7)	0,9 (0,3···1,5)	1,1 (0,5···2,1)
Faserbreite – Mittelwert (Bereich) (μm)	24 (14···34)	22 (14···30)	19 (10···28)	27
Zellwanddicke – Mittelwert (μm)	5	4,5	4	3
Verhältnis Zellwanddicke/ Faserbreite	0,21	0,20	0,21	0,11
Massenbezogene Faserlängeneinheit (mg/m)	0,10	0,07	0,08	0,10
Faserzahl pro g Zellstoff (Mio)	10	16	14	10
Zellartenanteil (%)				
– Libriformfasern	65	37	65	76
– Tracheen	25	31	17	13
– Parenchymzellen	10	32	18	11

Dies kommt in einem höheren Zugfestigkeitsindex für Nadelholz-Sulfatzellstoffe im Vergleich zu Laubholz-Sulfatzellstoffen in Abhängigkeit vom spezifischen Mahlenergiebedarf zum Ausdruck (Bilder 1.24a und 1.24b).

Der Weiterreißindex von Nadelholzzellstoffen in Abhängigkeit vom Zugfestigkeitsindex erreicht über einen weiten Bereich der spezifischen Mahlkantenbelastung höhere Werte, als dies bei Laubholzzellstoffen der Fall ist (Bilder 1.24c und 1.24d). Die Lichtstreukoeffizienten als Funktion des Zugfestigkeitsindexes liegen dagegen bei Laubholzzellstoffen etwas höher als bei Nadelholzzellstoffen (Bilder 1.25a und 1.25b). Die Vorzüge des Nadelholzsulfatzellstoffs liegen in einem vergleichsweise höheren Zugfestigkeitsindex, bezogen auf die Mahldauer (Bild 1.25c), und die Vorzüge des Laubholzsulfatstoffs liegen in einer höheren Glätte (Bild 1.25d). Von einem mittleren Raumgewicht der Laborblätter ab korrelieren Reißlänge, Bruchdehnung, initiale Naßfestigkeit und vor allem der Weiterreißwiderstand direkt mit der Faserlänge.

Überlagerungen durch faserindividuelle Beschaffenheit und durch topochemische und topomorphologische Unterschiede im Mikrobereich sind für die Faserbindung einflußreich. Sulfatzellstoffe aus z. B. finnischer Kiefer zeigen eine unterschiedliche Mahlentwicklung in bezug auf die Ausbildung von Zugfestigkeit (Bild 1.26a) und Weiterreißwiderstand (Bild 1.26b) im Vergleich zu entsprechenden Zellstoffen aus Kiefern der Südstaaten oder der pazifischen nordamerikanischen Westküste der USA.

Die morphologischen Einflüsse kommen z. B. auch in dem höheren Festigkeitspotential von intrinsisch feucht verarbeiteten Zellstoffen (Bild 1.27) zum Ausdruck. Aus derartigen Proben hergestellte Blätter erreichen beachtlich höhere Weiterreißindices (Bild 1.27a) und Zugfestigkeitsindices (Bild 1.27b) als Blätter aus Zellstoffen der gleichen Art, die vor der Blattbildung getrocknet worden sind. Die Beob-

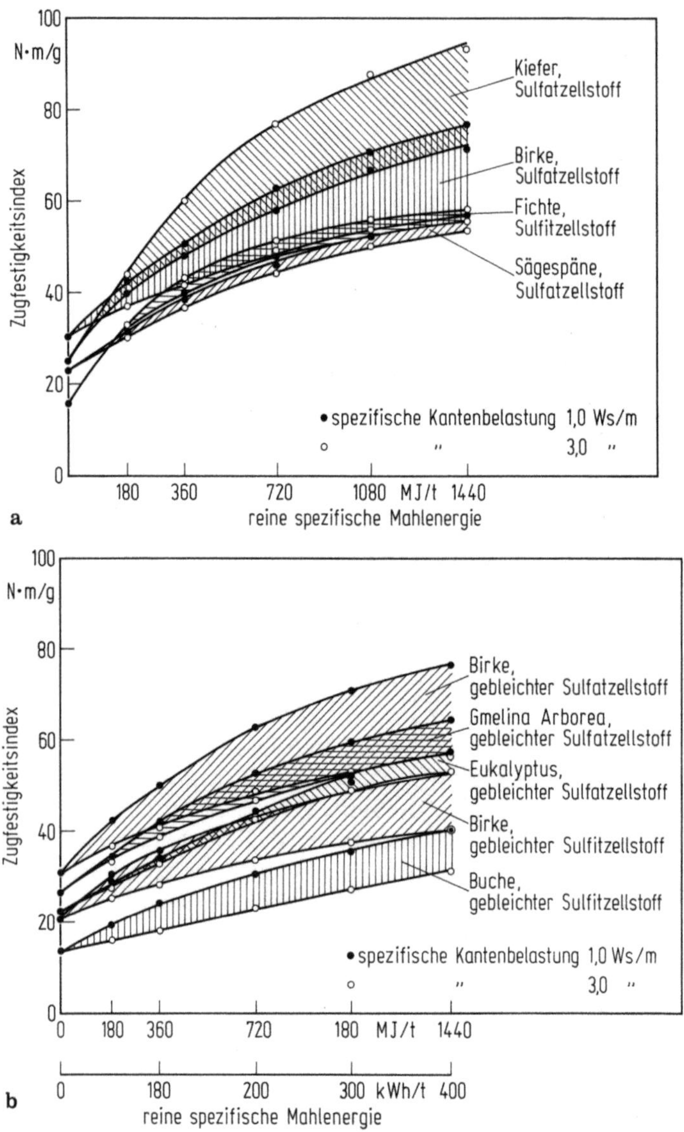

Bild 1.24a, b. Papiertechnologische Kennzahlen für einige Sulfatzellstoffe aus Nadel- und aus Laubhölzern. **a** Wendelholz-Sulfatzellstoffe; **b** Laubholz-Sulfatzellstoffe [1.302]

achtungen zeigen, wie wichtig die Kontrolle der Faserabmessungen und die Erhaltung des nativen Faserzustandes für das Papiermachen sind. Methoden zur Messung der Einzelfaserlänge und der Faserlängenverteilung erreichten durch optoelektronische Geräte Eingang für Betriebskontrollzwecke insbesondere in holzstoff- und auch altpapierverarbeitenden Papierfabriken [1.254, 1.67 – 1.71]. Das Verhältnis von Länge zu Durchmesser einer Faser (Felting-Koeffizient) ist

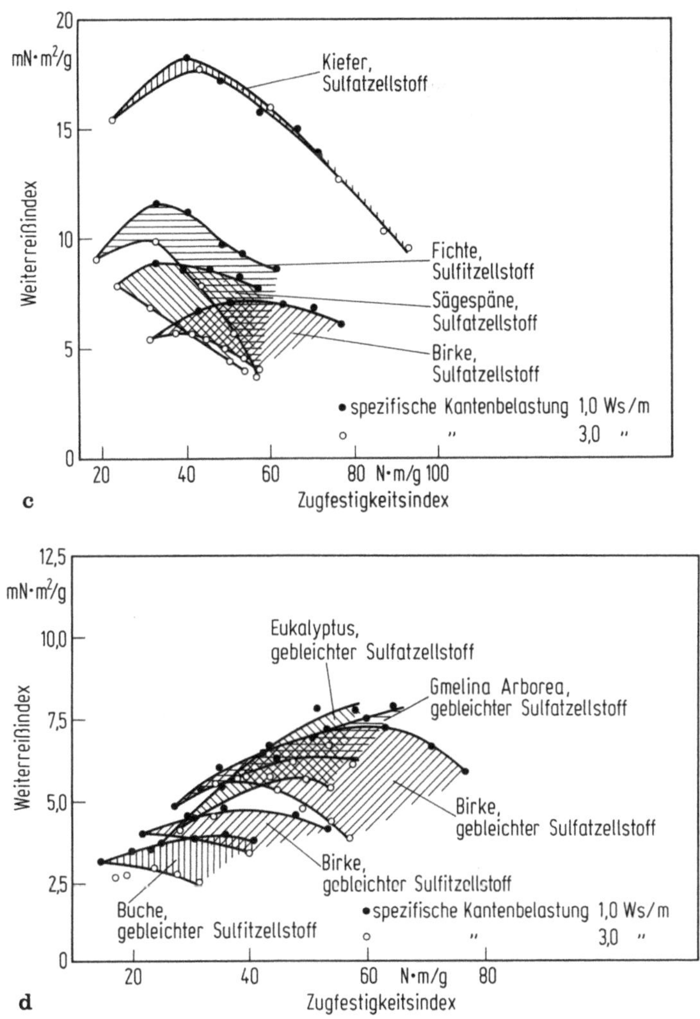

Bild 1.24 c, d. Papiertechnologische Kennzahlen für einige Sulfatzellstoffe aus Nadel- und aus Laubhölzern. **c** Wendelholz-Sulfatzellstoffe; **d** Laubholz-Sulfatzellstoffe [1.302]

nicht geeignet, die Papiereigenschaften vorauszusagen [1.255]. Das Verhältnis wird als empirisch bezeichnet; es wird auch durch die Mahlung beeinflußt. Der micellare Spiralwinkel übt bei Fasermaterial, das unter gleichen Bedingungen aufgeschlossen wurde, keinen Einfluß auf Berstwiderstand und Reißlänge aus. Ein Zellstoff mit einem micellaren Spiralwinkel von 37° im Vergleich zu einem Zellstoff mit einem Winkel von 5,5° erbrachte eine höhere Dehnung.

Die Fortreißfestigkeiten verhielten sich analog, jedoch beeinflußten die verschieden auftretenden Schälzonen den Effekt. Zwischen Früh- und Spätholzfasern von Nadelhölzern bestehen markante Unterschiede [1.258]. Die Reißfestigkeit und

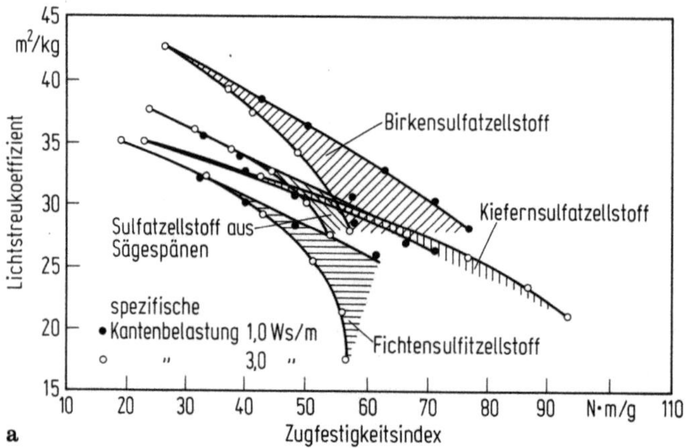

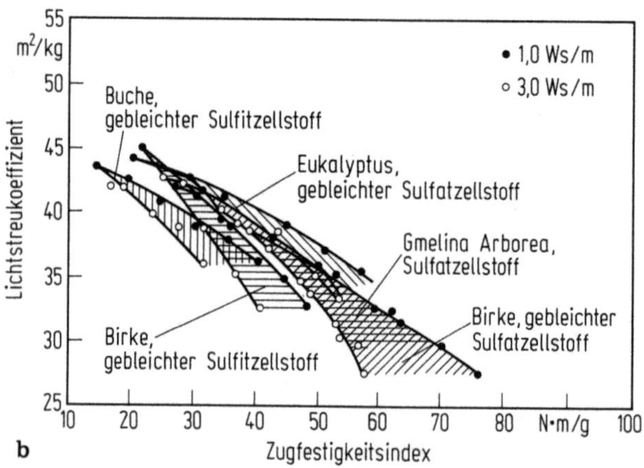

Bild 1.25 a, b. Papiertechnologische Kennzahlen für einige Sulfatzellstoffe aus Nadel- und aus Laubhölzern. **a** Wendelholz-Sulfatzellstoffe; **b** Laubholz-Sulfatzellstoffe [1.302]

der E-Modul sind bei Spätholzfasern etwa doppelt so hoch wie bei Frühholzfasern. Die Ursache liegt wahrscheinlich in der vollständigen Entwicklung der S2-Wand, wodurch Spätzholzfasern gegen chemische und mechanische Einflüsse widerstandsfähiger als Frühholzfasern sind. Es wird daher die Faserwanddicke für maßgeblicher als die Faserbreite angesehen.

Aufgrund der Untersuchung [1.256] von 75 Sulfatzellstoffen aus 17 verschiedenen Laubhölzern wurde gefolgert, daß die Einzelfaserfestigkeit unter Berücksichtigung der Blattdichte durch die Null-Reißlänge erfaßt werden kann. Es würden sich somit technisch aufwendige und zeitraubende Messungen an einzelnen Zellstofffasern erübrigen. Faserfestigkeit und Blattdichte sind als hauptsächliche Faktoren an den Variationen der Reißfestigkeits- und Berstwiderstandswerte beteiligt.

Die Fortreißfestigkeit wird neben diesen beiden genannten Faktoren von der Faserlänge beeinflußt.

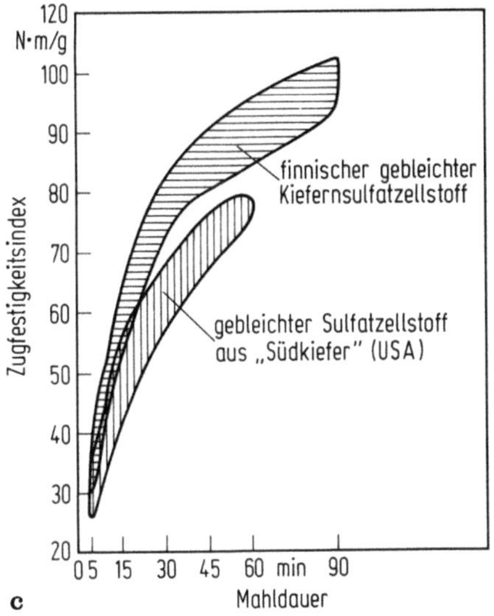

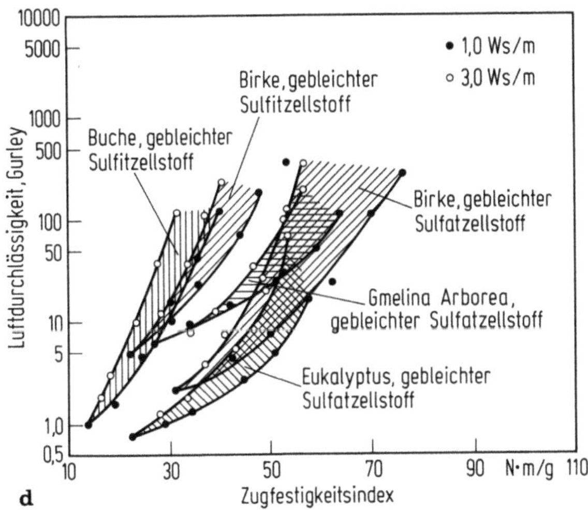

Bild 1.25c, d. Papiertechnologische Kennzahlen für einige Sulfatzellstoffe aus Nadel- und aus Laubhölzern. c Wendelholz-Sulfatzellstoffe; d Laubholz-Sulfatzellstoffe [1.302]

Die Fasereigenfestigkeit wie auch die Bindungsfestigkeit, die nur 0,1 bis 0,5% der Eigenfestigkeit beträgt, verringert sich mit abnehmender Ausbeute. Dabei besitzen meist Sulfitzellstoffasern mehr während des Aufschlußes entstandene Schwachstellen als alkalisch aufgeschlossene Halbstoffe [1.257]. In diesem Zusammenhang sind Fragen der chemischen Zusammensetzung anzusprechen. Eine höhere Ausbeute [1.258] bedeutet, daß die einzelnen Fasern aufgrund ihres höheren Gehaltes an Hemicellulosen [1.259, 1.260] und Ligninsulfonsäuren bei Sulfitzellstoffen stärker quellen, gestreckter und steifer sind.

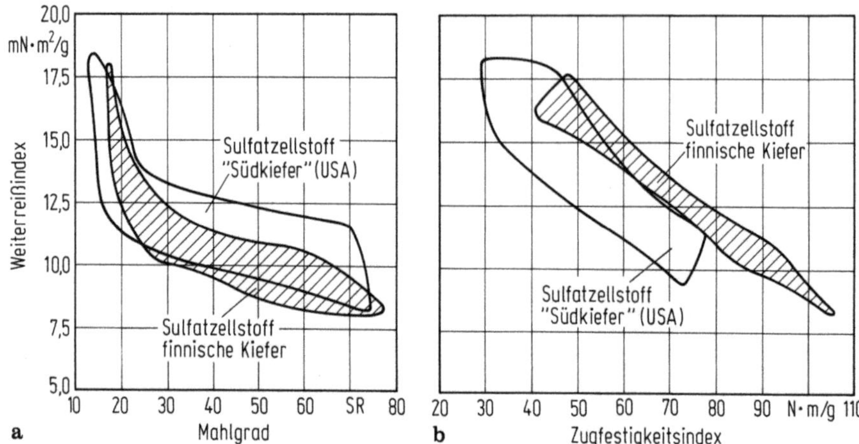

Bild 1.26. Mahlentwicklung von Kiefernsulfatzellstoffen. **a** Weiterreißindex in Funktion des Mahlgrades (Valley-Holländer Mahlung). **b** Weiterreißindex in Funktion des Zugfestigkeitsindex [1.302]

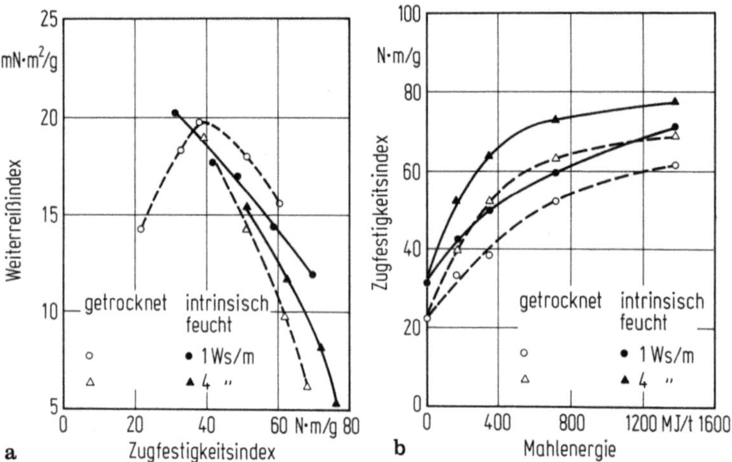

Bild 1.27. Festigkeitseigenschaften intrinsisch feucht verarbeiteter Sulfatzellstoffe aus Kiefer im Vergleich zu trocken verarbeiteten Zellstoffen der gleichen Art. **a** Weiterreißindex in Funktion des Zugfestigkeitsindex. **b** Zugfestigkeitsindex in Funktion der Mahlenergie [1.302]

Fasern hoher Kappa-Zahl geben nach nur leichter Mahlung weniger Faserbindungsstellen als stärker aufgeschlossene Fasern. Aus derartigen Halbstoffen hergestellte Papiere besitzen hohen Dehnungswiderstand und hohe Reißfestigkeit. Auch von der Fasermorphologie bestehen Zusammenhänge zwischen Holzeigenschaften, Aufschlußverfahren und Zellstoffqualität. Es wird gefolgert [1.6, 1.8], daß z. B. aus mittlerer Faserlänge, spezifischem Gewicht der Hackschnitzel und prozentualem Anteil an Frühholzfasern die Zellstoff- und damit auch die Papiereigenschaften ziemlich genau vorausgesagt werden können.

Insbesondere können 70% der Variationen von Berst- und Reißfestigkeit durch diese drei Bestimmungsgrößen erklärt werden.

Bei einheitlichem Faserausgangsmaterial kann der Einfluß der chemischen Zusammensetzung näher studiert werden. Es wurden z. B. aus Untersuchungen von 52 Kiefer-Sulfatzellstoffen und Sulfitzellstoffen verschiedener Ausbeute folgende Zusammenhänge festgestellt [1.261]: Bei ungebleichten Zellstoffen ist die Reißlänge mit dem Quadrat der relativen Glucomannananteile und das spezifische Gewicht mit dem Quadrat der Ligningehalte verknüpft. Höherer Durchschnittsspolymerisationsgrad der Hemicellulosen verschlechtert die Mahlbarkeit.

Bei gebleichten Zellstoffen steht das spezifische Gewicht quadratisch mit dem relativen Glucomannangehalt im Zusammenhang.

Die Reißlänge soll durch höheren Glucomannananteil verschlechtert, durch höheren Galaktananteil bei stark gebleichten und ungebleichten Zellstoffen dagegen verbessert werden. Man folgert, daß einige Zellstoffeigenschaften mit einer Genauigkeit von mehr als 10% sowie die Mahlbarkeit aus der Zusammensetzung der Hemicellulosen vorausgesagt werden können.

Es wurden auch Einflüsse auf die initiale Naßfestigkeit festgestellt [1.262]. Diese Eigenschaft nimmt mit fallendem Ligningehalt zu, wird aber vom Hemicellulosegehalt nicht eindeutig beeinflußt.

Dagegen zeigte sich ein Einfluß der Faserlänge, denn man erhielt die niedrigste initiale Naßfestigkeit, wenn die Fraktion mit den längsten Fasern fehlte. Die höchste initiale Naßfestigkeit wurde durch Zusatz von Feinstoff zum Originalhalbstoff erhalten. Ein vermuteter Zusammenhang zwischen spezifischer Oberfläche und initialer Naßfestigkeit konnte nicht gefunden werden.

Die Langfaserfraktion wird durch die Mahlung in hohem Maße beeinflußt [1.263].

Für die Ausbildung von Faserbindungen ist z. B. auch die Steifigkeit der Fasern maßgebend. Als Prüfprinzip wurde ein Typ eines Rotationsviskosimeters verwendet, um einzelne Fasern im Flüssigkeitsspalt einer laminaren Schubspannung auszusetzen und aus der mikroskopisch beobachteten Verformung Rückschlüsse auf die Faserbiegsamkeit zu ziehen [1.264, 1.265]. Dieses Verhalten kann im trockenen und nassen Zustand durch Wahl verschiedener Flüssigkeiten und Vorbehandlungen untersucht werden.

Die Biegsamkeit nimmt mit abnehmender Ausbeute zu, bei Sulfitzellstoffen stärker als bei Sulfatzellstoffen. Die Mahlung erhöht die Fähigkeit der Fasern, sich gegenseitig zu binden, sowohl durch Plastizierung als auch durch „Gelenke".

Nach einem anderen Vorschlag [1.266] werden einseitig befestigte Fasern durch einen senkrecht zur Faserachse fließenden Wasserstrom belastet. Die Auslenkung der Faserenden wird in Abhängigkeit der Strömungsgeschwindigkeit beobachtet. Bei gleichen Zellstoffausbeuten erwiesen sich Sulfitzellstoffasern biegsamer als Sulfatzellstoffasern, und Frühholzfasern waren infolge der dünneren Wandschicht flexibler als Spätholzfasern. Eine mechanische Behandlung, schon durch mehrfaches Hin- und Herbiegen der Fasern, setzt die Steifigkeit herab. Es wird vermutet, daß der Abfall hauptsächlich innerhalb ganz bestimmter Zonen der Zellwand stattfindet.

Die Fasersteifigkeit beeinflußt den Schubmodul des bei der Blattbildung entstehenden Fasernetzwerkes [1.267]. Es werden damit die Faserbindungen angesprochen. Zur systematischen Erfassung der grundlegenden Verhältnisse werden z. B. neue Theorien vorgeschlagen [1.268].

Aufgrund der Beurteilung von Einzelfasern unter dem Mikroskop wird ein auf die Faserlänge bezogener wahrscheinlicher Bindungsaktivitätswert W_{Ba} festgelegt [1.269]. Die die Kontaktstelle beeinflussende Geschmeidigkeit wird durch Eindrücken eines Siebs in eine Fasersuspension bis zur Bildung eines Propfens ermittelt. Aus der Spannungs- und Kompressionskurve wird eine Formbarkeitszahl Fz abgeleitet. Beide Kenngrößen W_{Ba} und Fz ergeben einen komplexen Faserbindungsindex (FBI), dessen zahlenmäßige Zusammensetzung allerdings nicht bekannt ist. Dieser Wert ist durch andere Meßmethoden, wie Entwässerungsprüfungen nach Schopper-Riegler, Quellbarkeit usw. nicht ohne weiteres zu bestimmen, wahrscheinlich aber durch eine Entwässerungsmethode unter konstanten, kontrollierbaren Bedingungen.

Mit Hilfe eines Elastoviskosimeters wurde die Bruchschubspannung in Abhängigkeit von der Stoffdichte ermittelt [1.270]. Neben der Sedimentationskonzentration sollen zwei weitere Parameter bekannt sein. Darunter versteht man die Grenzkonzentration, unter der kein Fasernetzwerk mehr ausgebildet wird. Für die Beschreibung der maximalen Schubspannung sind zwei weitere Parameter erforderlich. Durch Mahlung werden die Fasernetzwerkeigenschaften nur relativ wenig beeinflußt. Für verschiedene Zellstoffe sind typische Werte zusammengefaßt worden.

Die Ermittlung der Schubspannung von Einzelfaserkreuzungen gelang mit einer Instron-Zugprüfmaschine [1.271]. Die höchste Schubspannung pro Flächeneinheit wurde bei Bindungen zwischen zwei Spätholz- und die niedrigste zwischen zwei Frühholzfasern gefunden. Bindungen zwischen Früh- und Spätholzfasern lagen zwischen den extremen Werten. Durch Naßpressen [1.272] sind ähnliche Effekte auf die Ausbildung der Blattfestigkeit wie durch Mahlen hervorzurufen. Als Indikator für die Faserbindung kann die Blattdichte heranzogen werden. Es besteht zwischen beiden Größen eine bessere Beziehung als zwischen dem spezifischen Lichtstreukoeffizienten und der Faserbindung. Aus Versuchen [1.273] über Faserbindungen unter Verwendung verschiedener Lösungsmittel und Zusatzstoffe (Farbstoffe u. ä.) geht hervor, daß die Faseroberfläche und das Faserinnere bestimmte, voneinander verschiedene Funktionen bei dem Mechanismus der Faserbindung ausüben. Aus Mischversuchen [1.274] von Fraktionen verschiedener Faserlängen wurde abgeleitet, daß Fasern ungefähr gleicher Länge in linearer und vorausrechenbarer Weise zusammenwirken. Bei Mischung langer mit kürzeren Fasern sind synergistische Effekte nachweisbar, indem die längeren Fasern die kürzeren aktivieren. Keine Wechselwirkung tritt zwischen Teilchen ein, die sich in ihrer Größe um mehrere Zehnerpotenzen unterscheiden.

Die durch Mahlung zunehmende Netzwerkfestigkeit ist von der Faserherkunft, ihrer Vorbehandlung und Mahlausrüstung abhängig. Eine von Alumin u. a. aufgestellte Gleichung zur Erfassung des Zusammenhangs zwischen Schubmodul des Fasernetzwerkes und der mittleren Faserfestigkeit wurde experimentell überprüft. Über die Bestimmung und den Einfluß der ungebundenen und gebundenen Oberflächen von Zellstoffasern gibt es eine umfangreiche Literatur [1.275]. Die gesamte freie Faserlänge beträgt in Blättern aus ungemahlenen Fasern etwa 20% bis

30% der gesamten Faserlänge, und bei gemahlenen Fasern ist die freie Faserlänge vernachlässigbar klein [1.276].

Bei der Ausmessung der oberen Lagen multiplanarer Blätter wurde gefunden, daß der Betrag der freien Faserlänge zufällig ist und eine negative exponentielle Größenverteilung besitzt. Auf dieser Basis wird eine Theorie zur Blattentstehung unter Anwendung der statistischen Geometrie nach dem Monte-Carlo-Prinzip entwickelt.

Die inneren Oberflächen von frisch hergestellten und ohne jede Zwischentrocknung verarbeiteten Papierhalbstoffen sind durch ihren um Größenordnungen höheren Quellungszustand besser zur Ausbildung der Blattfestigkeit geeignet [1.277−1.283]. Damit in Verbindung steht die Porenstruktur und vor allem die Mikroporosität. Es wurden Werte von mehr als 1000 m^2/g Faser bei frischen und von etwa 1 m^2/g Faser bei getrockneten Fasern gemessen [1.284, 1.285]. Die Kohäsion der Fasern im feuchten Zustand [1.286], die Auswirkungen der Befeuchtung [1.287] sowie der Trocknung [1.288], die Fibrillierung von Fasern [1.289−1.291] sowie die Möglichkeiten einer maximalen Faserbindung [1.292] unter Einschluß der Theorie der Wasserstoffbrückenbindungen [1.293] wurden diskutiert.

Aus diesen theoretischen Erkenntnissen kann der praktische Papiermacher den Schluß ziehen, daß die Mahlung in Verbindung mit der gesamten Stoffaufbereitung das wesentlichste Mittel zur Erzeugung einer optimalen Papierbeschaffenheit von der Seite der Papierfaserrohstoffe nach Wahl von Halbstoffarten bzw. Halbstoffmischungen darstellt. Damit gehen die Betrachtungen zu den Aufgaben der Papierfabrikation über, wozu die hier gegebenen kurzen Darstellungen der Prüfung von Halbstoffen eine meßtechnische Grundlage bieten. Den Abschluß sollen einige Literaturhinweise bilden, die eine Brücke zwischen Theorie, Prüftechnik und Papierfabrikation darstellen [2.194−1.304].

Es scheint, daß auf dem Gebiet der Bestimmung der Eigenfestigkeit in Verbindung mit Faserabmessungen, Quellungszustand und Faserbindungsvermögen von Halbstoffasern durch die neuen optoelektronischen Untersuchungstechniken in den nächsten Jahren große Fortschritte erzielt werden könnten, die die Prüftechnik ganz nachhaltig beeinflussen und evtl. umgestalten werden. Zur automatischen Prozeßsteuerung sind Inline-Meß-, Regel- und Steueranlagen als völlig in den Fabrikationsablauf integrierte Elemente erforderlich. Die Darstellung derartiger Methoden ist nicht Gegenstand dieses Beitrages. Es erscheint unausweichlich, daß mit Fortschritt dieser Techniken Prüfungen im Labor ein anderes Gewicht erhalten werden.

Für die derzeitige Praxis ergibt sich zusammenfassend, daß nach dem heutigen Stand der Labor-Prüftechnik für Routineuntersuchungen von Halbstoffen verschiedene Faktoren im Vordergrund stehen, um einen Anhalt für die Eigenfestigkeit und die Faserbindungsfähigkeit der Halbstoffasern zu erhalten. Es sind dies z. B. die Nullreißlänge, die Naß-Nullreißlänge, evtl. im Verbund mit dem Energieaufnahmevermögen ferner die Faserlängenverteilung sowie die Faserwanddickenverteilung.

1.12 Darstellung und Auswertung der Ergebnisse
Evaluation and presentation of test results
[vgl. ISO 5651, SCAN G 3, ZM V/13]

Die Prüfergebnisse sind, unterstützt durch grafische Auswertungen, in einem Prüfbericht darzustellen. Mustervorschläge sind dem Zellcheming-Merkblatt V/13 zu entnehmen.

Durch Angabe der Prüfergebnisse von vier, besser sechs Mahlzuständen im Bereich von 20 bis 50 SR, in Einzelfällen bis 65 oder 80 SR, z. B. bei Untersuchung auf Pergamentierfähigkeit, sind Zellstoffe meist ausreichend zu kennzeichnen.

Zum Vergleich der Festigkeitseigenschaften verschiedener Zellstoffe können die für 50 SR erforderliche Mahldauer oder der SR-Wert für 30 min Mahldauer (Mahlwiderstand) aus interpolierten Werten herangezogen werden.

Es wurde vorgeschlagen [1.306], Zellstoffe hinsichtlich ihrer durch Mahlung entwickelten Festigkeitseigenschaften durch eine einzige Kennzahl zu charakterisieren. Sie ergibt sich aus dem Produkt aus Zugfestigkeit und relativer Weiterreißarbeit nach Brecht-Imset bezogen auf eine Flächenmasse von 100 g/m^2 als Funktion der Mahldauer. Das Maximum dieses Produktes, das als RF-Wert anzugeben ist, oder ein sehr nahe am Maximum liegender Wert, kann durch zwei Mahlversuche mit 30 min und 60 min Mahldauer, bzw. für Stroh- und Chemiezellstoff mit 15 min und 30 min Mahldauer, ermittelt werden. Es wird eine weitgehende Differenzierung auch der zu untersuchenden Zellstoffe und eine Einordnung verschiedener Zellstofftypen erreicht, da die RF-Werte zwischen 90 und 2240 liegen bzw. prozentual auf den festesten Zellstoff = 100% bezogen zwischen 4% und 100% betragen. Für die Bewertung von Prüfergebnissen spielen Angaben über die Wiederholbarkeit und Vergleichbarkeit eine große Rolle.

Aus einer zusammenfassenden Darstellung [1.307] über Faserstoffprüfungen auf der Basis von Valley- und PFI-Mahlungen eines gebleichten Kiefersulfatzellstoffs und eines gebleichten Eukalyptus-Sulfatzellstoffs unter Beteiligung von fünf skandinavischen Labors ergaben sich bei den physikalischen Prüfergebnissen aus der Untersuchung von Laborblättern Werte für die Wiederholbarkeit innerhalb von 10% und in der Vergleichbarkeit im Bereich von 10% bis 30%. Für die praktische Diskussion soll berücksichtigt werden, daß innerhalb einer zu untersuchenden Lieferung Schwankungen von Eigenschaften der Halbstoffe vorhanden sein können. Über die Reproduzierbarkeit der Einheitsmethode für die Zellstoff-Festigkeitsprüfungen liegen Untersuchungsergebnisse vor [1.308].

Prinzipien und Strategien für die Kennzeichnung von Papierhalbstoffen sind nach dem Einsatzzweck der betreffenden Halbstoffe auszurichten [1.309–.1.313], denn die Halbstoffqualität bestimmt weitgehend die Funktionsfähigkeit des Papiers, das aus dem betreffenden Halbstoff herzustellen ist [1.314].

2 Prüfung von Holzstoff
Testing of mechanical pulp

2.1 Aufgabe, Zweck und Stand der Prüfung von Holzstoff
Proposition, scope and state of the art
for testing mechanical pulp

Im Mittelpunkt der Holzstoffprüfung steht die Frage nach der Qualität als Maß für die Eignung zur optimalen Erzeugung bestimmter Papier-, Karton- oder Pappensorten. Besondere Schwierigkeiten liegen darin, daß der Qualitätsbegriff bei Holzstoffen nicht eindeutig zu definieren ist. In der Praxis ist meist ein Kompromiß zu finden zwischen Eigenschaften, die für die Ausbildung mechanischer Werte (Festigkeit), optischer Eigenschaften (Weißgrad, Opazität, Lichtstreuvermögen) oder letztendlich der Bedruckbarkeit und der Verdruckbarkeit maßgebend sind.

Einen großen Einfluß üben dabei die, je nach Standort der Holzstoffabriken, regional bedingte Versorgungslage mit verfügbaren Faserholzarten bzw. mit Mischlaubhölzern oder Hackschnitzeln aus Mischhölzern aus.

Diese Verhältnisse bestimmen weitgehend die maximal herstellbaren Holzstoffeigenschaften und die einsetzbaren Produktionsverfahren [2.1 – 2.7 a – j].

Die Beurteilung wird zusätzlich durch eine dem Praktiker schon seit langem bekannte Erscheinung erschwert, daß das Verhalten von z. B. Holzschliff auf der Papiermaschine nämlich weitgehend von seiner Vorgeschichte bezüglich Lagerzeit, Lagertemperatur, Stoffdichte, Wasserhärte, pH-Wert, Elektrolytgehalt und anderer Einflußfaktoren abhängig sein kann.

Im allgemeinen sind die besten Ergebnisse zu erhalten, wenn der initial heiße Holzschliff direkt aus der Schleiferei so rasch wie möglich ohne Abkühlung in der Papierfabrik verarbeitet wird [2.8].

Die Ursachen für den Abfall der Verarbeitungseigenschaften von Holzschliff durch Lagerung wurden erst verhältnismäßig spät aufgeklärt und als „Latenz" (latency) bezeichnet [2.9]. Es handelt sich um komplizierte chemisch-physikalische Grenzflächenvorgänge, die auch makroskopisch in Form von Verschlingungen, Kräuselungen, Verdrillungen und sonstigen Verformungen einzelner Faserstrukturelemente sichtbar werden. Durch geeignete Bedingungen, wie lange Quellzeit, hohe Temperatur, optimierter pH-Wert, Kationengehalt oder Aufschlagverfahren, kann meist die Einbuße an ursprünglich hohen Werten des frisch hergestellten Holzschliffs durch Lagerungseffekte weitgehend rückgängig gemacht werden [2.10 – 2.12].

Zum genaueren Verständnis dieser Vorgänge, die auch bei der Holzschliffprüfung eine Rolle spielen, ist das Holzschleifen als eine Überlagerung verschiedener Einzelwirkungen zu erklären, wenn man von der Theorie nach Klemm [2.13] ausgeht und die Ergebnisse von Goring [2.14] und vielen anderen Autoren [z. B. 2.15 – 2.23] berücksichtigt. Solche Wirkungen sind:

1. Wiederholte viskoelastische Deformationsvorgänge des Holzfaserverbandes, die hervorgerufen werden durch die Einwirkung der vorbeigleitenden Steinkornspitzen des Schleifersteins bzw. der Mahlrippen und Messerkanten des Refiners und durch die damit verbundene Kompression und Dekompression des Holzfaserverbandes im Mikrobereich. Die Folge ist eine Lockerung und Erwärmung des Holzgefüges;
2. Plastizierung der lignin- und hemicellulosehaltigen Faserwandschichten durch Quellung sowie durch Einwirkung von Druck und Wärme;
3. Explosionsartige Auslösung von Fasern und Faserbruchstücken durch Entspannung des im Holzfaserverband gebildeten und eingeschlossenen Wasserdampfes;
4. Mechanisches Abtragen der Holzoberflächenschichten und Vereinzeln in Faserstrukturelemente;
5. Verflechtung der Fasern in der kraterartigen Oberfläche des Schleifersteins und anschließendes Abstreifen.

Je nach Schleifertyp, Verfahrensdurchführung und Holzart kann der eine oder andere Vorgang überwiegen.

Für die Herstellung von Holzstoffen aus Hackschnitzeln im Refiner sind für die Erklärung der Vorgänge im Mahlspalt spezifische Vorstellungen entwickelt worden. Die Grundprinzipien und Modellvorstellungen sind in etwa sinngemäß übertragbar.

Für die Prüfung ist zu beachten, daß der röschere, auftragendere Charakter des Refinerholzstoffs, der bei gleichem Mahlgrad als Folge der geringeren Stoffdichte und der höheren Turbulenz in der Refinermahlzone fester als Steinschliff ist, einen höheren spezifischen Mahlarbeitsbedarf hat.

Im Gegensatz dazu ermöglicht das Steinschliffverfahren durch die zwischen den Steinkornspitzen liegenden kleinen Vertiefungen aus weicherem Steinbindemittel eine nachhaltigere Raffination, wodurch, wie häufig erwünscht, die Anteile an Feinstoffen und vor allem an Schleimstoffen gesteigert werden. Diese begünstigen die Ausbildung des Lichtstreuvermögens und der Opazität und wirken dem Durchdringen und Durchscheinen der Druckfarbe im bedruckten Papier entgegen.

Wie bereits Kilpper [2.24] hervorhob, kann der Mischung von langfaserigem Refinerholzstoff mit feinem Steinschliff sowohl aus wirtschaftlichen als auch aus technischen Gründen steigende Bedeutung zukommen, besonders um dem Bedarf an leichtgewichtigen, festen und opaken Druckpapieren und Streichrohpapieren mit guter Bedruckbarkeit und Verdruckbarkeit zu entsprechen [2.24].

Ferner gilt es, die zwischen Holzstoffen und Zellstoffen bestehenden Qualitätsunterschiede, insbesondere in bezug auf Langfaserstoffgehalt, Weißgrad und Weißgradstabilität sowie breiterer Einsatzfähigkeit zu verbessern.

Mit fortschreitender Entwicklung von Technologie und Markt werden für die einzelnen Papier- und Pappensorten maßgeschneiderte Holzstoffsorten zur Verfügung stehen [2.25]. Damit stellt sich die Frage, ob und inwieweit gebleichte Holzstoffe zukünftig Zellstoffe in verschiedenen Stoffeinträgen zu ersetzen vermögen [2.26–2.35]. Überdurchschnittliche Wachstumsraten [2.36] bei den modernen Holzstoffen in integrierten Fabriken wie auch die überaus starke Investitionstätigkeit auf dem Weltmarkt bei Handelsholzstoffen auf der Basis von TMP und CTMP (vgl. Übersicht, Absch. 2.2) lassen in prüftechnischer Hinsicht eine Verschiebung des Hauptinteresses von bisher Holzschliff auf die modernen Holzstoffe möglich erscheinen. Bedingt werden diese Verschiebungen durch die wesentlich geringeren Umweltbelastungen und Investitionsanforderungen für diese Holzstoffe [2.37].

Die weitere Entwicklung der Holzstoffprüfung wird sich daher vermutlich auf folgende Schwerpunkte konzentrieren:

1. Ausbau und Weiterentwicklung kontinuierlich arbeitender Untersuchungsmethoden vorzugsweise für Online-Messungen [2.100a] zur Erfassung qualitätsbestimmender Merkmale wie Faserlängenverteilung und Mahlgrad; Verwendung der Meßergebnisse für die automatische Prozeßsteuerung, Qualitätssteuerung und Qualitätssicherung [z. B. 2.38–2.42];
2. Ausarbeitung neuer Kennzahlen für die kombinierte Betrachtung von mechanischen und optischen Eigenschaften sowie von Bedruckbarkeits- und Verdruckbarkeitskriterien;
3. Schaffung von Untersuchungsmethoden für das Latenzphänomen zwecks Wiederherstellung optimaler Verarbeitungseigenschaften. Dabei sind Entkopplungsverfahren und Stabilisierungsverfahren von Holzschliffsuspensionen gegen Qualitätsverluste inbegriffen;
4. Untersuchung der Gütemerkmale neuer Holzstoffarten aus Hackschnitzeln, die aus bisher nicht eingesetzten Holzarten oder Mischhölzern aus Hackschnitzeln [2.43–2.44] oder Rundhölzern [2.45] mittels neuer Refiner- und/oder Bleichverfahren hergestellt werden. Diese verbesserten Holzstoffsorten zeichnen sich durch höhere Anteile an Faserlangstoffen, geringere Anteile an Feinstoffen und Schleimstoffen aus.

Es gilt, bisherige Nachteile wie geringere Fähigkeiten zur Ausbildung von Weißgrad, Weißgradstabilität, Alterungsbeständigkeit, Opazität, Lichtstreuvermögen und Bedruckbarkeitseigenschaften zu beseitigen.

2.2 Begriffe
Definitions
[vgl. ISO 4046, DIN 6730; TAPPI UM 232, ZM VI/3]

Holzstoff ist ein Oberbegriff und eine Sammelbezeichnung für diejenigen Halbstoffe, die vorwiegend durch mechanische Aufschlußverfahren von Holz, fallweise unterstützt durch vorherige chemische Vorbehandlung von Hackschnitzeln (selten von Rundholz) hergestellt werden.

Eine Übersicht über die verschiedenen Herstellungsverfahren, Eigenschaften und Gütemerkmale sowie Einsatzbereiche geben Blechschmidt und Opherden [2.135].

Aus prüfmethodischer Sicht ist zu bemerken, daß die Steinschliffverfahren jetzt fast nur noch in integrierten Fabriken eingesetzt werden, um den Holzschliff heiß aus der Schleiferei ohne Gefahr von Festigkeitsverlusten [2.8] auf der Papiermaschine zu verarbeiten, die bei Abkühlung und/oder längerer Lagerung des Holzschliffs unvermeidlich sind [2.9]. Bei Holzschliff handelt es sich daher meist um innerbetriebliche Prüfungen zur Prozeßsteuerung, die an die schnelle Ausführbarkeit der Prüfmethoden große Anforderungen stellen [z. B. 2.38–2.42].

Der Einsatz von Handelsholzschliff geht ständig zurück. Für die Prüfpraxis ist zu beachten, daß bei modernen Refinerholzstoffen dagegen der Handelsholzstoff ständig größere Bedeutung gewinnt und auf vielen Gebieten mit Zellstoffsorten erfolgreich in Konkurrenz tritt. Gründe für die schnellen und überproportionalen Kapazitätserweiterungen für Handelsholzstoffe auf der Basis von TMP, CTMP und besonders BCTMP sind u. a., daß im Gegensatz zu Holzschliffverfahren auch Laubholzarten und Mischlaubhölzer gut verarbeitbar sind; außerdem können nicht qualitätsmäßig und standortmäßig eingegrenzte Rundholzsortimente, sondern auch Rest- und Durchforstungshölzer, Wind- und Schneebruchhölzer, Sägewerksabfälle sowie Industrieresthölzer oder sonstige preisgünstige Holzsortimente einschließlich allgemein verfügbarer Hackschnitzel verarbeitet werden. Der Prüfung dieser neuen Holzstoffsorten kommt daher vorzugsweise eine handelstechnische Bedeutung zu, die mit den innerbetrieblichen Kontrollen in der Holzstofffabrik und den holzstoffverarbeitenden Papierfabriken im Einklang stehen muß. Prüfmethodische Entwicklungen laufen.

Für die handelstechnische Kennzeichnung von Holzstoffen haben sich Kurzbezeichnungen [2.46] eingebürgert, da die verschiedenen eigenschaftsbedingten Produktionsvarianten zu sehr langen und teilweise zu unterschiedlichen Bezeichnungen in den verschiedenen Sprachen führen.

Die folgende Übersicht informiert zusammenfassend über den derzeitigen Stand der Begriffe unter Einschluß einiger prüftechnisch wichtiger Merkmale.

Übersicht über die Holzstoffarten

1. Oberbegriff

Holzstoff (Mechanical pulp) MP	mechanischer Halbstoff; Oberbegriff für ganz oder nahezu mit hauptsächlich mechanischen Mitteln aus Holz hergestellte Papierfaserstoffe

2. Unterbegriffe
2.1 Mittels Holzschleifern hergestellte Holzstoffe in der Regel aus Rundholz

Holzschliff GW	Holzstoff, hergestellt durch Schleifen von Rundholz, hauptsächlich Fichte oder Radiata-Kiefer, bzw. auch von Holzschnitzeln
Druckschliff PWG	Holzstoff, hergestellt durch Schleifen von Rundholz oder Hackschnitzeln unter Druck bei Temperaturen über 100 °C

Braunschliff	Holzstoff, hergestellt durch Schleifen von vorzugsweise mit Natronlauge imprägniertem Kiefernholz
Feinstschliff	Holzschliffgüteklasse (vgl. Tabelle 2.5)
Feinschliff	Holzschliffgüteklasse (vgl. Tabelle 2.5)
langfaseriger Schliff	Holzschliffgüteklasse (vgl. Tabelle 2.5)
Normalschliff	Holzschliffgüteklasse (vgl. Tabelle 2.5)
Grobschliff	Holzschliffgüteklasse (vgl. Tabelle 2.5)

2.2 Mittels Refinern hergestellte Holzstoffe aus chemisch nicht vorbehandelten Hackschnitzeln

Refinerholzstoff RMP	Holzstoff, hergestellt durch ein- oder mehrstufigen mechanischen Aufschluß von nicht vorbehandelten Hackschnitzeln in Refinern bei atmosphärischem Druck
Thermo-Refinerholzstoff TRMP	Holzstoff, hergestellt aus Hackschnitzeln, die bei atmosphärischem Druck und über 100 °C in Refinern vorgedämpft wurden
thermo-mechanischer Holzstoff TMP	Holzstoff, hergestellt aus Hackschnitzeln, die in einem zweistufigen Verfahren vorgedämpft wurden, wobei die erste Stufe bei erhöhtem Druck und erhöhter Temperatur und die zweite Stufe bei atmosphärischem Druck ausgeführt wird
tandem-thermo-mechanischer Holzstoff (Druck/Druck-thermomechanischer Holzstoff) PTMP	Holzstoff, hergestellt aus in einem zweistufigen Verfahren vorgedämpften Hackschnitzeln, die beide unter erhöhtem Druck und erhöhter Temperatur durchgeführt werden

2.3 Mittels Refinern hergestellte Holzstoffe aus chemisch vorbehandelten Hackschnitzeln

chemi-mechanischer Holzstoff (anstelle von bisher chemischem Holzstoff) CMP	Holzstoff, hergestellt durch mechanische Zerfaserung bei atmosphärischem Druck aus Hackschnitzeln, die mit Chemikalien vorbehandelt worden sind; Ausbeute über ~80%
chemi-thermo-mechanischer Holzstoff (CTMP)	Holzstoff, hergestellt aus Hackschnitzeln, die vor und/oder während der Dämpfung in der ersten Refinerstufe mit Chemikalien bei Temperaturen von über 100 °C vorbehandelt und anschließend bei atmosphärischem Druck in Refinern aufgeschlossen wurden; Ausbeute über ~90%
thermo-mechanischer chemi-Refinerholzstoff (TMCP)	Holzstoff, hergestellt durch mechanischen Aufschluß von Hackschnitzeln in der ersten Stufe bei erhöhtem Druck und erhöhter Tem-

	peratur mit einer chemischen Behandlung des Faserstoffes vor oder nach den folgenden Refinerstufen
Hochausbeute-Sulfitzellstoff (HYS)	Halbstoff, hergestellt durch Kochen von Hackschnitzeln bei erhöhtem Druck und erhöhter Temperatur mit Sulfitaufschlußflüssigkeiten und nachfolgender mechanischer Defibrillierung; Ausbeute bis 80%

Erklärung der Kurzzeichen

Symbol	englische Bedeutung	deutsche Bedeutung	Beispiele
B	bleached	gebleicht	BCTMP
C	chemi-	chemi-	CTMP
GW	groundwood	Holzschliff	GW
H	high	hohe ...	HYS
M	mechanical	mechanischer ...	RMP
MP	mechanical pulp	Holzstoff	MP
P[a]	pulp	Halbstoff	... P, TMP
P[b]	pressure	Druck	P ..., PWG
P[c]	alkaline peroxide	alkalisch peroxidisch	APMP
R	refiner	Refiner	
S	sulphite	Sulfit	HSY
T	thermo-	thermo-	TMP
T	tandem	Tandem-	PTMP
Y	yield	Ausbeute	HYS

[a] meist als letzter Buchstabe in Kurzbezeichnungen, z. B. TMP.
[b] meist als erster Buchstabe in Kurzbezeichnungen, z. B. PGW.
[c] meist als zweiter Buchstabe in Kurzbezeichnungen, z. B. APMP

Eine Erweiterung und stärkere Berücksichtigung für die im deutschen Sprachgebrauch üblichen Begriffe schlägt Blechschmidt vor [2.47].

Für die Prüfung von Holzstoffen ist zu beachten, daß die Holzfasern durch den mechanischen Aufschlußprozeß mehr oder weniger deformiert sowie gekürzt werden und in Bruchstücken verschiedener Form und Abmessung für die Untersuchung vorliegen.

Im Gegensatz dazu bleiben bei chemisch aufgeschlossenen Halbstoffen die Strukturen der Festigkeitsfasern weitgehend erhalten. Für die Prüfung von Holzstoffen sind daher die einzelnen Strukturelemente bedeutend wichtiger als bei der Prüfung von Zellstoffen.

Am Beispiel von Holzschliff sollen die wichtigsten Strukturelemente von Holzstoffen beschrieben werden [ZM VI/3]. Es ist zu unterscheiden zwischen:
„Splitter",
„Faserstoff" mit Unterteilung in „Faserlangstoff" und „Faserkurzstoff",
„Feinstoff" mit Unterteilung in „Schleimstoff" und „Mehlstoff".

Splitter sind Faserbündel, die beim mechanischen Aufschließen nicht in Einzelfasern zerlegt worden sind und die daher im Vergleich zur Einzelfaser eine ungleichmäßig größere Breite und Länge aufweisen. Splitter treten durch ihre Abmessungen störend im Papier hervor und können eine Ursache für Bahnabrisse in der Papiermaschine und in der Druckmaschine bilden. Sie sind z. B. bei farbigen Papieren durch weniger intensive Anfärbungen mit basischen oder substantiven Farbstoffen im Vergleich zum Faserstoff zu erkennen. Splitter beeinträchtigen auch die Streichfähigkeit von Streichrohpapieren und die Bedruckbarkeit und Verdruckbarkeit von gestrichenen Papieren, so daß Grenzwerte je nach Papiersorte eingehalten werden müssen. Die quantitative Erfassung erfolgt z. B. als Rückstand auf einer Schlitzplatte bei Naßsiebung unter vereinbarten Prüfbedingungen (s. Abschn. 2.5.2).

Unter *Faserstoff* versteht man die noch weitgehend Faserstrukturen und Faserabmessungen aufweisenden Anteile. Er wird unterteilt in:
- „Faserlangstoff" als Fraktion einer Länge von etwa 0,8 mm bis 4,0 mm und
- „Faserkurzstoff" mit einer Länge von etwa 0,2 mm bis 0,8 mm.

Feinstoff ist der Anteil, der von einem Sieb Nr. 50 nicht zurückgehalten wird; er besteht aus:
- „Schleimstoff", der sich aus Fibrillen und Staub zusammensetzt, und
- „Mehlstoff", der sich aus Fasertrümmern und Faserbruchstücken zusammensetzt.

Zur Veranschaulichung der Mengenverhältnisse und der Abmessungen kann man davon ausgehen, daß auf jede Faser 300 000–400 000 Feinstoffteilchen kommen. Die innere Oberfläche von 1 g Holzschliff liegt zwischen 0.1 cm^2 bei reinem Faserstoff und 10 m^2 bei reinem Feinstoff.

Brecht und Schanz [2.48] ermittelten nach dem Permeabilitäts- oder Durchströmverfahren von Robertson und Mason [2.49] unter Verwendung der Kozeny-Carmanschen Gleichung folgende spezifische Oberflächen:
Die spezifische Oberfläche wird für schleimstoffreichen Schliff mit 76 000 cm^2/g gegenüber 45 550 cm^2/g für mehlstoffreichen Schliff angegeben. Noch größere Unterschiede traten bei Untersuchungen von Feinstoff auf. Es wurden Werte von 124 170 cm^2/g bei schleimstoffhaltigem Feinstoff und 70 770 cm^2/g bei mehlstoffhaltigem Feinstoff gefunden. Dem Feinstoff kommt durch seinen Einfluß auf die Ausbildung bestimmter Papiereigenschaften wie Opazität, Glätte, Bedruckbarkeit, Formation und Porosität eine hohe technische Bedeutung zu.

Eine weitergehende Differenzierung ermöglicht die Lichtmikroskopie (s. Bd. 2, Teil A), wobei Mehlstoffe besser im Hellfeld und Schleimstoffe besser im Phasenkontrast differenziert werden können.

Auch unterscheiden sich diese Stoffkomponenten im Sedimentationsverhalten [2.50]. Hochwertige Feinstoffe zeigen geringe, mehlstoffreiche Feinstoffe dagegen große Sedimentationsneigung.

Meßergebnisse von Zentrifugierverfahren zeigen klare Zusammenhänge zur Zugfestigkeit von Laborblättern, die aus betreffenden Fraktionen hergestellt worden waren. Aufgrund elektronenmikroskopischer Untersuchung der morphologischen Kriterien wurde die Bezeichnung „Lamellenstoff" [2.51] zur feineren Charakterisierung der mehlstoffreichen Feinstoffe vorgeschlagen.

Von der Seite der chemischen Zusammensetzung ist zu berücksichtigen, daß Holzschliff praktisch die gleiche polymere Zusammensetzung wie die zu seiner Herstellung verwendete Holzart besitzt [1.3]. Chemi-Holzstoffe sind dagegen etwas delignifiziert und im Polyosengehalt und Extraktgehalt verringert. In Zellstoffen überwiegen die Cellulosekomponenten. Die Anteile von Polyosen, Lignin, Lignanen und auch Extraktstoffen [2.52–2.53] sind je nach Aufschlußart und Aufschlußgrad, Ausbeute, Bleiche und Nachveredlung vermindert.

Die chemische Zusammensetzung wirkt sich auf die Oberflächenenergie der Fasern und der übrigen Faserelemente aus, die wiederum die Faserbindungsfähigkeit zusammen mit anderen, z. B. morphologischen Kriterien der Halbstoffe beeinflussen [2.54–2.57].

2.3 Probenahme
Sampling
[ZM V 1.1, ZM 1.2; vgl. ISO 7213; DIN ISO 7213]

Die Probenahme von Holzstoff richtet sich nach der Zustandsform, die im wesentlichen durch die Stoffdichte bzw. den Trockengehalt sowie die Anlieferungsform (Rollen, Ballen oder Flockenmasse) bestimmt ist.

Für das Ziehen von Proben sind die Vorschriften nach DIN ISO 7213 „Prüfung von Zellstoff und Holzstoff, Probenahme für Prüfzwecke" zu beachten. Es ist sicherzustellen, daß die für die Prüfung vorgesehene Holzstoffprobe für die Gesamtheit der zu beurteilenden Holzstoffmenge repräsentativ ist. Für die zu entnehmende Probemenge sind Anweisungen im ZM-Merkblatt V/1.2 „Prüfung von Holzstoffen für Papier, Karton und Pappe, Probenvorbereitung" enthalten.

Die Probenahme ist nach ZM-Merkblatt V/1.1 wie folgt durchzuführen:
a) Dünnstoff (Holzstoff mit einer Stoffdichte unter 6%):
Es sind mindestens drei Proben an der Entnahmestelle über einen festzulegenden Zeitraum in gleichen Zeitabständen verteilt zu entnehmen und volumengleich zu vermischen;
b) Dickstoff (Holzstoff mit einem Trockengehalt von 6 bis 30%):
Es sind mindestens drei Proben an der Entnahmestelle über einen festzulegenden Zeitraum in gleichen Zeitabständen verteilt zu entnehmen und massengleich zu vermischen;
c) feuchter Holzstoff (Holzstoff mit einem Trockengehalt von 30 bis 60%):
Es ist wie unter c) beschrieben zu verfahren. Bei feuchtem Holzstoff in Rollen- oder Ballenform ist nach DIN ISO 7213 vorzugehen. Bei Probenahmen aus Bahnen sind die Proben aus über die Bahnbreite gleichmäßig verteilten Stellen zu entnehmen;
d) trockener Holzstoff (Holzstoff mit einem Trockengehalt von über 60%):
Es ist wie unter b) beschrieben zu verfahren.

Stark beschädigte, verunreinigte, durch Pilzbefall verfärbte oder sonstige Anteile sind nicht für die Gewinnung der Sammelprobe zu verwenden.

Für die Erstellung des Probenahmeberichtes enthält ZM-Merkblatt V/1.1 Mustervorschläge. Für die Lagerung von Holzstoffproben sind die für Zellstoffproben beschriebenen Vorsichtsmaßnahmen besonders streng zu beachten [2.58].

2.4 Probenvorbereitung
Sample preparation
[ZM V/3]

Die Probenvorbereitung dient dazu, die Probe für die nachfolgenden Untersuchungen geeignet zu machen.

2.4.1 Trockengehaltsbestimmung (vgl. Abschn. 1.4.3)
[ISO 683; DIN 54352; TAPPI 210, UM 237, ZM IV/42]

Es sind sinngemäß die Vorschriften für die Untersuchung von Zellstoff anzuwenden. Das Prinzip besteht aus einer Trocknung der Probe im Wärmeschrank bei $(105\pm2)\,°C$ bis zur Erreichung der Gewichtskonstanz, um den prozentualen Trockengehalt zu erhalten.

Für Schnellbestimmungen werden mit Infrarotlampe über der Waagschale als Heizquelle ausgerüstete Trockenwaagen eingesetzt, die bei einer bestimmten Einwaage (z. B. von 10 g) automatisch den Trockengehalt in Prozent anzeigen. Schnellbestimmungen ermöglichen Off-line- und On-line-Meßgeräte, die mit Mikrowellen, IR-Licht, Neutronen oder Beta-Strahlen arbeiten.

2.4.2 Aufschlagen (vgl. Abschn. 1.4.4)

Kalt-Aufschlagen
[ISO 5263; DIN ISO 5263; SCAN C 18; TAPPI UM 252; ZM V/4]

Nach ZM-Merkblatt V/4 wird eine Menge, die 50 g otro-Stoff entspricht, gegebenenfalls nach Vorzerkleinerung in nicht ganz 2 l Wasser von 20 °C verteilt. Nach Einstellung eines pH-Wertes von 4,5 mittels verdünnter Schwefelsäure wird auf 2 l genau aufgefüllt. Es liegt dann eine 2,5%ige Stoffdichte vor. Die Suspension wird in das Standard-Aufschlaggerät (s. Abschn. 1.44) gefüllt und so kurz wie möglich schonend behandelt, um eine Mahleinwirkung zu vermeiden (s. Tabelle 2.1).

Die aufgeschlagenen Proben werden auf 0,3% Stoffdichte verdünnt und mit Schwefelsäure auf pH-Wert 4,5 eingestellt.

Die Auflösbarkeit flockengetrockneten Holzschliffs wird durch Erhöhung des pH-Wertes in der Faserstoffsuspension auf 8,5 verbessert.

Tabelle 2.1. Aufschlagbedingungen [ISO 5263-1979]

Halbstoff	Probemenge	Quellzeit	Aufschlag-volumen (ml)	Anzahl der Rührer-Umdrehungen[a]
Zellstoff	24	4 h	2000	75000
Flockengetrockneter Zellstoff	60	4 h	2700	30000
Holzstoff	60	4 h	2700	30000
flockengetrockneter Holzstoff	60	10 min	2700	30000

[a] Zellstoffe mit einem Trockengehalt unter 20 Massenanteilen in % können mit 10000 Umdrehungen aufgeschlagen werden.

Heißaufschlagen
[SCAN M 10]

Für Refinerholzstoff wird die Verzögerung in der Dispergierbarkeit nach einer kanadischen Methode durch Heißaufschlagen wie folgt ausgeglichen: Die Probe wird mit $90-95\,°C$ heißem Wasser eines pH-Werts von $6-7$ auf eine Stoffdichte von $1,25\%$ verdünnt und ohne Vorquellen sofort im Aufschlaggerät 15 min lang zerfasert. Die Probe kann sodann zur Herstellung von Laborblättern benutzt werden. Nach SCAN M 10 wird der Behälter des Standard-Aufschlaggeräts auf etwa $85\,°C$ aufgeheizt. Eine Probemenge, die etwa (50 ± 5) g Trockensubstanz entspricht, wird in den Behälter eingefüllt. Um die vorgeschriebene Temperatur zu erhalten, kann die Probe im Wasserbad vorerhitzt werden. Es wird mit heißem Wasser aufgefüllt, um eine Temperatur der Stoffsuspension von $(85\pm3)\,°C$ sicherzustellen. Der Antriebsmotor soll einige Sekunden angestellt und dann die Einhaltung der Temperaturtoleranz gemessen werden. Das Aufschlagen wird mit 30000 Umdrehungen des Propellers ausgeführt. Anschließend ist zu prüfen, ob die vorgeschriebene Temperatur noch vorliegt. Die Stoffsuspension ist in kaltes Wasser zu gießen, um eine Stoffdichte von weniger als 5 g/l zu erhalten. Falls erforderlich, kann die Suspension auf etwa $20\,°C$ abgekühlt werden.

Anmerkungen. Bei der Kartonherstellung wurde beobachtet, daß der Energiebedarf für die Entstippung durch Einweichen der Probe um ein Drittel und um ein weiteres Drittel durch Erhöhung der Stofftemperatur auf $49\,°C$ gesenkt werden kann.

Der Zerfaserungsgrad von Halbstoffen, einschließlich der von Altpapierstoffen, kann an Hand von Laborblättern beurteilt werden. Etwa 10 Blätter aus der Probe werden im durchfallenden Licht mit Bezugsblättern verglichen.

Die Halbstoffproben zur Laborblattherstellung werden dem Aufschlagbehälter nach frei gewählten Aufschlagzeitintervallen, nach frei wählbarer Anzahl von Umdrehungen des Propellers bzw. auch nach Einstellung verschiedener Stoffdichten und/oder Temperaturen entnommen.

2.4.3 Stoffdichtebestimmung
[ISO 4119; DIN 54359; SCAN C 17; TAPPI T 246; ZM V/6]

Die Stoffdichte wird i. allg. durch Abfiltrieren eines gemessenen Stoffvolumens durch ein gewogenes Papierfilter bestimmt. Der Rückstand wird getrocknet und auf das Volumen der Probe bezogen. Werden Stoffzentrifugen benutzt, ist bei Anwendung auf Holzschliff darauf zu achten, daß Verluste dadurch entstehen können, daß Feinstoff den Filter passiert.

Für die Online-Messung sind mit polarisiertem Licht arbeitende Meßzellen geeignet. Die Probe läuft durch eine 1,8 mm breite Glasküvette, durch die ein polarisierter Lichtstrahl tritt. Dieser wird mittels eines semitransparenten Spiegels geteilt. Der abgelenkte Lichtstrahl trifft auf die Referenzphotozelle und der andere direkte Strahl über ein zweites Polarisationsfilter auf die Meßphotozelle. Das Verhältnis der beiden Signale wird verstärkt und mit einem Analog-Multiplikator als Stoffdichte angezeigt [2.59].

2.5 Formcharakter von Holzstoff
Structural character of mechanical pulp

2.5.1 Visuelle Prüfungen

Reinheit

Die Reinheit wird i. allg. am fertigen Papier oder am Laborblatt beurteilt. Für Holzstoffproben sind sinngemäß die bei der Zellstoffprüfung benutzten Methoden (Abschn. 1.10.11) anwendbar.

Es ist zu prüfen auf Farbreinheit (durch Vergleich mit Standardmustern), mechanische Unreinheiten wie Rinde, Bast, Metallsprengel, Sand, Kohle, Ruß, Harz, Schmutz etc.; chemische Verunreinigungen, z. B. durch Eisensalze, Betriebsmittel, Bleichmittel, oder ähnliche Stoffe; biologisch bedingte Veränderungen, wie Versporungen.

Splitter, Faserbündel, Stippen
[ISO 5350/1; DIN 54362/2; SCAN M 13; TAPPI T 213, UM 215, 234, 240, 241, 242; ZM VI/1]

Für Vergleichszwecke genügt häufig die Betrachtung einer sehr verdünnten Stoffsuspension in dünner Schicht über Blauglas oder in einem Standzylinder.

Für Untersuchungen oder für Vergleichszwecke über längere Zeiträume hat sich die Anfertigung von Laborblättern aus leicht eingefärbten Stoffproben bewährt. Splitter und Faserbündel sind durch weniger intensive Anfärbung im Vergleich zu Fasern zu erkennen.

Dazu werden z. B. 3 g otro Stoff in 1 l Wasser verteilt. Unter Umrühren setzt man 15 ml einer 0,1%igen, mit Essigsäure schwach angesäuerten Viktoriablau-Farbstofflösung zu. Nach etwa 5 min Verweilzeit sind Laborblätter anzufertigen. Die Splitter treten bei Betrachtung im Durchlicht kontrastreich hervor. Zur mikroskopischen Prüfung für Betriebskontrollzwecke werden die Proben im Verhältnis von etwa 1:2000 aufgeschwemmt und auf einer Glasplatte oder einem Objektträger verteilt. Nach Abdunsten des Wassers haften die festen Bestandteile der Probe gut auf dem Glas und können bei einer Vergrößerung von 3,5:1 zur Auszählung und evtl. Ausmessung projiziert werden (vgl. Bd. 2, Teil A).

Stippen in Holzschliff werden nach TAPPI UM 218 durch Anfärben einer für die Laborblattherstellung ausreichenden Stoffprobenmenge mit einer Lösung von 2 g Auramin und 1 g Methylviolett (2+1) in daraus hergestellten Laborblättern sichtbar gemacht. Das Auramin färbt die Stippen und den Faserstoff an, Methylviolett dagegen nur den Faserstoff.

2.5.2 Formkennzeichnung von Holzstoffen
[ZM V/3]

Formkennzeichnung durch Siebfraktionierung
[SCAN M 6; TAPPI T 233, 261, UM 239]

Zweck. Die Prüfverfahren dienen zur Kennzeichnung des Formcharakters durch Naßsiebung unter festgelegten Bedingungen. Es ist zwischen der Bestimmung von Splittern und der von Faserstoff-Fraktionen zu unterscheiden.

Anwendungsbereich. Die Prüfverfahren sind für Holzstoffe aller Art anwendbar. Schwierigkeiten können harzreiche Holzstoffe durch Bildung klebriger Ablagerungen bereiten.

Durchführung mit dem Brecht-Holl-Gerät [ZM VI/1; vgl. 2.60 und 2.61]. Das Fasergemisch wird bei einer Stoffdichte von 0,2% unter Verwendung einer Schlitzplatte mit Schlitzöffnungen von 0,2 mm × 20 mm zur Abtrennung der Splitter und nachfolgend der Siebe Nr. 16 und Nr. 50 zur Bestimmung der Faserstoff- und der Feinstoffanteile zerlegt.

Eine feinere Unterteilung hat nach den Untersuchungen von Brecht und Mitarbeitern [2.61, 2.62] keinen technologischen Sinn, da auch sehr eng begrenzten Faserfraktionen keine spezifische Festigkeit oder andere spezifische Werte zukommen. Es wird jeweils der Rückstand bestimmt, da eine quantitative Erfassung der im Spülwasser mitgerissenen Anteile zu mühsam und ungenau ist.

Für die Bestimmung von Splittern, Stippen und Faserbündeln scheint in Mitteleuropa das Brecht-Holl-Gerät nach ZM-Merkblatt VI/1 die breiteste Anwendung gefunden zu haben. Aufbau und Prüfprinzip gehen aus Bild 2.1 hervor. Das Prüfgerät ist mit den Sieben Nr. 16 und Nr. 50 ausgerüstet. In Skandinavien ist wohl noch verschiedentlich das ältere H.S.-Gerät im Gebrauch. Erfahrungsberichte über derartige Methoden zeigen bewährte Anwendungen in Holzstoff- und Papierfabriken [2.63 – 2.65].

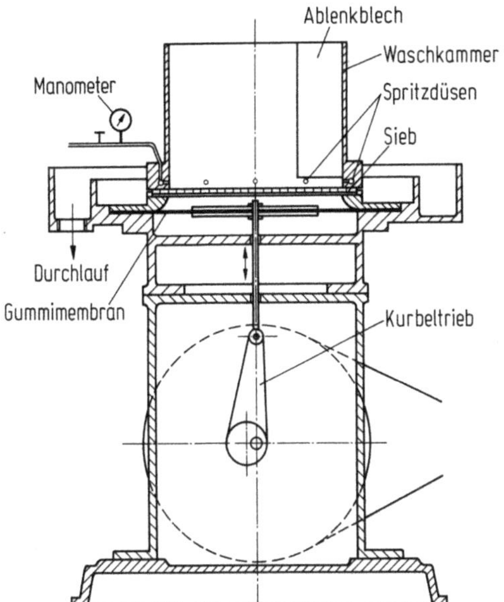

Bild 2.1. Siebfraktionierung nach Brecht-Holl (ZM VI/1/66)

Durchführung mit dem PFI-Mini-Shive-Fractionator [SCAN M 13]. Der „PFI-Mini-Shive-Fractionator" nach SCAN M 13 gestattet eine weitergehende Differenzierung von Splitteranteilen. Das Trennprinzip besteht in einem Ringschlitz von 50 cm Umfang und einer Spaltbreite bis 0,05 mm. Die zweckmäßigste Schlitzbreite ist 0,08 mm.

Es gelingt mit dem Gerät, auch Feinschliffe auf Mini-Splitterchen zu untersuchen, die zwar keine Rückstände auf dem Brecht-Holl-Gerät hinterlassen, jedoch zu Bahnabrissen oder Stäuben des fertigen Papiers Anlaß geben können. Erfahrungsberichte zeigen in der Praxis bewährte Anwendungen in Holzstoff- und Papierfabriken [2.63–2.68].

Durchführung mit dem „von-Alfthan-Gerät" [TAPPI UM 241]. Das Gerät nach von Alfthan [2.69] arbeitet mit einem einstellbaren Schlitz von 0.15–0.5 mm Schlitzöffnung und einem Splitter-Recorder.

Für diskontinuierliche Messungen wird eine Probemenge von 20 g in einen Probebehälter eingefüllt und auf ein Volumen von 10 l mit Wasser von 23 °C aufgefüllt. Das Gerät wird auf eine Schlitzöffnung von 0,18 mm eingestellt. Nach völliger Durchmischung durch Lufteinblasen läuft die Probe nach Öffnung eines Ventils durch eine Düse von 3,6 mm Durchmesser innerhalb von 7 min auf das Sieb.

Der Splitterwert wird angezeigt. Wiederholungsprüfungen sollten auf ±5% des mittleren Splittergehaltes übereinstimmen.

Für eine kontinuierliche Überwachung von Produktionsanlagen wird ein gleichmäßiges Überfließen des Probenbehälters eingestellt.

Die Stoffdichte sollte zwischen 0,3%–1,0% betragen. Diese ist genau zu kontrollieren, um exakte Werte für den Splittergehalt zu bekommen.

Der Recorder wird nach 10 min auf null zurückgestellt, und die nächste Messung kann sofort anschließend beginnen. Falls im überwachten Zeitabschnitt der Splitterwert einen eingestellten maximalen Grenzwert übersteigt, wird ein Alarmzeichen ausgelöst.

Kritische Merkmale des Verfahrens sind, daß bei der kontinuierlichen Arbeitsweise je nach Halbstoffbeschaffenheit durch Harzablagerungen Schwierigkeiten auftreten können. Der Splitterwert stellt kein genaues gravimetrisches oder numerisches Maß für den Splittergehalt dar. Er kann jedoch rechnerisch auf Gewichtsprozente der Einwaage bezogen werden. Erfahrungen über die Einsatzfähigkeit des Gerätes für die Prüfung von Holzschliffsuspensionen sowie über die Bewährung in Holzstoff- und Papierfabriken liegen vor [2.70–2.72].

Durchführung mit dem Gerät nach Somerville [TAPPI UM 242]. Der Somerville-Fraktionator dient z. B. dazu, brauchbare Faserstoffanteile im Spuckstoff von Sortierern zu erkennen, um so Stoffverluste zu vermeiden. Ein anderer Zweck ist auf die Erkennung von Splittern und Stippen gerichtet, die Störungen beim Bedrucken oder Verarbeiten von Papier verursachen können. Das Verfahren ist für Holzstoffe und Zellstoffe anwendbar. Das Gerät ist mit einer Schlitzplatte ausgerüstet. Diese weist 765 Schlitze von 45 mm Länge und 0.15 mm Breite auf. Die Schlitzbreite muß sorgfältig kontrolliert werden. Der Spülwasserdruck muß 124 kPa und die Überlaufgeschwindigkeit 8 600 ml/min betragen. Die Probemenge beträgt 25,0 g. Wiederholungsprüfungen sollen um nicht mehr als 0,02% voneinander abweichen.

Gemeinsame Prüfungsmerkmale. Für jede Prüfung sind zwei Parallelbestimmungen auszuführen. Für Schiedsuntersuchungen ist destilliertes Wasser oder Wasser gleicher Reinheit zu verwenden.

Die Siebrückstände sind durch Abspülen der Siebe auf Filtern zu sammeln, zu trocknen und zu wiegen. Die meist sehr geringe Splittermenge läßt sich am einfachsten durch Abstreifen der getrockneten Splitter vom Filterpapier unmittelbar auf die Waagschale erfassen.

Für die Auswertung ist zu prüfen, daß die Summe aller Fraktionen in Gewichtsprozent den Wert 100 ergibt. Wenn der Splitteranteil weiterverarbeitet wird, sind die Splitter als Bestandteil anzusehen.

Gleichzeitige Bestimmung des Gehaltes an Splittern und Faserfraktionen
[ZM V/1.4]

Die gleichzeitige Bestimmung der Massenanteile von Splittern und von fünf Faserstoff-Fraktionen gestattet das von Breunig [2.3–2.5] ausgearbeitete Prüfverfahren. Das Prinzip besteht aus einer Anordnung des Haindl-Fraktionators (Bild 2.2) zur Erfassung des Splittergehaltes auf einer Schlitzplatte mit 0.15 mm Schlitzweite vor einem McNett-Fraktioniergerät (Bild 2.3) zur Erfassung der Rückstände auf Sieben der Siebnummern 16 (lichte Maschenweite 1,18 mm), 30 (0,60 mm), 50 (0,30 mm) und 100 (0,15 mm).

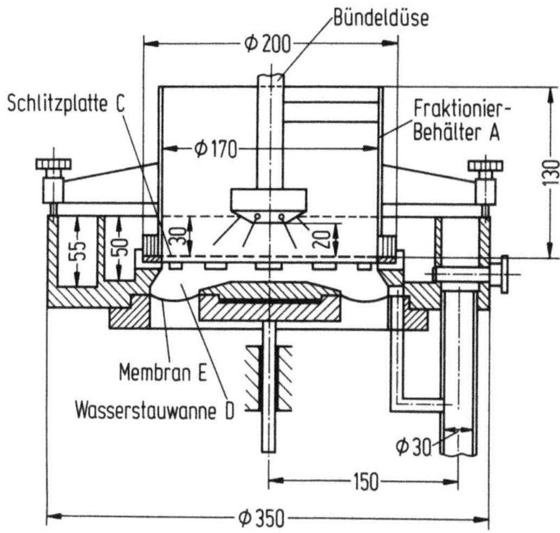

Bild 2.2. Haindl-Fraktionator
[ZM V/1.4/86]

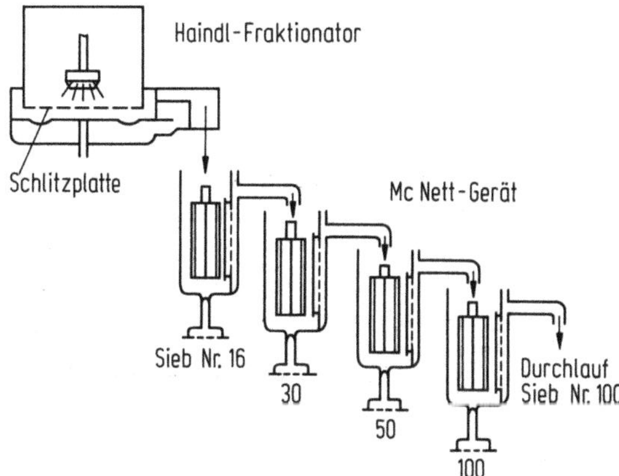

Bild 2.3. Fraktionierverfahren
mit Haindl-Fraktionator und
McNett-Gerät [ZM V/1.4/86]

Es werden $(10 \pm 0{,}05)$ g einer otro Probe in 2 l Wasser suspendiert und innerhalb von 3 min auf die Schlitzplatte aufgegeben. Der Wasserdurchfluß über eine Bündeldüse beträgt 10 l/min und die Fraktionierdauer 20 min.

Die von den Sieben abgenommenen Rückstände werden bei 105 °C bis zur Gewichtskonstanz getrocknet und auf 0,5 mg ausgewogen.

Die Splittermasse wird auf ähnliche Weise bestimmt. Durch die Einwaage von 10 g Proben ergibt sich aus den gravimetrisch bestimmten Massenanteilen in Gramm auch deren Gehalt in Gew.-%.

Die Differenz zwischen der Summe aller Massenanteile der Siebrückstände zur Einwaage von 10 g entspricht dem Durchlauf durch Sieb Nr. 100.

Zur Untersuchung der Splitterformen und Abmessungen, z. B. durch Bildanalyse, werden Anfärbemethoden empfohlen [3.37]. Ein Beispiel für die Auswertung der Prüfergebnisse zeigt Tabelle 2.2.

Tabelle 2.2. Die Auswertung von Prüfergebnissen

	Rückstand in g·10	Gew.-%
Splitter	0,025·10 =	0,25
R_{16}	0.325·10 =	3,25
R_{30}	1,540·10 =	15,40
R_{50}	1,370·10 =	13,70
R_{100}	1,550·10 =	15,50
Summe	4,810·10 =	48,10
D_{100}	5,190·10 =	51,90

Formkennzeichnung durch opto-elektronische Meßverfahren

Der STFI-Splitteranalysator [2.76] mißt die Länge und Dicke von Fasern und Splittern, die in sehr geringer Stoffdichte suspendiert sind, beim Durchfließen einer Suspension durch eine Glaskapillare. Durch die hohe Verdünnung von 1,77 g otro Probemenge in 100 l Wasser und einer hohen gleichmäßigen Durchflußgeschwindigkeit durch die Meßkapillare soll erreicht werden, daß die Teilchen einzeln gemessen werden.

Daß Meßprinzip besteht aus einer Anordnung von zwei im rechten Winkel versetzt angeordneten Infrarotlichtschranken. Die Detektoren erfassen die Veränderungen der Lichtdurchlässigkeit der durchfließenden Probe. Die zeitliche Veränderung der Lichtintensität ist ein Maß für die Dicke, und die Dauer der Lichtveränderung ist ein Maß für die Länge eines Teilchens.

Die Meßdaten werden in je vier Dicken- und Längenbereiche klassiert, so daß die Anzahl der erfaßten Splitter in bis zu 16 Größenklassen unterteilt werden können. Jede Klasse stellt einen definierten Dicken- und Längenbereich dar.

Mit einem 17. Meßkanal werden alle Meßimpulse aufgenommen, die einer Teilchendicke von 0.040 bis 0,075 mm und einer Teilchenlänge größer 0,3 mm entsprechen. Diese Teilchen werden als Langfaserfraktion klassiert.

Der Meßwert korreliert mit dem Rückstand auf Sieb Nr. 30 der McNett-Fraktionierung, vgl. Tabelle 1.2 und [2.67 − 2.71].

Formkennzeichnung durch andere Methoden

Die Formkennzeichnung durch andere Methoden [2.77], optische Methoden [2.78], mikroskopische und mikrophotographische Methoden (s. Bd. 2, Teil A) sowie durch Methoden zur Bewertung des Mini-Splittergehaltes [2.79] können für spezielle Untersuchungszwecke hilfreich sein.

Für die Feinstoffbewertung im Routinebetrieb ist die Sedimentationsanalyse hilfreich. Der Feinstoff ist die Fraktion nach dem Prüfsieb Nr. 50. Diese wird in einer Stoffdichte von 0.15 Gew.-% in Spitzgläser wie für die Wasseruntersuchung zur Sedimentation oder in graduierte Spitzgläser zum Zentrifugieren gefüllt. Für Vergleichszwecke sollte eine einheitliche Temperatur und ein einheitlicher pH-Wert (z. B. etwa 6 − 7 bei etwa 20°C) eingehalten werden. Mehlstoffreicher Feinstoff sedimentiert schneller als schleimstoffreicher Feinstoff, so daß etwa nach 2 min eine Grenzfläche für das Sedimentvolumen zur Kennzeichnung des Mehlstoffanteils abgelesen werden kann. Nach 15 min hat sich ein Sedimentationsgleichgewicht i. allg. eingestellt.

Beim Zentrifugierverfahren wird der zeitliche Sedimentationsverlauf erfaßt. Die Krümmung der Sedimentationskurve dient zur empirischen Beurteilung der Feinstoffqualität besonders in bezug auf den Schleimstoffgehalt.

Die Messung der Faserlänge durch Projektion nach TAPPI T 232 [vgl. 2.49−2.51] und die Messung der Faserfeinheit (massenbezogene Faserlängeneinheit) in mg/100 m nach TAPPI 234 sind in anderem Zusammenhang beschrieben worden (Abschn. 1.5.3 u. 1.5.4).

Fraktionierung mit Klassiergeräten

Die Prinzipien der Faserklassiergeräte nach McNett und Clark wurden in Abschn. 1.5.2 beschrieben, da diese Geräte ursprünglich für die Untersuchung von Zellstoffen entwickelt und eingesetzt worden sind.

Diese Geräte leisten aber auch für die Untersuchung von Holzstoffen einschließlich Holzschliffen gute Dienste. Für diesen Zweck werden eine Reihe feinerer Siebe empfohlen, um vier Fraktionen zu erhalten:

Sieb-Nummer	1	2	3	4
Tyler-Sieb-Nr.	28	48	100	200
Sieböffnung mm	0,595	0,297	0,149	0,074

Die Durchführung und die Auswertung der Prüfergebnisse ist in Abschn. 1.5.2 dargestellt.

Palmer [2.80] beschreibt ein modifiziertes McNett-Gerät für die Holzschliffprüfung. Unger und Mitarbeiter [2.81] schlugen für die Fraktionierung von Holzstoffen eine Reihe logarithmisch gestufter Prüfsiebe vor.

Praktische Anwendungen der Faserklassierung

Giese und Link [2.82] sammelten neue Erkenntnisse zur Erforschung des Feinstoffcharakters und zur Erklärung seines Verhaltens. Marton [2.83] untersuchte die Eigenschaften der unterschiedlichen Faserstoff-Fraktionen, Law [2.84] die Beziehungen zur Entwässerungsfähigkeit und Garceau [2.85] Möglichkeiten zur Optimierung von Faserstoff-Fraktionen, um eine maximale Blattfestigkeit zu erzielen. Zur schnellen Voraussage der Faserlängenverteilung von Holzschliff stellt Corson [2.86] am Beispiel von Holzschliff aus Radiata-Kiefer eine schnell ausführbare Methode vor.

2.5.3 Entwässerungsverhalten

Allgemeines

Eine Prüfung des Entwässerungsverhaltens von Holzstoffen interessiert zur Beurteilung des Schmierigkeitsgrades insbesondere von Holzschliff, der mit dem Verhalten auf dem Papiermaschinensieb und der Ausbildung von Naß- und Trockenfestigkeitseigenschaften zusammenhängt.

Entwässerungsprüfverfahren

Schopper-Riegler-Verfahren [ZM V/7; vgl. ISO 5267/1; DIN ISO 5267/1; SCAN C 19]. In Anlehnung an das Merkblattverfahren V/7 „Prüfung des Entwässerungsverhaltens" wird die Entwässerungsfähigkeit nach Schopper-Riegler in SR bestimmt:

Eine 2 g otro entsprechende Probemenge wird in 1,0 l destilliertem Wasser bei (20±0,5) °C dispergiert. Eine evtl. erforderliche Korrektur auf genau 2 g otro Stoffgewicht erfolgt über die Bestimmung der Siebrückstandsmenge und der Probemenge im Durchlauf sowie durch Umrechnung der Meßwerte mit Hilfe einer Tabelle.

Canadian-Standard-Freeness-Verfahren [vgl. ISO 5267/2; SCAN C 21; TAPPI 227]. In Nordamerika und vornehmlich in Zeitungsdruckpapierfabriken in englisch sprechenden Ländern wird für die Untersuchung des Entwässerungsverhaltens der „Canadian Standard Freeness Tester" eingesetzt.

Die Werte SR für Schopper-Riegler und CSF für Canadian Standard Freeness sollen nicht gegenseitig umgerechnet werden. Beide Prüfverfahren für die Bestimmung von SR und CSF wurden mit Rücksicht auf die große, regional jedoch sehr unterschiedliche Verteilung der Geräte in einer ISO-Norm 5667 als Teile 1 und 2 vereinigt (s. Abschn. 1.8.2).

Anmerkung. Das Entwässerungsverhalten der Proben ist von der Oberflächenbeschaffenheit und dem Quellungszustand der Fasern abhängig. Die SR- bzw. CSF-Werte stellen nützliche Kennzahlen zur Beurteilung der mechanischen Behandlung der Halbstoffe dar.

Eine grundsätzliche Übereinstimmung dieser Werte mit dem Entwässerungsverhalten von Ganzstoffen, die außer Fasern auch noch Füllstoffe und Hilfsmittel enthalten, ist nicht in allen Fällen zu erwarten.

Auf grundsätzliche Schwierigkeiten machte Clark [2.87] aufmerksam.

Die Prüfverfahren liefern nur dann verläßliche Werte, wenn ein genügend dichter Faserkuchen auf dem Sieb gebildet wird. Das Schopper-Riegler-Verfahren wird für einige Kurzfaserstoffe, wie hochgemahlene Laubholzhalbstoffe, nicht empfohlen, da ein großer Faseranteil durch das Sieb läuft und dadurch zu geringe SR-Werte erhalten werden. Die verläßlichsten Ergebnisse werden im Bereich von 10 bis 90 SR erhalten.

Für die Betriebskontrolle genügt die Verwendung von Betriebswasser oder Leitungswasser. Für handelstechnische Prüfaufgaben ist der Einfluß der Wasserqualität zu beachten. Es wird die Verwendung von destilliertem Wasser oder eines aus destilliertem Wasser hergestellten Modellwassers definierter Zusammensetzung und Leitfähigkeit vorgeschlagen, um die Vergleichbarkeit der Ergebnisse zu verbessern [2.88]. Zur praktischen Anwendung der Entwässerungsprüfergebnisse wurden Zusammenhänge mit Festigkeitseigenschaften [2.89] und Berstfestigkeit [2.90] festgestellt. Das Bindungsvermögen von Faserstoffen wurde aus dem Filtrationswiderstand abgeleitet [2.90]. Für die Bewertung der Holzschliffqualität wurden auch Verfahren zur Untersuchung der Entwässerungsfähigkeit von Holzschliff-Fraktionen vorgeschlagen [2.91–2.93]. Bei TMP, CTMP und CMP wurden Einflüsse des Sulfonierungsgrades auf das Entwässerungs- und das Retentionsverhalten nachgewiesen [2.94].

Entwässerungs-Untersuchungsmethoden

Das übliche Schopper-Riegler-Verfahren differenziert Halbstoffe über 65 SR weniger gut, da die Entwässerungsdauer zeitlich stärker zunimmt, als dem Anwachsen des SR-Wertes im unteren SR-Bereich entspricht. Da das Gebiet über 65 SR besonders für die schmierigen Holzschliffe interessant ist, sind die folgenden Methoden in der Praxis eingeführt worden. Bei der Ausführung sind jeweils zwei Parallelbestimmungen an Hand der gleichen Probe durchzuführen.

Entwässerungsdauer mit dem Schopper-Riegler-Gerät in Sekunden SR
[ZM V/7; vgl. ISO 5269/2; DIN 54358/1]. Eine 5,0 g otro entsprechende Probemenge wird in 1,0 l Wasser von (20±0,5)°C, pH-Wert 4,5 dispergiert und in einen Schopper-Riegler-Apparat eingefüllt. Der senkrechte Ablauf ist dabei verschlossen und der Hohlraum mit Wasser ausgefüllt. Es wird die Zeit gemessen, die für das Auslaufen von 700 ml Wasser aus dem seitlichen Ablauf benötigt wird.

Entwässerungsdauer mit Rapid-Köthen-Gerät in Sekunden [ZM V/8].
Eine 3 g otro Stoffmenge wird in 8,0 l Wasser von (20±0,5)°C gelöst. Es wird die Zeit bei der Blattbildung gemessen, die vom Zeitpunkt des Öffnens des abgeschlossenen Luftraumes unterhalb des Siebes für das Absinken des Flüssigkeitsspiegels von der 8. bis 21. Marke am Zylinder benötigt wird.

Entwässerungsdauer mit konventionellem Blattbildner in Sekunden
[TAPPI T 205]. Bei der Herstellung von Laborblättern wird die Zeit gemessen, die bei der Bildung eines Laborblattes von 60 g/m² gebraucht wird.

Die Temperatur der Stoffsuspension ist auf (20±5)°C zu halten und die Temperatur auf 0,5°C genau zu messen. Das Meßergebnis wird nach einer Tabelle auf eine Temperatur von 20,0°C korrigiert. Die Wiederholbarkeit wird auf 0,2 s angegeben.

Entwässerungsdauer mit anderen Geräten. Ein verbesserter A.P.P.-Blattbildner wurde für die Untersuchung der Entwässerungsfähigkeit von holzschliffhaltigen Faserstoffsuspensionen erfolgreich eingesetzt [2.93].

2.5.4 Initiale Naßfestigkeit
[SCAN M 11, M 12, ZM VI/6, vgl. SCAN C 31 und C 35]

Allgemeines

Die Prüfung dient zur Beurteilung des Zug/Dehnungs-Verhaltens einer nassen Papierbahn bei Verlassen des Blattbildungssiebes in Papiermaschinen.

Durchführung nach ZM-Merkblatt VI/6

Zur Untersuchung nach ZM Merkblatt VI/6 wird ein Naßfestigkeitsprüfgerät verwendet, dessen Aufbau und Funktionsprinzip in Bild 2.4 dargestellt sind. Zur Herstellung von Proben wird auf das Sieb des Rapid-Köthen-Gerätes ein Messingrahmen gelegt, der drei Probestreifen der Abmessung 90 mm × 30 mm abteilt. Es werden nach der üblichen Vorschrift Laborblätter einer Flächenmasse von 100 g/m^2 gebildet. Zwei Streifen dienen für mechanische Prüfungen und der dritte Streifen zur Bestimmung der Flächenmasse. Abweichungen von 100 g/m^2 können mittels einer Tabelle korrigiert werden [2.95].

Die initiale Naßfestigkeit von Holzschliff ist im Bereich von 12% bis 22% Trockengehalt annähernd linear zum Trockengehalt. Die Steigung der Funktion ist aber je nach Holzschliffart verschieden. Es sind daher bei Holzschliffen unbe-

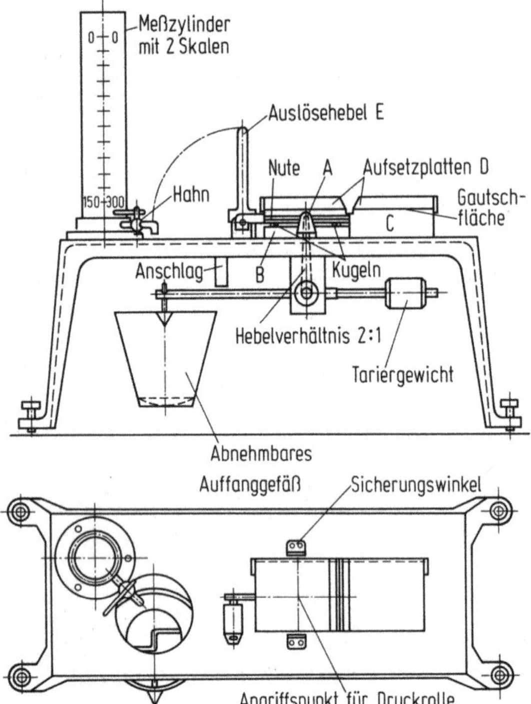

Bild 2.4. Naßfestigkeits-Prüfgerät, Bauart Darmstadt (ZM VI/1/66))

Tabelle 2.3. Einstellung von Trockengehalten (TG)

Bereich	Anwendung Abgautsch-rolle über Gummituch	Übertragen der Proben mit Gummituch auf Glasplatte
geringster TG	zweimal	unmittelbar
mittlerer TG	einmal	mit Löschkarton abdecken, einmal Abrollen, Karton entfernen
höchster TG	zweimal	zwischen Löschkarton legen und 20 s mit Abgautschrolle belasten, anschließend Karton sofort entfernen

kannter Art Messungen bei drei verschiedenen Trockengehaltsbereichen durchzuführen. Für Betriebskontrollen reicht es aus, die Proben in einem bestimmten Gebiet, z. B. bei etwa 13% Trockengehalt, zu untersuchen. Zur Einstellung der verschiedenen Trockengehalte (TG) vergl. Tabelle 2.3.

Streifen der gleichen Probe sollen die gleiche Naßverdichtung erfahren, da diese die initiale Naßfestigkeit stark beeinflußt. Die initiale Naßfestigkeit für die drei Stufen soll sich um jeweils die Proben belastende Gewichtskraftstufen von 30 g unterscheiden. Erfahrungsgemäß bestehen verläßliche Beziehungen zwischen der initialen Naßfestigkeit bei 25% Trockengehalt der Proben und der Trockenreißlänge des aus diesem Holzstoff maschinell hergestellten Papiers.

Durchführung nach SCAN M 11 und SCAN M 12

Die SCAN Prüfmethoden dienen zur Bestimmung des initialen Naßzugfestigkeitsindexes und des initialen Naßzugdehnungsverhaltens sowie des initialen Naßfestigkeits-Energieabsorptionsindexes eines naßgepreßten Laborblattes. Die Methoden werden für Zellstoff (SCAN C-Reihe) und für Holzstoff (SCAN M-Reihe) angewendet.

Nach SCAN C 31 und M 11 wird die Untersuchung bei einem Trockengehalt des Laborblatts von 25% und nach SCAN C 35 und SCAN M 12 von 35% vorgenommen.

Die Laborblätter werden mit dem konventionellen Blattbildner hergestellt, abgegautscht und, zwischen Löschpapier eingelegt, mit geringem Druck (25% Trockengehalt) bzw. höherem Druck von 400 kPa (35% Trockengehalt) gepreßt.

Anschließend folgen die Untersuchungen der Laborblätter nach den üblichen Methoden der Papierprüfung mit einer elektronischen Zugprüfmaschine (s. Bd. 4).

Anwendungen

Der Wirkungsgrad der Siebpartie und der Pressenpartie einer Papiermaschine ist u. a. von der initialen Naßfestigkeit der Bahn abhängig [2.96]. Für verschiedene Holzstoffsorten und Holzstoff-Fraktionen sind Werte für die initiale Naßfestigkeit veröffentlicht worden [2.97 – 2.100].

2.5.5 Formkennzeichnung durch das Wasserrückhaltevermögen
[ZM IV/33; TAPPI UM 256]

Für verschiedene papiertechnologische Betrachtungen, die insbesondere mit dem Entwässerungsverhalten, nach Verhornung der Faseroberflächen und der Ausbildung von Festigkeitseigenschaften und zahlreichen anderen Eigenschaften zusammenhängen, interessiert der Quellungszustand der Fasern. Als Prüfmethode eignet sich die für die Zellstoffuntersuchung entwickelte Methode der Bestimmung des Wasserrückhaltevermögens auch für die Untersuchung von Holzstoffen und Altpapierstoffen. Die Methode wurde in Abschn. 1.8.5 beschrieben.

2.5.6 Faserstoffzusammensetzung

Eine Prüfung der Faserstoffzusammensetzung interessiert bei Holzstoffen, die aus verschiedenen Nadelholz- und /oder Laubholzarten hergestellt worden sind. Dies kann insbesondere in den nordamerikanischen und tropischen Ländern bei der Herstellung von Refinerholzstoffen sowie Hochausbeutesulfithalbstoffen der Fall sein. Für diese Aufgaben sind vorzugsweise die Methoden der Faserstoffanalyse einzusetzen (s. Bd. 2, Teil A). Zur Einsparung von Arbeits- und Zeitaufwand entwickelte Breunig [2.73] eine Methode, bei der die in Suspension vorliegende Probe so angefärbt wird, daß sich die Holzstoffasern von den Zellstoffasern unterscheiden. Es werden aus der angefärbten Stoffsuspension Laborblätter gebildet. Aus den Farbunterschieden ist der Holzstoffgehalt abzuschätzen.

Das Verfahren eignet sich insbesondere für die Produktionskontrolle bei der Herstellung von leicht holzhaltigen Druck- und Spezialpapieren, vorzugsweise niederer Flächenmasse.

Die Anwendung der Fourier-Transform-Infrarotspektroskopie (FTIR) für derartige Zwecke erscheint nach einigen Veröffentlichungen über methodische Anwendungen dieser Untersuchungstechniken für faseranalytische Zwecke möglich. Bei sogenannten alterungsbeständigen Papieren für bibliothekarische Zwecke wird derzeit zur Erkennung eines Holzstoffgehaltes größer 5% die Bestimmung der Kappa-Zahl von diesen Papieren vorgeschlagen. Dazu ist zu bedenken, daß diese chemische Prüfmethode für die Bestimmung der Kappa-Zahl zur Kennzeichnung des Aufschlußgrades von chemisch aufgeschlossenem Zellstoff entwickelt wurde. Der Anwendungsbereich ist auf Zellstoffausbeuten bis etwa 65% begrenzt. Holzstoffe liegen im Ausbeutebereich von etwa 80% – 99%. Das Prinzip der Bestimmung beruht auf einer Umsetzung der Probe mit Kaliumpermanganat unter festgelegten Bedingungen. Am Ende der Reaktion muß 50% der bei Versuchsbeginn zugesetzten Kaliumpermanganatmenge vorhanden sein.

Dieses Oxidationsmittel greift unspezifisch auch andere oxidierbare Stoffe im Papier an wie voroxidierte Faseranteile, oxidierbare Bleichmittelreste, Stärke, Casein, Bindemittel, Schleimbekämpfungsmittel, Naßfestmittel und verschiedene Papierhilfsmittel. Diese Methode erscheint mehr zur Erfassung eines Summenparameters für die mit Kaliumpermanganat unter Versuchsbedingungen oxidierbaren Substanzen geeignet, als für die quantitative Bestimmung des Holzstoffgehaltes in

Papier und Pappe. Eine dem Ligningehalt entsprechende fiktive Kappa-Zahl von reinem Holzschliff, Refinerholzstoffen und auch von Hochausbeutehalbstoffen ist mit der Methode nicht zu bestimmen, da Kaliumpermanganat durch Reaktion an der Faseroberfläche als Reaktionsprodukt unlösliches Mangandioxid bildet, das den weiteren Angriff des Oxidationsmittels verhindert. Eine mehrstufige Behandlung von derartigen Halbstoffen mit Kaliumpermanganat mit Zwischenbehandlungen zur Entfernung des Mangandioxids erwies sich für analytische Zwecke als nicht genügend genau [2.73a].

Pappel bzw. Aspe können neben Fichte im Holzstoff durch Anfärben mit Sutermeister-Lösungen unterschieden werden. Die Lösungen A und B werden durch Auflösung von 1,3 g Iod und 1,8 g Kaliumiodid in 100 ml Wasser (Lösung A) bzw. Auflösen von Calciumchlorid bis zur Sättigung in Wasser hergestellt. 15 g Probe werden in 200 ml Wasser gekocht, mit etwa 2 g festem Natriumhydroxid (NaOH) versetzt. Sofort nach Auflösung des NaOH wird der Ansatz von der Heizplatte genommen. Einige Tropfen werden auf einem Objektträger abgeschleppt, gewaschen, mit Lösung A versetzt, mit 3 Tropfen Wasser aufgenommen, nach 1–2 min wird die überschüssige Farbstofflösung abgeschleppt und mit wenigen Tropfen Lösung B versetzt. Die Anfärbung wird einmal wiederholt. Pappelfasern erscheinen bei mikroskopischer Betrachtung grüngrau und Fichtenfasern gelb.

Für die Bestimmung des Zellstoffgehalts in holzhaltigen Papiersorten wurde auch der Chlorverbrauch und der Sulfitgehalt der Proben bestimmt.

Bei höheren Genauigkeitsansprüchen sind für derartige Aufgaben die Methoden der mikroskopischen Faserstoffanalyse einzusetzen (Bd. 2, Teil A).

2.6 Mahlung von Holzstoffen
Beating of mechanical pulp

Holzschliffe bedürfen i. allg. keiner Prüfung durch Labormahlung. Anders liegen die Verhältnisse bei einigen modernen Refinerholzstoffen, insbesondere bei solchen mit chemischer Vorbehandlung vor dem mechanischen Aufschluß bzw. auch bei aus diesen Halbstoffen gewonnenen Langfaserfraktionen wie LF-CTMP oder LF-BCTMP (LF = long fibre).

Für derartige Zwecke sind die für Zellstoff beschriebenen Labormahlungsmethoden anzuwenden (vgl. Abschn. 1.6). Meist handelt es sich bei solchen Aufgaben um Untersuchungen im Vorfeld produktionstechnischer Zielrichtungen, so daß vorzugsweise eine Untersuchung mit Laborrefinern in Betracht kommt. Dies bestätigt auch eine Untersuchung von Paulapuro und Laamanen (Bilder 2.5a und 2.5b), wonach der Fibrillierungsindex bei Nachmahlung von TMP in hoher Stoffdichte steigt und in niederer Stoffdichte abfällt. Derartige Untersuchungen bedürfen auch einer strengen Kontrolle der erforderlichen höheren Temperaturverhältnisse, die in den üblichen Labormahlkleingeräten nicht zu realisieren sind.

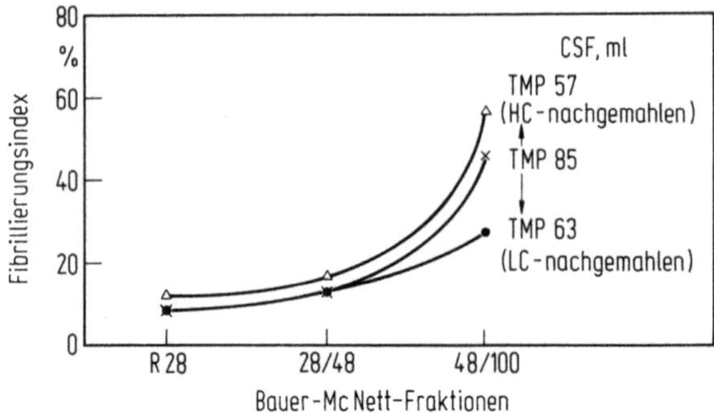

| | Bauer-McNett-Fraktionen,% | | |
	R 28	28/48	48/100
TMP 85	41,2	14,2	9,7
TMP 57 (HC)	37,3	14,4	10,3
TMP 63 (LC)	27,8	20,3	13,9

a

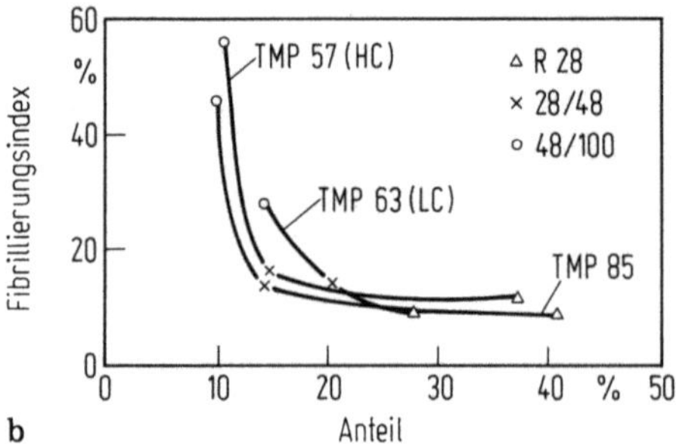

b

Bild 2.5a, b. Auswirkung der Nachmahlung von TMP bei hoher (HC) oder niederer (LC) Stoffdichte auf den Fibrillierungsindex der McNett-Fraktionen des gemahlenen TMP [2.119]

2.7 Laborblattbildung
Laboratory sheets

2.7.1 Allgemeines

Es werden die gleichen Prüfverfahren wie für die Untersuchung von Laborblättern aus Zellstoffen angewendet. Die nachstehenden Beispiele beziehen sich auf den Einsatz des Rapid-Köthen-Laborblattbildners.

Die Ausführungen sind sinngemäß auf die Verwendung des konventionellen Blattbildners oder auf andere Blattbildner übertragbar.

2.7.2 Herstellung von Laborblättern

Rapid-Köthen-Blattbildner
[ZM V/8, V/10; ISO 5269/1; DIN 54358/1]

Es werden nach Merkblatt V/8 pro Blatt 3 g otro Stoff eingesetzt, so daß sich eine Flächenmasse von $100\,\text{g/m}^2$ $\pm 1\%$ ergibt. Die Blätter werden bei 23 °C/50% rel. Luftfeuchte klimatisiert und je nach Umfang der Untersuchungsaufgaben aufgeteilt. Für alle folgenden Prüfungen mit zehn Einzelmessungen werden zehn Laborblätter benötigt. Für spezielle Zwecke sind Laborblätter anderer Flächenmasse, z. B. 60 oder $140\,\text{g/m}^2$, erforderlich, die bei den entsprechenden Prüfverfahren beschrieben werden.

Konventioneller Blattbildner
[ISO 5269/1; SCAN C 26; TAPPI T 205]

Die Herstellung der Laborblätter gleicht dem für die Zellstoffprüfung angewendeten Verfahren (Abschn. 1.9).

Andere Blattbildner

Für die Herstellung anisotroper Laborblätter und für den Einsatz dynamischer Blattbildner sind die für die Zellstoffprüfung beschriebenen Verfahren und Geräte [1.227 – 1.233] einsetzbar (vgl. Abschn. 1.9).

2.8 Prüfung der Laborblätter
Testing of laboratory sheets

2.8.1 Mechanische Eigenschaften
[ZM V/10, V/11; vgl. ISO 5270; SCAN C 28; TAPPI 220]

Zur laboratoriumsmäßigen Ermittlung der mechanischen Eigenschaften von Holzstoffen dienen hauptsächlich Laborblätter. Diese werden nach den Methoden der physikalischen Papierprüfung untersucht (s. Bd. 4). Für Routineuntersuchungen interessieren hauptsächlich die angegebenen Eigenschaften. Zu deren Ermittlung sind anstelle der angegebenen ISO- und DIN-Methoden nach Vereinbarung die entsprechenden Methoden anderer nationaler Regelwerke für die Papierprüfung anwendbar. Nähere Informationen sind aus den Aufstellungen für nationale Regelwerke im Anhang bzw. in Verbindung mit Durchführungsvorschriften zu entnehmen.

– Klimatisierung vorzugsweise auf Normalklima 23 °C/50% rel. Luftfeuchte:
  [DIN ISO 187; ISO 187; SCAN P 2; TAPPI 402; ZM V/10]
– Flächenbezogene Masse:
  [DIN ISO 536; ISO 536; SCAN P 6; TAPPI T 410]

- Dicke, Rohdichte und spezifisches Volumen:
  [DIN 53105, Teil 1; ISO 534; SCAN P 7; TAPPI 411; ZM V/11]
- Bruchkraft, Bruchdehnung und Reißlänge:
  [DIN 53112, Teil 1, 2; ISO 1924; SCAN M 8; TAPPI T 404, 457, UM 448;
  ZM V/12]
- Weiterreißarbeit nach Brecht-Imset:
  [DIN 53115; vgl. nach Elmendorf ISO 1974; TAPPI T 220, 414]
- Berstfestigkeit:
  [ISO 2758; DIN ISO 2758; TAPPI T 403; ZM V 2/12]
- Luftdurchlässigkeit nach Bendtsen:
  [DIN 53120/1, vgl. ISO 5636/3; vgl. nach Schopper DIN 53120/2, ISO
  5636/2, TAPPI T 251].

Die mechanischen und optischen Eigenschaften von Holzstoffen können durch
Online-Meßverfahren vorausgesagt werden [2.100a].

Für die Prüfung von Holzstoffen und Zellstoffen ist auf das Schwindungsverhalten der Blattstrukturen zu achten. Die Schwindung von Laborblättern, die spannungsfrei getrocknet wurden, kann als Anhalt für die Beurteilung des Hydratationsgrades dienen.

Diese Schwindung ist unabhängig von der Schneidwirkung des Mahlaggregates bei der Mahlung der Probe wie auch von der Flächenmasse der Blätter.

Zur Unterbrechung werden z. B. mit dem konventionellen Blattbildner hergestellte Laborblätter mit einem Quadrat von 125 mm, besser 150 mm Kantenlänge durch Bleistiftstriche gekennzeichnet. Die Blätter werden an den vier Seiten mit Bleistiften beschwert und in einen auf 100 – 105 °C eingestellten Wärmeschrank gelegt. Es wird die prozentuale Schwindung von mindestens drei geprüften Laborblättern bezogen auf die Ausgangslänge angegeben.

2.8.2 Optische Eigenschaften

Eine Beschreibung der optischen Prüfmethoden ist in Bd. 2, Teil C zusammengefaßt. Es sollen hier nur die für die Holzstoffprüfung speziellen Kriterien dargestellt werden. Über Online-Meßverfahren zur Erfassung mechanischer und optischer Eigenschaften liegen Erfahrungen vor [2.100a].

Reflexionsfaktor (Weißgrad, Hellbezugswert)
[DIN 53145 Teil 1; vgl. TAPPI T 525, UM 438]

Für die Herstellung von Laborblättern wird die gleiche Methode wie für die Prüfung von Zellstoffen angewendet, s. Abschn. 1.9.2.

In Anlehnung an ZM-Merkblatt V/19 „Probenvorbereitung für Weißgradmessung von Zellstoff" wird eine 4 g Trockenmasse entsprechende Menge Holzstoff, dessen Stoffdichte nicht unter 2,5 Gew.-% liegen sollte, auf weniger als 1 l Stoff-Wasser-Volumen verdünnt. Durch Zugabe von verdünnter Schwefelsäure wird ein pH-Wert von 4,5 eingestellt und auf ein Volumen von 1,0 l mit Wasser aufgefüllt.

Zur Blattbildung wird eine Porzellannutsche mit 16 cm Durchmesser und feiner Lochplatte empfohlen. Es wird ein Rundfilter von 15 cm Durchmesser (z. B. Schleicher & Schüll Nr. 1573) eingelegt und das Laborblatt vorsichtig durch bloße Filtration gebildet. Nach Abziehen des Laborblattes einer Flächenmasse von 200 g/m^2 und Trocknen an der Luft wird der Weißgrad nach DIN 53 145 an der Oberseite der vier Blattviertel gemessen.

Falls es nicht auf höchste Genauigkeit und Vergleich mit anderen Laborergebnissen ankommt, kann für Routineuntersuchungen und Stichproben zur Arbeits- und Materialersparnis der Weißgrad von Laborblättern vor der Festigkeitsuntersuchung gemessen werden. In diesem Fall ist von den an Blattober- und -unterseite erhaltenen Meßwerten der Mittelwert zu bilden.

Diese Abweichung von der Prüfvorschrift ist im Prüfbericht anzugeben.

Farbort
[DIN 5033; Teile 1, 2, 3, 7 und DIN 6174; vgl. TAPPI T 524, 527]

Da häufig für das fertige Papier enge Toleranzgrenzen für den Farbort vom Abnehmer vorgeschrieben werden, hat sich für die vorsorgende Produktionskontrolle für Holzschliff eine Bestimmung des Farborts als hilfreich erwiesen. Die Durchführung der Untersuchung entspricht den Prüfverfahren für die übliche optische Papierprüfung, vgl. Bd. 2, Teil C.

Opazität
[DIN 53 146; vgl. ISO 2471; TAPPI UM 411]

Vorzugsweise wird an einem Laborblatt einer Flächenmasse von 70 g/m^2 gemessen, um im Mittel der üblichen Flächenmassen von holzhaltigen Naturpapieren einen Anhalt für die Opazität des herzustellenden Papiers ohne Füllstoffzusatz zu erhalten. Die Prüfung entspricht der üblichen Papierprüfung (s. Bd. 2, Teil C).

Dichtebezogener Lichtstreukoeffizient
[DIN 54 500]

Die Erfassung des Lichtstreukoeffizienten interessiert für die Kennzeichnung von Holzstoffen besonders, da diese wegen ihres im Vergleich zu Zellstoffen wesentlich höheren Lichtstreuvermögens sehr geschätzt werden. Dies betrifft hauptsächlich Papiere mit niederer Flächenmasse, bei denen es auf eine hohe Opazität und Druckopazität ankommt. Beispiele reichen von Dünndruckpapieren, holzhaltigen und holzfreien Spezialdruck- und -schreibpapieren bis zu LWC-Streichrohpapieren und Kunstdruckstreichrohpapieren. Ein Prüfbedarf besteht für Holzstoffe auch allgemein, da das Lichtstreuvermögen sehr von Holzart, Mischholzzusammensetzung, Aufschluß- und Bleichverfahren abhängig ist [2.100 b] (s. Bd. 2, Teil C).

Prüfbericht für Erfassung und Auswertung der optischen Eigenschaften von Holzstoffen

Eine praktische Form der Darstellung der optischen Eigenschaften von Holzstoff ist nach Vorschlägen von Brecht und Mitarbeitern [2.101] in Bild 2.6 wiedergege-

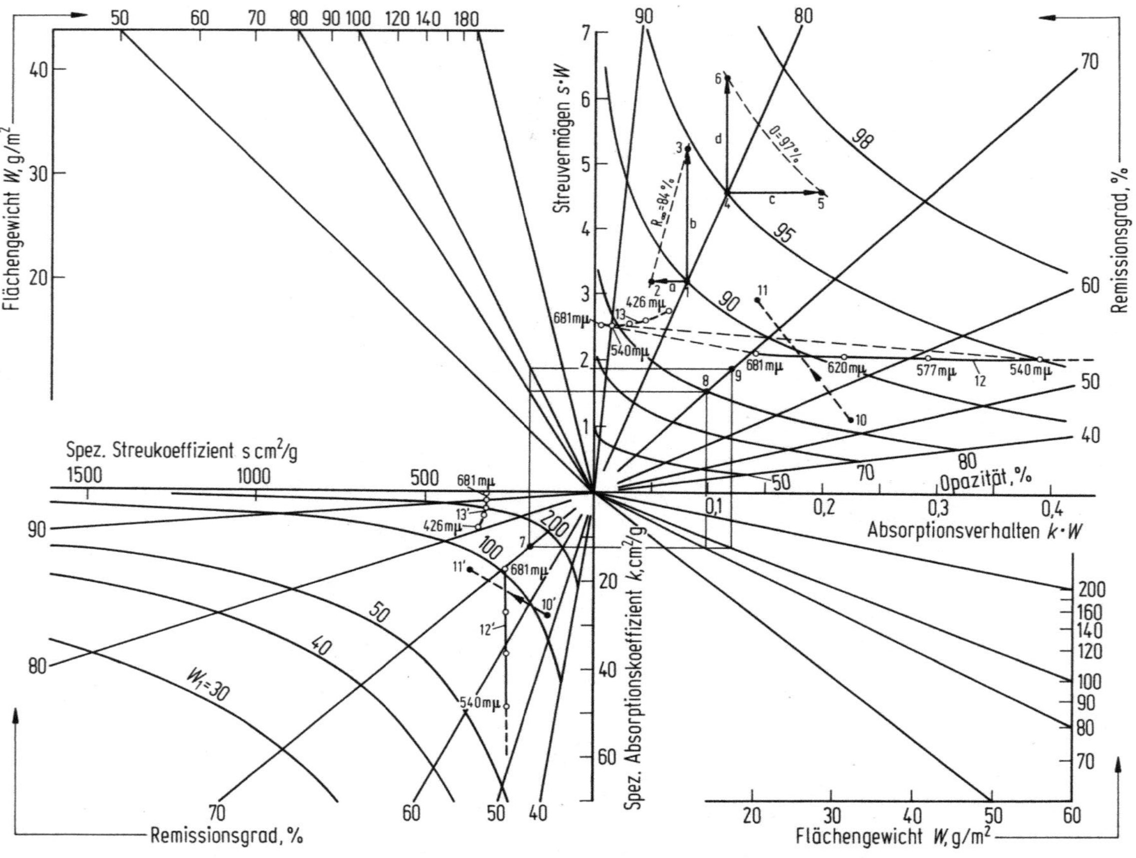

Bild 2.6. Schematische Darstellung der optischen Zustandsebenen mit erläuternden Beispielen [2.101]

ben. Es werden zwei Diagramme miteinander gekoppelt. Im ersten Diagramm werden die Grundkonstanten und im zweiten Diagramm das Lichtstreu- und Absorptionsvermögen aufgetragen. Die Diagramme sind mit einem Netz von Linien konstanter Opazität und Reflektanz sowie konstanten Abklingverhaltens, überzogen. Der maßgebende Lichtstreukoeffizient k steigt bei Holzschliff mit zunehmendem Mahlgrad infolge der Vergrößerung der spezifischen Oberfläche an. Im Gegensatz dazu fällt k bei Zellstoffen infolge der zunehmenden Zwischenfaserbindungen mit steigendem Mahlgrad ab.

Durch die Diagramme (Bild 2.7) wird eine Art „optischer Zustandsebene" geschaffen, die das Wandern des Zustandpunktes je nach den vielfältigen Einflußgrößen anschaulich macht (s. Bd. 2, Teil C). Diese Überlegungen machen auch Zusammenhänge zwischen Färbung des Faserholzes und daraus hergestellter Holzstoffe verständlich.

Bei der optischen Bewertung von Holzstoffen sind folgende Gesichtspunkte noch zusätzlich zu beachten:
- Einfluß der eingesetzten Holzarten auf die optischen Eigenschaften [2.102–2.104],
- Einfluß des Aufschlagens auf Weißgrad und Lichtstreukoeffizient [2.105],
- Einfluß der Trocknung [2.106],
- Einfluß der Bleiche und der Weißgradstabilisierung, insbesondere bei flockengetrockneten Holzstoffen [2.107 a, b]
  und
- Einfluß der Lichteinwirkung [2.107 c, d].

2.9 Bewertung von Holzstoffen
Zusammenhänge zwischen Formcharakter
und technologischen Eigenschaften von Holzstoffen
Evaluation of mechanical pulp
Interrelations of structural character
and technological properties of mechanical pulp

2.9.1 Grundlagen

Der Bewertung von Holzstoffen liegt die Fragestellung zugrunde, welche Kriterien und Eigenschaftsanforderungen für den Einsatz zur Herstellung eines bestimmten Zielproduktes erfüllt sein müssen.

Diese Fragestellung kann in verschiedener Weise beantwortet werden:
1. Summarische Bewertung aller wesentlichen Eigenschaftswerte von Holzstoffen, z. B. zur Festlegung von Sortenklassen oder Güteklassen;
2. gezielte Bewertung von Eigenschaften bzw. meist Eigenschaftskombinationen zur Erfüllung der Anforderungsprofile für die Herstellung bestimmter Papiersorten mit unterschiedlichen spezifischen Verarbeitungs- und Gebrauchseigenschaften.

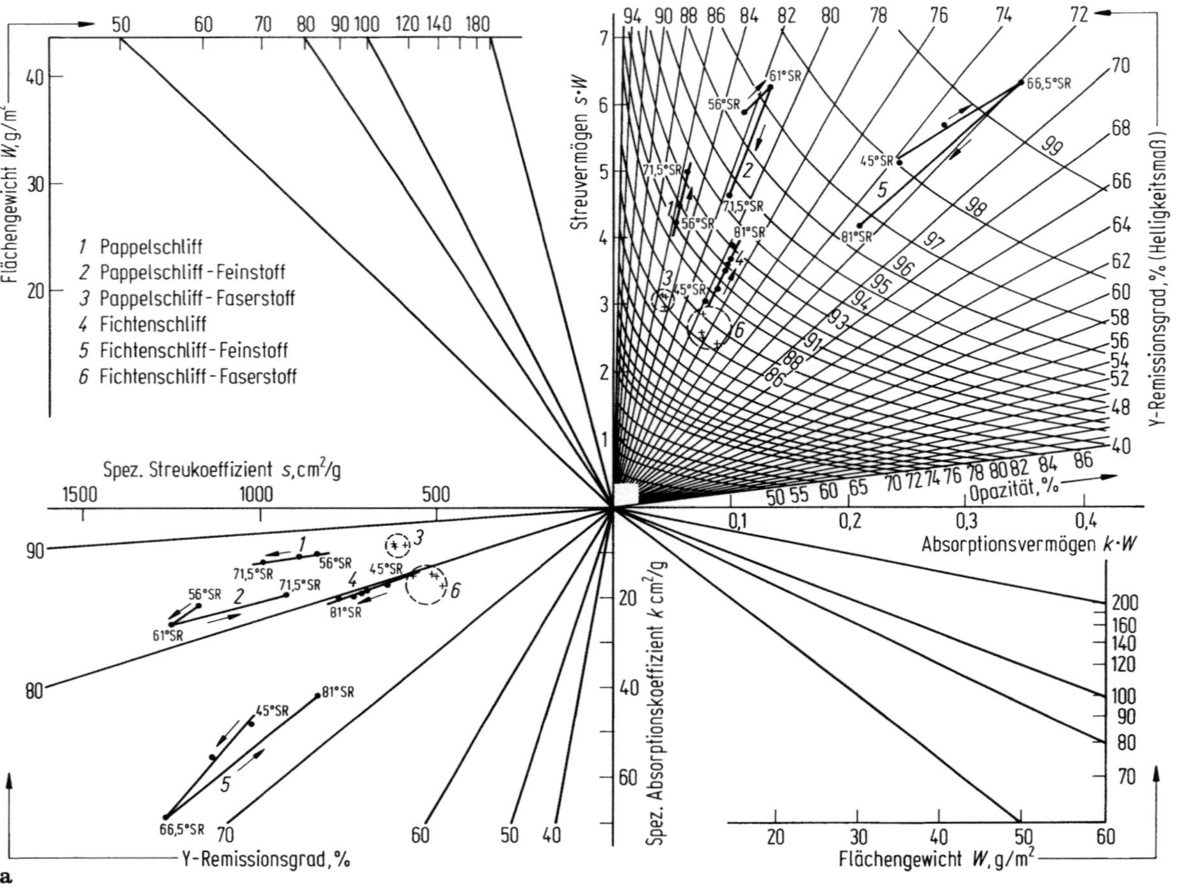

Bild 2.7a. Optisches Verhalten von Holzschliffen bei Änderung der Stoffschmierigkeit, dargestellt in den Zustandsebenen [2.101]

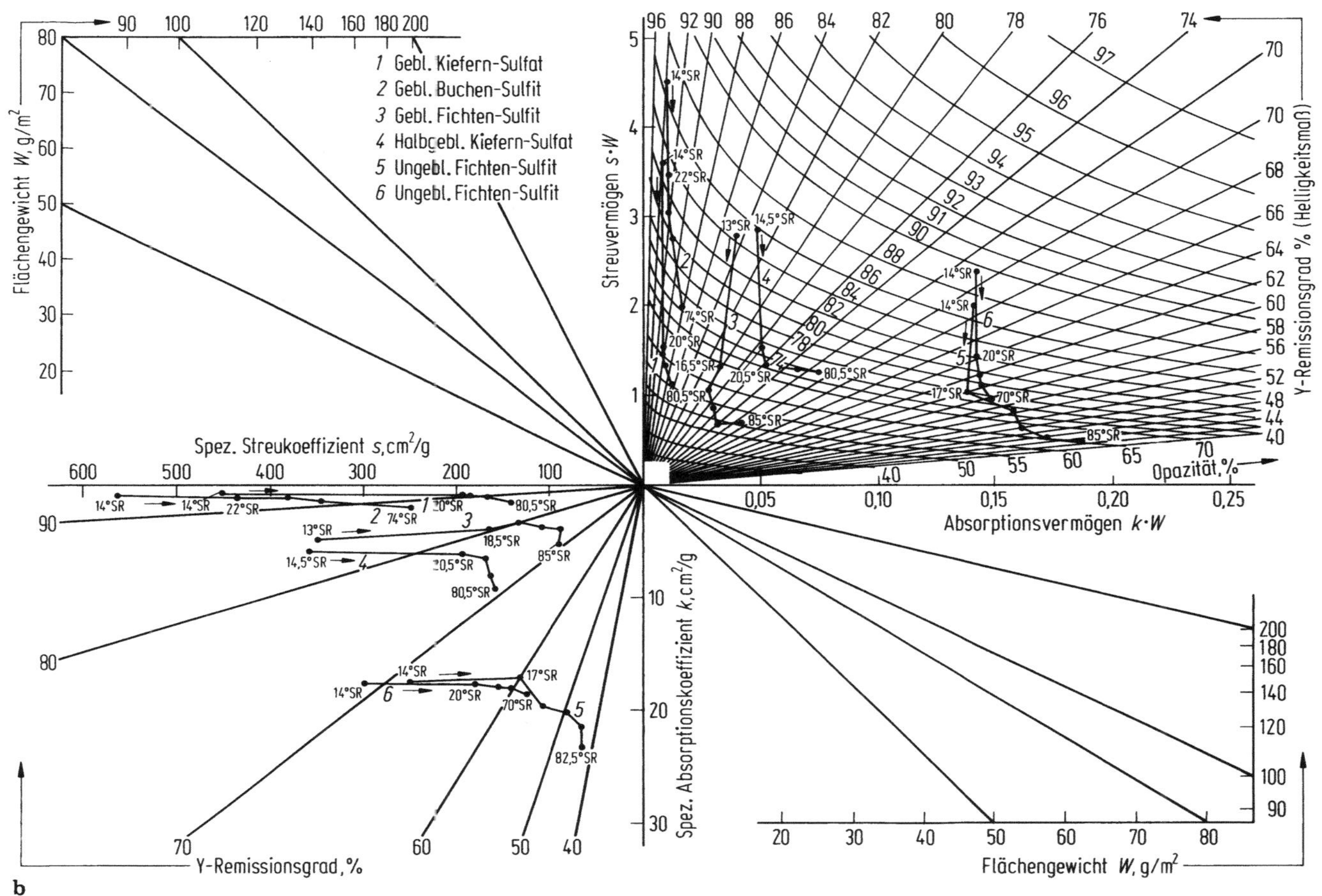

Bild 2.7b. Optisches Verhalten von Zellstoffen beim Mahlen, dargestellt in den Zustandsebenen [2.101]

Bei beiden Richtlinien stellt nach Brecht und Klemm [2.108] die Kenntnis der Mischungen der verschiedenen Strukturformen den Schlüssel zum Verständnis der Zusammenhänge zwischen Formcharakter und technologischen Eigenschaften von Holzstoffen dar.

Da die verschiedenen Faserstrukturelemente und deren Mischung die Eigenschaften eines zu prüfenden Holzstoffs [2.109, 2.110] bestimmen, sind Untersuchungsgänge zur Kennzeichnung von Holzstoffen auf diese Ziele gerichtet [2.111].

Auf dieser Basis wurden Systematiken zur Kennzeichnung von Holzstoffen und Qualitätskontrollstrategien für papierfabrikatorische Anwendungen aufgebaut [2.112 − 2.121]. In diese Betrachtungsweise werden auch die Wechselwirkungen von Holzstoffen und Zellstoffen [2.122, 2.123] und die Verstärkung von Holzstoffen durch Langfaserzellstoffe [2.124] einbezogen.

2.9.2 Standardbewertung von Holzstoffen

Zur Standardbewertung von Holzstoffen kommt es auf eine Kombination von möglichst schnell, mit einfachen Mitteln und mit geringem Arbeitsaufwand ausführbaren Methoden hoher Genauigkeit an, um alle wichtigen Kriterien übersichtmäßig zu erfassen.

Für Holzschliff beschreibt Clark [2.125 a − c] eine Methode, um den Formcharakter von Holzschliff mit potentiellen Papiereigenschaften zu verbinden: 24 g Probe werden in 2 l Wasser verteilt und auf 85 °C aufgeheizt. Nach 25 min Aufschlagen im Aufschlaggerät werden aus der Faserstoffsuspension Laborblätter mit dem konventionellen Blattbildner hergestellt. Es folgen die üblichen physikalischen Untersuchungen einschließlich der initialen Naßfestigkeit. Für diesen Zweck werden ein Prüfverfahren und ein Prüfgerät beschrieben [2.125 c], um insbesondere die kritische Naßdehnung zu ermitteln.

Als allgemeine Qualitätsmerkmale für die Holzstoffasern werden von Clark [2.125 a − c] bevorzugt:
1. durchschnittliche „gewogene" Faserlänge,
2. Faserfeinheit (coarseness), massenbezogene Faserlängeneinheit,
3. Faserbindungsfähigkeit (cohesiveness) nach Naßpressen und Trocknen der Fasern unter festgelegten Bedingungen im konventionellen Blattbildner,
4. intrinsische Festigkeit (höchste Bruchspannung),
5. Kompressibilität des feuchten Laborblattes (Dichte des unter festgelegten Bedingungen teilweise getrockneten Blattes),
6. Mahlentwicklung zur Erfassung der Festigkeitseigenschaften in Abhängigkeit der Mahldauer.

Ergänzend werden visuell wahrnehmbare Qualitätsmerkmale wie Färbung des Holzschliffs, Reinheit und Splittergehalt zur Beurteilung herangezogen.

Verschiedentlich sind zusätzlich die Faserlänge und die spezifische Faseroberfläche zur Bewertung zu berücksichtigen. Die Bestimmung dieser Qualitätskriterien sowie die Eigenschaften der mit dem Clark-Klassiziergerät erhaltenen Fraktionen nach nordamerikanischer Praxis faßt Clark [2.125 a] zusammen. Nach Clark ist für die Produktionskontrolle von Holzschliff die Bestimmung der Entwässerungsdauer mit dem konventionellen Blattbildner, die Ermittlung des Berstwiderstands und des Volumens sowie der initialen Naßfestigkeit der gebildeten Laborblätter informativer als eine Mahlgradprüfung mit dem Canadian-Standard-Freeness-Tester.

Dieses Gerät kann insbesondere bei Feinschliffen vollständig mißdeutende Ergebnisse in bezug auf die Produktionspraxis liefern.

Für die Bestimmung des S-Faktors (S = „shape", etwa „Formcharakter", bzw. später von Clark als „slenderness", etwa „Schlankheitsgrad", angesprochen, es bedeutet etwa Faseroberflächenkriterium) wird anstelle des zeit- und arbeitsaufwendigen Verfahrens nach Forgacs [2.126] eine Methode nach Kindler und Clark [2.127] mit dem Drainometer hervorgehoben.

Das Gerät besteht aus einem Glasrohr von 50 mm Durchmesser, das durch einen Flansch zur Halterung eines Siebes mit 150 Maschen mit einem formentsprechenden Unterteil verbunden ist. Das untere Ende wird mit einem Gummistopfen verschlossen. Es wird eine Probemenge von nur 0,25 g Siebfraktion 48/100 anstelle von 2,0 g nach Forgacs benötigt. Der Wasserwert des Gerätes bei 20 °C Meßtemperatur liegt bei (0,55 ± 0,05) s. Der Aufbau des Drainometers ist Bild 2.8 zu entnehmen. Die Zusammenhänge zwischen Faserfeinheit und Entwässerungsdauer, gemessen mit dem Drainometer, beschreibt Clark [2.125 a]. Die Vorschläge von Forgacs [2.126] wurden von verschiedenen Gesichtspunkten aus diskutiert [2.128–2.130]. Das modifizierte Prüfverfahren nach Manström [2.131, 2.132] gestattet, den L-Faktor (adäquater relativer Index der gewogenen Faserlänge) und

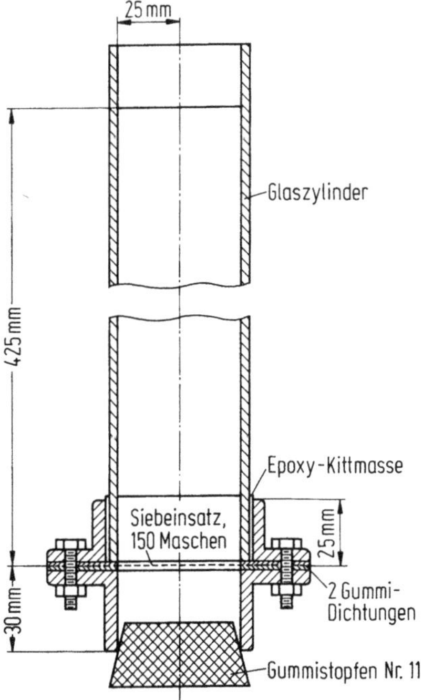

Bild 2.8. Drainometer zur Bestimmung des S-Faktors der Holzschliff-Fraktion 48/100 nach Kindler und Clark [2.125 a, S. 591]

den S-Faktor unabhängig voneinander zu bestimmen. Es wird eine engere Beziehung zwischen Naßfestigkeit, Zugfestigkeit, Berstwiderstand und Weiterreißwiderstand als durch Bestimmung des S-Faktors mittels des Canadian-Standard-Freeness-Testers nach Vorschlag von Forgacs [2.126] erhalten. Eine Berücksichtigung der Faserlängenverteilung ist nach Clark [2.134] selten von Bedeutung.

2.9.3 Gütebewertung

Blechschmidt (Tabelle 2.4) stellte aus einer umfangreichen Anzahl von Kenngrößen für die Gütebewertung von Holzstoffen diejenigen zusammen, die zur eingehenden Charakterisierung für Forschungszwecke in Betracht kommen können. Ferner gibt Blechschmidt in diesem Zusammenhang eine Übersicht über moderne Prozeßkon-

Tabelle 2.4. Kenngrößen für die Gütebewertung von Stein-Holzschliffen[a], aus [2.151, S. 210]

Prüfung an der Suspension
  1.   Kenngrößen des Entwässerungswiderstandes
  1.1. Rapid-Köthen (RK)-Zahl 8/2[a]
  1.2. RK-Zahl 2/0, RK-Zahl 0/Luft
  1.3. Schopper-Riegler (SR)-Wert[a]
  1.4. Spezifische Faseroberfläche (Permeabilitätsmethode nach Robertson und Mason)
  2.   Formmerkmale
  2.1. Zahlenmäßig und längenmäßig mittlere Faserlänge, Faserlängenverteilung (Faserlängenanalyse mit Faserfraktionierung, Fraktion (100))
  2.2. Spezifisches Volumen
  2.3. v.-Alfthan-Splitterwert
  2.4. Fraktion 0,2 (Grobstoffgehalt)[a]   ⎫
  2.5. Fraktion 16 (Faserlangstoffgehalt)[a]   ⎬ modifiziertes Fraktionierverfahren
  2.6. Fraktion 50 (Faserstoffgehalt)   ⎪ nach Unger
  2.7. Fraktion 100 (Faserstoffgehalt)   ⎭

Prüfung am Naßvlies
  3.   Abhebewiderstand vom Blattbildungssieb
  4.   Initialer Naßberstwiderstand
  5.   Initiale Naßzugfestigkeit

Prüfung am Blatt
  6.   Statische Festigkeitseigenschaften
  6.1. Zugfestigkeit, Dehnung, Zugzerreißarbeit[a]
  6.2. Berstfestigkeit (Schopper-Dalén)[a]
  7.   Dynamische Festigkeitseigenschaft
  7.1. Durchreißfestigkeit[a]
  8.   Optische Eigenschaften (Reflexionsfaktor)[a]
  8.1. Spezifischer Lichtstreuungskoeffizient S ⎫ Leukometer, Auswertung
  8.2. Spezifischer Absorptionskoeffizient K ⎬ nach Kubelka und Munk
  9.   Strukturkenngrößen
  9.1. Rohdichte
  9.2. Porosität (Bendtsen)
  9.3. Ölaufnahme (Cobb-Unger)
 10.   Unreinheiten

[a] ausreichende Parameter für Betriebskontrollzwecke (Markierung durch Autor)

trollsysteme für Holzstoffe. Als Kontrollsystem zur Bestimmung grundlegender Eigenschaften von Steinschliff schlugen Blechschmidt und Paris [2.135] als Basis drei Grundparameter vor:
1. spezifische Oberfläche (O) nach Robertson und Mason [2.136],
2. Faserlangstoffgehalt: Fraktion 16(U) − Fraktion 0.2(U),
3. Splittergehalt als Splitterwert, ermittelt nach der Methode von Alfthan oder als Fraktion 0,2.

Aus diesen Kenngrößen wird eine Gütekennzahl gebildet:

$$\frac{O}{L} = \frac{\text{spezifische Oberfläche}}{\text{Fra 16 (U)} - \text{Fra 0,2 (U)}} .$$

Es zeigte sich, daß die Zugfestigkeit und der Berstwiderstand, die Rohdichte und der spezifische Lichtstreukoeffizient in hohem Maße durch den Entwässerungswiderstand der Holzschliffsuspension vorausbestimmbar sind. Für die Kennzeichnung des Zug/Dehnungs-Verhaltens wird zusätzlich der Faserlangstoffgehalt herangezogen. Die Porosität sowie die korrelierende Ölaufnahme können durch die gleichen Grundgrößen, allerdings mit entgegengesetzter Wirkungsrichtung, beschrieben werden. Blechschmidt systematisiert auf dieser Basis eine Übersicht zur Bewertung von Steinschliffen mittels der vorgeschlagenen Gütekennzahl O/L sowie der beschriebenen Untersuchungsmethodik. Darauf aufbauend entwickelt er eine Güteklassifikation von Stein-Holzschliffen (Tabellen 5 a, b).

2.9.4 Erweiterte Untersuchungsmethoden für die Gütebeurteilung

Unger, Heinemann, Blechschmidt und Steinert [2.81] beschreiben eine Siebanalysenmethode, um die massenbezogene mittlere Faserlänge, die Faserlängenverteilung sowie die maximale Teilchenlänge mittels einer modifizierten Siebanalyse zu bestimmen. Das Prüfverfahren lehnt sich apparatetechnisch an die BRK-Einsiebanalysenmethode nach Unger von der Siebauswahl und von der Kennwertbildung an die Granulometrie an. Die freie Siebauswahl in einer logarithmischen Reihe gestattet, den Meßbereich fast beliebig nach oben zu erweitern. Unger und Heinemann [2.137] diskutieren Filtrationsmodelle für die Kennzeichnung des Entwässerungsverhaltens von Faserstoffsuspensionen. Bei hohem Langfaserstoffgehalt werden diese als Kuchenfiltration erkannt, ein Sonderfall der Standardfiltration. Aus der Kombination des spezifischen Filtrationswiderstands mit einer Verstopfungskonstanten ergeben sich Möglichkeiten zum Aufbau einer kontinuierlichen Prozeßsteuerung. Das Bindungsvermögen von Faserstoffsuspensionen und eine nachfolgende Modellierung des Festigkeitsverhaltens des Faservlieses sind ausreichend genau zu beschreiben.

Mohlen und Alfredson [2.138] untersuchten die Faserdeformation und die Auswirkungen auf die Kennzeichnung von Halbstoffen. Zur Erfassung der Verhältnisse wird eine sogenannte „Naß-Nullreißlänge" bevorzugt. Dabei wird zwischen einem „Curl-Index" (Faserkräuselungsindex) und einem „Kink-Index" (etwa Ver-

Tabelle 2.5a. Übersicht zur Bewertung von Stein-Holzschliffen mittels Kenngrößen des Entwässerungswiderstandes und der Formmerkmale, aus: [2.135, S. 214f]

vorgeschlagene Kenngrößen (Bestimmungsmethodik)		Blatteigenschaften	signifikante Be-schreibungsgrößen in Reihenfolge ihrer Bedeutung	Be-stimmt-heit in %	mittlere Prüfzeit	Literaturquelle
S:	spezifische Faseroberfläche der (48–100)-Fraktion nach Permeabilitätsmethode von Robertson und Mason	initiale Naßfestigkeit	$+S$	91		
		Durchreißfestigkeit	$+L \cdot S$, $-S^2$, $+S$	86		
		Zugfestigkeit	$+S$	90	1,5 h	Forgacs [2.126]
		Berstfestigkeit	$+S$	91		
L:	Gewichtsprozentsatz des Rückstandes auf dem Sieb Nr. 48	Dichte	$+S$, $-L \cdot S$, $-S^2$	89		
		Porosität	$-S^2$, $+L \cdot S$, $-L^2$	90		
S:	spezif. Entwässerungswiderstand der (48–100)-Fraktion mittels „constant rate"-Methode nach Ingmansson	initiale Naßfestigkeit	$+S$, $+d$	92		
		Durchreißfestigkeit	$-n$, $+S$, $+d$	82		
		Zugfestigkeit	$+S$, $-d$	90		
		Berstfestigkeit	$+S$, $-d$	92	1,0…1,5 h	Mannström [2.131, 132]
d:	mittlere Faserlänge	Dichte	$+S$, $-d$, $+n$	92		
n:	Faserlängenverteilungscharakteristik (d, n aus Körnungsnetz-Diagramm von Ullman nach Fraktionierung)	Porosität	$-S$, $+d$	70		
		Lichtstreuungs-koeffizient	$-d$, $-S$	49		
F:	Canadian Standard Freeness der (28–200)-Fraktion	Durchreißfestigkeit	$-F$, $+L$	90		
		Zugfestigkeit	$-F$	92	50 min	Heerensperger [2.92]
L:	Faserlängenverteilung, $+28$-Fraktion	Berstfestigkeit	$-F$	98		
σ:	spezifische Faseroberfläche nach Robertson und Mason	initiale Naßfestigkeit	σ, C	89		
		Durchreißfestigkeit	Lm, SR, C	43		
SR:	Schopper-Riegler-Wert	Zugfestigkeit	σ, C^a	77		
Fd:	Entwässerungsfaktor nach Ivarsson	Berstfestigkeit	σ, C	33	etwa 45 min	Vecchi [2.111]
Lm:	gewogene mittlere Faserlänge	Dichte	SR, C	68	ohne σ	
C:	Faserlängenverteilung (Lm, C aus Diagramm nach Fraktionierung)	Porosität	Fd, C	68		
CSF_{100}:	Canadian Standard Freeness der Fraktion 100	Durchreißfestigkeit	$-R_{100}$, $-R_{48}$ $-CSF_{100}$, $-CSF$	26	etwa 45 min	Kraske [2.129]
R_{48}/R_{100}:	Rückstand auf Siebnummer 48 und 100	Berstfestigkeit	$-CSF_{100}$, $-CSF$ $-R_{100}$, $+R_{48}$	76		
AIR:	Widerstand des Naßvlieses gegen Luftdurch-dringung	Durchreißfestigkeit	AIR, WST, FLD[1]	48	etwa 45 min	
		Zugfestigkeit	$+WST$, $+DTP$	90	für DTP,	

Fortsetzung s. S. 103

WST:	Initiale Naßfestigkeit	Berstfestigkeit	+ WST, + DTP	81	WST und	Ullmann [2.118]
FLD:	Faserlängenverteilung	Lichtstreukoeffizient	− CSF, − FLD	86	Durchreiß-	
DTP:	Teilentwässerungszeit				festigkeit	
CSF:	Canadian Standard Freeness					

Hinweise:
[a] keine Angabe der Wirkungsrichtung
Angewandtes Fraktionierverfahren: Bauer-Mc Nett

Tabelle 2.5 b. Güteklassifikation von Stein-Holzschliffen, aus: [2.135, S. 220]

	Holzschliffklasse				
	Feinst-schliff	Feinschliff	Langfaseriger Schliff	Normalschliff	Grobschliff
Kenngröße $O/L =$	>0,32	0,26...0,32	0,15...0,22	0,17...0,26	0,08...0,15
Spez. Oberfläche/Fra 16 (U) − Fra 0,2 (U)					
Spez. Oberfläche in m²/g	>8,0	7,0...8,0	6,0...7,0	5,5...7,5	<5,5
Fra 16 (U) − Fra 0,2 (U) in %	<30	20...35	35...50	30...45	>35
Formmerkmale (Fraktionierdauer 5 min)					
Grobstoffgehalt in %	<0,5	<0,5	<5,0	<2,0	<20
Fra 0,2 (U), 5 min					
Fra 16 (U), 5 min in %	<30	20...35	35...50	30...45	>45
Faserlangstoffgehalt in %	<30	20...35	35...50	30...45	>35
Fra 16 (U) − Fra 0,2					
Faserstoffgehalt in %	<60	60...70	65...70	60...75	>75
Fra 50 (U), 5 min					
Feinstoffgehalt in %	>35	30...40	28...35	25...40	<30
100 − Fra 50 (U)					
Faserkurzstoffgehalt in %	<35	30...35	25...35	25...35	>25
Fra 50 (U) − Fra 16 (U)					
Kenngrößen des Entwässerungswiderstandes					
SR-Wert in SR	>75	70...80	60...72	60...75	40...60
RK-Zahl 8/2 in s	>80	60...90	30...45	30...60	10...30
Festigkeitseigenschaften					
Zugfestigkeit in m Rl	>2800	2500...3500	2500...3200	2000...3500	>1200
Berstfestigkeit $(SD)_{rel}$ in kPa	>90	80...150	80...130	70...120	>40
Durchreißfestigkeit (U_{rel}) in mN	>1700	2000...2600	2300...3200	2000...2900	>1700

schlaufungsindex) unterschieden. Der „Curl-Index" ist unabhängig von der Halbstoffmahlung. Die Mahlentwicklung wird unter Einsatz von PFI-Mühle, Laborrefiner und großtechnischem Refiner im Aufschlußgradbereich von Kappa-Zahlen zwischen 10 und 100 dargestellt. Labor- und großtechnische Mahlungen liefern verschiedene Ergebnisse, die der unterschiedlichen Ausrichtung der Fasern in der Mahlzone zugeschrieben werden. Durch eine Kombination von Meßwerten aus Naß-Nullreißlänge und Wasserrückhaltevermögen sind Festigkeitsunterschiede zu erklären, die durch Veränderungen der Mahlbedingungen und/oder der Halbstoffarten auftreten. Vorschläge zur Verbesserung der Mahlung werden diskutiert. Ölander, Salmen und Htun [2.139] stellten Beziehungen zwischen mechanischen Eigenschaften von Halbstoffasern und der Aktivierungsenergie für die Plastizierung durch den Einfluß des Sulfonierungsgrades bei CMP und CTMP auf. Ekman, Eckerman und Holmbom [2.53] untersuchten das Verhalten von Extraktstoffen aus Nadelholzarten in Holzstoffsuspensionen vor allem von TMP. Yaraskavitch, Allen und Heitner [2.94] wandten für die Untersuchung des Einflusses der Sulfonierung auf die Retention und die Entwässerungsfähigkeit von TMP, CTMP und CMP einen modifizierten dynamischen Blattbildner zur Herstellung anisotroper Laborblätter für nachfolgende physikalische Untersuchungen an.

Die von Beath [2.9] beschriebenen Latenzerscheinungen als Veränderungen des Formcharakters von Holzstoffen durch Lagerung und Festigkeitsverluste erklärt Goring [2.14] als eingefrorene Spannungen im Fasergefüge. Diese ergeben sich, wenn die Holzschliffasern, durch die Reibungswärme beim Mahlen bzw. Schleifen auf über 60 °C erwärmt, plötzlich schnell in hoher Stoffdichte abgeschreckt und auf Raumtemperatur abgekühlt werden. Die Lignin- und Polyosenanteile erweichen bei den in der Schleifzone vorliegenden Temperaturen, nehmen an der Faserdeformation teil und halten diese bei schnellem Abkühlen durch Erstarren fest. Die Celluloseanteile bleiben wegen ihrer höheren Erweichungstemperatur mehr oder weniger verformt. Durch Erwärmen auf Temperaturen über etwa 85 °C bei niedrigen Stoffdichten gewinnen die Holzstoffasern meistens ihre ursprüngliche Form und die initialen Festigkeitswerte zum größten Teil zurück.

2.9.5 Bewertung von Holzstoffen für spezifische Verwendungszwecke

Vergleichende Bewertung von Holzstoffen mit Zellstoffen

Für die Papierherstellung interessiert eine Bewertung der Eigenschaften von Holzstoffen mit Zellstoffen in bezug auf die initiale Naßfestigkeit und auf die Ausbildung der Trockeneigenschaften. Einen wichtigen Einfluß übt dabei die spezifische Oberfläche aus [2.139a].

Die initiale Naßfestigkeit (Bild 2.9) zeigt — verallgemeinernd gesehen — eine fallende Tendenz mit abnehmender Faserlänge und eine steigende Tendenz mit zunehmender Ausbeute in Abhängigkeit vom Mahlgrad.

Dies kommt auch darin zum Ausdruck, daß die Prozentsätze an langen Fasern (Bild 2.10) mit steigender Ausbeute sich erniedrigen und die der Feinstoffe sich er-

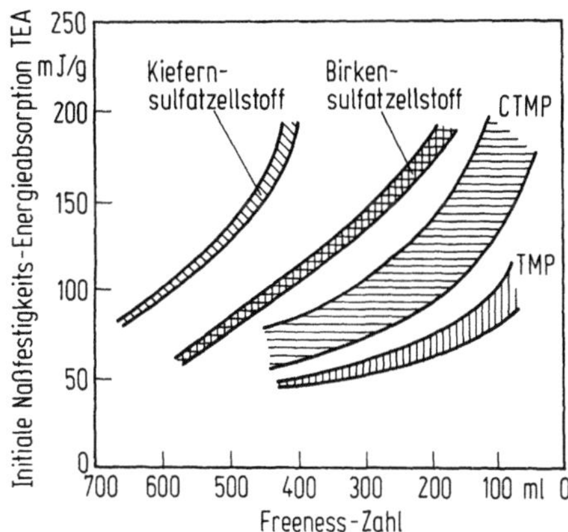

Bild 2.9. Initiale Naßfestigkeits-Energieabsorption in Abhängigkeit von der Freeness-Zahl für Kiefer-Sulfatzellstoff, Birkensulfatzellstoff sowie für CTMP und TMP [2.140]

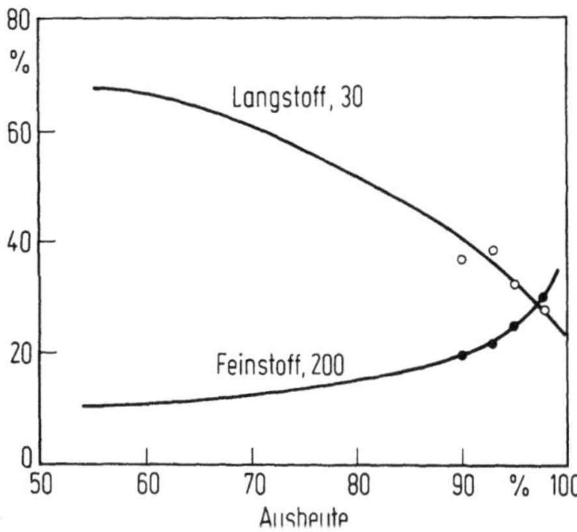

Bild 2.10. Prozentsatz des Langfaserstoffanteils und des Feinstoffanteils von Nadelholzhalbstoffen verschiedener Ausbeutebereiche [2.140]

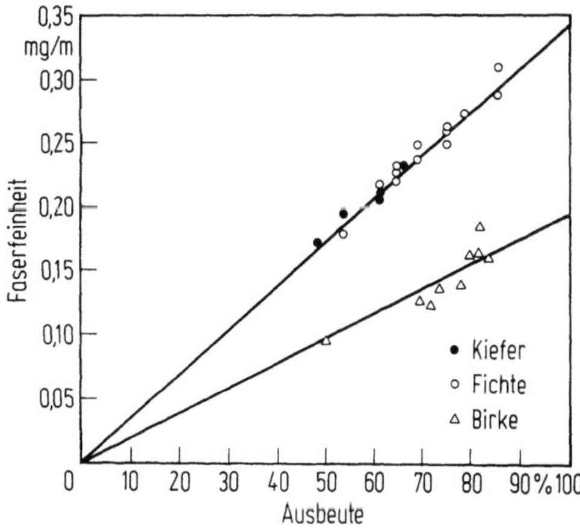

Bild 2.11. Faserfeinheit (massenbezogene Faserlängeneinheit) in mg/m für Kiefer-, Fichten- und Birkenhalbstoffe in Abhängigkeit von der Ausbeute [2.140]

höhen. Eine besonders starke Veränderung tritt bei Halbstoffen im Ausbeutebereich über 90% auf. Damit steht auch die Faserfeinheit in mg/m in Zusammenhang, denn diese muß durch den mit zunehmender Ausbeute wachsenden Ligninanteil gröber werden (Bild 2.11). Die beiden Halbstoffarten können sich in dieser Weise ergänzen.

Die Zusammenhänge zwischen Zugfestigkeitsindex und Mahlgrad (Bild 2.12a) und zwischen Weiterreißwiderstand und Mahlgrad (Bild 2.12b) spiegeln im Prinzip die gleichen Verhältnisse der Unterschiede zwischen Zellstoff- und Holzstoffasern

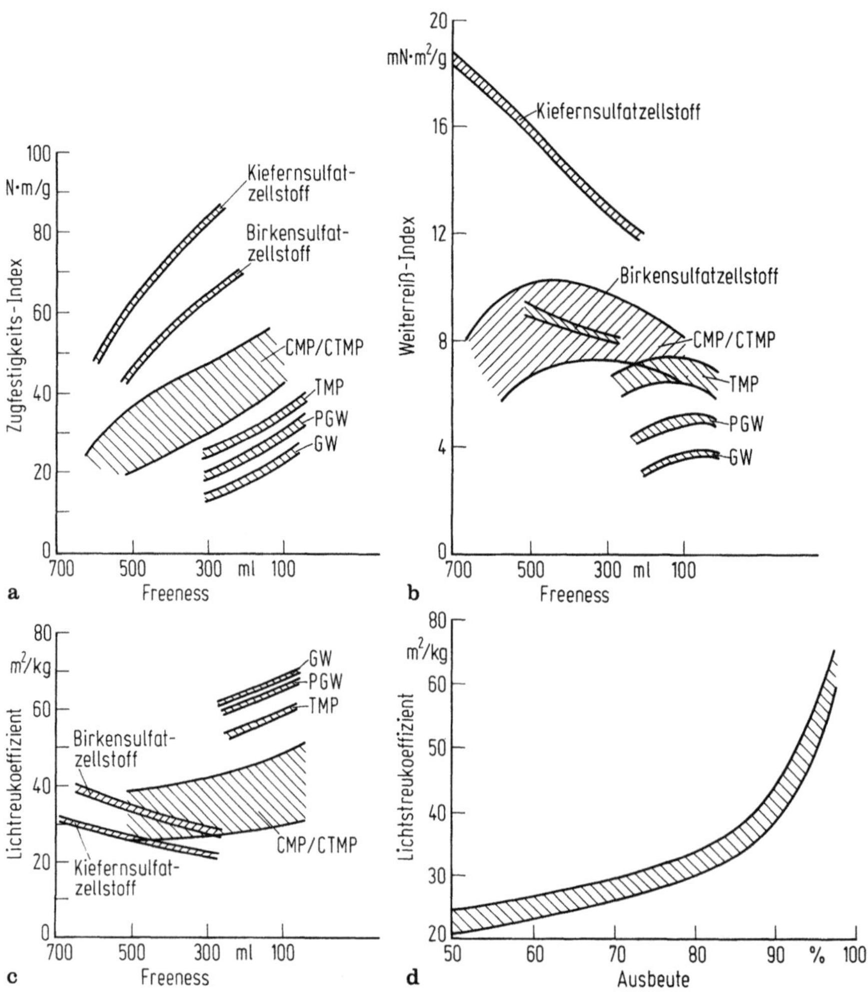

Bild. 2.12a. Zugfestigkeit in Abhängigkeit vom Mahlgrad für verschiedene Halbstoffe [2.140]; **b** Weiterreißwiderstand in Abhängigkeit vom Mahlgrad für verschiedene Halbstoffe [2.140]; **c** Lichtstreukoeffizient in Abhängigkeit vom Mahlgrad für verschiedene Halbstoffe [2.140]; **d** Lichtstreukoeffizient in Abhängigkeit von der Ausbeute bei Nadelholzhalbstoffen [2.140]

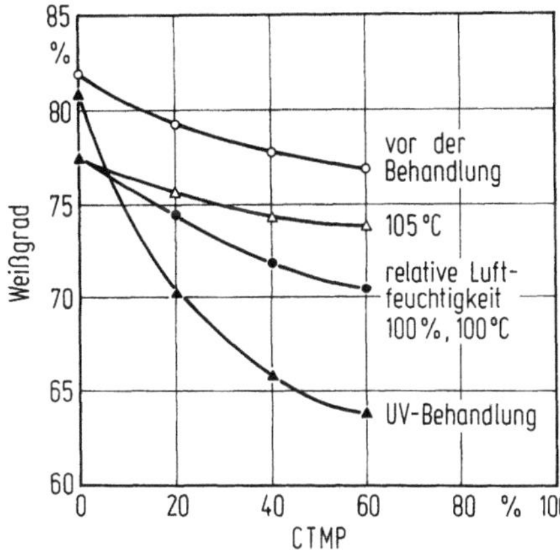

Bild 2.13. Reflexionsgrad (Weißgrad) und Vergilbungsbeständigkeit in Abhängigkeit vom CTMP-Anteil in der Faserstoffzusammensetzung [2.140]

wider. Es bestehen aber durch Erhöhung des Mahlgrades von Holzstoffen Möglichkeiten, bis in die Festigkeitsbereiche von Zellstoffen aufzusteigen.

Dem geringeren Reflexionsgrad von Holzstoffen (Bild 2.18 a) steht ein höherer Lichtstreukoeffizient (Bild 2.12 c) gegenüber. Dieser kommt durch den höheren Anteil an Feinstoffen in Holzstoffen, insbesondere an Feinstschliffen, und durch eine geringere Faserbindung im Vergleich zu Zellstoffen zustande. Der Lichtstreukoeffizient von Holzstoffen steigt im Ausbeutebereich über 90% steil an (Bild 2.12. d) und erreicht teilweise doppelt so hohe Werte wie der von Zellstoffen. Verallgemeinernd kann gesagt werden, daß mit Intensivierung der chemischen Vorbehandlung und Verminderung der Ausbeute das Verhalten der Holzstoffe sich dem der Zellstoffe nähert. Dies kommt auch im Alterungsverhalten von Holzstoffen im Vergleich zu Zellstoffen zum Ausdruck. Ein holzfreies Druckpapier (Bild 2.13) mit einem Reflexionsgrad von etwa 82% fällt durch Zusätze von bis zu 60% CTMP auf einen Weißgrad von etwa 77% ab. Gravierend ist der Reflexionsverlust durch Wärme-, UV-Licht- und bei hoher Temperatur erfolgende Feuchtigkeitseinwirkung. Während das holzfreie Papier bei UV-Bestrahlung fast keine Einbuße erleidet, fällt der Reflexionsgrad des holzhaltigen Papiers von 77% auf etwa 64% ab.

Bei der Wärmealterung von holzfreiem Papier durch Trockenlagerung bei 105 °C (A) sowie durch Feuchtlagerung bei 100 °C und 100% relativer Luftfeuchtigkeit (B) sind Verluste von etwa 5 Prozentpunkten beobachtet worden. Beim CTMP-haltigen Vergleichspapier treten in Abhängigkeit vom Substitutionsgrad bis zu 60% CTMP-Einsatz Reflexionsgradverluste bei A-Behandlung von 3,5 und bei B-Behandlung von 7 Prozentpunkten auf.

In festigkeitsbezogenen Zustandsdiagrammen werden die Lichtstreukoeffizienten als Ausdruck für die Faserbindung der Halbstoffe im Papiergefüge der Zugfestigkeit (Bild 2.14 a) zugeordnet und diese wiederum dem Durchreißwiderstand (Bild 2.14 b). Ein hoher Wert des Lichtstreukoeffizienten korreliert tendenziell mit einem geringen Zugfestigkeitsindex (Bild 2.14 a). Der Durchreißwiderstand (Bild 2.14 b) erreicht bei Zellstoff und bei CTMP bei mittlerem Zugfestigkeitsindex ein Optimum, während für die rein mechanisch aufgeschlossenen Holzstoffe nur eine

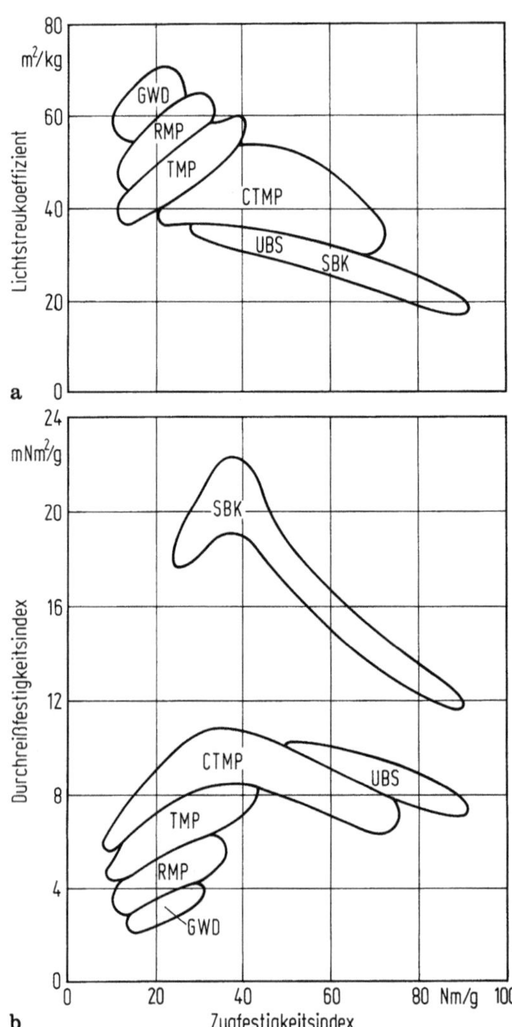

Bild 2.14 a, b. Zusammenhang zwischen Lichtstreukoeffizient und Zugfestigkeitsindex und zwischen Durchreißfestigkeitsindex und Zugfestigkeitsindex (GWD), RMP, TMP, CTMP, ungebleichten Sulfatzellstoff (UBS) und halbgebleichten Sulfatzellstoff (SBK) [2.141]

lineare Abhängigkeit zu beobachten ist. Für die häufig in der Produktionspraxis auftretende Frage, wieviel Zellstoff durch Holzstoffe ohne wesentliche Beeinträchtigung der angezielten Papiereigenschaften ersetzt werden kann, gibt Levlin (Bild 2.15) durch die Darstellung der relativen Änderung von Blatteigenschaften durch steigenden Zusatz von Holzstoffen eine Antwort. Mit steigendem Substitutionsgrad von Laubholzzellstoff durch CTMP steigen erwünschtermaßen der Lichtstreukoeffizient, die Opazität und der Weiterreißwiderstand, fallen aber unerwünschtermaßen Zugfestigkeit, Blattdichte, Glätte, Reflexionsgrad und Vergilbungsbeständigkeit. Durch Substitution von Sulfatzellstoff durch CTMP (Bild 2.16) sind Steigerungen der Bendtsen-Rauhigkeitswerte von rund 200 ml/min für 100% Zellstoff auf über 600 ml/min beobachtet worden.

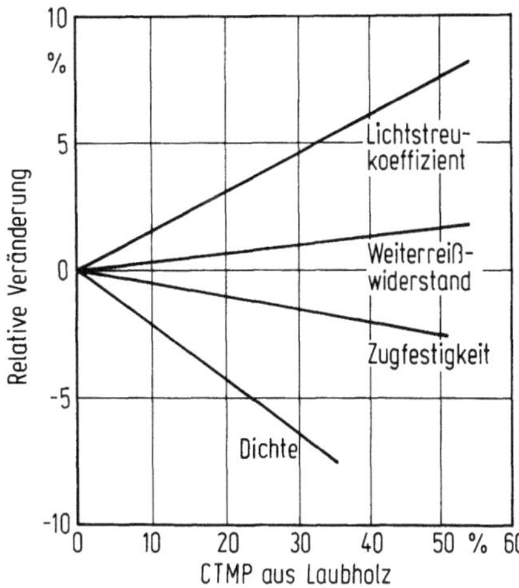

Bild 2.15. Relative Veränderung von Lichtstreukoeffizient, Weiterreißwiderstand, Zugfestigkeit und Blattdichte in Abhängigkeit des Substitutionsgrades des Laubholzzellstoffanteils in der Faserstoffzusammensetzung durch CTMP [2.140]

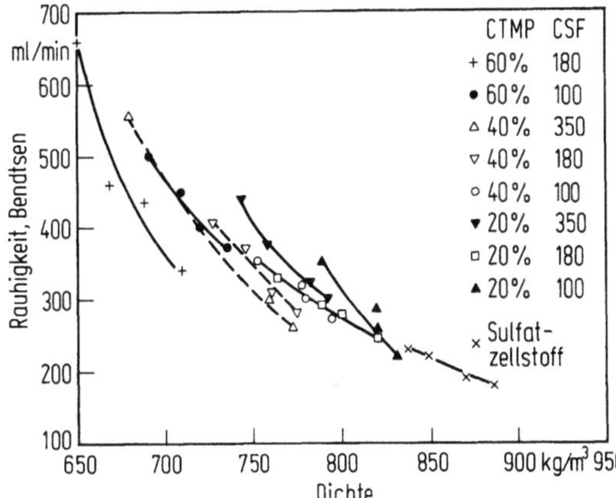

Bild 2.16. Veränderungen von Rauhigkeit und Blattdichte in Abhängigkeit des Substitutionsgrades von Sulfatzellstoff durch CTMP verschiedenen Mahlgrads [2.140]

Auf derartigen Untersuchungen aufbauend, entwerfen Paulapuro und Laamanen [2.119] das Prinzip einer Optimierung des Stoffeintrages hinsichtlich des Verhältnisses von Zellstoff zu Holzstoff im Stoffeintrag. Ein Beispiel (Bild 2.17) bezieht sich auf die Optimierung des Stoffeintrages für ein satiniertes Tiefdruckpapier hinsichtlich Zugfestigkeit und Opazität. Aus einer Darstellung der mechanischen und optischen Eigenschaften in Abhängigkeit von Holzstoffanteil und Füllstoffanteil im Papier wird die optimale Stoffzusammensetzung in bezug auf den maximalen Füllstoffgehalt sichtbar.

Vergleichende Bewertung von Holzstoffsorten

Je nach Herstellungsverfahren und gebunden an den Faserrohstoff variieren die Eigenschaftswerte für die einzelnen Gruppen. Untersuchungsbeispiele zeigen, daß die Reflexionsfaktoren (Bild 2.18a) für Steinschliff, RMP und TMP etwa auf glei-

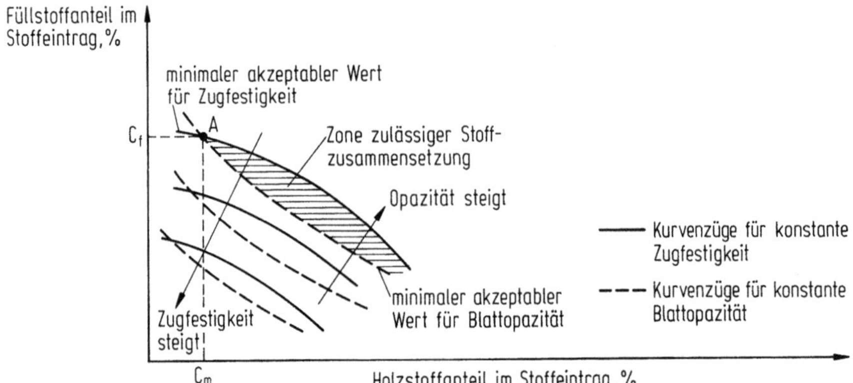

Bild 2.17. Prinzipien der Optimierung des Stoffeintrages für satiniertes Tiefdruckpapier; kritische Eigenschaften, Opazität und Zugfestigkeit [2.119]

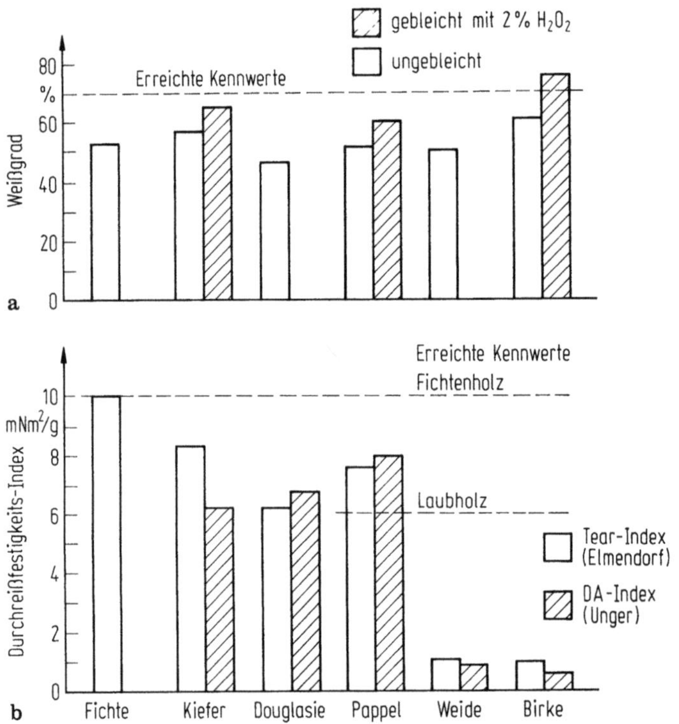

Bild 2.18 a. Weißgrad vom CTMP [2.142 a]; **b** Durchreißfestigkeits-Index von CTMP [2.146 b]

cher Höhe liegen und daß der Langfaserstoffgehalt, die Zugfestigkeit, der Durchreißwiderstand sowie die Naßfestigkeit in Richtung auf TMP (Bild 2.18 b) zunehmen.

Einzelwerte für die wichtigsten Kenngrößen (Tabelle 2.6) wurden von Hauan, Hoedel, Loras und Boehmer [2.142] für RMP und TMP aus Fichte, Kiefer, Aspe

Tabelle 2.6. Vergleich zwischen Refiner-Holzstoff (RMP) und thermomechanischem Holzstoff (TMP), aus [2.150, S. 269–274]

Kenngrößen	RMP	TMP
Fichte		
Mahlgrad		
SR-Wert in SR	65	65
CSF in ml	108	108
Faserlangstoff (Hurum) in %	50	52
Splitterwert nach Somerville in %	0,29	0,07
Zugfestigkeit in m Rl	3100	3300
Durchreißfestigkeit in mN	68	75
Helligkeit (SCAN) in %	63,0	59,0
Kiefer		
Mahlgrad		
SR-Wert in SR	64	66
CSF in ml	116	102
Faserlangstoff (Hurum) in %	49	49
Splitterwert nach Somerville in %	0,06	0,06
Zugfestigkeit in m Rl	2600	3000
Durchreißfestigkeit in mN	60	69
Helligkeit (SCAN) in %	60,5	60,0
Aspe		
Mahlgrad		
SR-Wert in SR	66	66
CSF in ml	100	100
Faserlangstoff (Hurum) in %	13	29
Splitterwert nach Somerville in %	0,60	0,10
Zugfestigkeit in m Rl	1100	1700
Durchreißfestigkeit in mN	16	22
Helligkeit (SCAN) in %	59	57
Birke		
Mahlgrad		
SR-Wert in SR	58,5	57,5
CSF in ml	154	140
Faserlangstoff (Hurum) in %	4	4
Splitterwert nach Somerville in %	4,3	0,41
Zugfestigkeit in m Rl	500	700
Durchreißfestigkeit in mN	11	11
Helligkeit (SCAN) in %	55,8	53,2
Mischung aus Fichte (50%), Aspe (40%), Kiefer (10%)		
Mahlgrad		
SR-Wert in SR	66	66
CSF in ml	100	100
Faserlangstoff (Hurum) in %	39	42
Splitterwert nach Somerville in %	1,9	0,38
Zugfestigkeit in m Rl	2200	2500
Durchreißfestigkeit in mN	41	46
Helligkeit (SCAN) in %	59	55

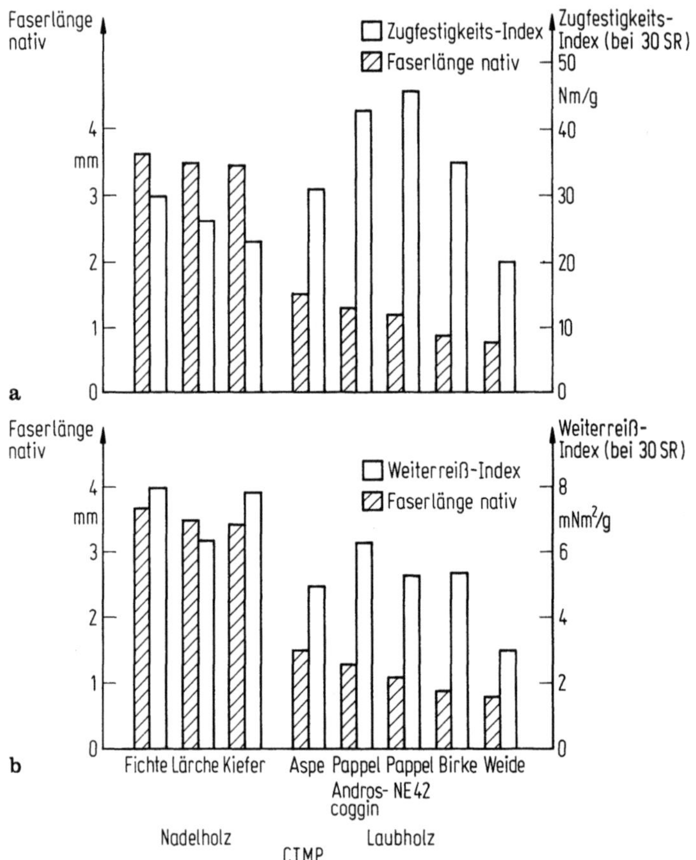

Bild 2.19a, b. Zusammenhang zwischen der nativen Faserlänge der Faserrohstoffe und dem Zugfestigkeitsindex bzw. dem Weiterreißindex für CTMP aus verschiedenen Laubholz- und Nadelholzarten [2.143]

und Birke sowie für eine Mischung aus 50% Fichte, 40% Aspe und 10% Kiefer durch halbtechnische Versuche ermittelt. Tendenziell zeigt sich die Überlegenheit von Fichte und die Unterlegenheit von Birke zur Produktion derartiger Holzstoffe. Die Festigkeitseigenschaften sind bei TMP und die Reflexionsgrade bei RMP höher. Die Zugfestigkeit von CTMP reicht in den Wertebereich für ungebleichten Sulfitzellstoff hinein, allerdings bei geringerer Rohdichte bei den Holzstoffen (Bild 2.19a). Bei der Fortreißfähigkeit von CTMP äußert sich die größere Faserlänge der Nadelhölzer im Vergleich zu Laubhölzern (Bild 2.19b).

Bei diesen Betrachtungen besticht die Pappel im Vergleich zur Birke durch wesentlich höhere Werte infolge des geringen Extraktstoffgehaltes und der leichteren Aufschließbarkeit (Tabelle 2.7).

Tabelle 2.7. Eigenschaften von Pappel-CTMP, aus [2.142 b]

Kenngröße	Einheit	Pappel Sorte Androscoggin	Pappel Mischsorte
Trockengehalt Holz	%	70,8	44,7
Imprägnierung Na_2SO_3	%	1,9	1,3
NaOH	%	2,5	2,0
Temperatur	°C	110	110
Sulfonatgehalt	%	0,27	0,19
spez. Energiebedarf	kWh/t	1370	1400
SR-Wert	SR	33	68
RK-Zahl	s	6,5	23,3
WRV	%	191	191
Splittergehalt	%	1,2	2,4
Faserlangstoffgehalt	%	60,0	40,4
Faserkurzstoffgehalt	%	24,0	34,4
Feinstoffgehalt	%	14,8	16,8
Rohdichte	g/cm^3	0,550	0,465
Berstfestigkeit $(S-D)_{rel}$	kPa	280	229
Durchreißwiderstand $(U)_{rel}$	mN	4630	4605
Zugsfestigkeits-Index	Nm/g	54,6	46,4
Durchreißfestigkeits-Index	mNm^2/g	7,8	7,1
Weißgrad	%	35,3	30,7

Eine Übersicht von Clark (Tabelle 2.8) informiert über Kennwerte nordamerikanischer Holzschliffe aus Nadel- und Laubhölzern. Die Zahlenwerte verdeutlichen die Einflüsse, die sich aus der Form des aufzuschließenden Holzmaterials wie Rundholz, Hackschnitzel, Sägespäne ergeben; außerdem zeigen sie das Verhältnis von Nadelholz zu Laubholz.

TMP ist Druckschliff und Holzschliff in bezug auf Zugfestigkeit (Bild 2.20a) und Weiterreißindex (Bild 2.20b) sowie im Zusammenhang mit den entsprechenden Lichtstreukoeffizienten überlegen. Weitere vergleichende Daten gehen aus Tabelle 2.9 hervor. Die Eigenschaften sind voneinander abhängig. Sie werden auch vom Mahlgrad (Bild 2.21a) bzw. von der Steifigkeit, Rauhigkeit, Luftdurchlässigkeit und Ölabsorption beeinflußt (Bild 2.21b). Dadurch ergibt sich z.B. für den Druckschliff, daß durch Einstellung eines bestimmten Mahlgrads verschiedene Eigenschaftskombinationen verwirklicht werden können. Derartige Übersichten erleichtern bei der Herstellung angestrebter Papiersorten die Auswahl der am besten geeigneten Holzstoffsorte und den zugehörigen Mahlgrad.

Aus diesen Darstellungen zeigt sich, daß CTMP und BCTMP innerhalb der Gruppe der Holzstoffe sich am meisten den Zellstoffen im Bereich von Hochausbeutezellstoffen und Halbzellstoffen nähern.

Für die Gütebeurteilung von CTMP sind daher etwas andere Maßstäbe als für die der übrigen Holzstoffsorten anzulegen. Dies betrifft primär den Einfluß der Holzart, da CTMP's aus Laubhölzern, Nadelhölzern und Mischhölzern hergestellt werden, Holzstoff, Druckschliff, RMP größtenteils auch TMP dagegen aus Nadelhölzern. Die Zusammenhänge zwischen nativer Faserlänge und Zugfestigkeitsindex (Bild 2.19a) bzw. Weiterreißwiderstand (Bild 2.19b) sind dafür Belege.

Tabelle 2.8. Prüfdaten nordamerikansicher Holzstoffe, nach [2.125, S. 588]

Halbstoffart, hergestellt aus	Volumen (cm^3/g)	Reiß-länge (km)	Null-Reiß-länge (km)	Berst-Faktor (m^2)	Weiter-reiß-Faktor (dm^2)	Klassierung (I) auf Siebnummern					gewogene durch-schnitt-liche massen-bezogene Faser-länge (mm)	prozen-tualer Anteil Fraktion 48[a]	Faser-fein-heit (dg)	Entwäs-serungs-dauer, gemes-sen mit Draino-meter (48/100) (s)	TAPPI-Standard-Entwäs-serungs-zeit (Ge-samt-stoff) (s)
						28	28/48	48/100	100/200	−200					
Halbzellstoff, west-liches Laubholz	3,25	1,39	9,8	4,0	18,8	9,2	31,2	38,4	15,2	6,0	0,59	40,4	16,3	8,5	4,8
Steinschliff, östli-ches Nadelholz	3,47	1,52	10,0	6,0	34,3	9,8	23,2	26,0	17,2	23,8	0,61	33,0	16,0	9,3	11,5
Versuchsstoff, östli-ches Nadelholz	3,93	1,73	10,4	9,3	91,2	24,4	20,4	19,0	9,6	26,6	0,74	44,8	17,0	7,7	5,6
gebleicht, westliches Laubholz	2,82	1,90	9,2	6,7	33,3	13,4	21,4	24,6	16,8	23,8	0,63	34,8	12,2	16,4	10,4
Sägespäne, westli-ches Nadelholz	2,92	2,58	11,2	12,1	63,7	9,6	19,8	16,0	11,8	42,8	0,51	29,4	13,4	14,3	15,3
Steinschliff, westli-ches Nadelholz	2,79	2,73	9,5	12,8	52,2	11,2	17,8	18,0	17,6	35,4	0,54	29,0	11,2	18,3	22,7
Steinschliff, östli-ches Nadelholz	2,72	2,93	10,2	13,3	40,5	6,8	15,4	21,0	18,0	38,8	0,48	22,2	13,3	14,5	27,4
Roberts-Schliff, westliches Nadelholz	2,71	3,05	10,2	12,6	49,2	11,6	17,2	24,0	17,0	30,2	0,57	28,8	12,7	14,7	18,5
Steinschliff, westli-ches Nadelholz	2,60	3,37	11,9	15,0	56,6	12,8	16,4	20,4	16,8	33,6	0,56	29,2	11,4	18,2	35,8
Hackschnitzel, west-liches Nadelholz	3,02	3,54	10,2	18,4	101	24,4	19,4	13,0	9,0	34,2	0.78	43,8	11,1	18,3	25,2

[a] Summe der Prozentsätze der Fraktionen 28 und 48

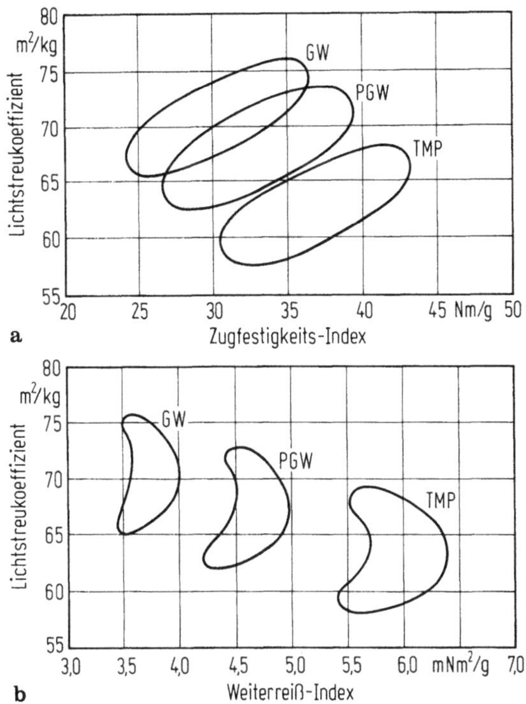

Bild 2.20a. Kombinationen von Lichtstreukoeffizient und Zugfestigkeitsindex für Holzschliff (GW), Druckschliff (PGW) und TMP im Freeness-Bereich von 50–120 ml CSF [2.119]; **b** Kombinationen von Lichtstreukoeffizient und Weiterreißindex für Holzschliff (GW), Druckschliff (PGW) und TMP im Freeness-Bereich von 50–120 ml CSF am Beispiel von norwegischer Fichte [2.119]

Diese Verhältnisse erkennt man an der prozentualen Aufteilung der Faserstoffkomponenten und der spezifischen Oberfläche bei Holzstoffen und CTMP am Beispiel von Fichte (Bild 2.22).

Eine Gegenüberstellung (Bild 2.23) von Mahlgrad in SR mit der Rapid-Köthen-Entwässerungszahl in s zeigt für CTMP im Vergleich zu Zellstoffen (ZS), Altpapier (AP) und Holzschliff (HS) aus Kiefer, Fichte, Douglasie und Baumweide interessante, vorteilhaft nutzbare Einsatzpotentiale für CTMP.

2.9.6 Güteanforderungen an Holzstoffe zur Herstellung spezieller Papiersorten

Die an Holzstoffe zu stellenden Güteanforderungen richten sich nach dem jeweiligen Verwendungszweck. Dieses soll an den wichtigsten Einsatzgruppen gezeigt werden.

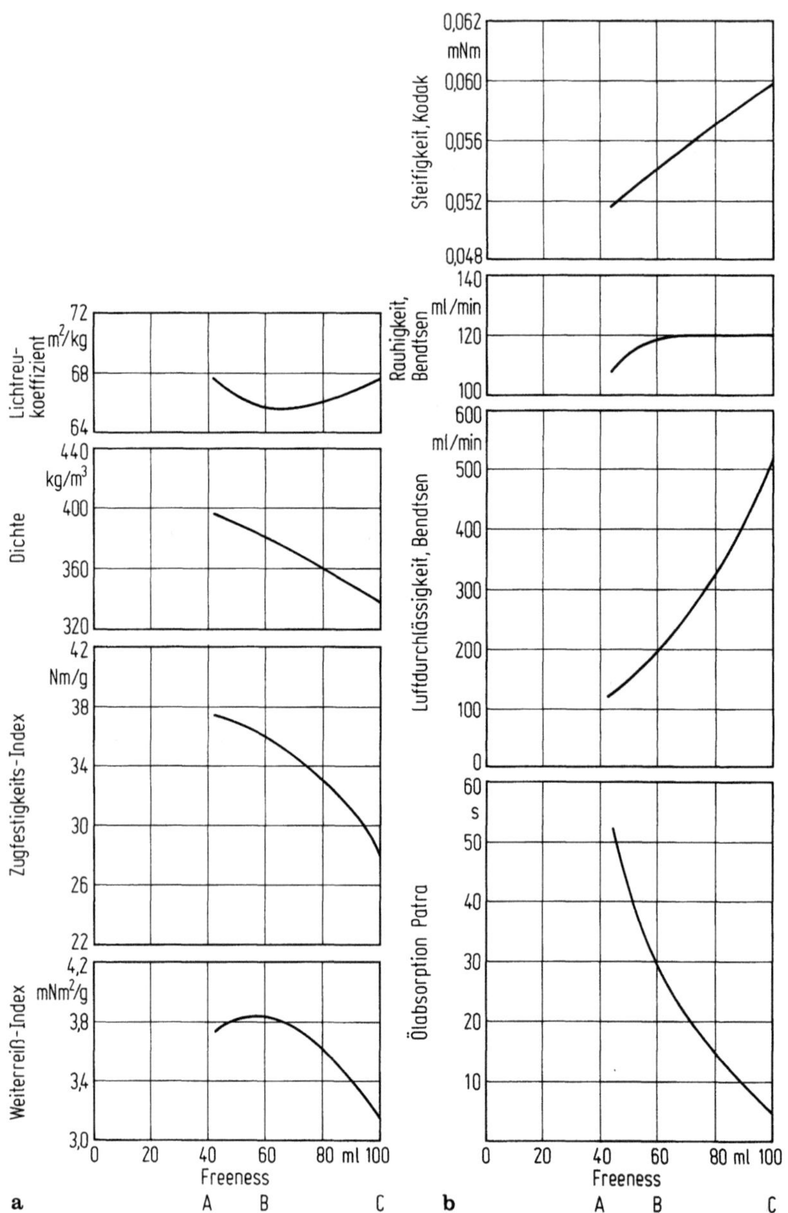

Bild 2.21a, b. Eigenschaften von Druckschliff in Abhängigkeit vom Mahlgrad für LWC-Papier, satiniertes holzhaltiges Papier und Zeitungsdruckpapiersorten; A LWC-Papiersorten, B satinierte holzhaltige Papiersorten, C Zeitungsdruckpapiersorten [2.119]

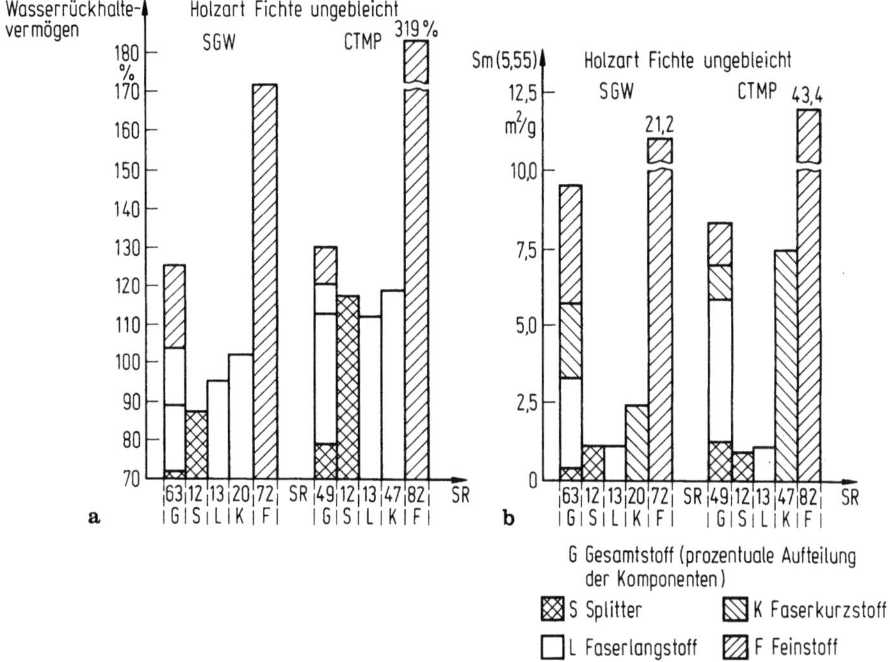

Bild 2.22 a, b. Zusammenhänge zwischen Wasserrückhaltevermögen (a) sowie spezifischen Oberflächen (b) von Holzschliff (SGW) und CTMP aus Fichte in Abhängigkeit von den Formbestandteilen [2.143]

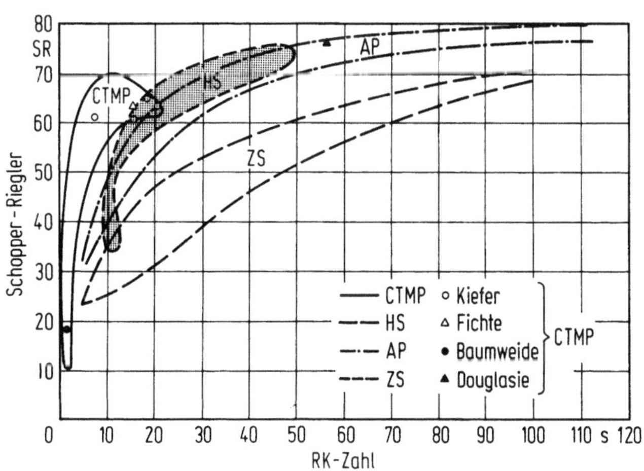

Bild 2.23. Entwässerungs-Kenngrößen von CTMP im Vergleich mit Zellstoff (ZS), Holzstoff (HS) und Altpapier (AP) aus verschiedenen Papierfaserrohstoffen [2.142 b]

Druck- und Schreibpapier und ähnliche Papiersorten [2.120a–e]

Allgemein werden hohe Anforderungen gestellt an:
- hohe initiale Naßfestigkeit zur Ermöglichung hoher Papiermaschinengeschwindigkeiten und störungsfreien Betriebs von Naßpartien,
- hohe Trockenfestigkeitseigenschaften (Bild. 2.24),
- hohe Opazität insbesondere bei niederen Flächengewichten und entsprechenden Streichrohpapieren,
- gleichmäßige Formation,
- weitgehende Splitterfreiheit (Bild 2.25),
- möglichst hoher Reflexionsfaktor und Vergilbungsbeständigkeit.

Diese Anforderungen erfordern in bezug auf Festigkeitseigenschaften lange, flexible, gut bindungsfähige Fasern.

In bezug auf Opazität sind Feinstoffe günstig. Ihre nachteiligen Einflüsse wie Stauben und Rupfen können durch den Einsatz von deckend wirkenden Füllstoffen, am wirkungsvollsten von Titandioxid, kompensiert werden. Hinsichtlich des Druckverfahrens unterteilen sich die Anforderungen an den Tiefdruck einerseits und an den Offset- und Flexodruck andererseits.

Bei Tiefdruck stehen hohe Glätte, hoher Glanz, geringe Porosität und geringe Ölabsorption für die Druckfarben im Vordergrund.

Bei Offset- und Flexodruck kommt es dagegen durch die Wechselwirkungen mit wäßrigen Phasen auf dem Gummituch oder in den Druckfarben auf eine hohe Oberflächenfestigkeit, geringe Rupf- und Staubneigung [2.120e] sowie auf gute Dimensionsstabilität zur Erzielung einer hohen Passergenauigkeit an.

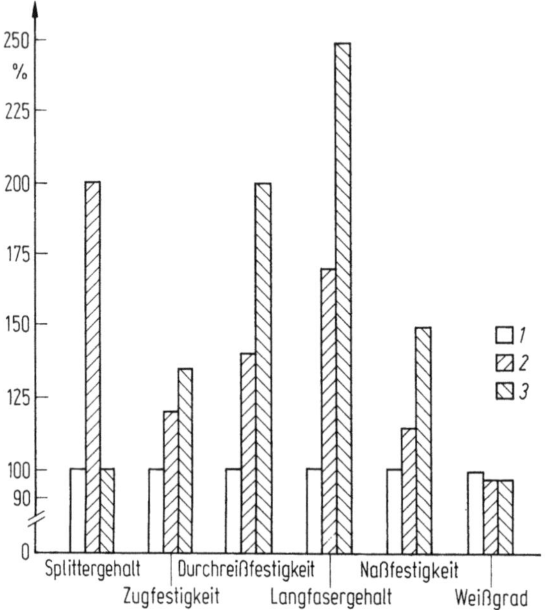

Bild 2.24. Eigenschaftsvergleich von drucklos hergestelltem Steinschliff mit RMP- und TMP-Holzstoffen [2.141].
1 Steinschliff, *2* RMP, *3* TMP

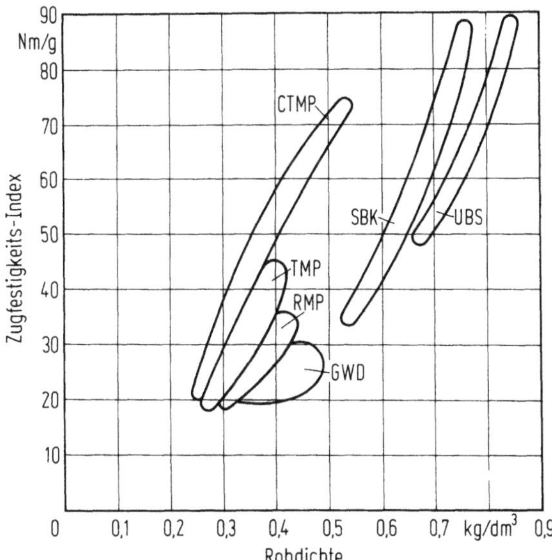

Bild 2.25. Eigenschaftsvergleich von Steinschliff (druckloses Verfahren), RMP und TMP [2.141]. (Erklärung der Abkürzungen s. S. 108, Abb. 2.14a, b)

Dies erfordert für Tiefdruckpapier eher einen Gehalt an gut fibrillierten Fasern und Feinstoffen in bezug auf Kompressibilität, gewisse Steifigkeit und nicht kollabierende Fasern. Diese Forderungen erfüllen Holzstoffe i. allg. besser als Zellstoffe, unter der Voraussetzung, daß die Glätte nicht durch z. B. zu rauhe und harte Fasern herabgesetzt wird. Die Anforderungen an Offset- und Flexodruckpapiere erfüllen gut abbindbare Fasern und die Abwesenheit von Fasern, die aus der Papieroberfläche aufragen. Allgemein erscheinen Nadelholzzellstoffe in Mischung mit etwas Laubholzzellstoffen geeigneter als reine Laubholzstoff-Zusammensetzungen [2.120f].

Karton und Pappe

Bei diesen Erzeugnisgruppen ist zwischen einlagigen und mehrschichtigen bzw. mehrlagigen Strukturen zu unterscheiden. Für die Einlagen bzw. Mittelschichten [2.148] sind besonders die Steifigkeit und das Volumen gefragt. Diese Aufgaben erfüllen Holzstoffe besser als Zellstoffe. Dies ist z. B. ein Einsatzgebiet für TMP zur Herstellung steifer Karton- und Pappensorten einschließlich Flüssigkeitsverpackungskarton. Für die Oberflächen derartiger Produkte bzw. für einlagige Erzeugnisse kann die Bedruckbarkeit und Verdruckbarkeit ausschlaggebend sein. Für Decklagen kommen daher mehr Halbstoffe mit höherem Mahlgrad und für Mittelschichten bzw. Mittellagen mehr Halbstoffe mit niederem Mahlgrad in Betracht.

Bei den Verarbeitungseigenschaften spielen außer Bedruckbarkeit, Steifigkeit und Inkompressibilität die Spaltfestigkeit, die Rill- und Stanzfähigkeit sowie die Lackier- und Verklebbarkeit eine entscheidende Rolle – je nach Einsatzzweck. Dadurch sind dem Einsatz höherer Holzstoffanteile gewisse Grenzen gesetzt.

Zellstoffwatte und Tissues

Für die Herstellung von Taschentuch-, Gesichtstuch- und Toilettenpapier sowie für Servietten, Wischtücher und Windeleinlagen, Verbandstoffe und ähnliche Produkte stehen primär Anforderungen an die Maschinengängigkeit bei hohen Papiermaschinengeschwindigkeiten im Vordergrund. Von der maschinellen Seite sind daher z. B. hohe initiale Naßfestigkeit, Adhäsionsvermögen am Kreppzylinder und Kreppfähigkeit gefragt, vom Gebrauchswert dagegen Anforderungen an Weichheit, Geschmeidigkeit, eine gewisse Naßfestigkeit, Staubfreiheit, Absorptionsvermögen und Geruchsfreiheit.

Diese Anforderungen sind von Zellstoffsorten i. allg. besser, aber nicht so kostengünstig wie durch Holzstoffe (oder auch Altpapiersorten) zu erfüllen. Am nächsten kommen gebleichte CTMP- und CMP-Sorten, vorzugsweise aus Nadelhölzern oder langfaserigen Laubhölzern wie Aspe und bestimmte Eukalypten. Feinstoffhaltige Sorten sind wegen der Staubneigung unerwünscht.

Bei Handtuchkrepp und bei Industriewischtüchern gehen die Anforderungen je nach Sorte etwas weg von der Weichheit zugunsten noch höherer Wünsche an die Kreppfähigkeit, das Absorptionsvermögen, das Wasserrückhaltevermögen und eine gewisse Naßfestigkeit.

Für Tischtücher, Betteinlagen, Windeln und Verbandmaterialien ergeben sich die Anforderungen aus den Gebrauchszwecken. Bei allen diesen Sorten werden auch gleichmäßige Einfärbbarkeit verlangt, da z. B. Servietten überwiegend in bunter Ausführung gewünscht werden. Dies kann bei gemischten Stoffeinträgen zu Schwierigkeiten führen, da ligninreiche Fasern sich mit substantiven oder sauren Farbstoffen anders als ligninarme, gebleichte Zellstoffasern anfärben.

Flockenstoff (Fluff)

Bei Flockenstoff kommt es für die Fabrikation zunächst auf eine gute Aufschlagbarkeit an − möglichst ohne Staubbildung von den in Rollen oder Bogenform angelieferten Flockenrohstoffen zur Herstellung der Flockenmasse. Wichtig ist bei diesen Massen generell ein hohes Absorptions- und Wasserrückhaltevermögen, d.h. eine möglichst große innere Oberfläche und Weichheit. Dies erfordert Holzstoffe mit hohem Langfasergehalt zur Ausbildung der Netzwerkfestigkeit und möglichst geringem Feinstoffgehalt in Krümelform.

Diese Anforderungen erfüllen von den Holzstoffen noch am besten gebleichte CTMP- und CMP-Flockenstoffe aus Fichte und von der Laubholzseite entsprechende Halbstoffe aus Aspe. Für die Prüfung von Flockenrohstoff und für aus diesem hergestellten Flockenstoff sind spezifische Prüfverfahren [2.149] ausgearbeitet worden. Es handelt sich um die Prüfung der Aufschlagbarkeit, die Messung des Energiebedarfs zum Aufschlagen und die Untersuchung der Flockenstoffeigenschaften in bezug auf Absorptionsgeschwindigkeit, Absorptionskapazität, spezifisches Volumen [SCAN 33], Naßfestigkeit, Langfaserstoffgehalt, Knoten [SCAN CM 37] und Alterungsbeständigkeit [SCAN 32], (s. Anhang: Regelwerke).

2.9.7 Zusammenfassung

Aus diesen Darstellungen ist zu erkennen, daß es keinen universell einsetzbaren Holzstoff gibt und in Zukunft auch nicht geben kann.

Es kommt für den Hersteller darauf an, für jeden Zweck aus den verfügbaren Rohstoffen mit den vorhandenen Produktionsanlagen die am besten geeigneten Eigenschaftskombinationen zu erzielen bzw. für den Verwender, aus dem Marktangebot die passendste Holzstoffsorte auszusuchen. Für diese Aufgaben geben die Ausarbeitungen von Paris und Philipp [2.37b] Hilfestellungen.

Es sind die Gütewerte von CTMP-Holzstoffen für den Einsatz der verschiedenen Papiersorten (Tabelle 2.9) aufgelistet worden. Ferner werden die erreichbaren Eigenschaftswerte in Abhängigkeit vom Refiner-Energiebedarf in Bild 2.26 dargestellt, es sind die für die betreffenden Papiersorten am besten geeigneten Bereiche zu erkennen.

Tabelle 2.9. Kennwerte für den Einsatz von CTMP für verschiedene Papiersortengruppen, aus [2.37b]

Kenngröße				
CTMP für Schreib- und Druckpapiere Faserholz	Fichte	Fichte	Birke	Pappel
CSF in ml	200	100...130	200	85
SR-Wert in SR	52	62...66	52	70
Langfasergehalt (R 30) in %	50	38...42	2...3	>3
Feinstoffgehalt (P 200) in %	20	24...30	15...20	–
Splitter (Somerville) in %	–	0,05	–	0,05
Rohdichte in kg/m^3	400...440	440...520	530	>400
Zugfestigkeits-Index in Nm/g	45	55	40	47
Durchreißfestigkeits-Index in mNm^2/g	8...9	7...9	–	5,6
Lichtstreukoeffizient in m^2/kg	–	–	–	49
Weißgrad (ISO) in %	78/80	78/80	76...80	78
Extraktstoffgehalt in % Dichlormethan (DCM)	–	<0,2	–	–

Substitutionsquote (Langfaser- und speziell Kurzfaserzellstoff)
max. 20...30% bei Kopierpapier
max. 30...40% bei Offsetpapier
max. 40...50% bei Schreibpapier
max. 50...60% bei Buchdruckpapier

CTMP für Karton Faserholz	Fichte	Aspe
CSF in ml	250...400	250...350
SR-Wert in SR	32...45	35...45
Langfasergehalt (R 30) in %	40...55	10...15
Feinstoffgehalt (P 200) in %	14...18	16...20
Splitter (Somerville) in %	0,05...0,3	0,05
Rohdichte in kg/m^3	330...420	420...460
Zugfestigkeits-Index in Nm/g	30...35	35...40

Tabelle 2.9 Fortsetzung

Kenngröße		

CTMP für Karton Faserholz	Fichte	Aspe
Durchreißfestigkeits-Index in mNm^2/g	6...9	3...5
Weißgrad (ISO) in %	58/70...75, bis 80 nach Kundenforderung	75...78
Lichtstreukoeffizient in m^2/kg	36 bei 380 ml CSF	–
Extraktstoffgehalt in % (DCM)	0,15	0,1
pH-Wert	7,5/8,5	–

Substitutionsquote (Kurzfaser- und Langfaser-Zellstoff) 25...45% in durchgearbeitetem Karton bzw. Einzellage

CTMP für Tissue Faserholz	Fichte	30% Fichte 70% Aspe
CSF in ml	350...500	400...450
SR-Wert in SR	25...35	28...32
Langfasergehalt (R 30) in %	45...60	20...25
Feinstoffgehalt (P 200) in %	15...18 Trend 7...8%	16...19 durch Fraktionierung
Splitter (Somerville) in %	0,1...0,15	0,1
Rohdichte in kg/m^3	310...360	400...440
Zugfestigkeits-Index in Nm/g	30...35	22...27
Durchreißfestigkeits-Index in mNm^2/g	7...12	4...6
Weißgrad (ISO) in %	70...75, bis 80 nach Kundenforderung	75...78
Extraktstoffgehalt in % (DCM)	0,1...0,15	0,1
Flüssigkeitsaufnahme	siehe Textteil Fluff	
pH-Wert	8,5	

Substitutionsquote (Kurzfaser- und Langfaserzellstoff) 20...40%, sortenabhängig 60...80%

CTMP für Fluff Faserholz	Fichte
CSF in ml	500...700
SR-Wert in SR	15...25
Langfasergehalt (R 30) in %	55...65
Feinstoffgehalt (P 200) in %	12...15
Splitter (Somerville) in %	0,3... <1,0
Rohdichte in kg/m^3	260...340
Zugfestigkeits-Index in Nm/g	18...27
Durchreißfestigkeits-Index in mNm^2/g	7...9
Weißgrad (ISO) in %	70...75, bis 80 nach Kundenforderung
Extraktstoffgehalt in % (DCM)	0,15
Flüssigkeitsaufnahme	siehe Textteil
pH-Wert	8,5

Tabelle 2.9 Fortsetzung

Substitutionsquote (Langfaser-Zellstoff) bis 85%, möglich 100%

	spezif. Volumen in cm³/g		Kapazität in g/g	Zeit in s
	trocken	naß		
CTMP, gebl.	17	9	10...12	5...7
Sulfatzellstoff, gebl.	17...20	8...9	9...10	5...7

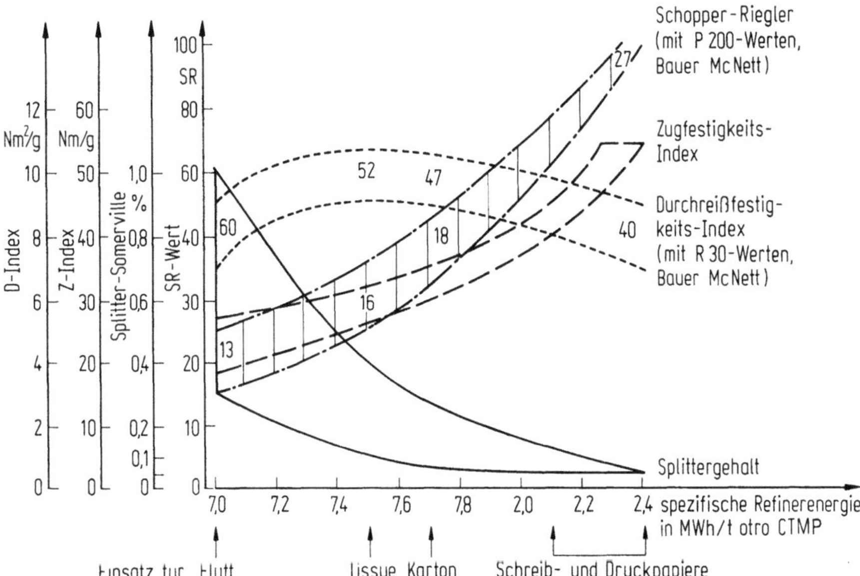

Bild 2.26. Zuordnung von Eigenschaftskennwerten von CTMP zu Einsatzgebieten für die Herstellung bestimmter Papiersortengruppen unter Berücksichtigung des spezifischen Refiner-Energiebedarfs [2.37 b]

2.10 Auswertung der Ergebnisse und Prüfbericht
Evaluation of test results and test report

Im Prüfbericht sind alle Meßwerte und folgende ergänzenden Angaben sowie eventuelle Abweichungen von den genannten Prüfvorschriften anzugeben:
- Bezeichnung der Probe,
- Kennzeichnung der Proben nach
- Holzart (Fichte, Kiefer, Aspe...) und etwaiges Mischungsverhältnis bei Mischhölzern,
- Herstellungsverfahren
  (Steinschliff, Druckschliff, RMP, TMP, CMP, CTMP; BCTMP oder andere),

– Zustand (Bleiche, Trocknung, Form (Brei, Rollen, Ballen, Krümelstoff, flockengetrockneter Holzstoff oder andere),
– Verwendungszweck,
– Tag der Herstellung und/oder Tag der Lieferung,
– Tag und Ort der Probenahme, Name des Probenehmers,
– Tag und Ort der Untersuchung, Name des Prüfers,
– Probenvorbereitung,
– Prüfergebnisse,
– evtl. Abweichungen von Prüfvorschriften,
– besondere Merkmale (z. B. Pilzbefall, Verschmutzung, Ungleichmäßigkeiten, Metallabfärbungen und ähnliche Merkmale.

ZM-Merkblatt VI/1 enthält zur Erleichterung und praktischen Auswertung der Prüfergebnisse ein Beispiel für die Gestaltung eines Formblattes für Routineuntersuchungen.

3 Prüfung von Altpapier
Testing of waste paper, recoverable paper,
recovered paper

3.1 Aufgabe, Zweck und Stand der Prüfung von Altpapier und Altpapierhalbstoffen
Proposition, scope and state of testing waste paper,
recoverable paper and recovered paper pulp

Altpapier wird zunehmend weltweit der wichtigste Faserrohstoff für die Papier-
und Pappenindustrie [3.1, 3.2]. Der Altpapiereinsatz in der Papierindustrie [3.3]
erreichte 1988 in den EG-Ländern 49%, in den EFTA-Ländern 13% und im Welt-
durchschnitt 33% der Faserrohstoffversorgung. Den Einsatz von Faserstoffen für
die Jahre 1990/91 in Deutschland zeigt Tabelle 3.1 [3.3a].

Tabelle 3.1. Einsatz von Faserrohstoffen bei der Papier- und Pappenherstellung [3.3a]

	Menge (Mio t)		Anteil (%) Alt-papier an Sum-me Halbstoffe		Mengenzuwachs (Mio t)	%
	1990	1991	1990	1991	1990/91	
Altpapier (Verbrauch)	6,212	6,420	55,4	55,8	+0,208	+3,35
Zellstoff (Produktion)	3,280	3,476	29,2	30,2	+0,196	+0,6
Holzstoff (Produktion)	1,724	1,602	15,4	13,9	−0,122	−0,7
Summe Halbstoffe	11,216	11,498	100,0	99,9		
Papier und Pappe (Prod.)	12,773	12,762	−	−	−0,009	

Ein Rückblick auf die bisherige Entwicklung der deutschen Papierindustrie
zeigt einen anhaltenden überproportionalen Anstieg des Altpapiereinsatzes seit
1950 und eine weitere Beschleunigung seit etwa 1983 (Bild 3.1). Gründe für diese
Entwicklung sind hauptsächlich ökologische Aspekte [3.4−3.6]. Dazu gehören:
− Schonung der Resourcen;
− Beschränkung der Holzversorgung auf Schwach- und Durchforstungshölzer sowie Industrieresthölzer als die derzeit wohl wirtschaftlichste Verwertungsmöglichkeit dieser Holzsortimente und damit Stützung des Holzmarkts;
− Verbesserung und Erhöhung der Altpapierverfassung und der Altpapiersamm-
  lung, z. B. durch verstärkte Öffentlichkeitsarbeit [3.7] und des Altpapiereinsat-
  zes in der Papierindustrie [3.8−3.10];
− Verringerung des Energiebedarfs zur Papierherstellung.

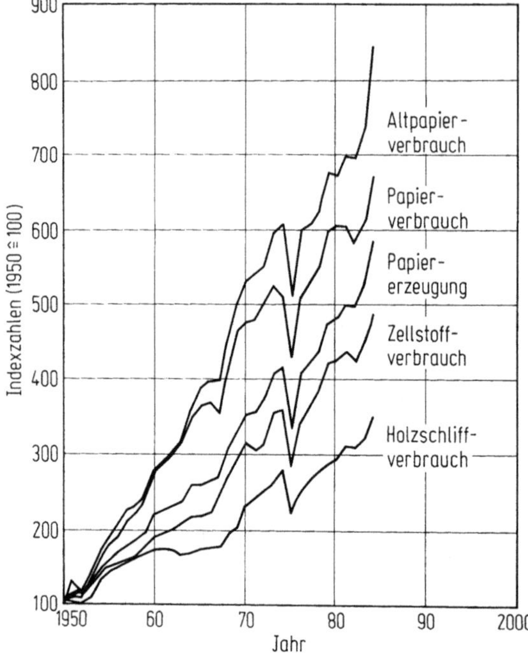

Bild 3.1. Entwicklung der Erzeugung und des Verbrauchs von Papier- und Halbstoffen in der Bundesrepublik Deutschland [3.9]

Dieser beträgt z. B. bei Einsatz von
- Altpapier ca. 1,3 MWh/t,
- gebleichtem Holzstoff 4,7 MWh/t,
- gebleichtem Zellstoff 3,3 MWh/t;
- Verringerung des Wasserbedarfs zur Papierherstellung, bei
- Altpapier 8 m³/t,
- Papier 10 bis 20 m³/t,
- Zellstoff 60 bis 200 m³/t;
- Minimierung der Belastung von Abwasser [3.11], Luft und Boden [3.11a];
- Verringerung des Altpapieraufkommens für die Deponierung oder Verbrennung;
- gesetzliche Vorschriften zur 1. Vermeidung, 2. Verminderung, 3. stofflicher Verwertung bzw., falls diese Möglichkeiten nicht gegeben sind, 4. zur Verbrennung von Abfallstoffen, zwecks Energiezurückgewinnung;
- gesetzliche Vorschriften für den Mindestaltpapiergehalt in Massenpapieren wie Zeitungsdruckpapier, z. B. in den USA und in Japan.

Aus den oben genannten Zahlen ergibt sich die Frage nach dem potentiellen Grenzwert für die Altpapiererfassung. Dieser wird bis auf etwa 80% des Papiereinsatzes geschätzt. Der Zahlenwert liegt weit über den derzeitigen Ergebnissen der Staaten mit dem stärksten Altpapiereinsatz, der etwa bei 62% liegt. Dabei ist zu berücksichtigen, ob in Ländern mit derartigen hohen Zahlen eine große Papiereinfuhr einer geringeren einheimischen Papierproduktion gegenübersteht. Auf der anderen Seite ist der Prozentsatz der Papiersorten zu betrachten, die entweder für dauerhaften Einsatz in Betracht kommen, wie Druck- und Geschäftspapiere für Aufbewahrungszwecke, Fotopapiere, Dekor- und andere Beschichtungspapiere, Tapeten u. v. a. oder solche Sorten, die sich für eine Altpapiererfassung und/oder Altpapieraufbereitung nicht eignen. Nicht geeignet sind Hygienepapiere (die Produktion betrug 1989 in Deutschland 735 kt) sowie Papier- und Pappensorten für technische und spezielle Anwendungen (844 kt im Jahre 1989). Dies sind z. B. beschichtete und imprägnierte Papiere, Etikettenpapiere, technische Papiere, Filter-, Trenn-, Schleifpapiere, elektrotechnische Papiere und viele andere Sorten. Diese beiden Gruppen mit einer Menge von insgesamt 1,579 Mio t entsprechen, bezogen auf eine Eigenproduktion in Deutschland von 11,277 Mio t, einem Prozentsatz von 14%. Hinzu kommen die mit fetten, öligen oder feuchten Lebensmitteln in Kontakt gekommenen Packpapiere, naßfestausgerüstete Papiere, sowie Papiererzeugnisse wie Beutel, Säcke und Gebinde, Kleinpaletten, Schachteln usw. aus gewachsten, paraffinierten, silikonisierten oder bituminischen Papiersorten. Die rasche Entwicklung auf diesem Gebiet ist Gegenstand zahlreicher Veröffentlichungen (z. B. [3.11a−e]). Statistische Angaben über die Erfassung, Verwertung und den Umsatz enthält der vom VDP jährlich herausgegebene Leistungsbericht der deutschen Zellstoff- und Papierindustrie (z. B. [3.11 ff]).

Für prüftechnische Zwecke sind daher zukünftig steigende Anforderungen an zuverlässig und schnell ausführbare Prüfmethoden zu erwarten, falls die bisher bekannten Prüfmethoden und/oder Prüfgeräte sich nicht für die Untersuchung oder Prüfung von Altpapier eignen. Die Sachlage wird dadurch erschwert, daß Altpapier keinen einheitlichen sortenreinen Papierfaserrohstoff wie Holzstoff oder Zellstoff darstellt und daß in Europa etwa 50 Altpapierhandelssorten auf dem Markt angeboten werden, die sich qualitativ sehr stark unterscheiden.

Da die Quellen für hochwertige, bessere und „krafthaltige" Altpapiersorten [3.13] schon seit vielen Jahren völlig erschöpft sind, bestehen potentielle Reserven nur noch bei unteren und evtl. mittleren Altpapierklassen, die vornehmlich in den Haushalten und im Gewerbe und Handel anfallen [3.13] und eine stärkere Beteiligung der Öffentlichkeit zur Erfassung erfordern [3.5−3.7]. Sie bestehen hauptsächlich aus gemischten Sorten, die meist Fremdstoffe enthalten, wie Druckfarben, Klebstoffe der Rückenbindungen von Katalogen, Telefonbüchern oder Broschüren, metallische Heftnadeln aus Zeitschriften, Kunststoffolien und andere Fremdstoffe. Diese Fremdstoffe stören die Aufbereitung oder schließen diese technisch bzw. wirtschaftlich aus.

Dabei ist zu berücksichtigen, daß der Anteil an Füllstoffen, Streichpigmenten (s. Bd. 1. Kap. 4) und sonstigen nicht faserförmigen Hilfs- und Zusatzstoffen überproportional in der Stoffzusammensetzung ansteigt, so daß die Ausbeute an verwertbaren Altpapierhalbstoffen sinkt und die Belastung der altpapierverarbeitenden Fabriken mit Abfallstoffen ansteigt. Die zusätzliche Kostenbelastung für die Beseitigung dieser Abfallstoffe wird immer schwieriger und kann eine Produktion von altpapierhaltigen Papiersorten völlig unwirtschaftlich machen. Auch ist zu bedenken, daß durch den zu erwartenden größeren Rücklauf von Altpapier die Ausbeute an wertvollen Fasern bei der Altpapieraufbereitung sich mit der Anzahl der Recyclingkreisläufe verringert, da bei jedem Papierherstellungsprozeß gewisse Faserschädigungen durch Faserdeformationen, Faserlängenkürzungen, Verhornung der Faseroberfläche und Einbuße der Fibrillierungsfähigkeit unvermeidlich sind.

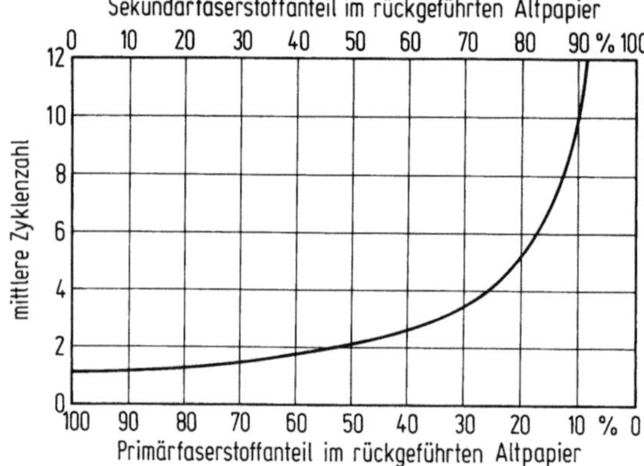

Bild 3.2. Abhängigkeit der mittleren Zyklenzahl vom Primärfaserstoffanteil im rückgeführten Altpapier [3.107]

Bei einem Altpapieranteil von 45% in der Papierfabrikation setzt sich Altpapier theoretisch aus sechs Papiergenerationen zusammen [3.6]. Der Anteil des Primärpapier-Faserstoffanteils im rückgeführten Altpapier fällt von einer angenommenen mittleren Anzahl von drei Zyklen an exponentiell stark ab (Bild 3.2). Schließlich stellen die großen Preisschwankungen auf dem Altpapiermarkt einen bedeutenden Störfaktor dar. Der Einsatz von Altpapier im Vergleich zu Frischfaserstoffen erfordert eine wertanalytische Betrachtung [3.6a]. Aus diesen Darstellungen sind folgende Schlußfolgerungen für die Prüftechnik abzuleiten:

1. Die Prüfung von Altpapier bedient sich weitgehend der für die Prüfung von Halbstoffen und Papier eingeführten Methoden und Geräte.

2. Diese reichen aber nicht für alle Zwecke aus. Gründe sind: große Sortenvielfalt, hauptsächlich Anlieferung von gemischten Altpapieren, die meist qualitätsmindernde Fremdstoffe im Sinne der Anforderungen an Papierhalbstoffe enthalten.

3. Für die erforderliche Kontrolle der Reinigung, des Deinkens und Fraktionierens von bedruckten und sonstigen beschichteten und verarbeiteten Altpapiersorten sind spezifische Prüfverfahren erforderlich.

4. Für die Gewinnung von repräsentativen Sammelproben, insbesondere bei Anlieferung von gemischtem Altpapier, sind leichter ausführbare und zuverlässiger arbeitende Methoden zu entwickeln, die von den Handelspartnern anerkannt werden können.

Der Zweck und die Anwendung von Altpapierprüfungen erstrecken sich aus diesen Überlegungen auf vier Bereiche.

a) Untersuchung des Altpapiers im Anlieferungszustand
   1. Quantitative Untersuchungen:
      – Menge, Trockengehalt, Handelsgewicht oder Trockenmasse;
   2. Probenahme, Gewinnung einer repräsentativen Sammelprobe;
   3. qualitative Untersuchungen, evtl. ergänzt durch quantitative Untersuchungen:
      – Feststellung der Stoffzusammensetzung,

- Zuordnung zu einer Klasse von Altpapiersorten und Prüfung der Übereinstimmung der Lieferung mit der Angabe der Altpapiersorte nach Rechnungsstellung,
  - Prüfung auf Fremdstoffe, Unrat und „Ungehörigkeiten";
b) Untersuchung der Aufbereitungsfähigkeit von Altpapier zur
  - Herstellung von Altpapierhalbstoff,
  - Zerfaserung, zum Aufschlagen,
  - Sortierfähigkeit, Abscheidung von Schmutz, Splittern, Stippen, Unrat und Ungehörigkeiten, klebenden Verunreinigungen („Stickies") etc.,
  - Mahlung,
  - Deinkbarkeit;
c) Kennzeichnung von Altpapierhalbstoff zur Herstellung von Papier, Karton und Pappe
  - Stoffzusammensetzung, Reinheit (Gehalt an Stippen, klebenden Verunreinigungen, Druckfarbenreste, Klebstoffe, Kunststoffe, Aluminiumfolien u. a.)
  - Formkennzeichnung,
  - Entwässerungsverhalten,
  - Blattbildung,
  - Prüfung von Laborblättern;
d) Prüfung von altpapierhaltigen Papier-, Karton- und Pappensorten.

Hauptsächlich für die unter a) und b) aufgeführten Zwecke und Anwendungsbereiche sind für Altpapier spezifische Methoden erforderlich, während für die beiden nachfolgenden Aufgabengruppen c) und d) weitgehend bekannte Prüfmethoden angewendet werden können.

Für alle Bereiche sind einheitliche produktspezifische Bezeichnungen von Begriffen und Altpapiersorten erforderlich (s. Abschn. 3.2.).

3.2 Begriffe
Definitions

Die prüftechnisch relevanten Begriffe können in die zwei Gruppen „allgemeine Begriffe" und „Altpapierstoff" eingeteilt werden.

3.2.1 Allgemeine Begriffe

Nach ZM-Arbeitsblatt A XVI/2 [3.12] sind die Begriffsbestimmungen Altpapier, Abfallpapier, Papierabfall festgelegt worden.

Altpapier. „Papier, das der Wiederverwendung bzw. Verwertung zugeführt werden soll oder wird." Nach ISO 4046 [3.13] und DIN 6730 [3.14] wird Altpapier wie folgt definiert: „Papier und Pappe, gebraucht oder aus der Verarbeitung zurückgekehrt, die als Halbstoffe erneut einem Fabrikationsprozeß zugeleitet werden sollen."

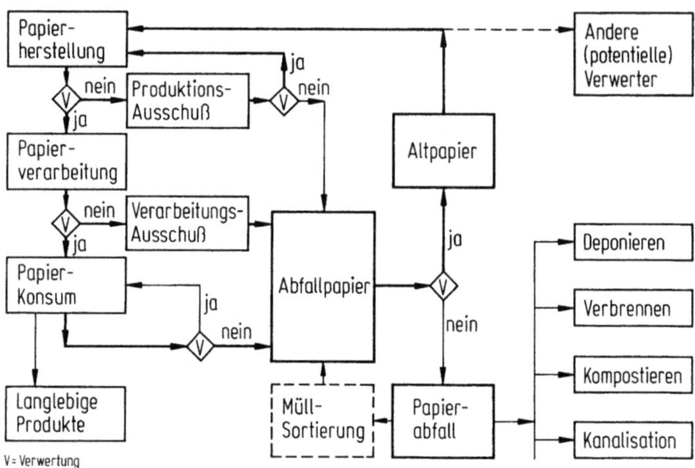

Bild 3.3. Darstellung der Begriffe „Abfallpapier", „Altpapier" und „Papierabfall" im Operationsplan des Faserstoff-Recyclings [3.108]

Abfallpapier. „Papier, nach Gebrauch oder Verbrauch sowie Ausschuß, Abschnitt oder dergl. Material (Papier, etc.) aus Be- oder Verarbeitungsvorgängen ohne Rücksicht auf dessen Weiterbehandlung."

Papierabfall. „Abfallpapier, das zur Beseitigung gelangen soll oder gelangt." Die Verknüpfung dieser Begriffe im Prozeßablauf der Altpapieraufbereitung wird im genannten Merkblatt grafisch dargestellt (Bild 3.3) [3.15].

Aus prüftechnischen Gründen erscheint folgende Erweiterung der allgemeinen Begriffe sinnvoll:

— Altpapier im Anlieferungszustand und
— Altpapier im aufbereiteten Zustand.

Der zweite Begriff ist mit dem anderer Halbstoffe in der Papierfabrikation vergleichbar.

Da bisher keine genormte Begriffsunterscheidung vorliegt, gilt hilfsweise im weiteren Verlauf für die zweite Gruppe von Proben die Bezeichnung

Altpapierstoff. Zur Begriffsfestlegung wird vorgeschlagen: „Aus Altpapier zum Zweck des stofflichen Recyclings durch Aufbereitungsverfahren für die Papierherstellung geeignet gemachter Halbstoff."

Eine derartige Unterscheidung scheint auch aus handelstechnischen Gründen zweckmäßig, da einige wenige Fabriken bereits aufbereitetes Altpapier als Handelsware für Papier- oder andere Fabriken, wie Formgußhersteller, Plattenhersteller, Ziegelfabriken, anbieten.

3.2.2 Altpapierbestandteile

Nach der „Liste der Deutschen Standardsorten für Altpapier und ihre Qualitäten" sind zu unterscheiden [3.16] (eine EN-Norm befindet sich in Vorbreitung [s. Anhang A. O. letzter Absatz]):

a) *Papierfremde Bestanteile („Unrat")*. Dazu gehört jegliches Fremdmaterial im Altpapier, das bei dessen Verarbeitung Schäden an den Maschinen oder Störungen während der Produktion verursachen kann sowie Wertminderung im Fertigprodukt hervorruft. Zu den papierfremden Bestandteilen zählen: Metalle, Sand und Baustoffe, Kordel, Kunststoffe, Glas, sog. synthetische Papiere, Textilien, Abfälle jeder Art und Herkunft, Holz, usw.

b) *Produktionsschädliche Papiere und Pappen: („Ungehörigkeiten")*. Dazu gehören alle Papier- und Pappensorten, die irgendwo so behandelt wurden, daß sie als Rohstoff für die Herstellung von Papier und Pappe ungeeignet oder gar schädlich sind oder deren Anwesenheit die gesamte Menge an Altpapier unbrauchbar macht. Produktionsschädliche Papiere und Pappen können sein:
   - Pergament, Pergamyn oder Pergamentersatzpapier,
   - Wachs-, Paraffin-, Bitumen- und Ölpapiere bzw. -pappen,
   - Kohlepapiere,
   - naßfest imprägnierte und/oder geleimte Papiere und Pappen,
   - Zellglas, kunststoff-, bitumen- und metallfolien-, oberflächen- und zwischenbeschichtete Papiere und Pappen,
   - mit Kunststofflacken oder -folien hergestellte Lack-, Glacé- und Chromopapiere und -pappen,
   - mit wasserunlöslichen Klebern behandelte Papiere und Pappen, wie z. B. Kleberücken,
   - Magnetstreifen auf Lochkarten, usw.

Zur Aufbereitung derartiger Papiersorten stehen bereits verschiedene Verfahren zur Verfügung (s. S. 162, 2. Absatz) [3.96–3.98a], so daß diese Sortenaufstellung überholt erscheint.

3.2.3 Altpapiersorten

Nach der Liste in [3.16] beziehen sich die Sortendefinitionen – sofern nichts anderes vereinbart – auf den Ballen Altpapier bzw., bei loser Warte, auf die Ladung, bzw. den Lieferposten, vgl. Tabelle 3.2.

Tabelle 3.2. Die Altpapiersorten und ihre Qualitäten[a]

Gruppe I: Untere Sorten[b]

A 00 Original gemischtes Altpapier einschließlich Original-Sammelware aus Haushalten, keine Gewähr bezüglich Unrat und Ungehörigkeiten

B 12 Sortiertes gemisches Altpapier höchstens 1% Unrat und Ungehörigkeiten

B 19 Kaufhausaltpapier – gebrauchte Karton- und Papierverpackungen, mindestens 60% aus Wellpappe, Rest Vollpappe und Packpapiere, höchstens 1% Unrat und Ungehörigkeiten

B 42 Grau- und Mischpappen auch imitierte Lederpappe, ohne Strohpappe

C 02 Sortiertes gemischtes Druckerei- und Verlagsaltpapier

D 11 Schwerdruck – Broschüren, Illustrierte, Lesezirkel, Bücher ohne harte Deckel, Magazine, Telefon-, Adreß- und Kursbücher, Kataloge

D 21 Illustrierte und dergleichen, nicht nadel- und klammerfrei

D 29 Illustrierte und dergleichen, nicht nadel- und klammerfrei, ohne Kleberücken

D 31 Zeitungen und Illustrierte, mindestens 60% Zeitungen

D 39 Zeitungen und Illustrierte, mindestens 60% Zeitungen, ohne Kleberücken

Tabelle 3.2 Fortsetzung

Gruppe II: Mittlere Sorten

E 11 Tageszeitungen, gemischt mit illustrierten Beilagen

E 12 Tageszeitungen, sortiert (einschl. Remittenden) frei von nachträglich zugefügten illustrierten Beilagen

F 12 Endlosformulare, h'haltig nach Farben sortiert; färbende Selbstdurchschreibepapiere und Kohlepapiere zusammen höchstens 3%

H 12 Kartonagen ohne Grau- u. Mischpappen der Sorte B 42, nicht nadel- u. klammerfrei, bedruckt und unbedruckt

J 11 Bunte Akten, handelsübliche Korrespondenz, frei von harten Deckeln

Gruppe III: Bessere Sorten

K 12 Weiße Akten, gemischt h'haltig, h'frei, frei von Kassenblocks, Fahrscheinen und von mit wasserlöslichen Klebern geleimten Rücken

K 22 Weiße Akten, h'frei, sortiert, frei von Kohlepapieren und von mit wasserunlöslichen Klebern geleimten Rücken

K 51 Endlosformulare, h'frei, weiß, färbende Selbstdurchschreibepapiere und Kohlepapiere zusammen höchstens 3%

K 59 Endlosformulare, h'frei, weiß, frei von färbenden Selbstdurchschreibepapieren, frei von Kohlepapieren

L 11 Hellbunte Späne, mehrfarbig

L 53 Briefumschläge, nach Farben sortiert

O 14 h'haltige weiße Späne mit leichtem Andruck

P 22 rein weiße Zeitungsrotationsabrisse, frei von Illu, frei von Rollenkernen

P 23 Reinweiße Illu-Rotationsabrisse, frei von Zeitungsrotation, frei von Rollenkernen

P 32 Reinweiße h'haltige Späne, frei von Rotationspapier

Q 14 h'freie weiße Späne mit leichtem Andruck

R 12 Reinweiße h'freie Späne, frei von gestrichenen Spänen

T 14 Chromoersatzkarton, mit leichtem Andruck oder unbedruckt weiß und farbig

U 31 Lochkarten, h'frei, mehrfarbig

U 33 Lochkarten, h'frei, naturfarbig (chamois)

Gruppe IV: Krafthaltige Sorten

V 11 Gebrauchte Kraftpapiersäcke, naßfest und nicht naßfest

W 12 Reines Kraftpapier, gebraucht (naturfarbig)

W 13 Reines Kraftpapier, neu (naturfarbig)

W 41 Original Wellpappe aus Wellpappenerzeugung und -verarbeitung

W 52 Gebrauchte Wellpappe II, zwei Decken Kraft- oder Testliner

W 62 Gebrauchte Wellpappe I, Decken aus Kraftliner, Welle aus Halbzellstoff oder Zellstoff

---

[a] Kennzeichnung der Sortengruppen: Buchstaben A – D: Untere Sorten, E – J: Mittlere Sorten, K – U: Bessere Sorten, V – W: Krafthaltige Sorten

[b] Kennzeichnung innerhalb der Sortengruppen: Anfangsziffer: Wertfreies Klassifizierungsmerkmal der Einzelsorten; Endziffer: Berwertungsmerkmal der Einzelsorten 0 = Originalanfall, 1 = gemischte Ware, 2 = sortierte Ware, 3 = einfarbige Ware, 4 = mit hellem Andruck, 9 = Sondersorte

3.2.4 Kennzeichnung der papiertechnologischen Qualität von Altpapiersorten

Die physikalische, chemische und mikrobiologische Kennzeichnung der Altpapiersorten ist Gegenstand der Prüfberichte über Untersuchungsergebnisse von Altpapiersorten und der Qualität der daraus hergestellten Altpapierstoffe, die in Abschn. 3.12 behandelt werden.

3.3 Probenahme
Sampling

Die Gewinnung einer repräsentativen Probe aus Altpapieranlieferungen für die Bestimmung des Trockengehaltes und für sonstige Prüfungen ist durch Inhomogenitäten infolge der gemischten Papiersorten und durch mögliche Witterungseinflüsse erschwert, da Altpapier der I. und II. Gruppe (vgl. Tabelle 3.2) überwiegend in offenen Fahrzeugen transportiert und nicht unter Dach gelagert wird.

Der Probenehmer hat auf die entsprechenden äußeren Einflüsse zu achten.

3.3.1 Probenahme aus Ballen

Für diesen Zweck entwickelte Göttsching mit Mitarbeitern einen „IfP-Kernbohrer" [3.17]. Dieser ermöglicht es, Bohrkerne aus ungeöffneten Ballen unterschiedlicher Papiersorten und Packungsdichte ohne Beeinflussung des Feuchtigkeitsgehaltes zu entnehmen. Das Prinzip besteht in der Anwendung eines Kernlochbohrwerkzeuges (Bild 3.4), das aus Schneidkopf, Probenrohr mit Einsatz, Konusdeckel (zur Einleitung des Drehmoments) und einem 1,1-kW-Antriebsmotor für eine Drehzahl von 38 min^{-1} besteht. Die Schneide aus gehärtetem Werkzeugstahl im Bohrkopf weist eine sägenähnliche Geometrie mit Zahnformwinkeln zwischen 20° und 40° auf. Sie gewährleistet einen sauberen rißfreien Schnitt und Widerstandsfähigkeit gegen Verunreinigungen. Der Außenmantel des Schneidkopfs ist mit einem rundmesserartigen konischen Gewinde einer Steigung von 10° und 30 mm Gewindelänge versehen. Dieses bewirkt bei Werkzeugdrehung den Vorschub, den Axialkraftschluß am Schneidkopf und bei Drehrichtungsumkehr die Entnahme des Bohrkerns. Das Probenrohr besteht aus zwei Rohrsystemen. Das aus Leichtmetall bestehende Aussenrohr überträgt über den Konusdeckel das eingeleitete Drehmoment auf den Schneidkopf. Das geteilte Innenrohr wird durch einen Fixierstift mitgenommen. Es schützt die Proben gegen Erwärmung und Feuchtigkeitsverlust durch Reibungswärme beim Bohrvorgang. Außerdem schützt es den zur wasserdampfdichten Verpackung des Bohrkerns übergestülpten Folienschlauch gegen mechanische Beschädigungen.

Der Kernbohrer wird durch die Abmessungen von Tabelle 3.3 gekennzeichnet.

Zur Durchführung der Probenahme wird über das Innenrohr ein wasserdampfdichter Folienschlauch gestülpt, und dieses wird in das Außenrohr eingeschoben. Nach Aufsetzen und Verrieglung des Konusdeckels wird das Werkzeug mit dem Antriebsmotor verbunden. Es werden pro Ballen zwei bis vier Bohrkerne bis zu einer maximalen Bohrtiefe von 600 mm entnommen. Dazu wird die Bohrhülse gelöst, das Innenrohr mit der Probe im Folienschlauch aus dem Außenrohr entnommen und dieser gegebenenfalls abgeschweißt. Die Probemengen pro Ballen betragen zwischen 300 und 700 g.

Die Probenahmestellen und die Herstellung einer Laborprobe werden durch Bild 3.5 erklärt. Je nach Ballenpreßart, Altpapiersorte und Übung sind 8 bis 15 Bohrungen pro Stunde ausführbar. Die zur Bestimmung des Trockengehaltes ein-

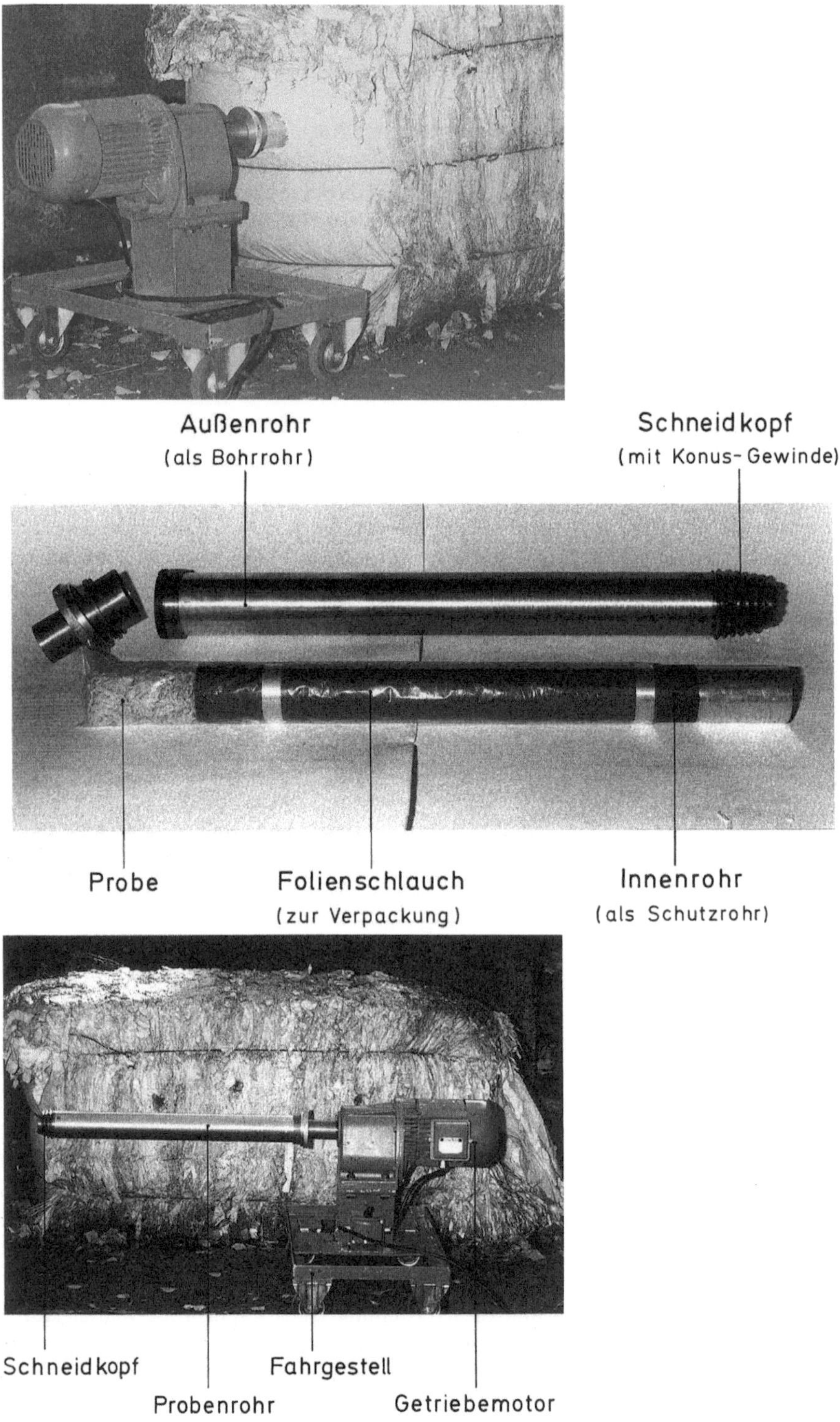

Bild 3.4. a IfP-Kernbohrer bei der Probenahme; **b** Vorgang nach der Probenahme; **c** IfP-Kernbohrer mit Getriebemotor und Fahrgestell

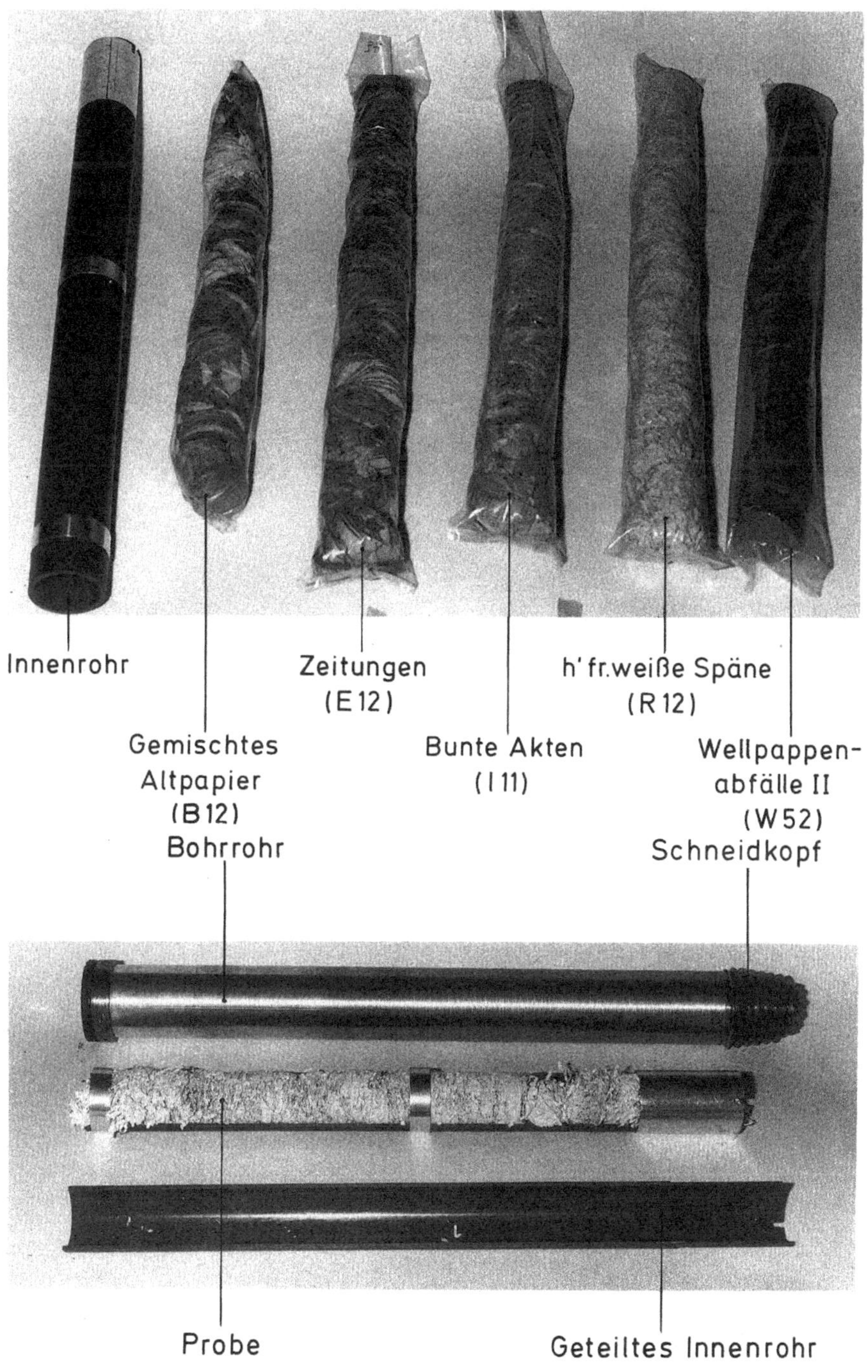

Bild 3.4. d Bohrkernproben verschiedener Altpapiersorten; **e** Probenrohr mit Doppelrohrsystem [3.17]

Tabelle 3.3. Daten des IfP-Kernbohrers [3.17]

Probenrohr	
– Messermaterial	61 Cr Si V5
– Innendurchmesser	50 mm
– Außenrohrmaterial	Leichtmetall
Außendurchmesser	75 mm
Innendurchmesser	65 mm
– Innenrohrmaterial	Kunststoff
Außendurchmesser	60 mm
Innendurchmesser	52 mm
– Länge	750 mm
Antriebsmaschine	Getriebemotor
– Leistung	1,1 kW
– Drehzahl	$38\ \text{min}^{-1}$

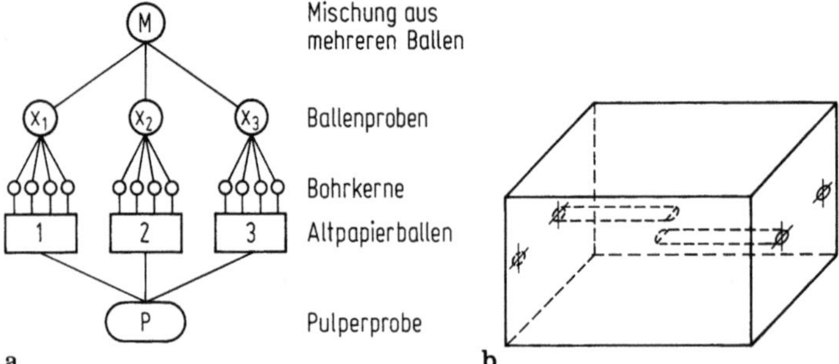

Bild 3.5. a Untersuchungsschema in einer Papierfabrik; **b** Bohrstellen in einem Altpapierballen [3.17]

gesetzten Proben müssen frei von Fremdstoffen sein. Am Bohrkern können auch Inhomogenitäten über den Ballenquerschnitt ermittelt werden [3.17, 3.18]. Versuchsergebnisse bei verschiedenen Altpapiersorten und erzielbare Genauigkeitsmaße werden mitgeteilt, [vgl. Tabelle 3.4 und 3.17, 3.18].

Bei der Probenahme ist auf mikrobiellen Befall des Altpapiers [3.19] zu achten, der durch Lagerungsbedingungen verstärkt auftreten und je nach Art und Dauer des Befalls zu Abbauerscheinungen [3.20, 3.21] des Fasermaterials führen kann. Außerdem kann es dadurch zu Geruchsbildungen kommen.

3.3.2 Probenahme aus Schüttgut

Da Schüttgut aus den verschiedensten Formen besteht, die von losen Blättern, Zeitungen, Zeitschriften, Büchern bis zu leeren oder gefüllten Wellpappenschachteln und -kisten reichen können, sind keine allgemein anwendbaren Vorschläge möglich. Am zweckmäßigsten erscheint es, eine dem Durchschnitt möglichst nahe kommende Probemenge zu entnehmen, diese in einem Labor-Pulper aufzuschla-

Tabelle 3.4. Gravimetrisch ermittelter Feuchtigkeitsgehalt verschiedener Altpapiersorten nach Lieferposten. Anteil der Ballen je Lieferposten mit über 10, 12 und 20% Feuchtigkeitsgehalt (1. Quartal 1983) [3.18]

Altpapiersorte	Anzahl untersuchter Ballen	Feuchtigkeitsgehalt %	Anteil der Ballen mit Feuchtigkeitsgehalt		
			über 10% (%)	über 12% (%)	über 20% (%)
Gem. Altpapier	32	12,0	25	25	12
Kaufhausabf.	36	15,0	85	60	20
	35	14,5	60	55	17
	33	14,5	75	55	15
Illustrierte	20	5,5	0	0	0
	26	6,0	4	4	4
Zeitungen	36	8,2	0	0	0
	25	8,9	8	4	4
Wellpappenabfälle II	36	7,0	8	3	0
	26	7,5	4	0	0
Wellpappenabfälle I	32	10,5	63	25	0

gen und durch Untersuchung der Stoffsuspension die gewünschten Parameter zu bestimmen.

3.4 Prüfung von Altpapierlieferungen auf stoffliche Zusammensetzung
Testing the material composition of delivered waste paper and recoverable paper

3.4.1 Allgemeines

Bei der Prüfung von Zellstoff- und Holzstofflieferungen kann i. allg. davon ausgegangen werden, daß es sich um einheitlich zusammengesetzte Fasermassen handelt, die praktisch vollkommen für die Papierherstellung verwertbar sind. Im Gegensatz dazu stellen Lieferungen von Altpapier je nach Altpapiersorte bedingt mehr oder weniger inhomogene Gemische dar. Der Papiermacher muß aus kostenrelevanten und verfahrensmäßigen Gründen den papiertechnologisch verwertbaren und die nicht verwertbaren Anteile kennen. Bei diesen Anteilen ist häufig auch die Zusammensetzung gefragt, um einen Anhalt zur Einschätzung zusätzlicher Kosten für die Entsorgung von Abfallstoffen und für die Reinigung der Abwässer durch z. B. BSB- und CSB-Belastung zu gewinnen.

Daraus ergeben sich folgende prüftechnische Anforderungen:
a) Bestimmung des Trockengewichts der Altpapierlieferung,
b) Bestimmung der verwertbaren Anteile, z. B. Faserausbeute,

c) Bestimmung der papiertechnisch nicht verwertbaren Anteile
  – papierfremde Bestandteile (Unrat),
  – produktionsschädliche Bestandteile (Ungehörigkeiten),
  – Störstoffe (z. B. klebende Verunreinigungen).

Zur praktischen Durchführung derartiger Untersuchungen werden im folgenden Hinweise gegeben.

3.4.2 Bestimmung des Trockengewichts und des Handelsgewichts von Altpapierlieferungen

Bestimmung der Liefermasse

Bei Anlieferung per Lastkraftwagen oder Eisenbahnwaggon ist eine Gewichtserfassung durch Differenzverwägung der Transporteinheiten vor und nach Entladung möglich. Bei Lagerbeständen, die aus Einzelballen bestehen, ist die Anzahl der Ballen und das Durchschnittsballengewicht zu ermitteln. Aus der Anzahl der Ballen und dem Durchschnittballengewicht ergibt sich die Liefermasse. Bei Lagerbeständen aus Schüttware ist zu prüfen, ob die allgemeinen Regeln für die Probenahme aus Schüttgütern anwendbar sind.

Bestimmung des Trockengehalts von Altpapierballen

Allgemeines. Der häufigste Reklamationsgrund bei Altpapierlieferungen ist ein zu hoher Feuchtigkeitsgehalt [3.17]. Es ist zu berücksichtigen, daß die stoffliche Zusammensetzung, das Ballengewicht sowie der Feuchtigkeitsgehalt der einzelnen Ballen stark schwanken können. Diese Kriterien werden von der Altpapiersorte, der Herstellung von Ballen, z. B. in einer auf konstantes Volumen eingestellten Ballenpresse, und damit von der Preßdichte sowie von den Lagerungs- und Transportbedingungen beeinflußt. Bei der Auswahl von Probeballen für die Entnahme von Proben für weitere Untersuchungen ist es ratsam, die Schwankungen des Gewichtes und des ungefähren Feuchtigkeitsgehalts zu berücksichtigen, um möglichst repräsentative Ergebnisse zu erhalten.

Die Untersuchung von Einzelballen, z. B. in Anlehnung an DIN 54351, empfiehlt sich stärker als die von Ballenserien, z. B. in Anlehung an ISO 801/1, 2 bzw. 3.

Probenahme aus Altpapierballen zur Bestimmung des Trockengehalts [3.17]. Eine Probenahme aus den leicht zugänglichen Oberflächen des Ballens ist nicht ratsam, da diese Anteile durch Befeuchtung bzw. Sonneneinstrahlung bei Lagerung und/oder Transport einen wesentlich anderen Trockengehalt als die inneren Anteile aufweisen können.

Eine Zerlegung von Altpapierballen, um über den Querschnitt verteilt Proben zu entnehmen, scheint aus Platzgründen und zu hohen Arbeitskosten nur in Einzelfällen möglich. Zur Lösung dieser Probleme ist der von Göttsching und Phan-Tri [3.17] entwickelte „IfP-Kernbohrer" (vgl. Abschn. 3.3.1) gut geeignet.

Der Kernbohrer ermöglicht es, bis zu einer Tiefe von 600 mm Querschnittsproben bis zur Ballenmitte zu entnehmen [3.17]. Es sollten je Ballen (vgl. Bild 3.5) mindestens zwei, besser vier Bohrkerne von verschiedenen Ballenseiten entnommen werden. Von jedem Bohrkern sind zwei etwa gleich große Proben, z. B. von den verschiedenen Enden des Bohrkerns oder einer Mischprobe, zu entnehmen. Der Trockengehalt der Proben ist nach der Wärmeschrankmethode durch Trocknung bei 105 °C an Hand von Parallelproben zu ermitteln. Die Ergebnisse sind nach den oben angegebenen Anweisungen auszuwerten. Göttsching und Phan-Tri [3.18] arbeiteten mit Probemengen von 50–70 g je Bestimmung. Dies entspricht einem Stichprobenumfang je Ballen von minimal 4×50 g = 200 g bzw. maximal 8×70 g = 560 g. Das für die Feuchtigkeitsbestimmung angewandte Probenvolumen variiert bei einer angenommenen mittleren Packungsdichte etwa zwischen 500 cm³ und 1000 cm³ pro Ballen. Es wurde gefunden, daß der Feuchtigkeitsge-

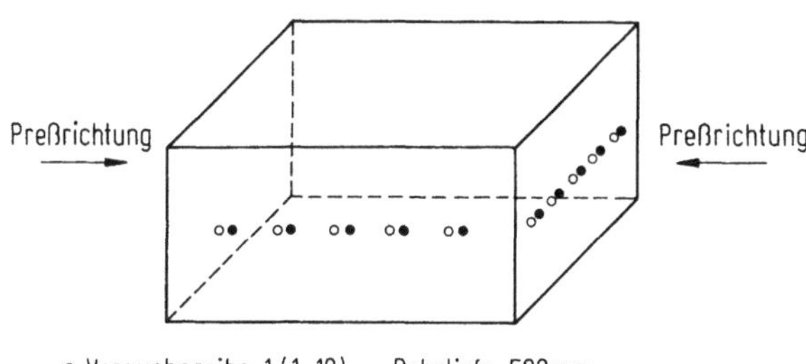

Bild 3.6. Bohrstellen in einem Altpapierballen [3.17]

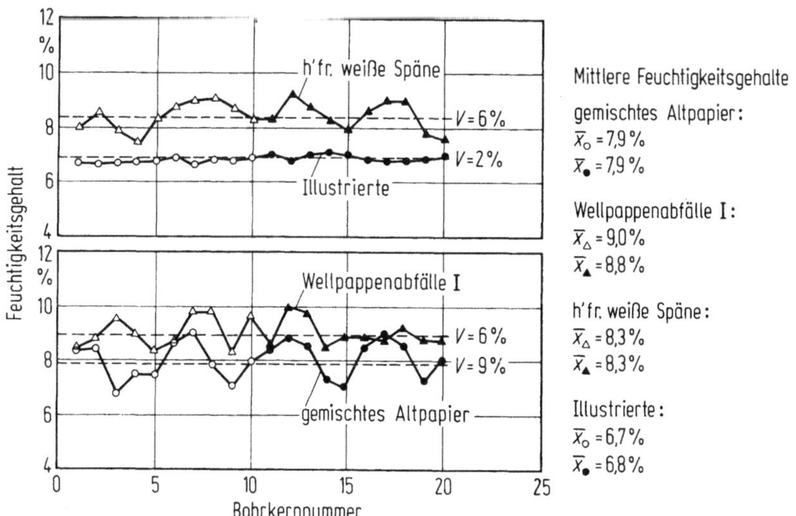

Bild 3.7. Reproduzierbarkeit der gravimetrischen Feuchtigkeitsgehaltbestimmung [3.17]

Tabelle 3.5. Charakteristische Feuchtigkeitsgehalte verschiedener Altpapiersorten (gravimetrische Bestimmung) und prozentualer Anteil der Altpapierballen mit über 12% Feuchtigkeitsgehalt (Langzeituntersuchung in vier Werken und bei einem Altpapierhändler über 2 Jahre) [3.18]

Altpapiersorte	Anzahl Ballen	Feuchtigkeits-gehalt %	Anteil Ballen über 12% Feuchtigkeitsgehalt %
Gem. Altpapier	60	11,5	30
Kaufhausabfälle	70	12,5	30
Illustrierte	40	6,5	0
Zeitungen	60	8,5	2
h'haltig weiße Späne	40	6,0	0
h'frei weiße Späne	40	6,5	0
Wellpappenabfälle II	40	9,5	5
Wellpappenabfälle I	30	11,0	20

halt im Ballen bei trockener Lagerung je nach Altpapiersorte schwankt (Bilder 3.6 und 3.7).

Die Feuchtigkeitsgehalte von Ballen aus verschiedenen Altpapiersorten variieren bei gemischtem Altpapier aus Kaufhausabfällen und Wellpappenabfällen sehr (Tabelle 3.5). Dadurch wird die erzielbare Genauigkeit zum Teil stark beeinflußt (Tabelle 3.6, s. S. 141).

Auch bei verschiedenen Lieferposten der gleichen Altpapiersorte sind ganz unterschiedliche Feuchtigkeitsverteilungen gefunden worden. Beispiele beziehen sich auf Kaufhausabfälle (Bild 3.8) und „Alte Zeitungen" (Bild 3.9).

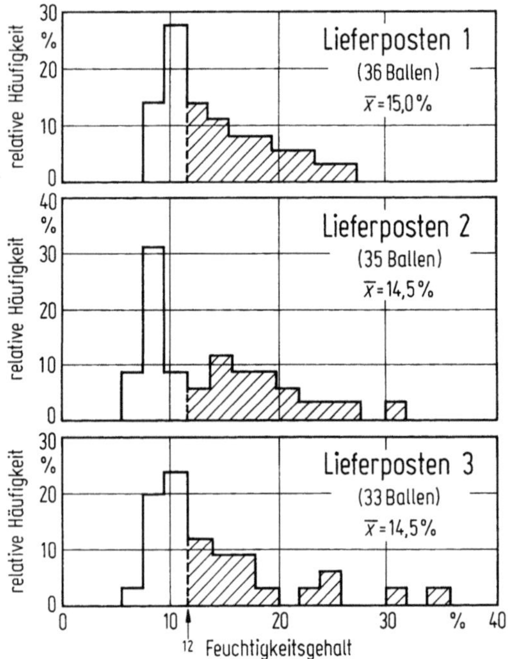

Bild 3.8. Relative Häufigkeitsverteilung des gravimetrischen Feuchtigkeitsgehaltes von Kaufhausabfällen [3.18]

Tabelle 3.6. Mittlere und maximale (absolute) Abweichungen des Gruppen-Mittelwertes von jeweils $\sqrt{n}$ und $2\cdot\sqrt{n}$ zufällig ausgewählten Altpapierballen vom Feuchtigkeitsgehalt-Mittelwert eines gesamten Lieferpostens (gravimetrische Bestimmung des Feuchtigkeitsgehaltes) [3.18]

Altpapier	Liefer-posten	Anzahl Ballen je Liefer-posten	$\sqrt{n}$ Ballen je Gruppe	$2\cdot\sqrt{n}$ Ballen je Gruppe	Absolute Abweichungen des Gruppen-Mittelwertes vom Lieferposten-Mittelwert auf der Basis von			
					$\sqrt{n}$ Ballen		$2\cdot\sqrt{n}$ Ballen	
					Mittlere, %	Maximale, %	Mittlere, %	Maximale, %
Gemischtes Altpapier	1	32	6	11	± 3	-5 bis $+5$	$\pm 2,5$	-4 bis $+5$
Kaufhausabfälle	1	36	6	12	± 3	-4 bis $+5$	$\pm 2,5$	-4 bis $+5$
	2	35	6	12	$\pm 1,5$	-2 bis $+2$	$\pm 1,0$	$-1,5$ bis $+1$
	3	33	6	11	$\pm 1,5$	-2 bis $+2$	$\pm 0,7$	$-1,5$ bis $\pm 1,5$
Illustrierte	1	20	4	9	$\pm 0,2$	$-0,2$ bis $+0,5$	$\pm 0,1$	$-0,1$ bis $+0,2$
	2	25	5	10	$\pm 1,2$	$-1,5$ bis $+3$	$\pm 1,0$	$-1,0$ bis $+1,5$
Zeitungen	1	36	6	12	$\pm 0,3$	$-0,5$ bis $+0,5$	$\pm 0,2$	$-0,3$ bis $+0,3$
	2	26	5	10	$\pm 1,5$	$-1,5$ bis $+4$	$\pm 1,0$	$-1,2$ bis $+2$
Wellpappenabfälle II	1	36	6	12	$\pm 1,0$	$-1,5$ bis $+2,5$	$\pm 0,8$	$-1,0$ bis $+2$
	2	26	5	10	$\pm 0,5$	$-0,5$ bis $+0,5$	$\pm 0,3$	$-0,5$ bis $+0,5$
Wellpappenabfälle I	1	32	6	11	$\pm 1,0$	$-1,5$ bis $+2,5$	$\pm 0,5$	$-0,7$ bis $+0,7$

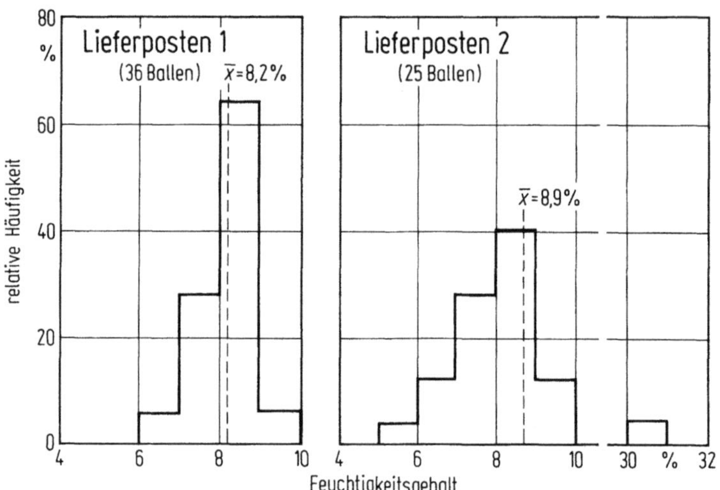

Bild 3.9. Relative Häufigkeitsverteilung des Feuchtigkeitsgehaltes von zwei Lieferposten der Altpapiersorte Zeitungen. Sortenbezeichnung s. Tabelle 3.2 [3.18]

Zur schnell ausführbaren indirekten Feuchtigkeitsbestimmung erprobten Göttsching und Phan-Tri [3.18] das Feuchtigkeitsmeßgerät Aqua-Boy. Typ PM II mit Meßelektrode 209 c, mit einer Länge von 300 mm und einer Meßzonenhöhe von 15 mm. Dieses Gerät basiert auf der Messung der elektrischen Leitfähigkeit [3.22] der zwischen den Elektrodenspitzen befindlichen Substanzmenge. Meßvoraussetzungen sind, daß beide Elektroden mit dem Altpapier Kontakt haben müssen. Meßgrundlage ist folgende Beziehung [3.18]:

$$\lg R = n \lg F + \lg K \ .$$

Darin bedeuten:
R Widerstand MΩ
F Feuchtigkeitsgehalt in %,
n Materialkonstante (gering von Elektrodenart abhängig),
K Konstante (von Material und Elektrodenart abhängig).

Einflußfaktoren sind: Stoffzusammensetzung, elektrische Leitfähigkeit im Raum zwischen den Elektrodenspitzen, Temperatur, Fehlmessungen in Hohlräumen und bei Anwesenheit von Metallteilchen. Das Gerät erfaßt Feuchtigkeitsgehalte von etwa 6 bis 17 Gew.-%.

Bei einem Vergleich gravimetrisch und dielektrisch gemessener Feuchtigkeitsgehalte [3.17] wurde festgestellt, daß die Mittelwerte und die Variationskoeffizienten (zwischen 2% und 9%) gravimetrisch bestimmter Feuchtigkeitsgehalte (Bilder 3.10 und 3.11) bei zwei Versuchsreihen praktisch identisch waren.

Die Mittelwerte dielektrischer Messungen liegen entweder
- auf gleichem Niveau (gemischtes Altpapier),
- auf höherem Niveau (holzfreie weiße Späne, Wellpappenabfälle) oder
- auf niedrigerem Niveau (Illustrierte).

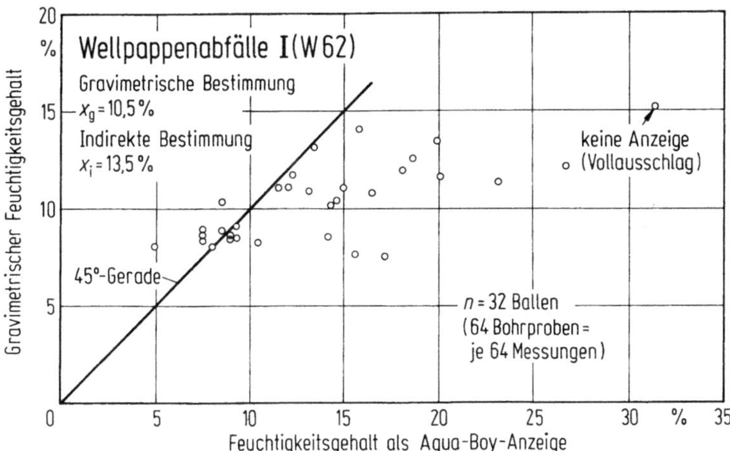

Bild 3.10. Beziehung zwischen gravimetrisch und indirekt (mit Aqua-Boy) ermittelten Feuchtigkeitsgehalten einer Altpapiersorte [3.18]

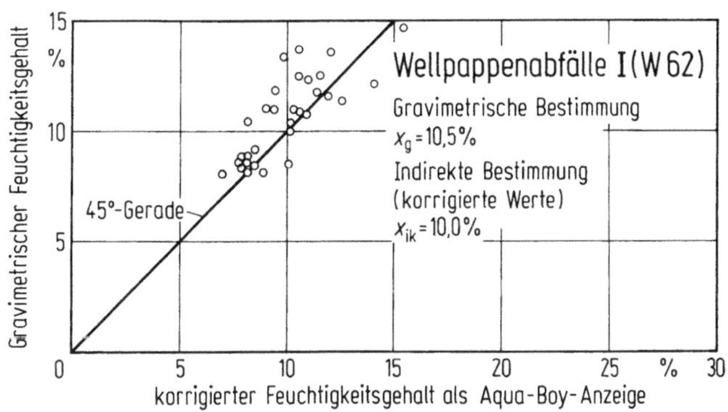

Bild 3.11. Beziehung zwischen gravimetrisch und indirekt (mit Aqua-Boy) ermittelten Feuchtigkeitsgehalten einer Altpapiersorte nach Korrektur der Aqua-Boy-Anzeige [3.18]

Die Variationskoeffizienten sind mit 9% bis 32% bedeutend höher als bei den gravimetrisch bestimmten Werten. Die indirekte Methode wird für schnell und an allen Ballen ausführbare Kontrollen zur Ermittlung des Feuchtigkeitsniveaus (Bild 3.12) für betriebliche Untersuchungen für sinnvoll angesprochen, s. Tabelle 3.7 und [3.18]. Beziehungen zwischen gravimetrisch und dielektrisch bestimmten Feuchtigkeitsgehalten (Bilder 3.13 und 3.14) wurden für Wellpappenabfälle dargestellt [3.18].

Charakteristische Feuchtigkeitsgehalte verschiedener Altpapiersorten schwanken zwischen 5,5% und 15% (Tabelle 3.8, s. S. 146). Aus einer Untersuchung über die zur Erreichung eines bestimmten Genauigkeitsmaßes erforderliche Anzahl der zu prüfenden Ballen kann man folgende Schlußfolgerungen ziehen [3.18]:

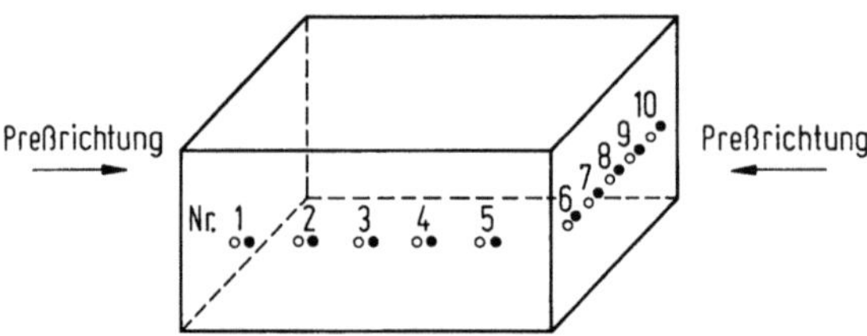

o Versuchsreihe 1 (1–10)   Bohrtiefe 500 mm

• Versuchsreihe 2 (1–10)   Bohrkerndurchmesser 50 mm

Bild 3.12. Meß- und Bohrstellen an Altpapierballen [3.18]

Tabelle 3.7. Feuchtigkeitsgehalte von vier Altpapiersorten (Einzelballen) nach gravimetrischer und indirekter Bestimmung [3.18]

Altpapiersorte	Feuchtigkeitsgehalt %			
	gravimetrische Bestimmung		indirekte Bestimmung (Aqua-Boy-Gerät)	
	Versuchsreihe 1 $\bar{x} \pm V$	Versuchsreihe 2 $\bar{x} \pm V$	Versuchsreihe 1 $\bar{x} \pm V$	Versuchsreihe 2 $\bar{x} \pm V$
Gemischtes Altpapier	$7,9 \pm 9$	$7,9 \pm 9$	$7,5 \pm 20$	$8,1 \pm 20$
Illustrierte	$6,7 \pm 2$	$6,7 \pm 2$	$5,0 \pm 9$	$5,3 \pm 9$
h'freie weiße Späne	$8,3 \pm 6$	$8,3 \pm 6$	$11,7 \pm 23$	$11,0 \pm 10$
Wellpappenabfälle I	$9,0 \pm 6$	$8,8 \pm 6$	$10,0 \pm 30$	$9,3 \pm 32$

$\bar{x}$ = Mittelwert in Einheiten des Meßwertes (%); V = Variationskoeffizient in % des Meßwertes

- Bei unteren Altpapiersorten wie gemischtes Altpapier und Kaufhausabfälle, die vornehmlich im Freien gelagert werden, sind die Feuchtigkeitsunterschiede so groß, daß für verbindliche Aussagen über den Trockengehalt alle Ballen eines Lieferpostens untersucht werden müßten.
- Bei mittleren, besseren und „krafthaltigen" Altpapiersorten und bei gegen Witterung geschützter Lagerung und Anlieferung genügt eine Ballenanzahl, die der Quadratwurzel der gelieferten Ballen entspricht − falls eine mittlere Abweichung von 1% bis 1,5% vom Lieferposten-Mittelwert akzeptiert wird. Vorbedingung ist, daß weniger als 5% − 10% der Ballen eines Lieferpostens einen Feuchtigkeitsgehalt über 20% aufweisen dürfen. Bei Lieferposten mit mehr „nassen" Ballen kann selbst bei Verdopplung der Anzahl von Probeballen keine befriedigende Verringerung der mittleren Abweichung des Gruppen-Mittelwertes vom Lieferposten-Mittelwert erreicht werden [3.18].

3.4.3 Faserausbeute

Eine Bestimmung der Faserausbeute setzt ein Aufschlagen einer größeren Durchschnittsprobe voraus, die mittels Loch- und Schlitzsortierern sowie Wirbelsichtern

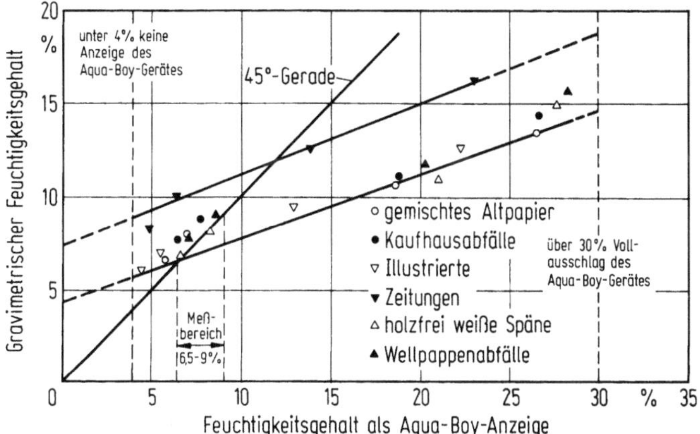

Bild 3.13. Zusammenhang des Feuchtigkeitsgehaltes zwischen indirekter (Aqua-Boy-Anzeige) und gravimetrischer Bestimmung. Messungen an Altpapierproben, klimatisiert bei verschiedenen rel. Luftfeuchtigkeiten [3.18]

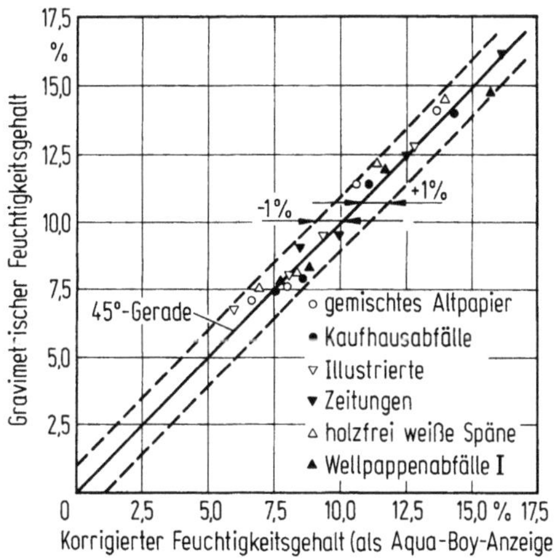

Bild 3.14. Zusammenhang des Feuchtigkeitsgehaltes zwischen indirekter (Aqua-Boy-Anzeige) und gravimetrischer Bestimmung nach Korrektur der Aqua-Boy-Anzeige [3.18]

gereinigt werden muß. Gegebenenfalls ist noch eine Deinkingstufe nachzuschalten. Aus der Faserstoffsuspension sind Laborblätter zu bilden. Diese sind auf Reinheit und Gehalt an Füllstoffen und Streichpigmenten zu prüfen, z. B. durch Veraschung. Derartige Untersuchungen sind für Routineprüfungen zu aufwendig.

Für Betriebskontrollzwecke in der kontinuierlichen Produktion liefern Stoff- und Abfall-, sowie CSB-Bilanzen einen besseren Überblick über die tatsächlichen Verhältnisse.

Tabelle 3.8. Indirekte Bestimmung des Feuchtigkeitsgehaltes verschiedener Altpapiersorten nach Lieferposten. Anteil der Ballen je Lieferposten ohne Anzeige bzw. mit Vollausschlag des Aqua-Boy-Gerätes [3.18]

Altpapiersorte	Lieferposten	Anzahl untersuchter Ballen	Anteil der Ballen ohne Meßwertanzeige		
			Gesamtanteil %	Anzeige <4% %	Anzeige >30% %
Gem. Altpapier	1	32	9	6	3
Kaufhausabfälle	1	36	25	0	25
	2	35	9	0	9
	3	33	15	0	15
Illustrierte	1	20	30	30	0
	2	26	0	0	0
Zeitungen	1	36	25	25	0
	2	25	4	4	0
Wellpappenabf. II	1	36	30	30	0
	2	26	0	0	0
Wellpappenabf. I	1	32	3	0	3

3.4.4 Papierfremde Bestandteile (Unrat)

Die in dieser Gruppe zusammengefaßten Bestandteile sind in Abschn. 3.2.2 erklärt worden. Der Gehalt ist z. B. durch Untersuchung einer größeren Anzahl von Bohrkernen im Anschluß an die Probenahme nach Abschn. 3.4.2 oder im Zusammenhang mit der Bestimmung der Faserausbeute nach Abschn. 3.4.3 zu ermitteln.

Mit der Bohrkernmethode erhaltene Erfahrungswerte zeigen Zusammenhänge zwischen Altpapiersorte und Gehalt an papierfremden Bestandteilen und Ungehörigkeiten [3.18], (Tabelle 3.9).

3.4.5 Produktionsschädliche Papiere und Pappen (Ungehörigkeiten)

Die dieser Gruppe zuzurechnenden Papiersorten sind in Abschn. 3.2.2 zusammengefaßt. Vom produktionstechnischen Gesichtspunkt aus ist zu unterscheiden, ob derartige Papiersorten bei der Sortierung aus aufgeschlagenem Altpapierhalbstoff abgeschieden werden können und damit keine oder nur eine geringe Produktionsschädlichkeit besitzen. Derartige verfahrenstechnische Lösungen haben Vorrang. Im Zusammenhang mit prüftechnischen Fragen liegen verschiedene Arbeiten vor [3.23 – 3.29]. Besonders zu beachten sind die Papiersorten, die prinzipiell Schwierigkeiten bereiten [3.30].

Eine Unterscheidung ist auf der Basis der Leistungsfähigkeit von Sortieranlagen für Altpapierstoffe in der betreffenden Fabrik zu treffen.

Für Untersuchungszwecke kommt die Bohrkernmethode (s. Abschn. 3.3.1) für trockene Aussortierung und/oder die in Abschn. 3.4.2 beschriebene Naßmethode in Betracht.

Tabelle 3.9. Gehalt an Unrat (und Ungehörigkeiten) in verschiedenen Altpapiersorten [3.18]

Altpapiersorte	Anzahl untersuchter Ballen	Anzahl untersuchter Bohrproben	Unrat (Ungehörig-keiten) %	Anteil der Ballen mit über 1% Unrat (und Un-gehörig-keiten) %	Dominierender Unrat
Untere Sorten					
Gemischtes Altpapier	59	172	1,6	35	Metallstücke, Glas, Holz, Kunststoffe
Kaufhausabfälle	130	314	1,9	42	Metallstücke, Glas, Holz, Kunststoffe
Mittlere Sorte					
Zeitungen	84	208	0,1	0	Kunststoffe, Kordel
Bessere Sorten					
h'haltig weiße Späne	38	102	<0,1	0	–
h'frei weiße Späne	24	72	<0,1	0	–
Krafthaltige Sorten					
Wellpappenabfälle II	89	205	1,7	45	Heftklam-mern, Klebe-bänder, Kunststoffe
Wellpappenabfälle I	43	100	0,3	10	Heftklam-mern, Klebe-bänder, Kunststoffe

Untersuchungsergebnisse [3.18] über die relative Verteilung der Häufigkeiten von Unrat und Ungehörigkeiten in gemischtem Altpapier, Kaufhausabfällen und Wellpappenabfällen zeigen eine breite Streuung (Bild 3.15).

Zur Erkennung der einzelnen Papiersorten sind meist chemische in Verbindung mit mechanischen Prüfverfahren nach den Methoden der Papieranalytik anzuwenden (vgl. Band 1).

3.4.6 Störstoffe

Nicht dispergierbare klebende Verunreinigungen („Stickies")

Quellen [3.31 – 3.34] für klebende Verunreinigungen in Altpapier sind hauptsächlich Klebstoffe, insbesondere Schmelz- und Haftklebstoffe, die z. B. über Rückenbindung von Büchern und Katalogen bzw. über Haftetiketten, Klebbänder oder Spleißbänder (s. u.) in das Altpapier gelangen (Bild 3.16). Die nicht dispergierbaren Klebstoffe oder Klebstoffanteile wirken als Störstoffe [3.31] bei der Papier-

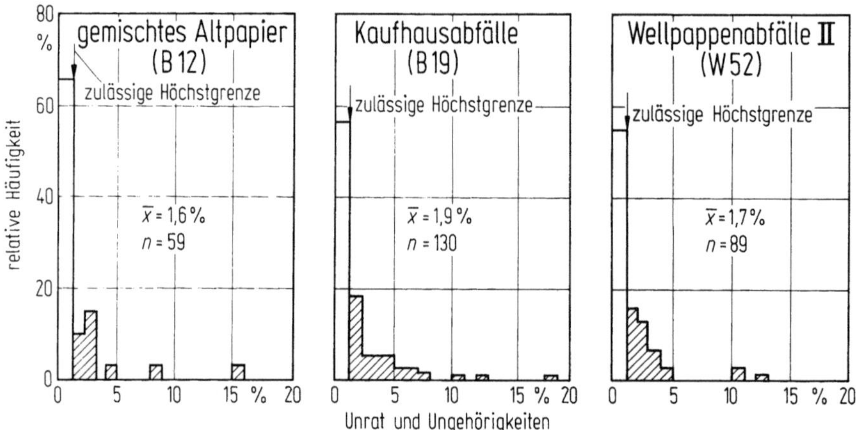

Bild 3.15. Relative Häufigkeitsverteilungen und Mittelwert ($\bar{x}$) von Unrat und Ungehörigkeiten für die Altpapiersorten (n = Anzahl untersuchter Ballen). Sortenbezeichnung s. Tabelle 3.2 [3.18]

Mögliche Herkunft der Bestandteile	Polyvinyl-acetat	Styrol-Co-polymeres	Ethylen-Co-polymeres	Harz	Wachs Paraffin	Bitumen
Kleberücken von:						
– Zeitschriften	●	●			●	
– Katalogen	●			●	●	
– Telefonbüchern	●					
Selbstklebebänder		●	●			
Selbstklebekuverts	●	●				
getränkte Papiere					●	●

Bild 3.16. Häufig gefundene organische Bestandteile klebender Verunreinigungen und Beispiele für ihre mögliche Herkunft [3.35]

fabrikation. Derartige Produkte liegen meist fein verteilt vor. Sie sind zum Teil im heißen Zustand besonders klebrig und verlegen dadurch Siebe, Sortierschlitze sowie Saugöffnungen und führen zu klebrigen Ablagerungen auf Pressen, Filzen, Trockenzylindern und anderen Maschinenteilen.

Dadurch werden kostenaufwendige Produktionsstörungen infolge von Abrissen oder Fehlchargen bzw. auch Qualitätseinbußen infolge von Papierfehlern wie Flecken, Löcher, Fenster verursacht. Für eine Prüfmethode zur Routinekontrolle besteht daher besonders großes Interesse, um rechtzeitig in der Produktion Maßnahmen zur Abscheidung [3.32−3.34] dieser Störstoffe zu treffen. Grundlagen bildeten Untersuchungen über die Zusammensetzung klebender Verunreinigungen im Altpapier und im Altpapierstoff [3.35, 3.36].

Eine von der Fa. Haindl (Augsburg) in Verbindung mit der Fa. Sulzer-Escher-Wyss (Ravensburg) ausgearbeitete Methode (Bild 3.17) besteht aus folgenden Arbeitsschritten [3.37]: Je nach Gehalt an klebenden Verunreinigungen wird eine Probe von 5 bis 100 g in 1%iger Stoffsuspension in einem Haindl-Fraktiona-

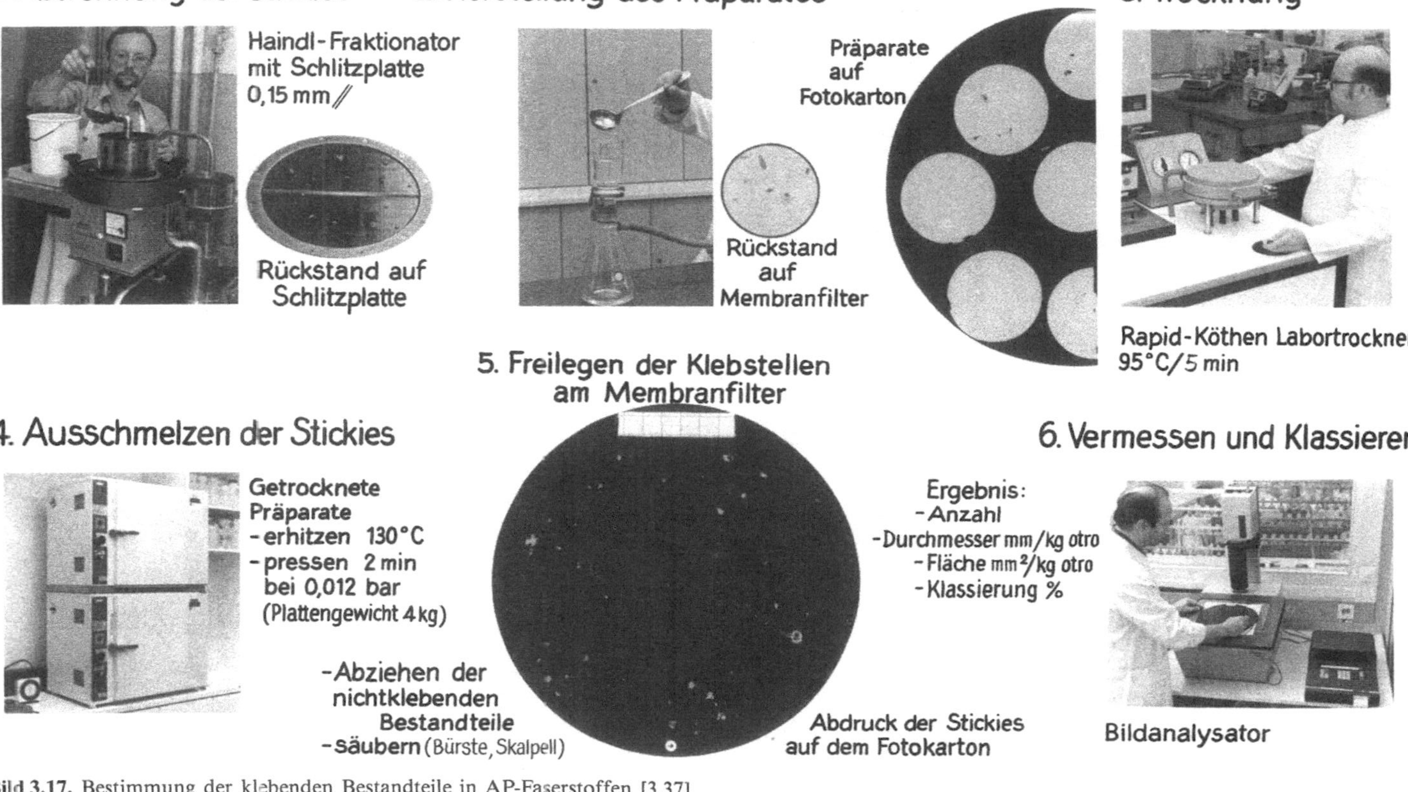

Bild 3.17. Bestimmung der klebenden Bestandteile in AP-Faserstoffen [3.37]

tor mit einer 0,15-mm-Schlitzplatte so lange sortiert, bis der Rückstand auf der Schlitzplatte faserfrei ist. Der in Wasser aufgenommene Rückstand wird durch ein Diaphragma-Filter aus Cellulosenitrat (Sartorius SM 113) filtriert, das sich in einer Nutsche von 50 mm Durchmesser auf einer Saugflasche befindet. Für eine Probenuntersuchung werden mehrere Filter verwendet, um eine zu dichte Ablagerung der klebenden Verunreinigungen zu vermeiden. Das Filter wird mit der belegten Seite auf einen weißen Papierbogen (70 g/m^2, Durchmesser 200 mm) aufgelegt und mit einem schwarzen 200-g/m^2-Karton (z. B. Fotokarton) abgedeckt. Der Stapel wird 5 min in einem Rapid-Köthen-Trockner bei 95 °C getrocknet. Anschließend wird das Filter zwischen zwei Stahlplatten gelegt, wobei die oberste Platte 4 kg wiegt, und 2 min bei 130 °C im Wärmeschrank behandelt, um die klebrigen Verunreinigungen auszuschmelzen.

Das Cellulosenitrat des Filters haftet auf dem schwarzen Karton nur an den mit den Verunreinigungen belegten Stellen. Diese erscheinen nach Ablösen des weißen Deckblatts und des Filters als weiße Flecken auf schwarzem Grund. Die Fleckenanzahl und die Fleckenabmessungen können bildanalytisch erfaßt und ausgewertet werden. Die Ergebnisse werden ausgedrückt in mm^2 Fleckenfläche/kg Probe (Altpapierstoff, Sortiergutstoff und/oder Sortierspuckstoff) bzw., bei Betriebswasseruntersuchungen, in Verunreinigungen in mm^2/min bzw., bezogen auf die Durchflußmenge, in m^3/h. Der Zeitaufwand für die Durchführung einer Bestimmung ist hauptsächlich von der Gewinnung einer ausreichenden Probemenge auf dem Fraktionator abhängig. Erfahrungswerte für die gesamte Bestimmung liegen zwischen 1 bis 3 h.

Die PTS-Methode der Papiertechnischen Stiftung in München [3.38] wurde am Beispiel der Untersuchung der Klebstoffdispergierung von Telefonbüchern entwickelt. Telefonbücher werden in den Postämtern getrennt erfaßt und fallen daher in großen Massen an, die zur Herstellung von recyclierten sortenentsprechenden Druckpapieren eingesetzt werden.

Es war daher die Aufgabe gestellt, die Recyclingfähigkeit von Rückenleimungen im Sinne der Vergaberichtlinien des Umweltzeichens für recyclinggerechte graphische Druckerzeugnisse zu prüfen. Das Ziel ist darauf gerichtet, eine Aussage über den gesamten Klebstoffanteil in der Probe und über das Verhalten der Klebstoffanteile mit zunehmender Suspendierung treffen zu können.

Das Prinzip der PTS-Methode [3.38a] besteht darin, die zu untersuchenden Bücher so zu schneiden, daß eine Untersuchungsprobe mit einem Klebstoffanteil von etwa 5% erhalten wird. Der Klebstoffanteil eines Buches wird mit etwa 0,2% Massenanteile angenommen. Die zugeschnittenen Buchrücken werden in etwa quadratische Stücke von 1 cm Kantenlänge geschnitten. Die Probestücke werden gut gemischt. Nach Klimatisierung (23 °C/50% rel. Luftfeuchte) zum Feuchtigkeitsausgleich ist der Trockengehalt der Probe zu bestimmen.

Eine Probemenge, die 50 g Trockenmasse entspricht, wird in einem Becherglas mit 40 °C warmem und entionisiertem Wasser auf ein Gesamtvolumen von 2000 ml aufgefüllt. Der Ansatz wird 10 min lang in ein 40 °C warmes Wasserbad zur Quellung der Probemasse gestellt. Anschließend wird die Probe im Desintegrator zerfasert, mit Leitungswasser auf 10 000 ml verdünnt und 5 bis 10 min homogenisiert. Aus dem Verteiler wird eine Stoffsuspensionsmenge mit (10±0,05) g Trockensubstanz entnommen, mit Leitungswasser auf 2 l aufgefüllt und mittels eines Haindl-Fraktionators mit Schlitzplatte von 0,15 mm Schlitzweite nach ZM V/1.4 fraktioniert. Der Rückstand wird von der Schlitzplatte abgespült und, wie oben angegeben, über Cellulosenitrat-Filter abgesaugt und entsprechend weiterbehandelt. Die auf den schwarzen oder blauen Karton übertragenen Klebestellen erscheinen als weiße oder gelblich weiße Flecken. Anhaftende Fasern und Stippen sind abzubürsten. Die Flächenbelegung und die Anzahl der Klebestellen werden bildanalytisch gemessen.

Die Flächen in mm^2, geteilt durch 10 bzw. 0,5 ergeben mm^2 Klebstellenfläche/g Proben bzw. mm^2 Klebstellenfläche/g Klebstoffmenge. Die Farbe der Flecken ist anzugeben.

Als Kenngrößen zur Auswertung der Versuchsergebnisse werden vorgeschlagen:
1. Stippengehalt als Kriterium für den Auflösewirkungsgrad,
2. Klebstoffanteil, gemessen als abgebildete Fläche auf einem schwarzen Karton in mm^2/g Probe als Maß für die Menge klebender Verunreinigungen im Altpapier bzw. im Rückstand. Dieser Wert dient zur Beurteilung vergleichbarer Proben mit ähnlichem Klebstoffanteil bei gleichem Auflösewirkungsgrad.
3. Dispergierungszahl (*DZ*) als Quotient des Klebstoffanteils der zweiten und ersten Probenahme aus der Trommel. Diese Zahl kennzeichnet den nicht dispergierbaren Klebstoffanteil bei fortschreitender Auflösedauer. Sie kann theoretisch maximal den Zahlenwert 1 erreichen. Dies bedeutet, daß der Klebstoff nicht dispergierbar ist.

Für die Dispergierungszahl (*DZ*) gilt: *DZ* = Klebstoffanteil in mm^2/g bei ca. 1% Stippengehalt, geteilt durch Klebstoffanteil in mm^2/g bei ca. 10% Stippengehalt.
4. Anzahl der Rupfstellen auf Laborblättern, die aus der Fraktion „Durchlauf durch die 0,15-mm-Schlitzplatte" gebildet wurde. Dieser Wert ist ein Maß für nicht aussortierbare, redispergierte, klebende Verunreinigungen.

Bei der Bewertung der Kennzahlen sind methodische Unsicherheiten zu beachten, die durch die im Verhältnis zur Liefermenge geringe Probemenge, die Ungleichmäßigkeit der Lieferungszusammensetzung sowie durch Einflüsse bei der Laborblattbildung und durch die geringe Relevanz bei der Beurteilung der nicht dispergierbaren Klebstoffanteile bedingt sind.

Die Methode wurde am Beispiel der Untersuchung von Telefonbüchern erprobt, die nach der oben angegebenen Methode als schlecht bzw. gut dispergierbar eingestuft worden waren. Es zeigt sich nach den Ergebnissen in Tabelle 3.10 eine gute Übereinstimmung zwischen den beiden Methoden.

Dem Bedarf nach einer Untersuchungsmöglichkeit größerer Probenmengen entspricht eine weitere PTS-Methode [3.38b], die im halbtechnischen Maßstab arbeitet. Das Prinzip besteht in der Auflösung der Probe in der PTS-Auflösetrommel. Die weitere praktische Durchführung erfolgt wie oben beschrieben. Der Ablauf ist in Bild 3.18 dargestellt.

Für die Untersuchung klebender Verunreinigungen wurden auch übliche Untersuchungsverfahren für Ablagerungen eingesetzt, wie Extraktion [3.39], Trennung [3.39a] des Extraktes durch Dünnschicht-, Gas- oder Gelpermeationschromatographie, Kennzeichnung der Ablagerungen bzw. der Fraktionen durch IR- oder FTIR-

Tabelle 3.10. Redispergierbarkeit der untersuchten Telefonbücher nach der PTS-Prüfmethode [3.76]

Telefonbuch Nr.	Redispergierbarkeit		
	Rückstand/ Probemenge %	Fläche der Klebestellen/ Probemenge mm²/g otro	Bewertung
11	0,5	0	gut
14	1	147	sehr schlecht
22	0,3	76	sehr schlecht
34	0,2	0	gut
35	4,7	0	gut
64	0	0	gut
65	0,2	14	schlecht
90	0	0	gut

Klebstoffanteil: 5% (bezogen auf Probemenge)
Versuchsbedingungen: Probemenge 50 g otro; pH-Wert 7; Temperatur 40 °C; Aufschlagstoffdichte 2,5%; Aufschlagdauer 10 min

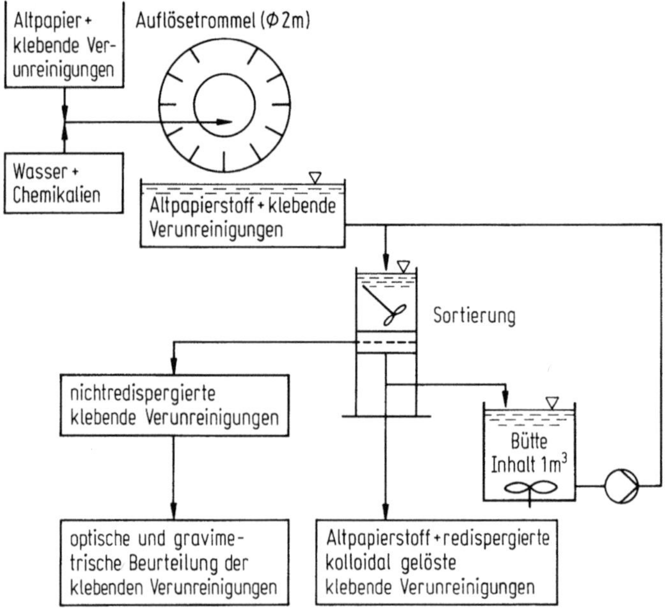

Bild 3.18. Schema zum Ablauf der Prüfmethode [3.38 b]

Spektroskopie und Massenspektroskopie [3.40]. Ferner könnte auch die Betrachtung der einzelnen Teilchen und der Flecke im Papier mit der Rasterelektronenmikroskopie in Verbindung mit der Röntgenanalyse durch die FTIR-Mikroskopie Rückschlüsse auf die chemische Zusammensetzung im Mikrobereich erlauben.

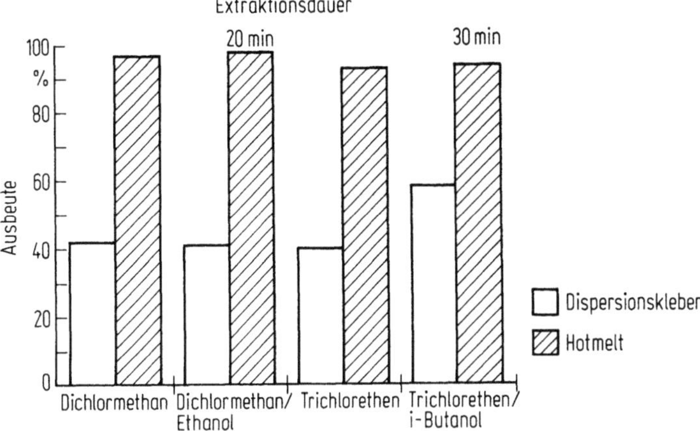

Bild 3.19. Ausbeuten bei der Extraktion mit verschiedenen Lösungsmitteln und unterschiedlicher Extraktionsdauer [3.39]

Tabelle 3.11. Vergleich von Extraktgehalt und Dispergierbarkeit zweier verschiedener Klebstoffe [39]

Klebstoff	Extraktgehalt (%)			Redispergierbarkeit Rückstand	
	Gesamtstoff (G)	Siebdurchgang (D)	Verhältnis D/G	mm²/g	%
Dkt52	0,62	0,45	72%	10	0,1
Ft22	1,46	0,34	23%	158	2,6

Klebstoffanteil: 5%
Extraktionsbedingungen: Lösungsmittel Trichlorethylen; Extraktionszeit 60 min

Von diesen Methoden eignet sich für Routinezwecke wohl eine Extraktionsprüfung als das mit üblichen Laborausrüstungen noch am einfachsten ausführbare Untersuchungsverfahren. Untersuchungsergebnisse (Bild 3.19) zeigen, daß die Löslichkeit von Klebstoffart bzw. Zusammensetzung, Extraktionsmittel und Extraktionsdauer abhängig ist. Es können auch Beziehungen zwischen Extraktgehalt und Redispergierbarkeit diskutiert werden (Tabelle 3.11).

Nicht dispergierbare Druckfarbenanteile

Durch eine erhöhte Altpapiererfassung, insbesondere von Tageszeitungen, und durch einen stärkeren Einsatz von Altpapierstoffen für die Herstellung von Zeitungsdruckpapier wird eine Verdreifachung der Deinking-Kapazitäten in Westdeutschland von jetzt 1 Mio t/a auf etwa knapp 3 Mio t/a bis zum Jahr 2000 vorausgesagt. Diese Zahlen (Bild 3.20) basieren auf der Annahme jährlicher Produktionssteigerungen von 4%/a insgesamt bzw. von 2,5%/a für Verpackungspapiere und 5%/a für grafische Papiere [3.41].

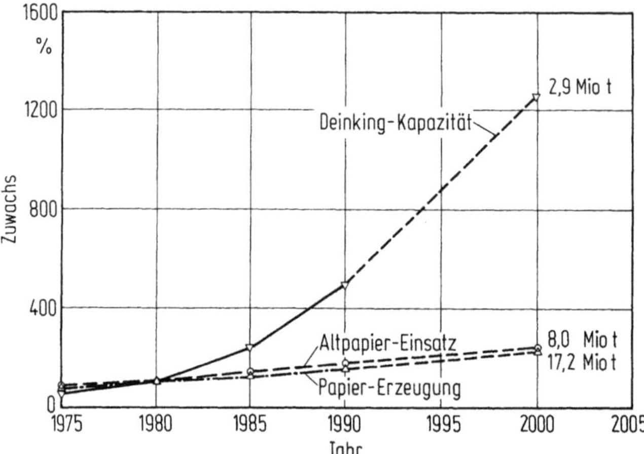

Bild 3.20. Entwicklung von Papiererzeugung, Altpapierverbrauch und Deinking-Kapazität in Westdeutschland [3.41]

Damit stellen sich Forderungen an die verbesserte Deinkbarkeit von Druckfarben [3.42–3.46], da z. B. Zeitungsdruckpapier [3.47–3.50] zunehmend bis zu 100% aus Altpapier hergestellt werden soll. Die Deinking-Technologie [3.51–3.57] in Verbindung mit Bleichen [3.58, 3.59] hat für das Deinken der bisher verwendeten Druckfarben einen hohen Stand erreicht. Über die Ablösefähigkeit verschiedener Druckfarbenarten von Papiersorten und über Stoffverluste sowie Anreicherung von Verunreinigungen im Betriebs- und Abwasser, die durch Druckfarbenentzug entstehen, liegen Erkenntnisse vor.

Auf die Ablösefähigkeit [3.60–3.63] und die Anreicherung, auf Materialverluste und Wasserbelastung [3.64–3.67], Verwertung und Entsorgung der Restsroffe aus Deinkungsanlagen [3.67a] geben z. B. die genannten Literaturstellen Hinweise.

Der jetzt in der Drucktechnik zu beobachtende Trend, aus Umweltschutzgründen von lösemittelhaltigen zu wassergebundenen Druckfarben überzugehen, verursacht neue Probleme, da sich z. B. Flexodruckfarben beim Zeitungsdruck [3.68] schwer mit den in Mitteleuropa überwiegend vorhandenen Flotationsdeinking-Anlagen entfernen lassen. Das Waschdeinking-Verfahren, das hauptsächlich in den USA angewendet wird, erscheint für diese Druckfarben zwar besser geeignet, aber im Vergleich zur Flotation mit höheren Stoffverlusten verbunden [3.59].

Auf die Prüftechnik kommen daher auch aus der Richtung neuer Druckverfahren und/oder neuer Druckfarben zusätzliche Aufgaben zu. Als Beispiele sind zu nennen: Laserdruck, Thermotransferdruck und Toner [3.67a–d].

Nicht dispergierbare Druckfarbenanteile führen beim Aufschlagen von Altpapier zu mehr oder weniger feinen farbigen Teilchen, die das Aussehen und die Gebrauchsfähigkeit solcher neu hergestellter Papiersorten stark beeinträchtigen. Ein Problem ist dies besonders dann, wenn z. B. Anforderungen an eine gleichmäßige, möglichst weiße Oberfläche und an eine gute Bedruckbarkeit erfüllt werden müssen. Eine Entfernung derartiger Druckfarben durch Deinking-Verfahren ist daher erforderlich.

Bei der Prüfung von bedrucktem Altpapier kommt es nicht so sehr auf die Feststellung der Druckfarbenarten, sondern mehr auf die Deinkbarkeit an. Der Stand der entsprechenden Prüfmethoden wird in Abschn. 3.7 beschrieben.

Die anderen genannten Kriterien, wie Stoffverluste, Art und Zusammensetzung der Deinking-Schmutzstoffe, Wasserbelastung sowie die untersuchungstechnische Begleitung der Entwicklung neuer oder modifizierter Deinking-Verfahren bedürfen ebenfalls prüftechnischer Unterstützung.

Organische wasserlösliche Substanzen

Organische anionische wasserlösliche Substanzen stören bei der Papierherstellung durch Erhöhung der Abwasserbefrachtung mit CSB- und BSB-Stoffen sowie Nährstoffen für mikrobiologisch bedingte Störungen wie Schleimbildung, ferner durch Ausbeuteverluste.

Die Anionenaktivität derartiger Stoffe beeinträchtigt die Feinstoff- und Füllstoffretention sowie die Wirkungsbereitschaft von Retentionshilfsmitteln. Göttsching und Phan-Tri [3.18] stellten im Filtrat von im Desintegrator hergestellten Altpapiersuspensionen spezifische CSB-Frachten (Tabelle 3.12) von minimal 5 kg/t bei holzhaltigen weißen Spänen und maximal von 40 kg/t bei Wellpappenabfällen II und holzfreien weißen Spänen fest. Die Mittelwerte der CSB-Frachten schwankten zwischen 29 bzw. 30 (maximal 40) kg CSB/t holzfreie Späne bzw. Wellpappenabfälle II und zwischen 14 kg CSB/t „Alte Zeitungen".

Tabelle 3.12. CSB-Fracht verschiedener Altpapiersorten (ermittelt am Filtrat desintegrierter Kernbohrer-Stichproben) als „Urbelastung" [3.18]

Altpapiersorte	Spez. CSB-Fracht		
	Mittelwert kg/t	Minimum kg/t	Maximum kg/t
Gemischtes Altpapier	18	10	25
Kaufhausabfälle	19	15	25
Zeitungen	14	10	20
h'haltig weiße Späne	18	5	30
h'frei weiße Späne	29	15	40
Wellpappenabfälle II	30	20	40
Wellpappenabfälle I	18	10	25

Zur Umrechnung der CSB-Frachten auf Ausbeuteverluste wird für die organische Substanz eine spezifische Fracht von 1300 t Sauerstoff/t Feststoff zugrunde gelegt. Dies entspricht größenordnungsmäßig einem Stoffverlust zwischen 1 % bis 2 % bei einer CSB-Fracht von 15 bzw. 30 kg/t [3.18].

Die durch gelöste Substanzen verursachte Belastung des Fabrikationswassers bei der Papierherstellung untersuchten Putz und Göttsching [3.63] durch Altpapieraufbereitung im Labor.

Nicht dispergierbare Spleißbänder

Spleißbänder sind ein- oder zweiseitig mit Haftklebstoffen beschichtete Bänder, die bei der Herstellung, Ausrüstung und Verarbeitung von Papier, Karton und Pappe zum Endlosmachen von Bahnen eingesetzt werden.

Diese kommen im Fertigungsausschuß vor und können bei der Verarbeitung durch Bildung nicht dispergierbarer klebender Verunreinigungen die bekannten Schwierigkeiten verursachen. Zur Kennzeichnung der Dispergierbarkeit derartiger Spleißbänder entwickelten PTS und CTP (Centre Technique de Papier, Grenoble) eine Prüfmethode [3.70]:

Das Prinzip (Bild 3.21) besteht darin, daß 0,3 g des zu untersuchenden Spleißbandes auf 49,7 g eines Referenzpapiers aufgeklebt werden. Die auf eine Teilchengröße von 1 cm × 1 cm zerkleinerte Probe wird mit destilliertem Wasser in einem Becher auf ein Volumen von 2000 ml aufgefüllt, 10 min im Desintegrator aufgeschlagen, mit Wasser auf 10 l aufgefüllt und etwa 2 min homogenisiert. Es werden die 1., 10. und 20. Probenahme von je 400 ml aus dem Verteiler (entspricht je 2 g Trockenmasse) entnommen und drei Laborblätter hergestellt. Bei Unterbrechung der Probenahme kann durch Flotieren eine Entmischung oder durch Quellung eine

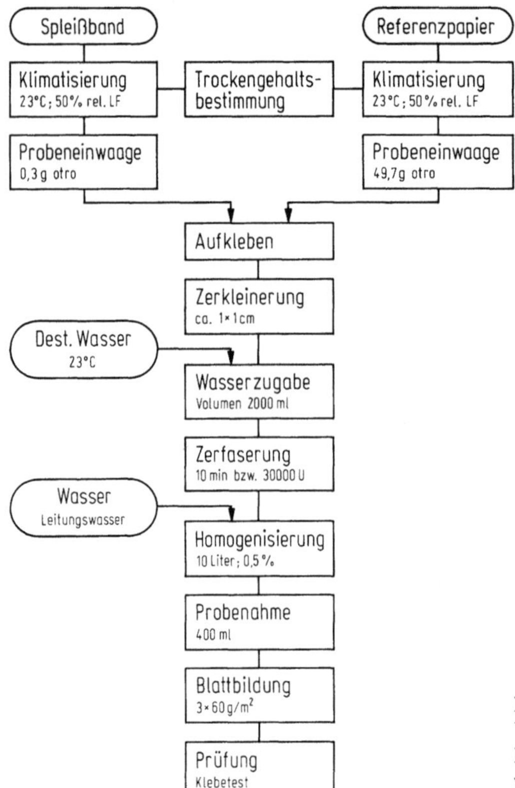

Bild 3.21. Schematische Darstellung der Verfahrensstufen der Prüfmethode zur Kennzeichnung der Redispergierbarkeit von Spleißbändern (PTS-Methode PR: 252/90)

verstärkte Nachauflösung von Klebstoffteilchen eintreten. Die Rapid-Köthen-Laborblätter einer Flächenmasse von 60 g/m^2 bzw. 2 g Blattmasse werden im Gerät bei 96 °C getrocknet. Nach Abkühlen ist beim Abziehen des Trägerkartons und des Deckblattes auf Haften am Laborblatt zu achten. Beschädigte oder abgerissene Stellen auf dem Karton und dem Deckblatt sowie zurückgelassene Klebstellen sind auszuzählen. Die Laborblätter werden im Durchlicht auf Fehlstellen bzw. transparente Flecken (hervorgerufen durch nicht dispergierbare klebrige Bestandteile) ausgezählt sowie nach Abmessung und Färbung gekennzeichnet.

Das Verfahren soll u. a. zur Eingangskontrolle von Spleißbändern dienen, um Schwierigkeiten durch Bildung klebender Verunreinigungen bei der Altpapieraufbereitung von vornherein zu vermeiden.

Die TAPPI-Methode nach UM 213 „Repulpability of splices/splicing tape" ist auf die Prüfung der Spleißbänder direkt und nicht auf die Prüfung von Altpapier gerichtet: Doppelseitige Klebebänder einer Fläche von 52 cm^2 werden zwischen zwei Lagen von Kopierpapier geklebt. Die Probe wird in Stücke von 13 mm Kantenlänge geschnitten. Es wird so viel Kopierpapier hinzugefügt, daß eine Probemenge von 15 g erhalten wird. Bei einseitigen Klebebändern werden zwei Streifen von je einer Fläche von 26 cm^2 beidseitig auf Kopierpapier geklebt. In der gleichen Weise wird eine Probe von 15 g hergestellt. Eine Probe wird in einem Waring-Blender, Modell # 91−215, oder einem ähnlichen Aufschlaggerät mit 500 ml Wasser bei Raumtemperatur 20 s mit Drehzahlen von 15 000 min^{-1} aufgeschlagen. Anschließend wird für 1 min gestoppt, um die an der Wandung hängenden Anteile mit einer Spritzflasche in die Mischung zurückzuspritzen. Die Mischung wird ein zweites Mal 20 s lang aufgeschlagen. Dieser Arbeitsgang des Anhaltens und Rückspülens wird noch einmal in der gleichen Weise wiederholt. Aus der Stoffsuspension werden Laborblätter auf dem konventionellen Blattbildner angefertigt, wobei für jedes Blatt eines Formats von 8 in × 8 in etwa 1/5 und bei einem Format von 12 in × 12 in etwa 2/5 der Suspensionsmenge verwendet werden sollen. Die Laborblätter werden zwischen Löschpapier vorgetrocknet und in der üblichen Weise 30 s lang gepreßt. Zur Auswertung werden die Blätter von beiden Seiten im auffallenden und durchfallenden Licht geprüft. Falls die Klebebänder nicht auflösbar sind, erscheinen über die gesamte Blattfläche verteilt kleine durchscheinende Flecken. Nicht aufgeschlagene Papierteilchen zeigen sich als dunkle Flecken im durchfallenden Licht.

Anmerkung: Calciumcarbonat- und Calciumsulfat-Gehalt

Der Gehalt an Calciumcarbonat in Altpapiersorten steigt ständig durch die zunehmende Neutral- oder alkalische Leimung von Druck-, Schreib-, Büro-, Computer- und ähnlichen Papiersorten. Calciumcarbonat stört nicht, wenn der Altpapierstoff neutral oder alkalisch verarbeitet wird. Es kann im Altpapier unter bestimmten Bedingungen bei der Lagerung (z. B. durch Aufnahme von Schwefeldioxid) oder bei der Auflösung von gemischten Altpapiersorten, die sauer hergestellte Papieranteile enthalten, durch Umsalzung mit Aluminiumsulfat teilweise in Calciumsulfat übergehen.

Falls stark altpapierhaltige Sorten überwiegend sauer gefahren werden, setzt sich unter diesen Bedingungen das Calciumcarbonat je nach pH-Wert und Elektrolytgehalt unter Entwicklung von Kohlendioxid und Reaktion mit z. B. Aluminiumsulfat (Alaun) in Calciumsulfat um.

Beide Reaktionsprodukte stören durch Schaumbildung bzw. durch Ablagerungsbildungen [3.71].

Es besteht daher ein Bedarf für Prüfmethoden. Verschiedene Möglichkeiten zur Bestimmung von Calcium, Calciumcarbonat und Calciumsulfat sind in Bd. I, Abschn. 3.7 beschrieben.

3.4.7 Stoffzusammensetzung

Falls die Papierfaser-Stoffzusammensetzung des Altpapiers, insbesondere der Gehalt an Nadelholz-, Laubholz- oder Einjahrespflanzenfasern sowie Unterscheidungen zwischen Zellstoff- oder Holzstoffasern interessiert, sind vorzugsweise die Methoden der mikroskopischen Faserstoffanalyse anzuwenden (s. Band 2, Teil A). Blechschmidt [3.72] beschreibt eine Methode, um über die Bestimmung des Ligningehaltes der Gesamtprobe bekannter Altpapiersorten auf den Holzschliffgehalt zu schließen.

3.5 Probenvorbereitung
Preparation of sample

3.5.1 Allgemeines

Die Probenvorbereitung dient zur Herstellung von Proben, die für nachfolgende laboratoriumsmäßige Prüfungen oder auch halbtechnische Untersuchungen geeignet sind.

Ausgangsmaterialien sind Bohrkerne (vgl. Abschn. 3.3) bzw. der Lieferung repräsentativ entsprechende Sammelproben.

3.5.2 Trockengehaltsbestimmung
[ISO 683; DIN 54352; TAPPI 210, UM 237; ZM IV/42]

Die Prüfung ist entsprechend den für Zellstoff- und Holzstoffprüfungen dargestellten Prüfvorschriften durchzuführen (vgl. Abschn. 1.4.3).

3.5.3 Aufschlagen

Laborproben

Es handelt sich um Probemengen von 50 g. Die für Zellstoff und Holzstoff angegebenen Vorschriften und Geräte sind sinngemäß anzuwenden. Hinsichtlich des

Heißaufschlagens bei der Holzstoffprüfung (vgl. Abschn. 2.4.2) ist zu bemerken, daß technische Verfahren zur Reaktivierung von Altpapierstoffen durch Hochstoffdichtezerfaserung Vorteile bringen [3.73–3.74]. Da Altpapier stark holzhaltige Sorten enthalten kann, stellt sich die Frage nach einer Prüfung der Reaktivierungsfähigkeit von Altpapierstoffen, insbesondere wenn es sich um „krafthaltige", naßfestausgerüstete oder kunststoffbeschichtete Papiere oder andere schwer auflösbare Altpapiersorten handelt.

Für derartige Zwecke sind Temperaturen nahe oder über 100 °C und die Behandlung größerer Probemengen erforderlich. Zum Einsatz kommen entsprechend ausgerüstete Laborstofflöser [3.76]. Ergebnisse werden in Abschn. 1.4.4 zusammengefaßt.

Proben für halbtechnische Untersuchungen

Da Altpapier kein einheitliches Material wie Holzstoff und Zellstoff darstellt, interessieren zur Herstellung einer Durchschnittsprobe Verfahren und Geräte, um aus einer größeren Ausgangsmenge über das Aufschlagen und Mischen des uneinheitlichen Materials in einer Stoffsuspension eine Durchschnittsprobe herzustellen. Aus dieser können kleinere Mengenanteile für Laboruntersuchungen abgenommen werden. Diese Geräte sind auch geeignet, Einflüsse der Aufschlagbedingungen und Hilfsmittel zu untersuchen, um z. B. für produktionstechnische Zwecke optimale Bedingungen zu ermitteln.

Ferner können mit derartigen Untersuchungsmethoden die Eignung von Klebstoffen, Beschichtungsmaterialien und Verbundmaterialien für das Recycling von Altpapiersorten studiert werden, um gegebenenfalls diese Produkte entsprechend verbessern zu können.

Als Beispiele für geeignete Geräte sollen folgende Beschreibungen dienen [vgl. 3.76 a]:

PTS-Auflösetrommel [3.38 b, 3.76]. Die Auflösetrommel (Bild 3.22) mit einem Durchmesser von 2 m, einer Siebzonenbreite von 300 mm und einem Fassungsvermögen von 10–30 kg Altpapier ist für Stoffdichten von 10 bis 30% ausgelegt. Aufbau und Arbeitsweise gehen aus den Bildern 3.22 und 3.23 hervor.

Die Antriebswelle ist einseitig gelagert. Sie wird von einem 3-kW-Getriebemotor mit Drehzahlen von 6 bis 33 min^{-1} angetrieben. Die Drehrichtung ist umstellbar. Der Energiebedarf ist an einem Drehstromzähler abzulesen. In der Trommelinnenwandung sind 12 Rippen angebracht. Die Probe wird durch eine auf der Bedienungsseite zentrisch angebrachte Öffnung von 400 mm Durchmesser eingetragen, und die Trommel wird mit einem durchsichtigen Kunststoffdeckel verschlossen. Das Verdünnungswasser wird über einen Zähler eingedüst. Beim Auflösevorgang wird die Siebzone mit einer Gummimatte (6280 mm × 400 mm × 15 mm) abgedichtet, die mittels Stahlbändern und Schnellspannverschlüssen angepreßt wird. Zur Sortierung wird die Gummimatte abgenommen. Die zerfaserten Suspensionsanteile werden durch die Siebzone mit einer Sieblochung von 6 mm Durchmesser sortiert und in einer 1-m^3-Wanne unterhalb der Trommel aufgefangen. Der in der Trommel befindliche Spuckstoff und die Verunreinigungen werden auf einer durch

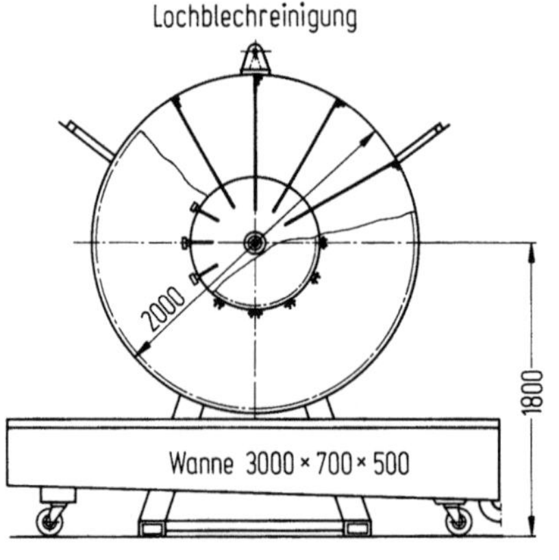

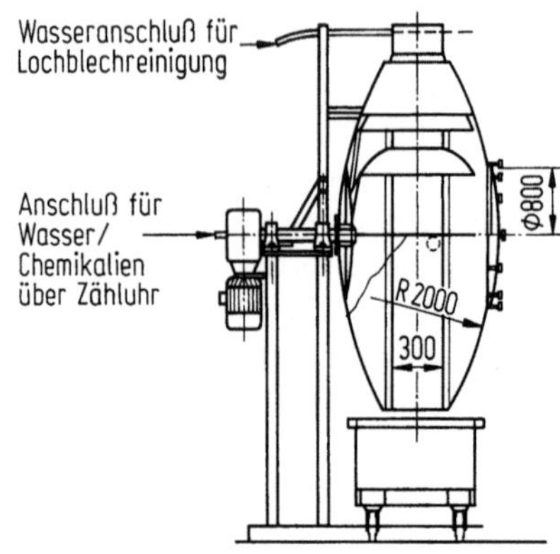

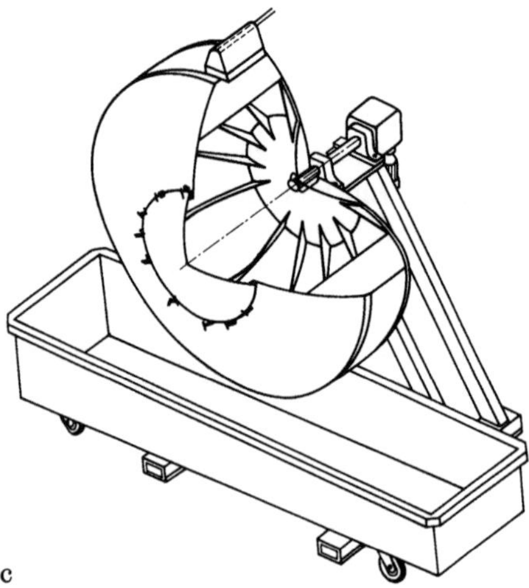

Bild 3.22 a–c. Labor-Altpapierauflösetrommel [3.38 b]

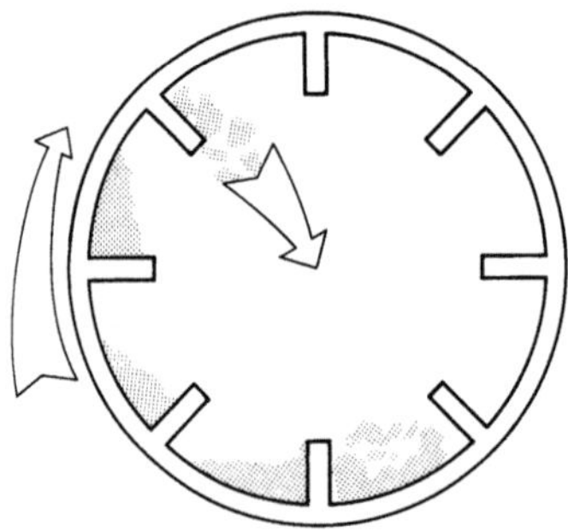

Bild 3.23. Arbeitsprinzip einer Altpapierauflösetrommel [3.27]

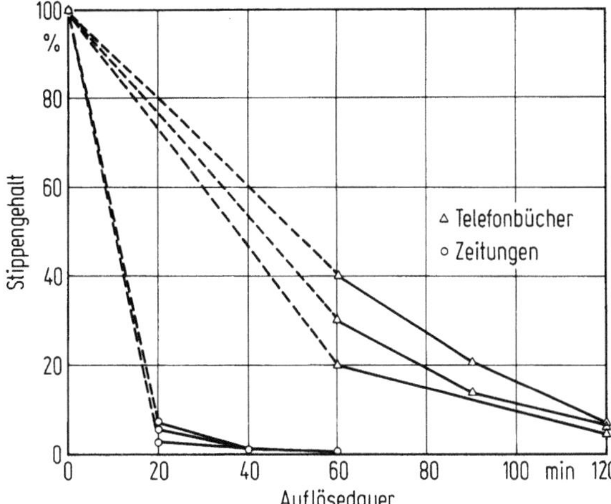

Bild 3.24. Entwicklung des Reststippengehalts verschiedener Altpapiere mit zunehmender Auflösedauer in der Laborauflösetrommel beim Stoffeintrag von 20 kg otro, einer Drehzahl von 9 min^{-1} und einer Stoffdichte von 15% [3.86]

die Öffnung einzubringenden Auffangsiebvorrichtung (740 mm × 630 mm) durch Abspritzen mittels außerhalb angebrachter Spritzrohre gesammelt.

Andere Laborstoffauflöser sind z. B.:

– Laborstofflöser konventioneller Bauart,
– Laborstofflöser Helico,
– Labor-Bi-Pulper.

Die Geräte mit technischen Kennzahlen und deren Anwendungen sind im angegebenen Zusammenhang beschrieben worden.

Vergleichende Untersuchungsergebnisse. Vergleichende Untersuchungsergebnisse über die Auflösewirkung liegen vor [3.76]. Alte Zeitungen (Bild 3.24) konnten in der PTS-Labortrommel bei einem Stoffeintrag von 20 kg, einer Drehzahl von 9 min^{-1} und einer Stoffdichte von 15% innerhalb von 15 min fast stippenfrei zerfasert werden. Telefonbücher (Bild 3.24) waren nach zweistündiger Versuchsdauer noch nicht stippenfrei. Die Rückstände stammten hauptsächlich aus den gebundenen Buchrücken.

Zur stippenfreien Zerfaserung von „Alten Zeitungen" betrug der Energiebedarf (Bild 3.25) etwa 30 kWh/t Trockenmasse und bei Telefonbüchern etwa 40 bis 50 kWh/t Trockenmasse bei einem Reststippengehalt von ca. 5%.

Der Einflüsse von Drehzahl (Bild 3.26), Stoffdichte (Bild 3.27) und Trommelbeladung (Probemenge) (Bild 3.28) wurden untersucht. Bei einer Altpapiermischung aus 50% „Alten Zeitungen" und 50% Illustrierten bei pH-Wert 7 verlief die Auflösung (Bild 3.29) in der PTS-Labortrommel deutlich langsamer als im Helico-Laborstofflöser und im Labor-Bi-Pulper. Die Unterschiede werden mit der diskontinuierlichen Arbeitsweise der Trommel im Gegensatz zu der kontinuierlichen Arbeitsweise in den beiden anderen Geräten in Zusammenhang gebracht. Der Ener-

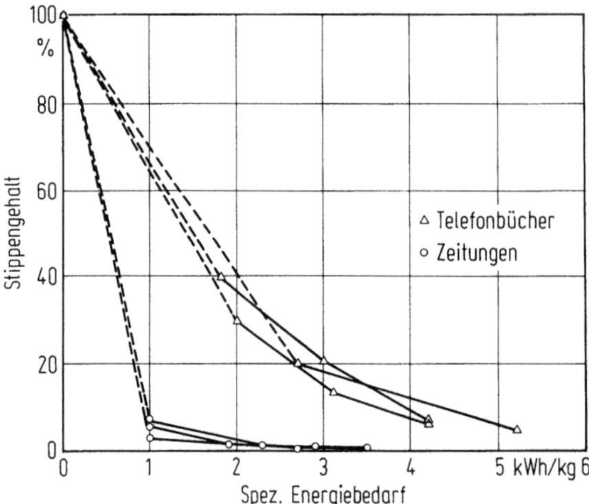

Bild 3.25. Entwicklung des Reststippengehalts verschiedener Altpapiere in Abhängigkeit von dem spezifischen Energiebedarf bei der Auflösung in der Laborauflösetrommel beim Stoffeintrag von 20 kg otro, einer Drehzahl von $9\,min^{-1}$ und einer Stoffdichte von 15% [3.86]

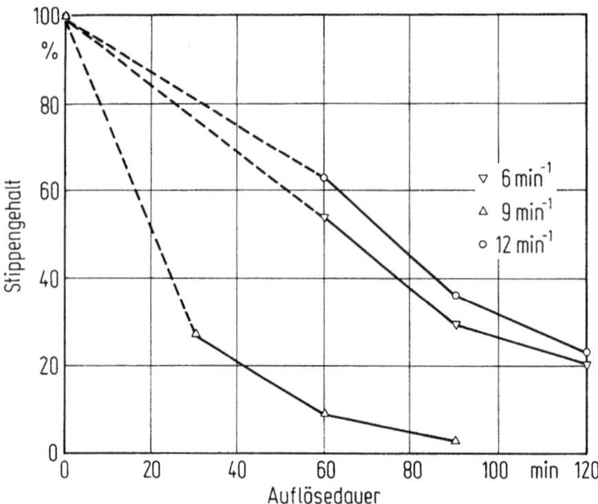

Bild 3.26. Entwicklung des Reststippengehalts in Abhängigkeit von der Auflösedauer und Drehzahlen der Laborauflösetrommel [3.86]

giebedarf (Bild 3.30) bezogen auf gleichen Reststippengehalt lag bei der Trommel und dem Labor-Bi-Pulper mit 120 kW/t niedriger als beim Helico-Laborstofflöser mit ca. 150 kW/t Trockenmasse.

Der Labor-Bi-Pulper (Bild 3.31) entstippte effektiver als der Helico-Laborstofflöser bei Stoffdichten von 10% und bei pH-Werten von 5 und 10.

Die Auflösewirkung ist im alkalischen Bereich günstiger als im sauren Bereich (Bild 3.31).

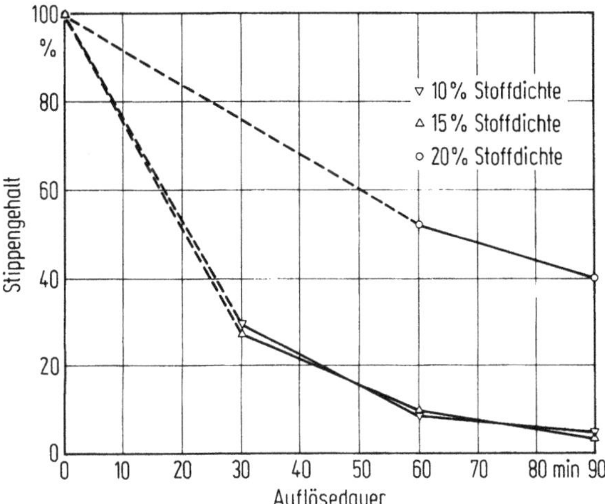

Bild 3.27. Entwicklung des Reststippengehalts in Abhängigkeit von der Auflösedauer und der Stoffdichte in der Laborauflösetrommel [3.86]

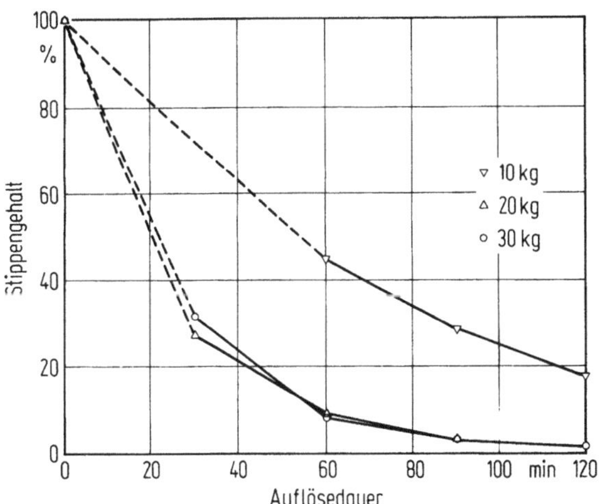

Bild 3.28. Entwicklung des Reststippengehalts in Abhängigkeit von der Auflösedauer und Probemenge bei der Auflösung in der Laborauflösetrommel [3.86]

Zerfaserung bei hoher Stoffdichte und hoher Temperatur. Wie bereits in Abschn. 3.5.3 erwähnt, können wesentliche Eigenschaftsveränderungen von Altpapierstoffen aus bestimmten Altpapiersorten durch eine Zerfaserung bei Stoffdichten von 20% – 35% und Temperaturen etwas unter oder über 100 °C reaktiviert werden. Eine systematische Übersicht (Tabelle 3.13) gibt Blechschmidt [3.75]. Zur Ermittlung des Reaktivierungspotentials sind halbtechnische Untersuchungen nützlich. Die Versuchsbedingungen sind der jeweiligen Aufgabe anzupassen. Zur

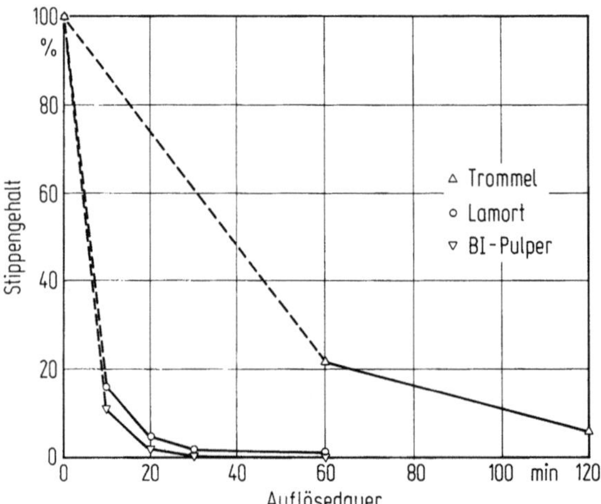

Bild 3.29. Entwicklung des Reststippengehalts in Abhängigkeit von der Auflösedauer bei der Auflösung in den verschiedenen Hochstoffdichte-Laborstofflösern [3.86]

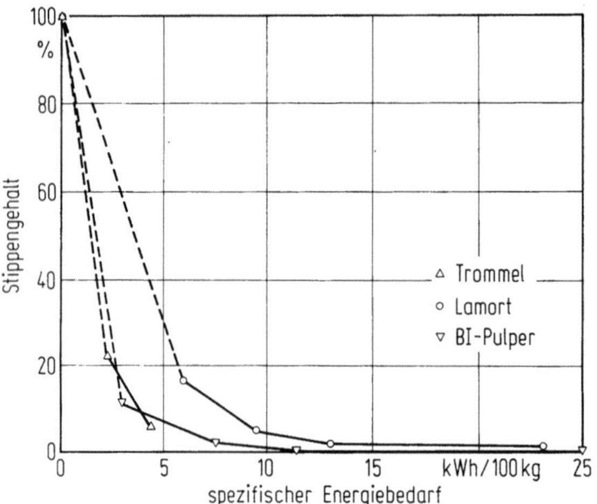

Bild 3.30. Entwicklung des Reststippengehalts in Abhängigkeit vom spezifischen Energieaufwand bei der Auflösung in den verschiedenen Hochstoffdichte-Laborstofflösern [3.86]

Anregung entsprechender Untersuchungen sollen einige Ergebnisse wegen der großen produktionstechnischen Bedeutung dieser Verhältnisse und Verwertungsmöglichkeit auch für schwer auflösbare Altpapiersorten zusammengefaßt werden. Bei der Knet- und Reibbeanspruchung treten Faserdeformationen ohne wesentliche Faserkürzungen auf. Dadurch wird der Faserkräuselungsfaktor (Bild 3.32) als Verhältnis von Faserlänge zu größter linearer Ausdehnung stark erhöht. Die Erhöhung des Faserkräuselungsfaktors ist von den Verfahrensbedingungen (Bild 3.33) abhängig. In Wirklichkeit handelt es sich um dreidimensionale Veränderungen.

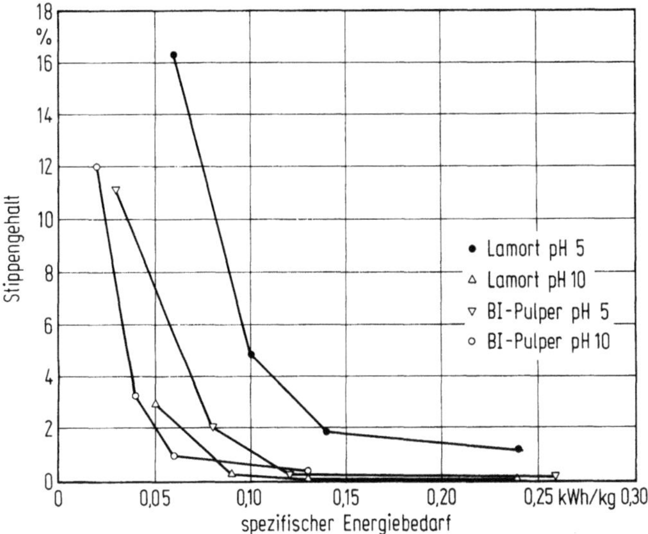

Bild 3.31. Entwicklung des Reststippengehalts in Abhängigkeit vom Energieaufwand des Helico-Laborstofflösers und des Labor-Bl-Pulpers bei pH 5 und pH 10 [3.86]

Tabelle 3.13. Eigenschaftsveränderung durch Hochkonsistenzzerfaserung (Übersicht) [3.75]

Eigenschaftsveränderung	
faserstoffseitig	
Kräuselfaktor	+ + +
Faserlänge	−
Faserlangstoff	−
Faserstoff	−
Feinstoff	+
Stippengehalt	− − −
SR-Wert	−(+)
RK-Zahl	− −
Filtrationsdauer	− − −
Wasserrückhaltevermögen	+
Rohdichte	− − −
spezifisches Volumen	+ + +
Reißlänge	− −
Elastizitätsmodul	− −
Bruchdehnung	+
Berstfestigkeit	−(+)
Biegesteifigkeit	− −
Spaltfestigkeit	+
Durchreißfestigkeit	+ +
Luftdurchlässigkeit	+ + +
Saughöhe	+
Oberflächensaugfähigkeit	+
störstoffseitig	
Weißgrad	−
Standardabweichung der partiellen Remission	− − −

+ Zunahme, − Abnahme

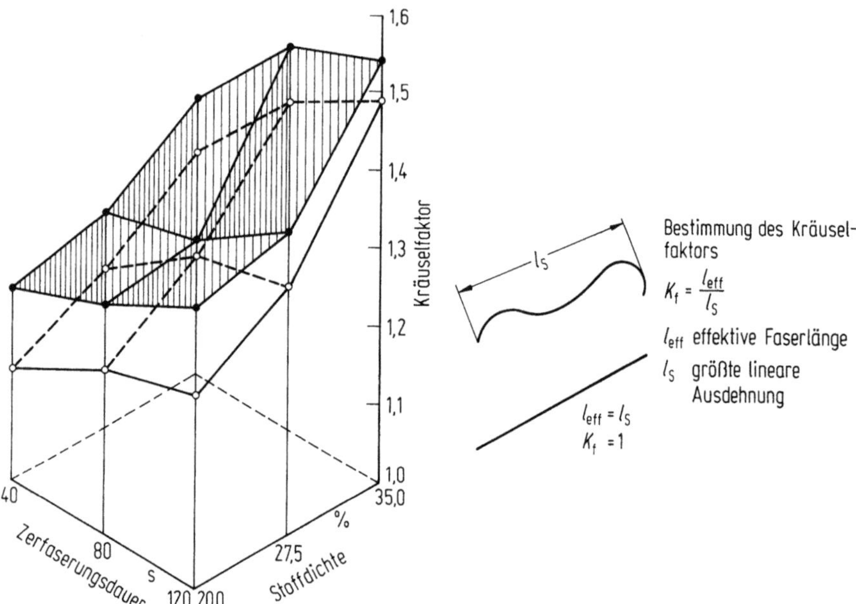

Bild 3.32. Kräuselfaktor in Abhängigkeit von den Zerfaserungsbedingungen. Faserstoff: gemischtes Altpapier (Sorte 1), Zerfaserungsaggregat: Laborzerfaserer, Zerfaserungstemperatur ● 70 °C, ○ 50 °C, Ausgangskräuselfaktor 1,081 [3.74]

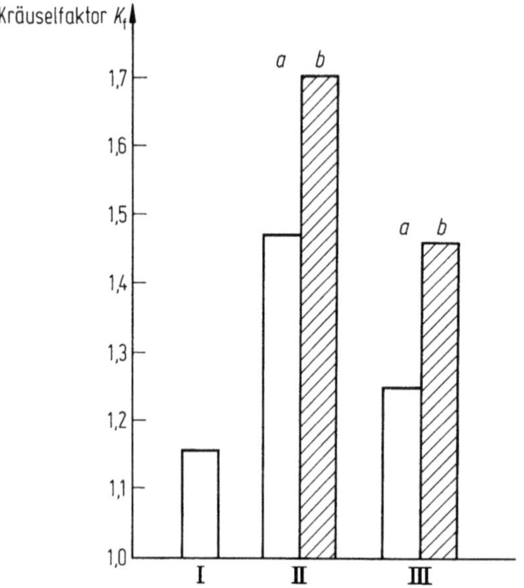

Bild 3.33. Abhängigkeit des Kräuselungsfaktors von den Verfahrensbedingungen. *I* vor Heißzerfaserung, *II* nach Heißzerfaserung, *III* nach Mahlung, Drehzahl der Aufheizschnecke: a) 4,6 min^{-1}, b) 6,1 min^{-1} [3.73]

Diese führen zu einer Erhöhung von spezifischem Volumen, Wasserrückhaltevermögen, Luftdurchlässigkeit, Porosität, Oberflächensaugfähigkeit, Saughöhe, Durchreißwiderstand und Bruchdehnung. Vermindert werden Filtrationsdauer, RK- und SR-Werte, Reißlänge, E-Modul, Biegesteifigkeit und Weißgrad, Quantitative Verhältnisse erfaßte Blechschmidt in [3.73 – 3.75].

In Verbindung derartiger Reaktivierungsverfahren mit nachfolgender Nachmahlung und/oder Fraktionierung des Altpapierstoffs gelingt es, einzelne Fraktionen aus dem Altpapierstoff auszusortieren, die den Anforderungen für die Herstellung höherwertiger Papiersorten entsprechen [3.96 – 3.98]. Es sind auch Verfahren in Entwicklung, um auf dieser Basis extrusionsbeschichtetes Papier in eine Faserstoff-Fraktion und eine Kunststoff-Fraktion sowie in eine aluminiumangereicherte Fraktion zu trennen. Die einzelnen Fraktionen werden materialgerecht getrennt recycliert.

3.5.4 Stoffdichte

Die Bestimmung der Stoffdichte von Altpapierstoffsuspensionen ist nach den angegebenen Vorschriften durchzuführen (vgl. Abschn. 1.4.4). Da derartige Proben erhebliche Mengen von Füllstoffen und Streichpigmenten enthalten können, ist zwischen der „Stoffdichte" als Summenparameter und der auf die in der Probe enthaltene Fasermasse als „Faserstoffdichte" zu unterscheiden.

Da Füllstoffe bestimmte Festigkeitseigenschaften von Papier herabsetzen können, empfiehlt sich zum Vergleich von Faserstoffestigkeiten in Altpapierstoffen, die Faserstoffdichte und, bei Vergleich von Altpapierstoffsorten, zusätzlich die Stoffdichte als Bezugsbasis anzuwenden.

Zur praktischen Durchführung erscheint es am einfachsten, Laborblätter über Filtrierpapier in einer Nutsche zur Vermeidung von Füllstoff- und Pigment- sowie Feinstoffverlusten oder ohne derartige Berücksichtigung mittels eines üblichen Laborblattbildners herzustellen. Die Laborblätter sind nach den chemischen Prüfmethoden (vgl. Bd. 1, Kap. 3) zu untersuchen. Bei Veraschungsverfahren ist zu berücksichtigen, daß Calciumcarbonat bei Temperaturen über etwa 580 °C thermisch sich zu zersetzen beginnt. Die Ergebnisse von Veraschungsverfahren durch Bestimmung des Glührückstandes sind von den Glühtemperaturen abhängig. Es sollten daher mit der Angabe derartiger Prüfergebnisse die Glühtemperaturen verbunden werden. (s. Bd. 1, Kap. 3). Die Prüfergebnisse gestatten, die Einwaage für die Laborblattbildung zu korrigieren, wenn es darauf ankommt, Laborblätter mit gleicher Fasermasse zu erhalten.

3.6 Formcharakter
Characteristics of structure elements

3.6.1 Allgemeines

Der Formcharakter von Altpapierstoffen leitet sich von den im Altpapier enthaltenen Fasern der Halbstoffkomponenten, nämlich Zellstoff, Holzstoff und recyclierten Fasern aus diesen beiden Halbstoffen ab.

Der Formcharakter interessiert, um aus der Fasermorphologie Rückschlüsse auf das potentielle Vermögen der Blattbildung und der Ausbildung von bestimmten Festigkeits-, Verarbeitungs- und Gebrauchseigenschaften schließen zu können.

Zur Untersuchung des Formcharakters von Altpapierstoff werden im Prinzip die gleichen Methoden wie für entsprechende Untersuchungsaufgaben für Zellstoff und Holzstoff angewendet (s. Abschn. 1.5 und Abschn. 2.5). Es sind die spezifischen Unterschiede von Altpapier im Vergleich zu Zellstoff und Holzstoff zu berücksichtigen. Dies betrifft die Ungleichförmigkeit in der stofflichen Zusammensetzung, die durch die infolge von Verarbeitung und Recyclierung eingetretenen Faserschädigungen bedingt sind und den Formcharakter der Halbstoffasern unterschiedlich beeinflußt haben.

Ferner sind Fremdbestandteile zu berücksichtigen, die aus der Papierveredelung, Papierverarbeitung, Bedruckung und Papierverwendung stammen und die die Untersuchungsverfahren oder die Untersuchungsergebnisse beeinflussen können.

Für die Kennzeichnung des Formcharakters von Altpapierstoffen kommen für Routineprüfungen bzw. -untersuchungen hauptsächlich folgende Methoden in Betracht:

a) Fraktionierung mittels Schlitzsieben zur Bestimmung von Stippen, Faserbündeln, Splittern und groben Verunreinigungen;

b) Fraktionierung mittels Maschensieben zur Klassierung in Gruppen (scheinbar) unterschiedlicher Faserlängen,

c) Messung von Faserabmessungen mittels
- opto-elektronischer Methoden durch Erfassung von Faserlänge und Faserbreite von Einzelstrukturen in Suspension mit anschließender automatischer Auswertung zur Berechnung von Verteilungsfunktionen;
- mikroskopische und Bildanalysenmethoden zur Erfassung von Faserlänge, Faserbreite, Faserwanddicke, Faserart (Früh- oder Spätholz-Tracheiden bzw. -Libriformfasern) bzw. Zellenarten (Parenchymzellen, Tracheen), Kräuselung und Kräuselungsfaktor, Kinken, Deformationen, Fibrillierung und zur Abschätzung der Faserbindungsfläche, Faserstoffzusammensetzung und andere Kennzahlen. Eventuell sind Rückschlüsse möglich auf die chemische Zusammensetzung und auf die den Lichtstrahlen zugänglichen Faseroberflächen durch UV- und/oder IR- bzw. FTIR-Mikrospektroskopie.

d) Sedimentationsmethoden zur Abschätzung des Mehlstoff- und des Schleimstoffanteils im Feinstoff.

e) Chemisch-physikalische Methoden zur Bestimmung der spezifischen Oberfläche, z. B. durch Absorptionsmethoden.

Die unter c) zusammengefaßten mikroskopischen und Bildanalysenmethoden kommen nur in bestimmten Fällen in aufgabenbezogener Auswahl für Routineuntersuchungen in Betracht. Die unter d) aufgeführten Methoden sind für wissenschaftliche Einzeluntersuchungen, z. B. zur Ergänzung oder zum Vergleich der vorgenannten Methoden hinsichtlich verschiedener Kriterien in diesem Zusammenhang zu nennen. Die praktische Durchführung der für die Prüfung und Untersuchung von Altpapierstoffen in Betracht kommenden Methoden werden im folgenden beschrieben. Im Prinzip werden gleiche oder ähnliche bzw. in der Prüfungsdurchführung an Altpapierstoff angepaßte Methoden angewendet.

3.6.2 Reinheit

Bei der Beurteilung der Reinheit von Altpapierstoffen interessiert in erster Linie, ob bei der Auflösung von Altpapier und bei der nachfolgenden Sortierung papierfremde Bestandteile, produktionsschädliche Papiere sowie vor allem Störstoffe ausgeschieden worden sind. Der Zweck derartiger Prüfungen ist darauf gerichtet, evtl. Störquellen für die Papierherstellung und für die Papierqualität frühzeitig zu erkennen, um diese auszuschalten.

Die Prüfungen sind daher mit der Probenahme zu verbinden, denen evtl. Sortiermaßnahmen folgen müssen. Im Zusammenhang mit der Stoffauflösung in der Fabrik und/oder der Probenvorbereitung für weitere Laboruntersuchungen ist der gewonnene Altpapierstoff wie in Abschn. 3.4 zu untersuchen.

3.6.3 Stippen

Bei der Prüfung des Gehaltes an Stippen, Faserbündeln und Splittern im Altpapier bestehen zur entsprechenden Prüfung im Zellstoff und Holzstoff Unterschiede darin, daß diese Strukturen klebrige Bestandteile z. B. aus Klebstoffen oder Bindern von gestrichenen Papieren anreichern. Derartige Anteile sind teilweise bei der Prüfung auf klebende Verunreinigungen nach Abschn. 3.4.2 zu erkennen.

Diese Art von Stippen ist potentiell stärker produktionsschädlich als unbeladene Stippen. Eine weitere Möglichkeit zur Bestimmung dieser Strukturen besteht in Verbindung der Siebfraktionierung mit opto-elektronischen Verfahren, die für die Anwendung zur Altpapierstoffprüfung in den folgenden Abschnitten beschrieben werden (vgl. Abschn. 2.5.1).

3.6.4 Formkennzeichnung

Das produktionstechnische Interesse richtet sich auf die schnelle, zuverlässige und repräsentative Erfassung der Faserlängenverteilung, um einen Anhalt für die zu erwartenden Papiereigenschaften zu erhalten und um gegebenenfalls durch Zusatz von frischen Halbstoffen oder anderen Altpapiersorten die erfahrungsgemäßen Mindestanforderungen zu erfüllen. Diese Betrachtungsweise gewinnt mit der Fraktionierung von Altpapierstoffen und der getrennten Verwendung für verschiedene Papiersorten zunehmendes Gewicht.

Zur praktischen Durchführung werden die im folgenden aufgeführten Fraktioniergeräte eingesetzt, deren Aufbau und Anwendung bereits im Zusammenhang mit der Prüfung von Zellstoff (Abschn. 1.5) und Holzstoff (Abschn. 2.5) beschrieben worden sind.

a) Bestimmung des Stippengehaltes durch Schlitzsortierung (vgl. Bd. 2, Teil B, Abschn. 2.5.2)
   – Brecht-Holl-Gerät,
   – PFI-Mini-Shive-Fractionator,
   – von-Alfthan-Gerät,
   – Somerville-Gerät
b) Bestimmung des Stippengehaltes durch Schlitzsortierung
   in Kombination mit der Faserklassierung durch
   – Fraktionierung mittels Maschensieben in Kaskadenschaltung,
   – Haindl-Fraktionator
c) Faserklassierung durch Fraktionierung
   mittels Maschensieben in Kaskadenschaltung:
   – McNett-Gerät und Clark-Gerät
d) Bestimmung des Stippengehaltes durch Schlitzsortierung
   und/oder durch Einsiebfraktionierung in Verbindung mit
   – Blattbildungsgerät,
   – Betriebs-Rapid-Köthen-Blattbildner (BRK) nach Unger
e) Faserklassierung durch opto-elektronische Geräte
f) Sedimentationsuntersuchung.

3.6.5 Vergleich der Verfahren für die Untersuchung von Altpapierstoff

Die Vorteile der Fraktionierung durch Siebanalyse im Vergleich zur opto-elektronischen Methode bestehen darin, daß Siebfraktionen erhalten werden, mit denen erweiterte Untersuchungen durchgeführt werden können. Dies kann die Messung von Faserlänge, Klebstoff-, Druckfarben- und/oder Extraktgehalt der Stippen oder der verschiedenen Fraktionen sein. Es können auch fasermikroskopische Untersuchungen auf Zellstoff- und Holzstoffanteile oder auf Anteile gebleichter und ungebleichter Fasern, Faserschädigungen usw. herangezogen werden.

Weitere Vorteile sind die verhältnismäßig geringen Gerätekosten und Störanfälligkeiten. Nachteile sind darin zu sehen, daß die Faserlängen nicht direkt gemessen werden und daß die Einzelfaserflexibilität die Siebdurchgangsfähigkeit beeinflußt.

Aus praktischen Gründen ist die Anzahl der Fraktionen auf vier bis fünf beschränkt. Nach Praxiserfahrungen bei der Holzstoffprüfung erhält der Papiermacher aus einer Fraktionierung in drei Klassen i. allg. ausreichende Informationen.

Zum Einsatz derartiger Meßwerte für die Prozeßsteuerung von Sortieranlagen wirkt der Zeitbedarf für eine Siebfraktionierung von 30 bis 50 min hinderlich.

Für solche Zwecke sind opto-elektronische Methoden [3.79] wegen des kürzeren Zeit- und Arbeitsaufwandes besser geeignet. Sie ermöglichen schnellere Messungen einschließlich statistischer Auswertungen und sofortiger Anzeige der Meßergebnisse mit statistischen Daten. Subjektive Fehlermöglichkeiten werden weitgehend ausgeschaltet, da keine gravimetrischen Bestimmungen außer der Einstellung der Stoffdichte erforderlich sind. Messung von Einzelstrukturen einschließlich der automatischen Klassierung in z. B. 16 Klassen ist möglich. Außer der Faserlänge werden auch die Faserbreite und gegebenenfalls die Splitteranteile erfaßt. Begrenzungen sind eventuell durch Verstopfungsgefahr der Meßkapillaren gegeben.

Nachteilig kann sein, daß keine mengenmäßig ausreichenden Fraktionen für nachfolgende Untersuchungen erhältlich sind. Derartige Geräte sollten mit Proben bekannter Faserlängenverteilung geeicht werden, die dem Charakter der zu prüfenden Halbstoffe möglichst völlig entsprechen. Wenn das Meßprinzip auf einer Messung der Zeit beruht, die ein Teilchen zum Durchlaufen einer Meßstrecke bei bekannter Durchströmungsgeschwindigkeit benötigt, stellt sich die Frage, ob die in der Fließströmung des Gerätes gemessene Faserlänge der potentiell maximalen Einzelfaserlänge entspricht. Durch Latenzeinflüsse, Bildung von Kräuselung, Schleifen, Kinken, spiraligen Windungen oder sonstigen Verformungen der Fasern könnten Verfälschungen auftreten. Derartige Betrachtungen sind für Absolutmessungen, nicht aber für Routinemessungen relevant, wenn es nur auf eine Kontrolle der zeitlichen Konstanz von Kriterien gleichbleibender Sorten oder Produktionsverhältnisse ankommt.

Auch ist vorstellbar, daß sich bestimmte Aufgaben durch eine Kombination der Klassierung der Probe durch Siebfraktionierung mit einer nachfolgenden Untersuchung der einzelnen Fraktionen durch opto-elektronische und andere Methoden aufschlußreicher als bisher möglich bearbeiten lassen. Dies gilt z. B. für Strukturen mit abnormen Verhältnissen der Längen- und Breitenabmessungen, wie sie bei Holzstoff- und Altpapierfasern vorkommen.

Die Sedimentationsanalyse liefert nur empirische Anhaltswerte [s. Abschn. 2.52] für die Feinstoffzusammensetzung. Durch Prüfung der Feinstoff-Fraktion in einem opto-elektronischen Gerät könnten aufschlußreichere Kennzahlen für den Mehlstoff- und den Schleimstoffgehalt gefunden werden.

Die Fasermikroskopie erscheint für die genannten Zwecke unersetzlich (s. Band 2, Teil A).

3.6.6 Anwendungen und Ergebnisse

Durch Anwendung der Siebfraktionierung zur Beurteilung des Verlaufs der Altpapierzerfaserung erweiterte Unger [3.77] die Kenntnisse über den Zerfaserungswiderstand von Altpapiersorten sowie über die Faserdimensionsveränderungen während des Mahlungsverlaufes. Die Siebanalysen wurden mit dem Betriebs-Rapid-Köthen-Gerät nach Unger durchgeführt, das nur eine einstufige Siebanalyse gestattet.

Es wurde gefunden, daß zur Bestimmung der Faserlängenverteilung auf die Siebanalyse ausgewichen werden kann, wenn ein Zugriff auf die Faserlängenmessung am Projektionsbild nicht gegeben ist. Die durch Siebanalyse erhältlichen massebezogenen und durch Projektionsanalyse erhältlichen längenbezogenen Mittelwerte für Faserlängen liefern einen ähnlichen Informationsgehalt und korrelieren gut untereinander. Durch Bezug der Siebanalysenergebnisse auf die Siebmaschenweite sind alle Formelemente im Altpapier gleichzeitig erfaßbar.

Zur Bewertung des Zerfaserungswiderstands des Altpapiers, unter Verwendung der Definitionen nach Brecht-Zippel [2.61], dient das Zeitverhalten der fallenden e-Funktion mit der massebezogenen mittleren Faserlänge des vollständig zerfaserten Halbstoffs als Asymptote [3.78].

Zur Bewertung halbtechnischer und produktionstechnischer Fraktionierverfahren hinsichtlich optimaler Trennung von Faserlangstoff und Faserkurzstoff setzten Scudlik und Göttsching [3.79] die Siebanalyse nach McNett, das optische Faser-

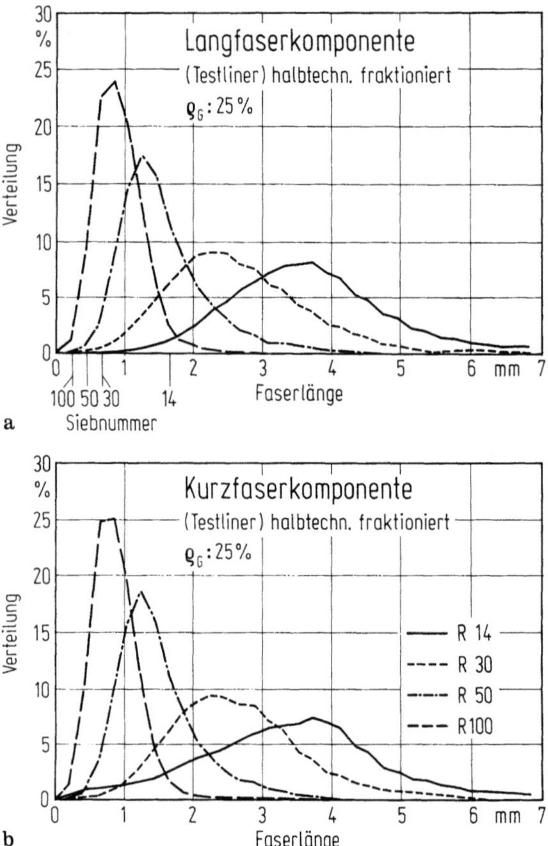

Bild 3.34 a. Faserlängenverteilung auf den Siebrückständen; R 14, R 30, R 50, R 100 einer Langfaserkomponente [3.79]. **b** Faserlängenverteilung auf den Siebrückständen; R 14, R 30, R 50, R 100 einer Kurzfaserkomponente [3.79]

Tabelle 3.14a. Bereich der Faserlängenverteilung. Obergrenze und Untergrenze, festgelegt bei 99% bzw. 1% der Summenhäufigkeit [3.79]

Gesamtstoff	0,95...6,38	0,85...5,60	0,50...3,56	0,20...2,30	0,0...3,08
Langfaser	1,30...6,43	0,72...5,83	0,43...3,79	0,21...1,85	0,0...1,05
Kurzfaser	0,35...6,33	0,70...5,30	0,40...3,40	0,15...2,06	0,0...2,06
gemittelte Werte für Ober- und Untergrenze	0,86...6,38	0,75...5,58	0,44...3,58	0,19...2,07	10^{-3}...2,06
$\Delta d = d_0 - d_u$ [a]	5,52	4,83	3,14	1,88	2,06

[a] Δd Klassenbreite bei linear geteilter Abszisse

Tabelle 3.14b. Mittlere Faserlängen bei Laborfraktionierung nach Bauer-McNett von Testliner, Langfaser- und Kurzfaser-Fraktion ($\zeta_G = 25\%$) [3.79]; D 100 = Durchgang durch Sieb 100)

	Längenmäßig mittlere Faserlänge auf Siebrückstand und im Durchlauf in mm				
	R 14	R 30	R 50	R 100	D 100
Gesamtstoff (Testliner)	3,69	2,66	1,47	0,81	0,38
Langfaser	3,53	2,52	1,46	0,81	0,30
Kurzfaser	3,23	2,53	1,39	0,78	0,55
gemittelte Werte	3,48	2,57	1,44	0,80	0,41
diagonale Maschenweite [a]	1,628	0,722	0,452	0,212	–

[a] ermittelt mit dem Meßmikroskop 6C-2 der Firma Nikon/Japan

längenmeßgerät FS 100 von Kajaani sowie die mikroskopische Faserlängenmessung zum Vergleich dieser Methoden ein.

Die am Beispiel der Fraktionierung von Testlinerhalbstoffen durchgeführten Untersuchungen (Bild 3.34) erbrachten folgende Ergebnisse:

Bei der Siebfraktionierung von Gesamtstoff und daraus gewonnenen (a) Langfaser- und (b) Kurzfaserstoff-Fraktionen mit McNett-Gerät werden auf den Prüfsieben R 14, R 30, R 50 und R 100 jeweils gleiche Faserlängenverteilungen zurückgehalten. Die auf dem jeweiligen Sieb zurückgehaltenen Klassenbreiten von Faserlängen sind auf Grund der Meßwerte festlegbar (Tabelle 14).

Die mittlere, auf dem jeweiligen Sieb zurückgehaltene Faserlänge liegt deutlich über der gemessenen diagonalen Maschenweite. Die angegebenen Siebe R 14 bis R 100 halten Faserstoff-Fraktionen zurück, die zu 99% aus Fasern bestehen, die länger als die entsprechenden Maschenweiten sind. Ein Sieb stellt nicht eine Barriere für alle Fasern dar, die länger als die betreffende diagonale Maschenweite sind. Mehr als 80% der Siebrückstände der Siebe R 30, R 50 und R 100 bestehen aus Faserlängen, die jeweils das vorangehende Sieb in bezug auf die diagonale Maschenweite als Sortierkriterium hätte ausklassieren müssen.

Als Ursache für dieses Verhalten der Fasern werden deren Flexibilität unter Versuchsbedingungen gesehen. Die Siebanalyse ist eine objektive Auswertehilfe zur massebezogenen Beurteilung der Faserlängen. Über die Faserlängenverteilung ist

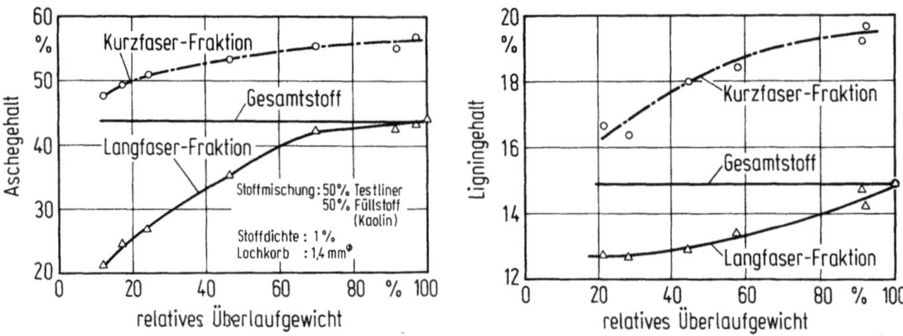

Bild 3.35   **Bild 3.36**

Bild 3.35. Aschegehalt in KF- und LF-Fraktion in Abhängigkeit vom relativen Überlaufgewicht. Veraschungstemperatur: 575 °C [3.79]

Bild 3.36. Ligningehalt (nach TAPPI T 222 om-83) von Langfaser- und Kurzfaserfraktion (Testliner) gegen Überlaufgewicht [3.79]

jedoch keine Aussage möglich. Die McNett-Faserklassierung reicht für einen Überblick über die Trennwirkung eines Fraktionators in der Produktion aus. Bei der Fraktionierung tritt, je nach den Überlaufverhältnissen in den Sortieranlagen, eine Anreicherung der Füllstoffe (gezeigt am Beispiel Kaolin, Bild 3.35) sowie der stärker ligninhaltigen Holzstoffasern in der Kurzfaser-Fraktion und eine entsprechende Verarmung (Bild 3.36) in der Langfaser-Fraktion ein.

3.7 Deinkbarkeit
Deinking tests

3.7.1 Allgemeines

Der Prüfung der Deinkbarkeit liegt die Aufgabe zugrunde, die Entfernung von Druckfarben aus bedrucktem Papier im Zuge des Altpapierrecyclings durch Flotations- oder Waschverfahren zu kennzeichnen. Im erweiterten Bereich sind z. B. Aufgaben gestellt, deinkfähige Druckfarben zu entwickeln und zu erproben, um die Altpapieraufbereitung zu erleichtern und um Verluste durch nicht-deinkbare Druckerzeugnisse zu vermeiden. Diese Aufgaben sind nur unter Berücksichtigung der chemischen Grundlagen zu lösen [3.80a, b].

3.7.2 Begriffe

Für die Prüfung auf Deinkbarkeit werden folgende Begriffe gebraucht:

Deinking: Verfahren zur Entfernung von Druckfarben aus bedrucktem Papier, insbesondere Altpapier;

Flotationsdeinking: Entfernung von Druckfarben aus desintegriertem, zur Dispergierung der Druckfarbenanteile mit Chemikalienlösungen versetztem Altpapierstoff. Dazu wird in einer Flotationszelle Luft unter Rührung zum Aufschwemmen der Druckfarbenanteile eingeleitet. Diese werden dann mechanisch vom Altpapierstoff abgetrennt.

Waschdeinking: Entfernung von Druckfarben aus desintegriertem Altpapierstoff, der nach Zusatz von Chemikalienlösungen zur Dispergierung der Druckfarbenanteile einer zweiten Desintegrationsstufe unterworfen wurde: In einer Waschzelle werden die Druckfarbenanteile ausgewaschen.

Deinkter Stoff (DS): Halbstoff, der aus Altpapier durch Deinkingverfahren hergestellt wurde.

Unbedruckter Stoff (US): Halbstoff, der aus unbedruckten Teilen des untersuchten Altpapiers oder des Probedruckes durch Deinkingverfahren hergestellt wurde.

Bedruckter Stoff (BS): Halbstoff, der aus bedrucktem Altpapier durch Desintegration in entionisiertem Wasser hergestellt wurde.

Deinkbarkeits-Maßzahl (DEM): Verhältnis der Differenz aus den Weißgraden des deinkten Stoffes (DS) und des bedruckten Stoffes (BS) zur Differenz aus den Weißgraden des unbedruckten Stoffes (US) und des bedruckten Stoffes (BS).

3.7.3 Deinkbarkeit im Flotations-Deinkingverfahren
[PTS-Methode PTS-RH 010/87] [3.80]

Prinzip

Das technologische Prüfverfahren beinhaltet als Modell die Verfahrensstufen (Bild 3.37) von industriell ausgeführten Flotations-Deinkingverfahren. Die zur Entwicklung der Methode vorgenommenen Arbeiten [3.81] und Ringversuche führten zur Festlegung von vereinbarten Prüfbedingungen. Dabei wurden die Kennzeichnung der Deinkbarkeit von holzhaltigen Altpapieren, wie z. B. alte Zeitungen, Zeitschriften, Telefonbücher und ähnliche Sorten, sowie die von Probedrucken zur Kennzeichnung der Deinkbarkeit von Druckfarben in Verbindung mit Druckpapieren besonders berücksichtigt. Neue Forschungsergebnisse liegen vor [3.81 a, b].

Die Prüfungen schließen eine Festlegung wichtiger Einflußfaktoren wie Wasserhärte [3.83, 3.83] und Alterung [3.84] der zu untersuchenden Probe ein.

Die Druckfarbenentfernung wird durch eine Deinkbarkeits-Maßzahl (vgl. Abschn. 3.7.2) erfaßt.

Probenahme und Probenvorbereitung

Die nach DIN ISO 186 gezogene Probe ist für jede Prüfung auf je zwei Portionen von je 12 g otro Altpapier und unbedrucktem Altpapier aufzuteilen. Eine Doppelbestimmung für die Deinkbarkeits-Prüfung wird empfohlen.

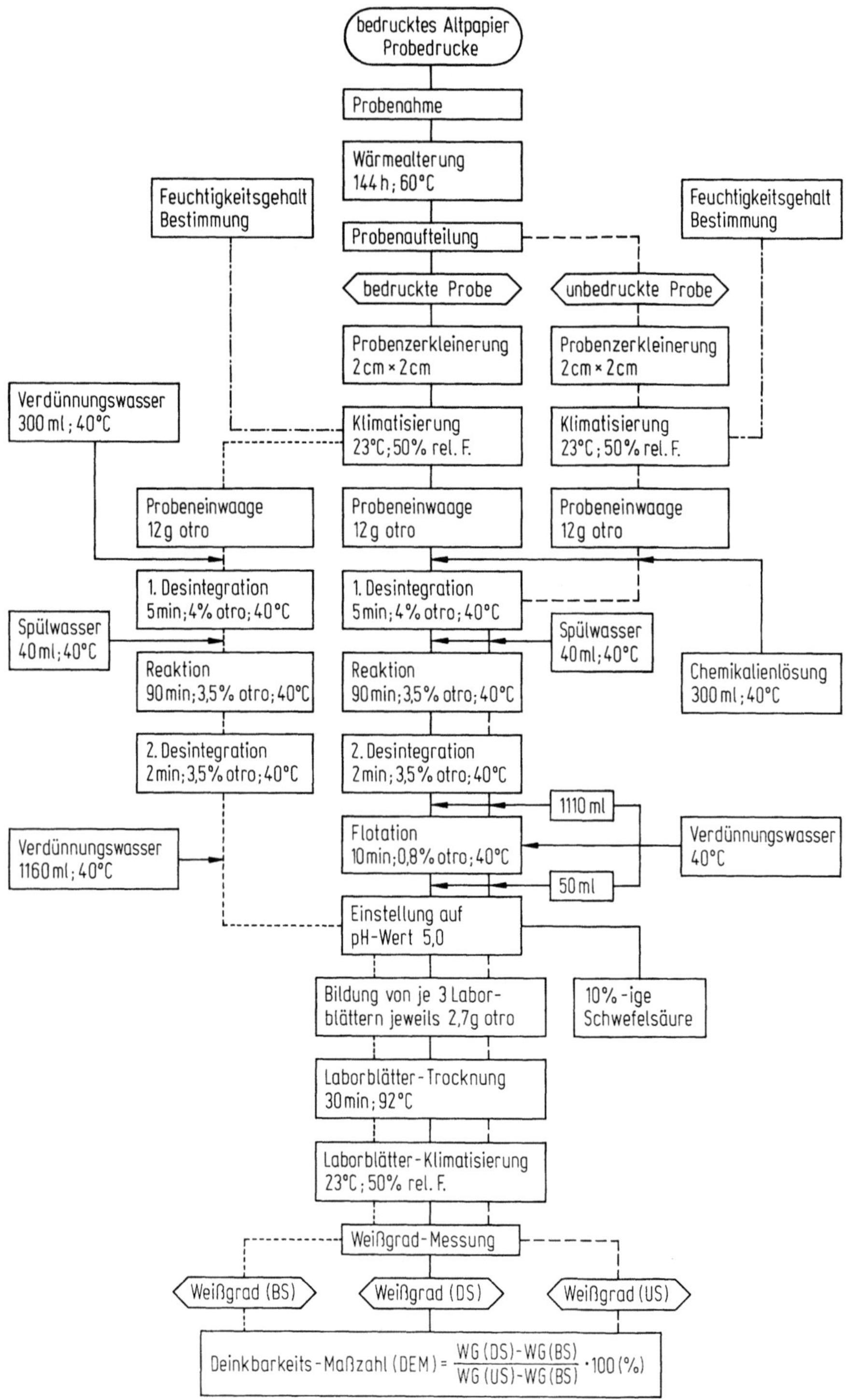

Bild 3.37. Schematische Darstellung der Verfahrensstufen. PTS-Methode RH: 010/87

Die Proben sind im Wärmeschrank bei $(60\pm3)\,°C$ für (144 ± 2) h zur Wärme-alterung [3.84] zu lagern, wobei nicht mehr als drei Blätter übereinander liegen sollten. Diese Behandlung entspricht einer natürlichen Alterung bei Raumtemperaturen von 3 bis 12 Monaten. Die Deinkbarkeit kann sich durch Alterungsprozesse ändern [3.84].

Durchführung der Prüfung

Vorbereitung des Wassers. 5 l destilliertes Wasser oder Wasser gleicher Reinheit werden auf 40 °C erwärmt und als Spülwasser und Verdünnungswasser eingesetzt.

Zur Prüfung wird Wasser gleicher Reinheitsstufe verwendet, das durch Zugabe von 185 mg $Ca(OH)_2$ auf eine Calciumhärte von 2,5 mmol/l eingestellt ist. Das Wasser ist vor jeder Prüfung neu herzustellen und darf nicht länger als 3 h verwendet werden.

Vorbereitung der Chemikalienlösung. Standard-Rezeptur für den Chemikalien-Einsatz

Nr.	Bezeichnung der Chemikalie	Wirksubstanz-Zugabe bezogen auf otro Probe in Gew.-%
1	NaOH	2,0
2	Natronwasserglas	3,0
3	Ölsäure	1,0
4	Wasserstoffperoxid	1,0

Aus den Chemikalien werden zwei Lösungen hergestellt:

Lösung A: 20 g NaOH in 1000 ml Wasser unter schnellem Rühren vollständig lösen. Anschließend 10 g Ölsäure und nach 10 min Rühren 30 g Natronwasserglas zugeben und auf 2000 ml auffüllen. Die Lösung ist bei Aufbewahrung eine Woche gebrauchsfähig.

Lösung B: Lösung von 6 g Wasserstoffperoxid/l. Die Konzentration muß überprüft werden.

Einsatzlösung: Für die Behandlung einer Probenmasse von 12 g sind in 256 ml Wasser 24 ml Lösung A und 20 ml Lösung B einzurühren.

Durchführung der Prüfung. Desintegrationsstufe 1: Der Desintegrator wird für die Prüfung von DS und US mit 300 ml der Einsatzlösung und für die Prüfung von US mit 300 ml Wasser gefüllt. Nach Zugabe der Probe von 12 g, Stoffdichte 4,0%, wird der Ansatz bei etwa 40 °C mit einer Rotordrehzahl von (3000 ± 100) min^{-1} $5\,min\pm20$ s desintegriert. Der Ansatz wird in einen 1-l-Becher übergeführt und der Aufschlagbehälter mit 40 ml Verdünnungswasser in den Becher ausgewaschen. Reaktionsstufe:

Der Becher mit der Probe wird für (90 ± 5) min in ein Wasserbad von $(40\pm2)\,°C$ gestellt.

Desintegrationsstufe 2: Die Behandlung ist wie in Desintegrationsstufe 1 für eine Aufschlagzeit von 2 min ± 10 s zu wiederholen. Der Ansatz ist zusammen mit dem Spülwasser in einen 2-l-Becher zu entleeren.

Die DS- und US-Probenansätze werden mit Verdünnungswasser auf 1,0 l, die BS-Probenansätze auf 1,5 l aufgefüllt. Die Stoffdichten betragen 1,2 Gew.-% (US, DS) bzw. 0,8 Gew.-% (BS).

Flotation:

Die DS-Probe bzw. die US-Probe wird unverzüglich in die Flotationszelle (Bild 3.38) mit 1450 ml Fassungsvermögen bei eingetauchter Rührscheibe gegeben,

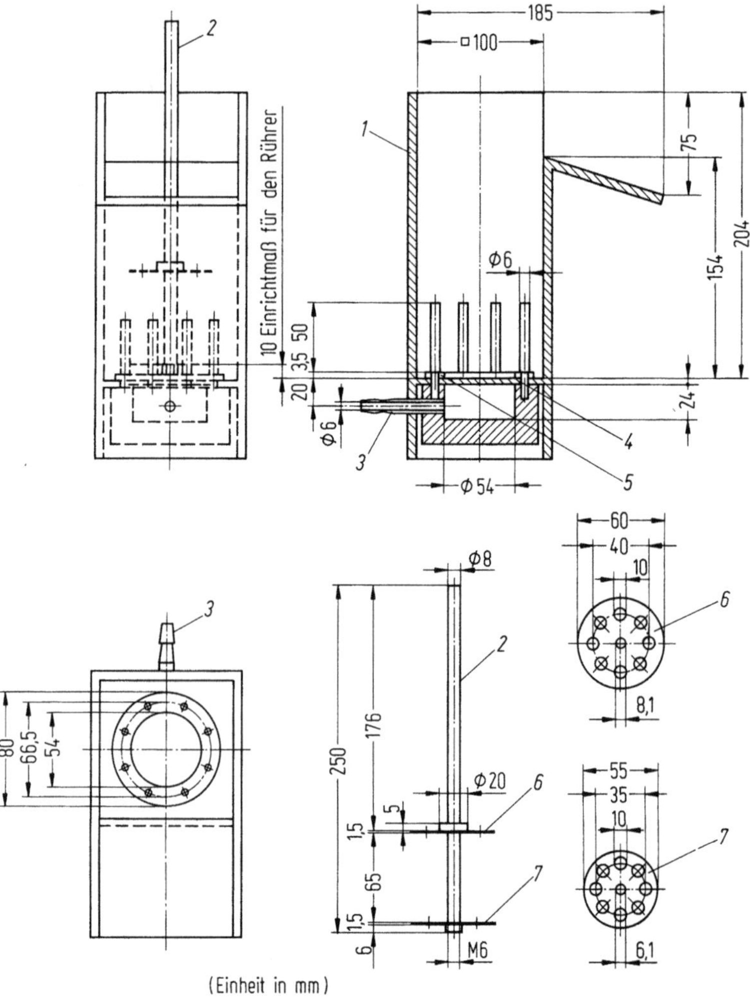

Bild 3.38. Flotationszelle (aus nichtrostendem Material). PTS-Methode RH: 010/84. *1* Flotationszelle, *2* Rührer, *3* Druckluftanschluß, *4* Glasfritte (Porosität nach DIN 12741, Juni 1974: 40–100 µm), *5* Dichtungsring, *6* Obere Rührscheibe, *7* Untere Rührscheibe

diese sofort in Betrieb gesetzt und die Zelle mit Verdünnungswasser bis zum Rand aufgefüllt. Die BS-Probe wird nicht flotiert. Die Luftzufuhr beträgt (60 ± 5) l/h, die Rührerdrehzahl (1200 ± 60) min^{-1}, die Suspensionstemperatur etwa 40 °C und die Stoffdichte 0,8 Gew.-%.

Der aufsteigende Schaum ist möglichst faserfrei mit einem Schaber abzuschöpfen, bzw. fließt über den Zellenrand ab. Der Flotationsschmutzstoff wird mit drei Schaberbewegungen/min ausgetragen. Die sich an den Zellenwänden oberhalb des Flüssigkeitsspiegels absetzenden Anteile sind unmittelbar in die Suspension mit einem Schaber zurückzubringen. Die in die Wanne abgeschöpfte Schmutzstoffmenge ist laufend durch Verdünnungswasser zu ersetzen.

Nach 10 min Flotationszeit werden Rührer und Luftzufuhr abgestellt. Schmutzpartikel und Fasern werden mit Verdünnungswasser abgespült, zum Schmutzstoff gegeben, die gesammelten Anteile abfiltriert und deren Trockenmasse bestimmt. Die Flotationsschmutzstoffmenge soll möglichst kleiner als 30% des Zelleintrages sein.

Herstellung von Laborblättern. Die Gutstoff-Suspension wird in einen 2-l-Becher gegeben, auf 1,5 l mit Verdünnungswasser aufgefüllt und mit 20%iger Schwefelsäure auf einen pH-Wert von $(5 \pm 0,2)$ eingestellt. Die BS-Probe wird ohne Flotation zur entsprechenden Behandlung der Desintegrationsstufe 2 entnommen. Die Laborblätter werden in Anlehnung an ZM V/19 auf einer Porzellannutsche von 15 cm Durchmesser über einem gewogenen Filtrierpapier gebildet. Für jedes Laborblatt sind 375 ml der Stoffsuspension zu verwenden. Die Laborblätter haben eine Masse von etwa 2,7 g bzw. eine Flächenmasse von etwa 150 g/m^2.

Je BS-, US- und DS-Probe sind drei Laborblätter herzustellen. Diese sind zweimal mit einer Gautschrolle zu überrollen, bei (92 ± 5) °C genau 5 min zu trocknen und bei 23 °C/50% rel. Luftfeuchte zu klimatisieren.

Reflexionsgradmessung (Weißgrad) bzw. Farbortmessung. Die Weißgradmessung ist nach DIN 54145 (s. Bd. 2, Teil C) — bei farbigen oder farbig bedruckten Proben die Farbortmessung nach DIN 53140 (s. Bd. 2, Teil C) — an mindestens drei Laborblättern an der Oberseite mit jeweils vier Einzelmessungen durchzuführen.

Auswertung der Prüfergebnisse und Prüfbericht

Aus den Mittelwerten der Reflexionsgradmessung (Weißgrad WG) wird die Deinkbarkeits-Maßzahl (DEM_f) berechnet:

$$DEM_\mathrm{f} = \frac{WG\,(\mathrm{DS}) - WG\,(\mathrm{BS})}{WG\,(\mathrm{US}) - WG\,(\mathrm{BS})} \cdot 100 \; ,$$

WG Weißgrad

Im Prüfbericht sind die Reflexionsgrade (Weißgrade) für DS, BS und US sowie die Deinkbarkeits-Maßzahl und die bei der Flotation abgeschiedene Schmutzstoffmenge anzugeben. Zusätzlich können die Helligkeitswerte, die die Normfarbwerte der Probeblätter sowie Anschauungsmuster der drei Probenarten beigefügt werden.

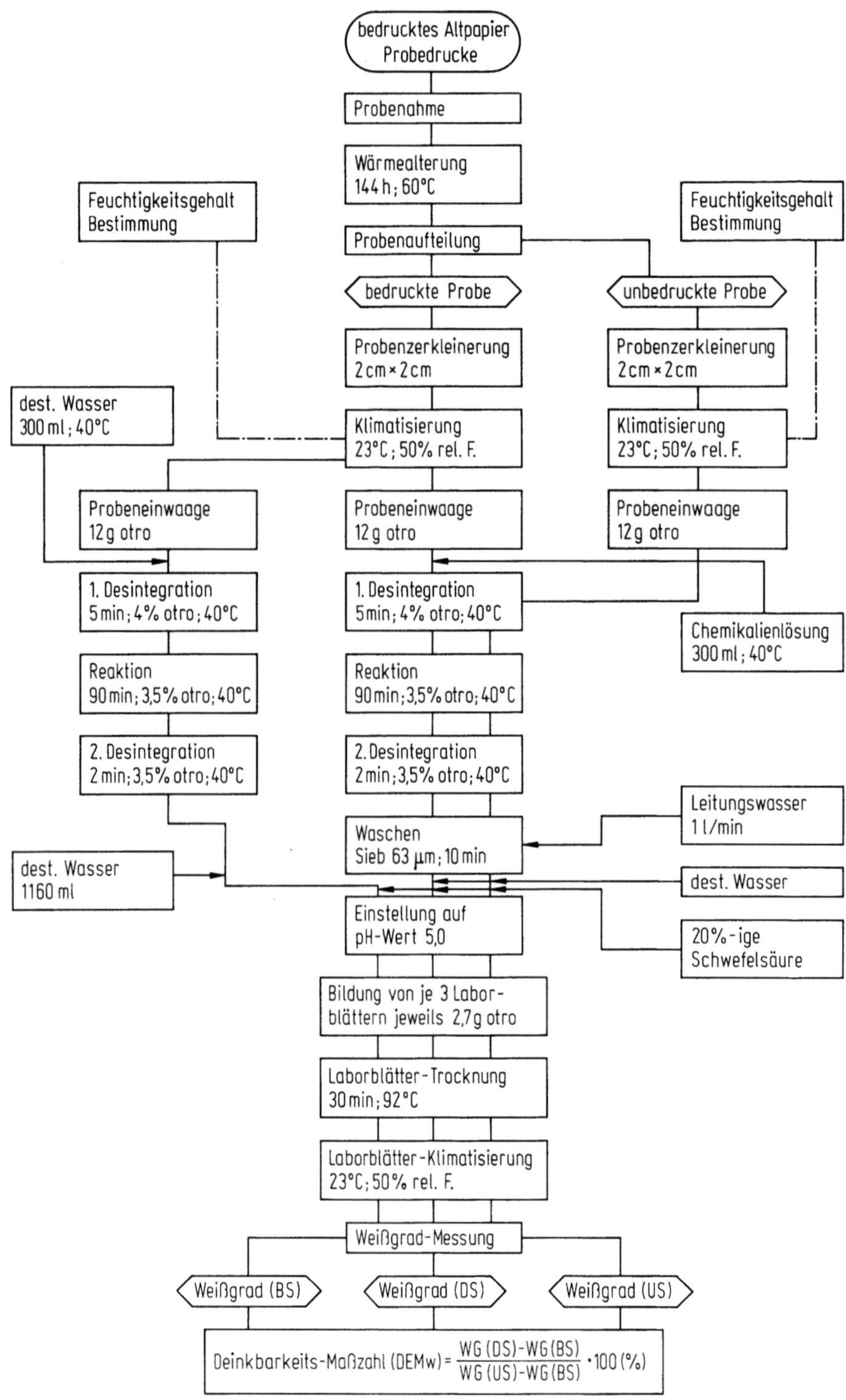

$$\text{Deinkbarkeits-Maßzahl (DEMw)} = \frac{WG\,(DS) - WG\,(BS)}{WG\,(US) - WG\,(BS)} \cdot 100\,(\%)$$

Bild 3.39. Schematische Darstellung der Verfahrensstufen der Wasch-Deinking-Methode. PTS-Methode RH: 010/88

Präzision

Ein Ringversuch mit sechs unterschiedlichen Altpapierproben und Probedrucken unter Teilnahme von elf Labors ergab für Werte von $DEM_f = 0\%$ bis $DEM_f = 100\%$ eine Wiederholgrenze (r absolut in %) von 8 und Vergleichsgrenze (R absolut in %) von 17.

3.7.4 Deinkbarkeit im Wasch-Deinkingverfahren
[PTS-Methode 010/88] [3.85]

Prinzip

Das Prüfverfahren (Bild 3.39) lehnt sich eng an das Verfahren für die Deinkbarkeit im Flotations-Deinkingverfahren (vgl. Abschn. 3.7.3) an. Unterschiede [3.86] bestehen in folgenden Punkten:

Die Lösung A nach Abschn. 3.7.3 enthält an Stelle der Ölsäure 10 g eines Dispergiermittels. Polyoxyethylen-10-Oleylcetylalkohol, z. B. Peratom 120 der Fa. Henkel, Düsseldorf. Die Herstellung und Verwendung der Lösungen A, B und der Einsatzlösung erfolgen in der gleichen Weise wie in Abschn. 7.3 angegeben.

An die Stelle der Flotationsstufe in Abschn. 7.3 tritt die Waschstufe.

Durchführung der Prüfung

Die DS-Probe bzw. die US-Probe wird in die Waschzelle (Bild 3.40) mit einem Fassungsvermögen von 15 l eingetragen. Es wird 1 l Waschwasser/min über einen Zulaufhahn zugegeben. Die Stoffmenge wird auf 5000 ml verdünnt. Bei Erreichen der 5-l-Marke wird der Rührer mit einer Drehzahl von $500\,\mathrm{min}^{-1}$ in Betrieb gesetzt und der Abflußhahn geöffnet, um einen Abfluß von 1 l/min einzustellen. Die Siebmaschenweite beträgt 63 µm. Nach 10 min Waschdauer werden Rührer und Zulauf abgestellt. Während der gesamten Waschdauer wird das Waschwasser in einem 20-l-Behälter aufgefangen, um die Stoffdichte zur Ermittlung der Stoffverluste zu bestimmen. Die Stoffsuspension wird entwässert, und die anhaftenden Anteile werden auf das Sieb gespült.

Das Sieb wird aus der Waschzelle entnommen. Der Siebrückstand wird in einen 2-l-Becher übergeführt, mit 1,5 l Wasser aufgefüllt und durch Zusatz von 20%iger Schwefelsäure auf einen pH-Wert von (5 ± 0,2) eingestellt.

Der weitere Fortgang der Prüfung entspricht vollständig der Vorschrift in Abschn. 3.7.3.

Prüfbericht

Im Prüfbericht sind die gleichen Angaben wie in Abschn. 3.7.3 zusammenzufassen. Zusätzlich ist der Stoffausbeuteverlust anzugeben.

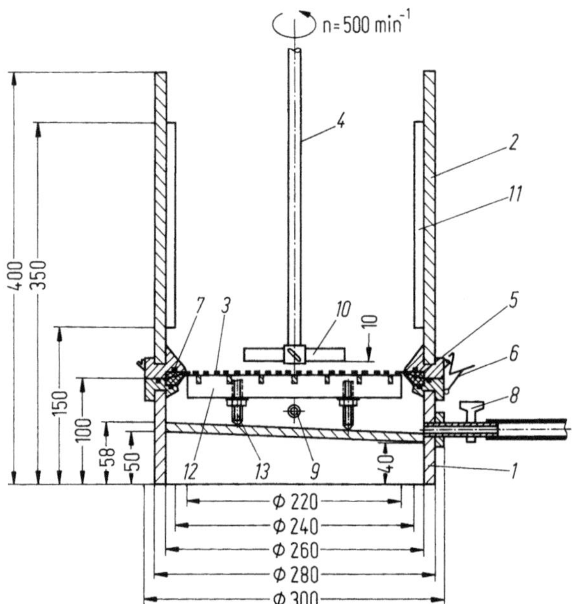

Bild 3.40. Laborwaschzelle (aus nichtrostendem Material). PTS-Methode RH: 010/88 (Einheiten in mm). *1* Behälterunterteil, *2* Behälteroberteil, *3* Sieb, *4* Rührer, *5* Siebrahmen, *6* Spannverschluß, *7* Dichtung, *8* Abflußhahn, *9* Zuflußhahn, *10* Propeller, *11* Störleiste, *12* Stützsieb, *13* Stellschrauben [3.86]

3.7.5 Andere Deinking-Prüfverfahren

Qualitative Schnelluntersuchung von Altpapier mit geringem Holzstoffgehalt

Zur Schnellbestimmung, ob eine Lieferung oder ein Ballen von bedrucktem Altpapier befriedigend deinkbar ist, schlägt TAPPI UM 204 „Deinkability of waste papers" folgendes Verfahren vor:

Eine aus einer größeren Sammelprobe entnommene Probemenge von 10 g wird in 25 mm×25 mm große Stücke zerteilt. In einen 600-ml-Becher werden 0,8 g Natriumhydroxid, die Probe und 250 ml heißes Wasser (80 °C) gegeben. Der Ansatz wird für 10 min leicht am Sieden gehalten. Die Mischung wird 30 s lang bei hoher Drehzahl aufgeschlagen. Nach den ersten 10 s wird der Rührer kurz angehalten, um an der Wandung haftende Anteile in den Ansatz mit einem Glasstab zurückzustoßen. Das Aufschlagen wird 20 s lang fortgesetzt. Die Suspension wird über ein Sieb mit 60 Maschen entwässert, die abgesiebte Masse in einem Becher mit 500 ml frischem Wasser gewaschen und wieder abgesiebt. Diese Behandlung ist zweimal zu wiederholen, so daß sich insgesamt vier Absiebungen ergeben. Die Probe wird auf eine Suspensionsmenge von 1 l gebracht. 400 ml der Stoffsuspension werden für die Herstellung eines Laborblattes verwendet. Weitere 400 ml Suspension werden abgesiebt. Diese Probe wird in einem 150-ml-Becher unter Rühren mit 4 ml einer Natriumhypochlorit-Bleichlösung versetzt, die 30 g Cl_2/l enthält. Der Ansatz bleibt 4 h bei 43 °C stehen. Anschließend ist, wie oben angegeben, ohne Rücksicht auf etwaige nicht verbrauchte Bleichmittel ein Laborblatt herzustellen.

Die restlichen 200 ml der Stoffsuspension werden visuell auf nicht defibrierte Papieranteile und auf Papierfremdstoffe untersucht. Diese Anteile werden entfernt und auf Löschpapier zur Identifizierung getrocknet. Es werden aus einem anderen Teil Laborblätter hergestellt.

Beide Laborblätter sind vor und nach dem Trocknen auf Färbung, Reinheit und Verunreinigungsarten zu untersuchen. Die Untersuchung soll nur einen qualitativen Anhalt geben, ob das untersuchte Altpapier aufschlagbar, deinkbar und bleichfähig und zur Herstellung einer bestimmten altpapierhaltigen Papiersorte geeignet ist.

Das Verfahren erscheint für stark holzhaltige Altpapiere wegen der durch die Kochung mit Natronlauge unvermeidlichen Alkalivergilbung des Holzstoffanteils nicht geeignet. Für diesen Zweck dient das nachfolgende Verfahren.

Qualitative Schnelluntersuchung von Altpapier mit hohem Holzstoffgehalt

Für die Deinkbarkeit von stark holzhaltigem Altpapier enthält TAPPI UM 233 „Deinkability of high groundwood wastepaper" die folgende Vorschrift; sie bezieht sich auf Holzstoffgehalte über 50% und ergänzt somit TAPPI UM 204.

Eine aus einer Sammelprobe entnommene Probemenge von 10 g wird zusammen mit 0,005 g eines nichtionischen Netzmittels, 0,025 g Natriumtripolyphosphat und 0,15 g Natriummetasilikat in einem 600-ml-Becher mit 250 ml Wasser von 55 °C übergossen. Die Temperatur wird 10 min gehalten. Der Ansatz wird in einem schnellaufendem Mischer 30 s aufgeschlagen, wobei nach den ersten 10 s an der Wandung anhaftende Teile in den Ansatz zurückzutransferieren sind. Der Ansatz ist über ein Sieb mit 60 Maschen zu entwässern und mit frischem kalten Wasser in einem Becher zu waschen. Diese Operation ist zweimal zu wiederholen. Aus 400 ml der Suspension ist ein Laborblatt herzustellen. 400 ml der Suspension sind über ein Sieb zu entwässern, in einem 150-ml-Becher mit 100 ml Wasser von 74 °C zu übergießen und mit 0,08 g Zinkdithionit zu versetzen. Der Ansatz wird auf einem Wasserbad auf 74 °C gehalten, 10 s mit einem Glasstab gerührt und ohne Rühren 15 min stehengelassen.

Aus dem gebleichten Stoff wird ein Laborblatt angefertigt. Die restlichen 200 ml Suspension dienen zur visuellen Beurteilung der Reinheit und zur Isolierung von nicht aufgeschlossenen Papierresten sowie Fremdstoffen. Beide Laborblätter werden vor und nach dem Trocknen im auffallenden und durchfallenden Licht auf Reinheit geprüft. Die Bewertung der Ergebnisse erfolgt nur qualitativ, wie unter TAPPI T 204 angegeben.

3.7.6 Bewertung des Deinkingprozesses

Zur Bewertung der Ergebnisse von Deinkingverfahren bieten sich in der ersten Stufe Vergleiche der Reflexionsfaktoren (Weißgrade) vor und nach dem Deinking an.

Deinkbarkeits-Maßzahl (DEM)

Um den Unterschied der durch das Deinking verbesserten Reflexionsfaktoren (Weißgrade) von unbedrucktem und bedrucktem Altpapier zu kennzeichnen, wurde in den PTS-Prüfmethoden für das Flotations- und das Wasch-Deinking die Deinkbarkeits-Maßzahl (*DEM*) in Prozent eingeführt (s. Abschn. 3.7.2).

Die Auswertung der Meßergebnisse für das Flotations-Deinking und das Wasch-Deinking nach DEM (Bild 3.41) zeigen eine bessere Klassierung als nach den Reflexionsfaktoren (Bild 3.42). Die Faserverluste (Bild 3.43 und 3.44) liegen für Tageszeitungen und für Illustrierte beim Wasch-Deinking höher als beim Flota-

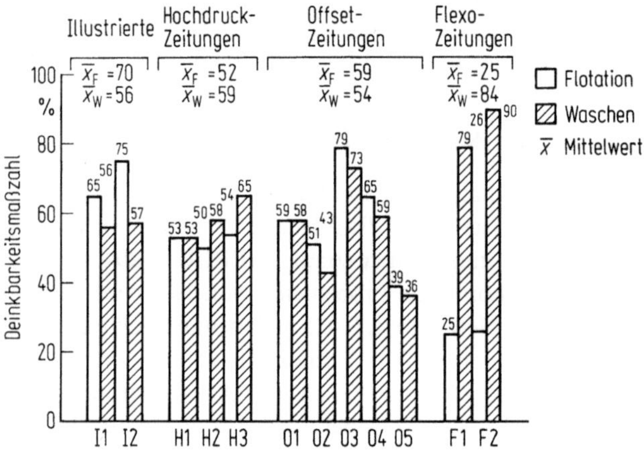

Bild 3.41. Deinkbarkeitsmaßzahl verschiedener Illustrierten und Tageszeitungen nach der Flotations-Deinking-Labormethode (PTS-RH: 010/87) und der Wasch-Deinking-Labormethode [3.86]

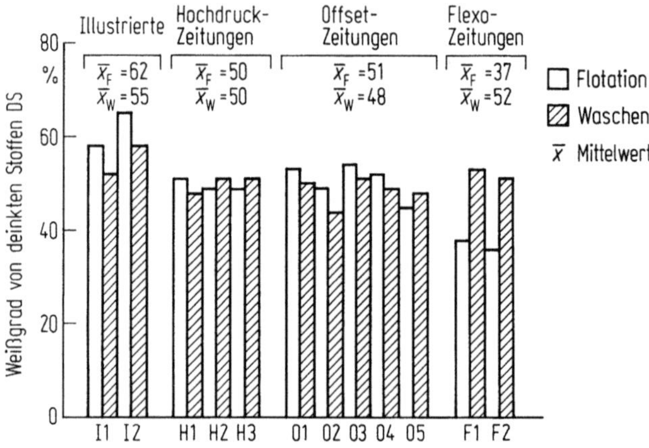

Bild 3.42. Weißgrad von deinkten Stoffen (DS) verschiedener Illustrierten und Tageszeitungen nach der Flotations-Deinking-Labormethode (PTS--rH: 010/87) und der Wasch-Deinking-Labormethode [3.86]

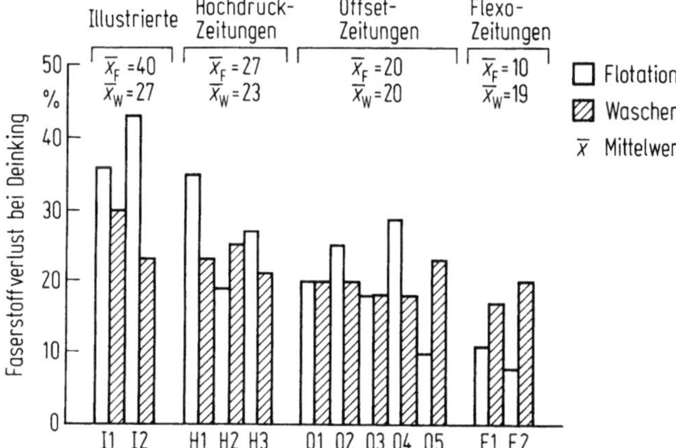

Bild 3.43. Faserstoffverlust verschiedener Illustrierten und Tageszeitungen bei den Deinkingversuchen nach der Flotations-Deinking-Labormethode (PTS-RH: 010/87) und der Wasch-Deinking-Labormethode [3.86]

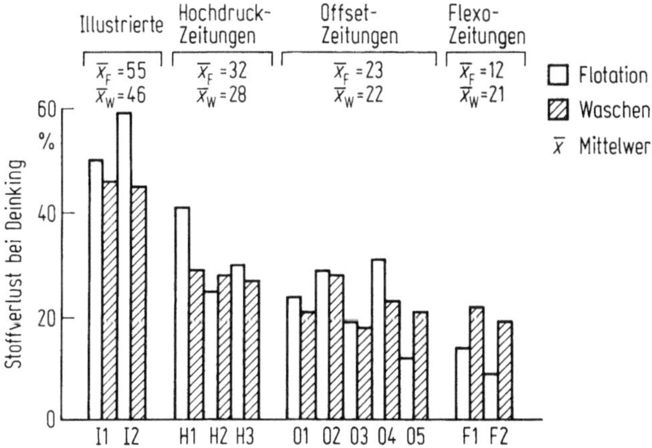

Bild 3.44. Stoffverlust verschiedener Illustrierten und Tageszeitungen bei den Deinking-Versuchen nach der Flotations-Deinking-Labormethode (PTS-RH: 010/87) und der Wasch-Deinking-Labormethode [3.86]

tions-Deinking. Dabei sind die Füllstoffverluste höher als die Faserstoffverluste (Bild 3.45).

Bei einer Nachflotation wurde nur ein Reflexionsfaktor von 50% erreicht. Eine kombinierte Waschstufe mit einer Flotationszelle verbesserte den Reflexionsfaktor um 4 bis 5 Prozentpunkte auf 55% (Bild 3.46). Eine Kombination der beiden Verfahren erbringt unabhängig vom Ausgangs-Reflexionsgrad des Altpapierstoffs eine Erhöhung um 5 Prozentpunkte. Bei einer derartigen Behandlung müssen Gesamtstoffverluste von 35% bis 38% hingenommen werden, um Steigerungen des Reflexionsfaktors von 16 Prozentpunkten zu erreichen (Bilder 3.47 und 3.48).

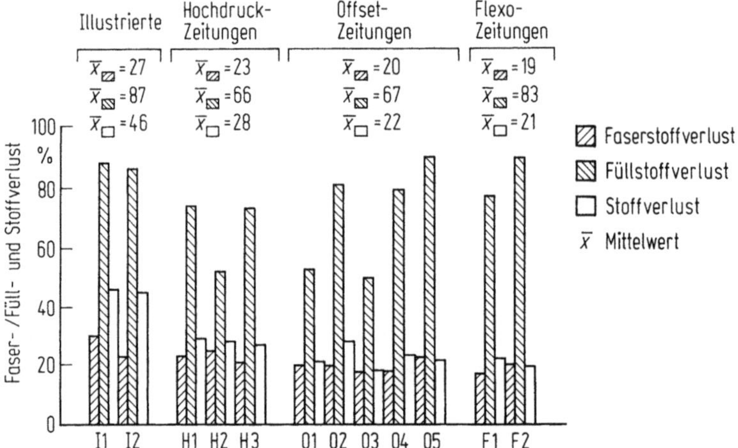

Bild 3.45. Faserstoff-, Füllstoff- und Stoffverlust verschiedener Illustrierten und Tageszeitungen bei den Deinkingversuchen nach der Wasch-Deinking-Labormethode [3.86]

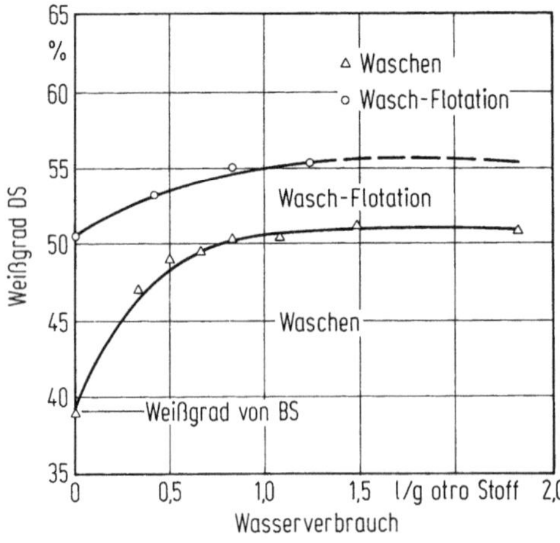

Bild 3.46. Entwicklung des Weißgrades der Altpapiermischung aus 50% Illustrierten und 50% Offset-Tageszeitungen bei der Nachbehandlung der gewaschenen Stoffe durch Flotation [3.86]

Die Nachbehandlung durch Waschen mit Wasser eines durch Flotations-Deinking gereinigten Altpapierstoffs verbessert nicht den Reflexionsfaktor (Bild 3.49) und führt nur zu erhöhten Gesamtverlusten (Bild 3.50). Ein derartiges Produktionsverfahren hätte nur dann Sinn, wenn es auf eine Ausschleusung der Füllstoffanteile ankommt, wie bei der Herstellung von Tissues. Durch eine 10 min lange Wäsche mit Wasser konnte der Füllstoffgehalt fast vollständig ausgespült werden (Bild 3.50). Der Reflexionsfaktor kann durch eine kombinierte Anwendung [3.41] von Auflösung, Flotation, erster und zweiter Bleichstufe mit zwischengeschalteter Waschstufe wesentlich verbessert werden (Bild 3.51).

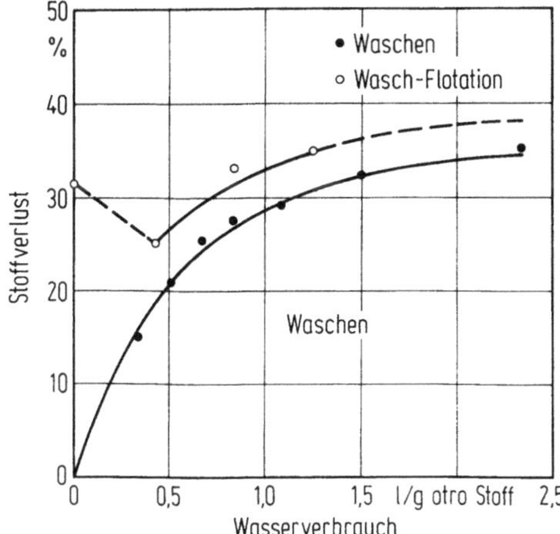

Bild 3.47. Entwicklung des Stoffverlustes der Altpapiermischung aus 50% Illustrierten und 50% Offset-Tageszeitungen bei der Nachbehandlung der gewaschenen Stoffe durch Flotation [3.86]

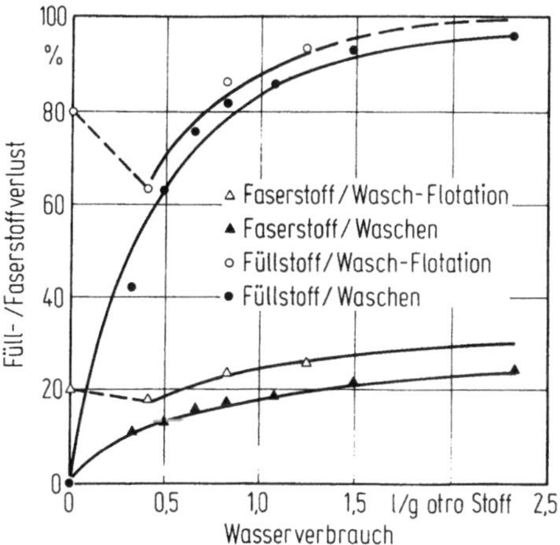

Bild 3.48. Entwicklung des Füllstoff- und Faserstoffverlustes der Altpapiermischung aus 50% Illustrierten und 50% Offset-Tageszeitungen bei der Nachbehandlung der gewaschenen Stoffe durch Flotation [3.86]

Ausscheidungswirkungsgrad von Druckfarbenteilchen

Für eine drucktechnische Bewertung, insbesondere des Rasterdrucks von Papiersorten, die deinkten Altpapierstoff enthalten, spielt die Teilchengröße [3.87] der noch im Papier befindlichen Druckfarbenteilchen eine Rolle. Bekanntlich ist der Abscheidungswirkungsgrad von Druckfarbenteilchen aus deinktem Altpapierstoff durch Flotation und/oder Waschen durch die Druckfarbenart und die Teilchengröße der Druckfarbenrestteilchen begrenzt [3.41] (Bild 3.52). Der Abscheidungswirkungsgrad beträgt beim Flotations-Deinking hydrophober Druckfarben bis zu 90% und im gesamten Bereich von 5 µm bis 175 µm rund 80%. Nach Erfahrungen liegen z. B. bei einem Gehalt von 130 Mio. Druckfarbenteilchen/g otro Einlauf-

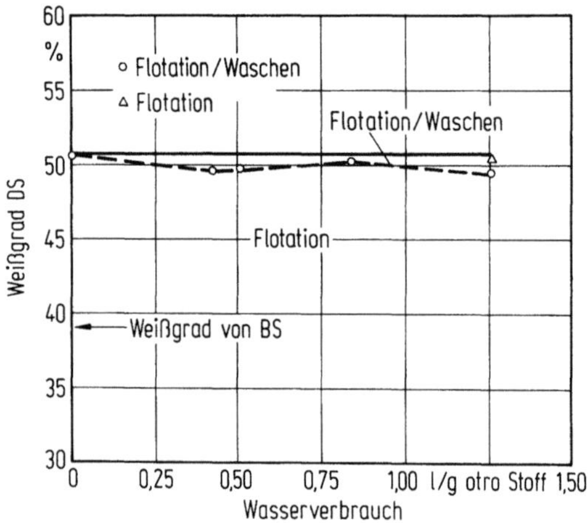

Bild 3.49. Entwicklung des Weißgrades der Altpapiermischung aus 50% Illustrierten und 50% Offset-Tageszeitungen bei der Nachbehandlung der flotierten Stoffe durch Wäsche [3.86]

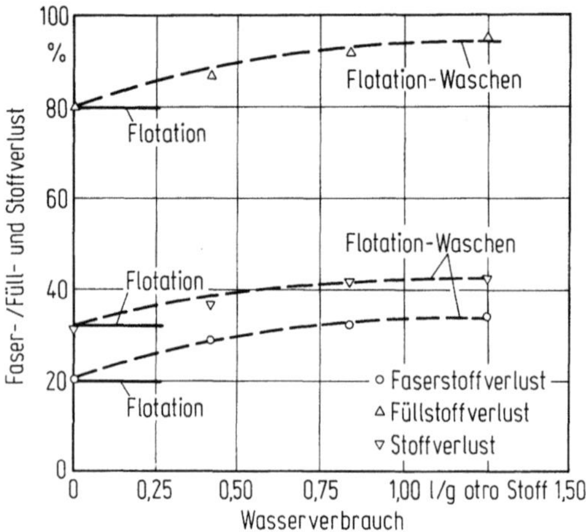

Bild 3.50. Entwicklung des Stoff-, Füllstoff- und Faserstoffverlustes der Altpapiermischung aus 50% Illustrierten und 50% Offset-Tageszeitungen bei der Nachbehandlung der flotierten Stoffe durch Wäsche [3.86]

stoff zur Flotation im flotierten Altpapierstoff noch rund 25 Mio. Druckfarbenteilchen/g deinkter Stoff vor [3.41].

Diese beeinflussen maßgeblich den optischen Eindruck [3.88] und lösen einen Melierungseffekt [3.89] aus.

Zur Erfassung der Anzahl und der Teilchengrößenverteilung sind verschiedene Methoden einschließlich bildanalytischer Verfahren beschrieben worden [3.90–3.92a, b].

Melierungszahl *M*

Blechschmidt und Ackermann [3.89] schlagen eine Melierungszahl *M* zur quantitativen Kennzeichnung der optischen Dichte der sichtbaren Druckfarbenteilchen vor.

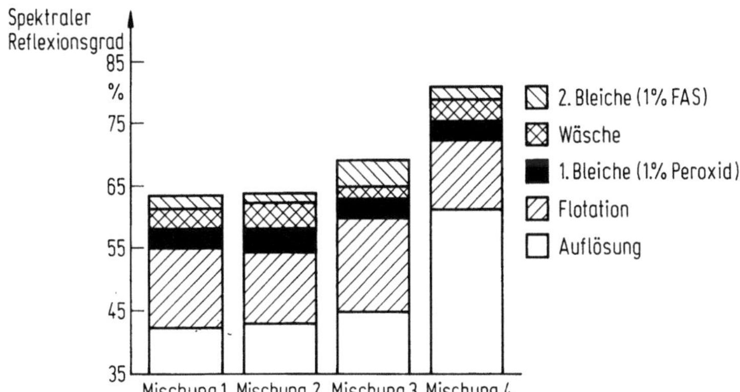

Bild 3.51. Reflexionsfaktor nach Flotation, Bleiche und Wäsche von verschiedenen Altpapiermischungen (Halbtechnische Versuche am CTP/Frankreich) [3.41]

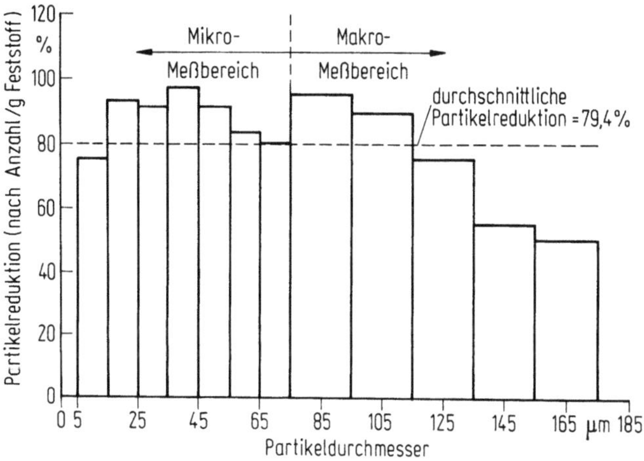

Bild 3.52. Druckpartikelreduktion durch Flotation [3.41]

Diese ist wie folgt definiert:

$$M = \frac{\sum\limits_{1\,=\,5}^{19} H_{01}}{A_{1000}}\,.$$

Darin bedeuten:

H_{01} = absolute Häufigkeit der Druckfarbenteilchen in der Klasse i,
A_{1000} = Fläche, auf der sich 1000 Druckfarbenteilchen befinden.

Die Klassennumern 1 bis 19 sind von 5 µm (Klasse 1) bis 1000 µm (Klasse 19) als jeweilige Klassenobergrenzen vereinbart. Die Sichtbarkeitsgrenze wird auf 20 µm festgelegt. Kleinere Teilchen beeinflussen nur den Reflexionsfaktor (Weißgrad), nicht aber die Melierungszahl M.

In diesem Zusammenhang wurde auch nachgewiesen, daß die Blattbildungsbedingungen am Betriebs-Rapid-Köthen-Blattbildner den granulometrischen Zustand der Druckfarbenteilchen im Laborblatt beeinflussen. Teilchen einer Größe von 5 bis 50 µm werden bei der normalen Laborblattbildung in erheblichem Ausmaß ausgewaschen [3.89]. Dadurch verbessert sich die optische Homogenität und etwas der Weißgrad des Papiers. Zur Vermeidung von Stoffverlusten bei der Blattbildung werden nach Vorschlag von Blechschmidt [3.89a] Laborblätter einer Flächenmasse von 16 g/m^2 auf einem eingelegten Rundfilter 388 von 240 mm Durchmesser für derartige Untersuchungszwecke hergestellt.

Grenzteilchengröße

Eine analytische Methode zur meßtechnischen Erfassung der oberen Grenzteilchengröße beschreibt Blechschmidt mit Mitarbeitern [3.56] zum Nachweis der Selektivität der Druckfarbenflotation. Um die optische Homogenität deinkter Altpapierstoffe zu verbessern, kommt es auf die Austragung großer Teilchen durch verbesserte Prozeßführung an. Verfahrenstechnische Vorschläge für Deinking-Prozesse zur Beherrschung der Einflußfaktoren sowie für leichter deinkbare Druckfarben für die verschiedenen Druckverfahren werden diskutiert.

Rasterpunktstruktur I_p

Die von Göttsching und Mitarbeitern beschriebenen bildanalytischen Methoden [3.92] zur Erfassung von Druckfarbenteilchen wurden für die Beurteilung der Auswirkungen der Teilchengrößen auf die Wiedergabe von Rasterdrucken im Viertel- und Halbton-Bereich modifiziert [3.93]. Im Meßbereich von 5 µm bis 75 µm wird mikroskopisch mit drei abgestuften Größenbereichen gearbeitet. Der Bereich von 75 µm bis 200 µm wird makroskopisch erfaßt. Am Beispiel einer Untersuchung von elf Naturtiefdruckpapieren, die im Rollenrotations-Tiefdruck im Schön- und Widerdruck vierfarbig bedruckt waren, wurden sowohl einfarbige (schwarz) als auch vierfarbige Vollflächen sowie einfarbige Rasterflächen meßtechnisch bewertet. In die Bedruckbarkeitsanalytik wurden die Einflüsse der Formation und der Siebmarkierung einbezogen. Als Kennzahl wird die Intensität der Rasterpunktstruktur I_p in % verwendet [3.93].

Das Prinzip dieser Kennzahl beruht darauf, daß die Grauwertverteilung (Bild 3.53) einer Rasterfläche sich aus einem periodischen und einem stochastischen Anteil zusammensetzt. Diese Verteilung ist mittels einer zweidimensionalen Fourier-Transformation zu zerlegen. Die Gleichmäßigkeit der Rasterfläche bemißt sich aus dem Verhältnis zwischen der durch die regelmäßige Rasterpunktstruktur verursachten Varianz σ_p^2 zur Varianz der Gesamtgrauwertverteilung σ^2 gesamt. Bei einer störungsfreien, „idealen" Rasterfläche und einem Wert für $\sigma_s^2 = 0$ (stochastischer Anteil des Grauwertes = völlig regellos verteilte Grauwerte) kann der Kennwert für die Intensität der Rasterpunktstruktur 100% betragen [3.93].

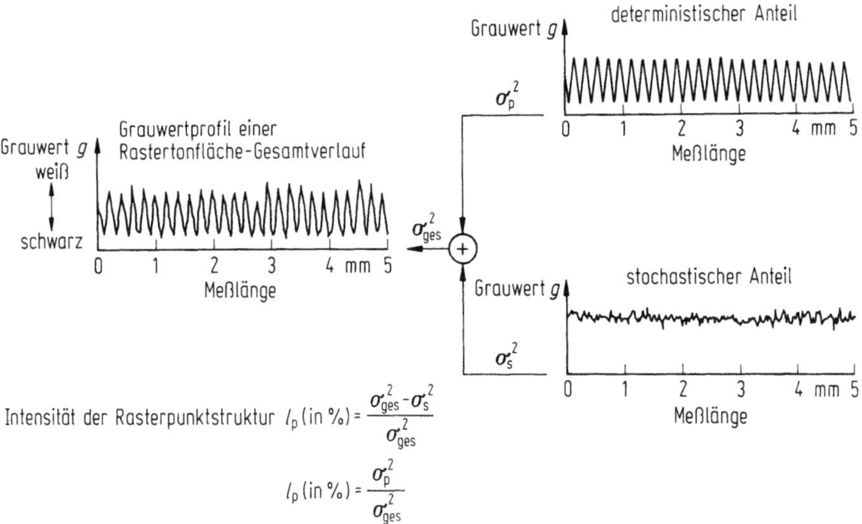

Bild 3.53. Zur Bestimmung der Intensität der Rasterpunktstruktur [3.93]

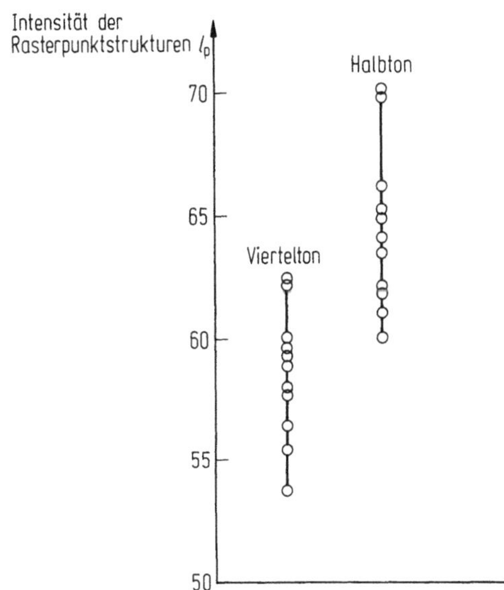

Bild 3.54. Intensität der Rasterpunktstruktur von elf verschiedenen NTD-Pa-
pieren (Praxisdrucke) [3.93]

Es wurde gefunden, daß die Gleichmäßigkeit der Druckbildwiedergabe im Halbtonbereich (Bild 3.54) ein höheres Niveau annimmt als im Vierteltonbereich. Die Spannweite der I_p-Werte mit 9% beim Viertelton und 10% beim Halbton deutet auf ein relativ enges Qualitätsspektrum der elf Praxisdrucke hin.

Die Methode gestattet, die Anteile der Grauwertvarianz der Rasterpunktstruktur und der Grauwertvarianz der Siebstruktur an der Gesamtvarianz einer Rasterfläche (Halbton) in eine Rangfolge einzuordnen (Bild 3.56).

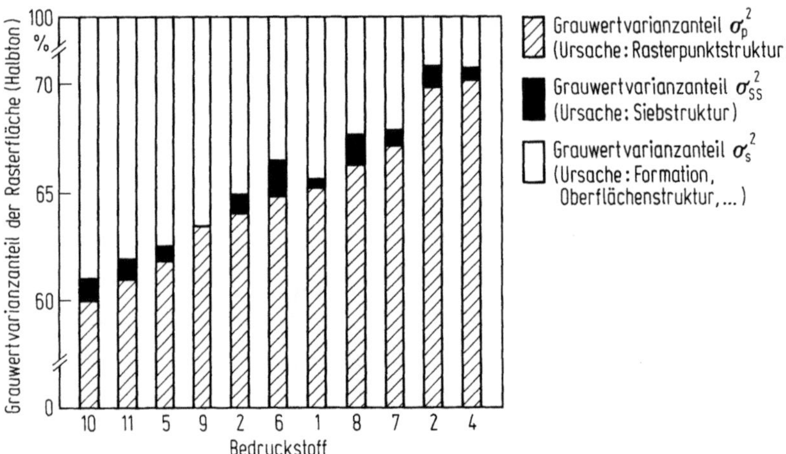

Bild 3.55. Anteil der Grauwertvarianz der Rasterpunktstruktur und der Grauwertvarianz der Siebstruktur an der Gesamtvarianz einer Rasterfläche (Halbton) elf verschiedener NTD-Papiere (Praxisdrücke) [3.93]

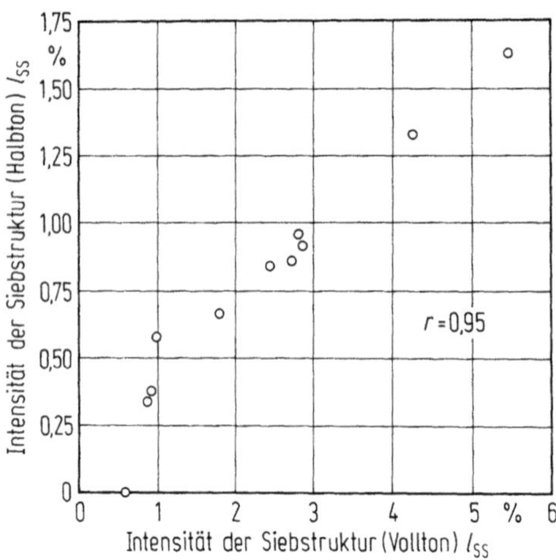

Bild 3.56. Zusammenhang zwischen der Intensität der Siebstruktur im Vollton und Halbton [3.93]

Zusammenfassend stellt Göttsching [3.93] in dieser Arbeit fest, daß über die bildanalytische Quantifizierung der Gleichmäßigkeit von Rasterflächen mittels der Bestimmung der I_p-Werte die signalanalytischen Methoden eine strukturelle Kennzeichnung der Druckfarbenverteilung auf dem Bedruckstoff ermöglichen.

Damit eröffnen sich neue Wege in der Bedruckbarkeitsanalytik zur Untersuchung der Zusammenhänge zwischen Papierstruktur- und Druckqualitätsmerkmalen.

3.8 Mahlung
Beating

3.8.1 Allgemeines

Eine handelstechnische Bedeutung für die Kennzeichnung der Mahlentwicklung von Altpapierstoffen erscheint derzeit nicht gegeben, da es allem Anschein nach wohl kaum verwendungsgerechte, durch Aufschlagen, Deinken und Bleichen aufbereitete Handels-Altpapierstoffe in nennenswertem Maße gibt, die einer Prüfung durch Labormahlung bedürfen. Die Mahlung von Altpapierstoffen konzentriert sich daher praktisch auf die innerbetriebliche Betriebskontrolle und die Prozeßsteuerung [3.93 a, b].

Für diesen Zweck werden vorzugsweise Labor- oder Kleinrefiner eingesetzt, da diese Maschinen eine bessere Übertragbarkeit der Ergebnisse als Labormahlgeräte durch freiere Wahl von Stoffdichte, Mahlgarnituren, Mahlungsbedingungen, Temperatur, Bleichmittelzugabe etc. in dem Produktionsbetrieb gestatten. Eine Zuordnung der auf den Mahlprozeß einwirkenden Einflußgrößen systematisierte Blechschmidt in Tabelle 3.15.

Für meist erforderliche nachfolgende halbtechnische Untersuchungen werden ohnehin größere Probemengen benötigt, die mit Labormahlgeräten nicht hergestellt werden können.

3.8.2 Laborrefiner-Mahlung

Typische Aufgaben bestehen z. B. in Fragestellungen, ob durch eine Nachmahlung bestimmter Langfaserfraktionen, die durch Fraktionierprozesse bei der Altpapier-

Tabelle 3.15. Einflußgrößen auf den Mahlprozeß [3.75]

	Einflüsse	
des Mahlgutes:	der Mahlmaschine:	der Prozeßführung:
Rohstoffart und Qualität	Bauart	Stoffdichte
Aufschlußverfahren	Maschinenleistung	Temperatur
Aufschlußgrad	Messeranordnung	Chemikalienbeaufschlagung
Quellungszustand	Messeranzahl	des Prozeßwassers
Zerfaserungsverfahren	Messerbreite	pH-Wert
(bei Altpapier)	Messerform	Durchflußmenge
mittlere Faserlänge und	Messermaterial	Mahlenergie
Faserlängenverteilung	Rauhtiefe der	Mahlspalt
	Messeroberfläche	
	Schnittwinkel	
	Nutquerschnitt	
	Nutunterbrechungen	
	Drehzahl	
	Standzeit	
	Betriebszeit	

aufbereitung erhalten werden können, Eigenschaftsverbesserungen für die herzustellende Papierqualität erzielbar sind [3.96–3.98].

3.8.3 Prüftechnische Möglichkeiten

Neue Erkenntnisse bei der Mahlung von Faserstoffen, insbesondere von Altpapierstoffen, zeigen prüftechnische Möglichkeiten zur Erfassung von Einflußfaktoren auf die Mahlungsergebnisse. Es werden die in den Zonen der Wirkpaarung ablaufenden Mikroprozesse, die zwischen Mahlspalt und Homogenität des Mahlguts bestehenden Beziehungen und die Einflüsse der Rauhtiefe der Messeroberfläche untersucht. Berechnungsformeln (Tabelle 3.16) erfassen die quantitativen Zusammenhänge der Meßwerte [3.74].

Blechschmidt und Mitarbeiter [3.99] zeigten, daß die WRV-Ausgangswerte für verschiedene Halbstoffarten (Bild 3.57) und ihre einzelnen Fraktionen stark variieren. Aus diesen Gegenüberstellungen der WRV-Werte verdeutlichen sich die Unterschiede von Altpapierstoffen zu Zellstoffen und Holzstoffen.

Für den Fall, daß für eine bestimmte statische Festigkeit, die durch die Mahlung von gemischtem Altpapier eingestellt werden soll, ein WRV-Wert von 140% notwendig ist, werden Lösungsansätze diskutiert.

Diese Zielgröße ist bei Verwendung einer Mahlgarnitur mit einem mittleren Schnittwinkel von 10° mit einer spezifischen Kantenbelastung von 1,0 Ws/m und einem spezifischen Mahlarbeitsbedarf von 427 kWh/t erreichbar. Bei Verwendung einer Mahlgarnitur mit einem mittleren Schnittwinkel von 60° verringert sich bei gleicher spezifischer Mahlkantenbelastung der spezifische Mahlarbeitsbedarf auf 194 kWh/t.

Der WRV-Wert eines dispergierten Halbstoffs aus gemischtem Altpapier von 105% wurde durch Mahlung bei gleicher Mahlkantenbelastung mit einer Mahlgarnitur mit Schnittwinkel 60° auf 213% und mit Schnittwinkel von 10° auf 175% verbessert (Bilder 3.58 und 3.59).

In dieser Darstellungsweise werden die Entwicklung der Zugfestigkeit (Bild 3.60) in Abhängigkeit von der Mahlkantenbelastung und dem spezifischen Mahlarbeitsbedarf, die Zusammenhänge zwischen Entwicklung der Zugfestigkeit und dem Entwässerungswiderstand (Bild 3.61) bzw. dem Feinstoffgehalt

Tabelle 3.16. Mathematische Modelle zur Beschreibung der Mahlungsvorgänge ($E = f$ (W_{spez}, B_s, α) [3.74]

Modell-Nr.	Ansatz	Bestimmtheitsmaß
Modell 1	$E = a_1 \cdot \exp\left[a_2 \cdot W_{\text{spez}} + a_3\alpha + a_4 \cdot B_s\right] + E_0$	0,9043
Modell 2	$E = a_1 \cdot W_{\text{spez}}a_2 \cdot \alpha a_3 \cdot B_s a_4 + E_0$	0,9692
Modell 3	$E = a_1 + a_2 \cdot W_{\text{spez}} + a_3 \cdot \alpha + a_4 \cdot B_s + a_5 \cdot W_{\text{spez}2} + a_6 \cdot \alpha^2 + a_7 \cdot B_{s}2$ $\quad + a_8 \cdot W_{\text{spez}} \cdot \alpha + a_9 \cdot W_{\text{spez}} \cdot B_s + a_{10} \cdot \alpha \cdot B_s + a_{11} \cdot W_{\text{spez}} \cdot \alpha \cdot B_s$	0,9870

E Eigenschaftskennwert; E_0 Eigenschaftskennwert, ungemahlen; W_{spez} spezif. Mahlarbeitsbedarf; B_s spezif. Mahlkantenbelastung; α Schnittwinkel; $a_1 - a_{11}$ Koeffizienten

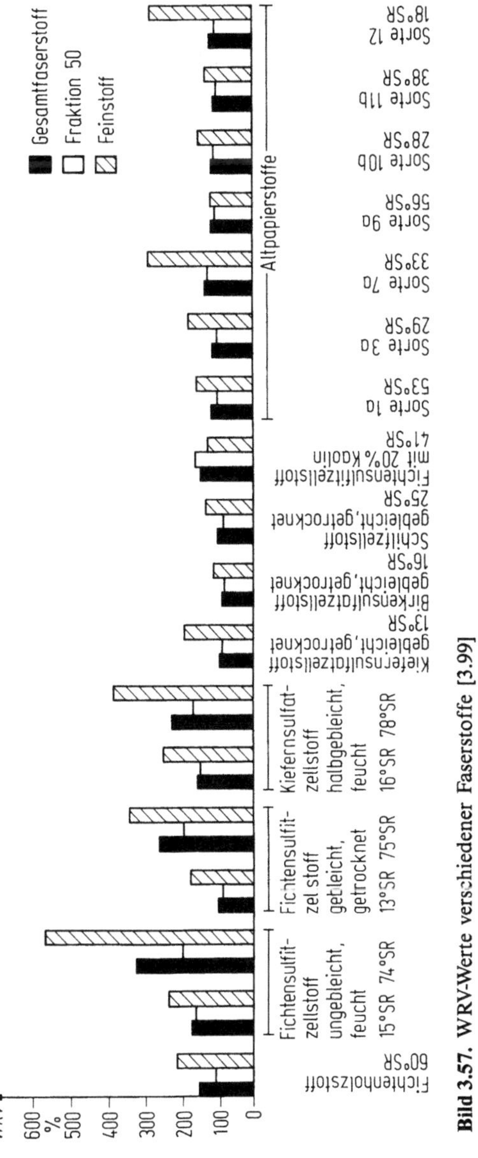

Bild 3.57. WRV-Werte verschiedener Faserstoffe [3.99]

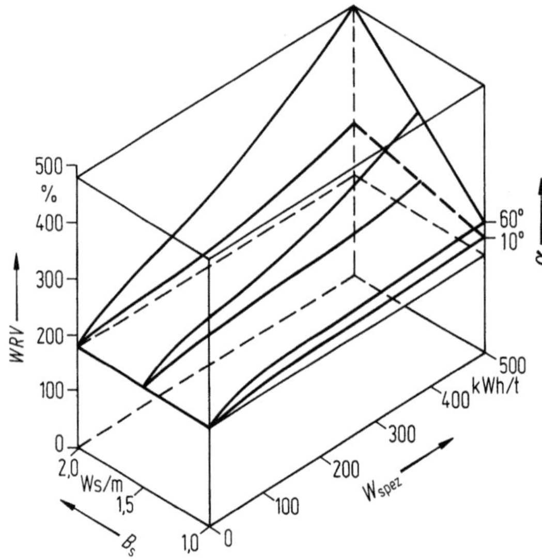

Bild 3.58. Entwicklung des WRV-Wertes bei der Mahlung von ungebleichtem, feuchtem Fichtensulfitzellstoff [3.99]

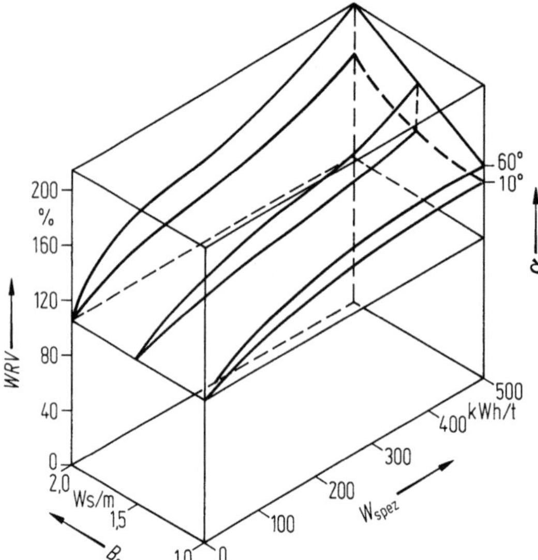

Bild 3.59. Entwicklung des WRV-Wertes bei der Mahlung von gemischtem Altpapier [3.99]

(Bild 3.62) sowie die Zusammenhänge zwischen der Durchreißfestigkeit und dem Entwässerungswiderstand (Bild 3.63) diskutiert. Diese Diagramme geben Hinweise auf den prüftechnischen Einsatz von Laborrefinern für die Prozeßsteuerung von Mahlanlagen für Altpapierstoffe bzw. -fraktionen.

Es wird die Schlußfolgerung gezogen, daß der Schnittwinkel und die spezifische Mahlkantenbelastung einen vergleichsweise großen Einfluß auf die Steigerung des Wasserrückhaltevermögens und der Festigkeitsentwicklung ausüben [3.99].

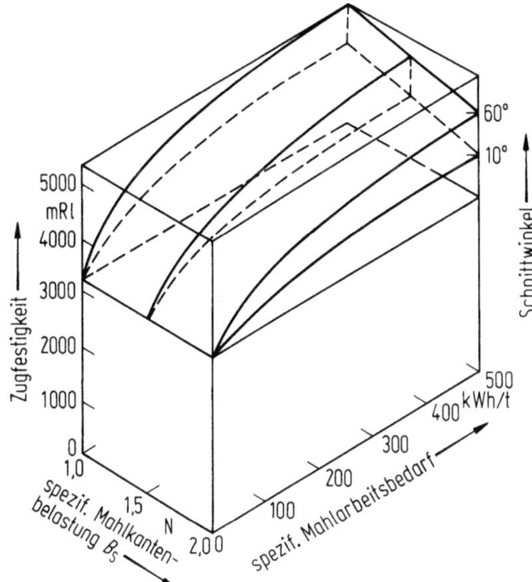

Bild 3.60. Zugfestigkeit als Funktion von spezifischer Mahlkantenbelastung, Schnittwinkel und spezifischem Mahlarbeitsbedarf [3.74]

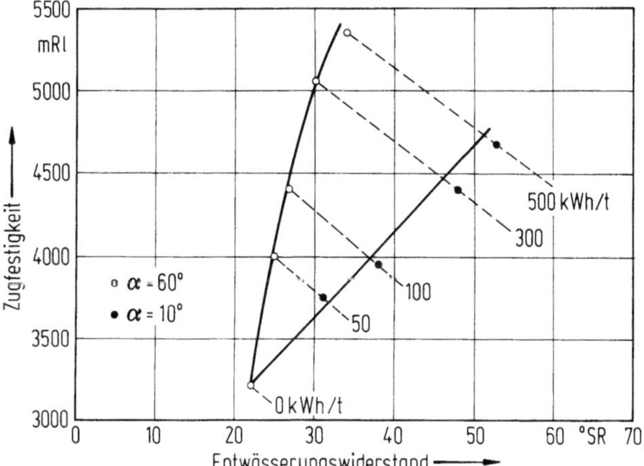

Bild 3.61. Entwicklung der Zugfestigkeit (in m Reißlänge) bei der Mahlung (Altpapier, Wellpappenabfälle, B_s 1,0 N)

3.9 Entwässerung
Drainability

3.9.1 Allgemeines

Zur Prüfung der Entwässerungsfähigkeit von Altpapierstoff und altpapierhaltigen Ganzstoffen werden die für die Prüfung von Zellstoff (Abschn. 1.8) und Holzstoff (Abschn. 2.5.3) beschriebenen Verfahren und Geräte eingesetzt.

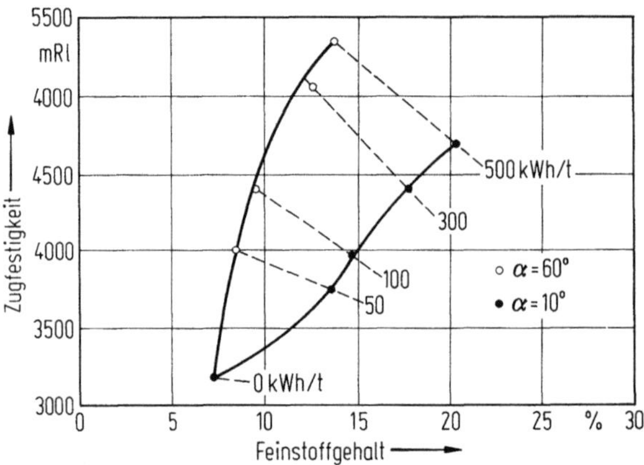

Bild 3.62. Feinstoffentwicklung bei der Mahlung (Altpapier, Wellpappenabfälle, B_s 1,0 N) [3.74]

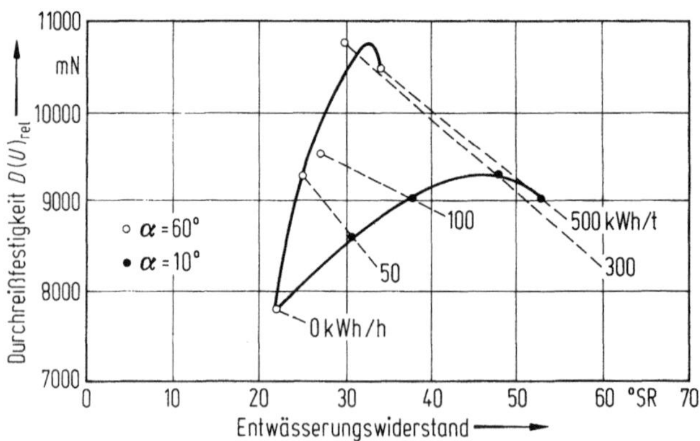

Bild 3.63. Entwicklung der Durchreißfestigkeit bei der Mahlung (Altpapier, Wellpappenabfälle, B_s 1,0 N) [3.74]

Die Anwendung dieser Verfahren liegt hauptsächlich auf Gebieten innerbetrieblicher Aufgabenstellungen.

3.9.2 WRV-Wert

Für die Kennzeichnung der Entwässerungsfähigkeit und der Quellfähigkeit von Altpapierstoffen hat die Bestimmung des Wasserrückhaltevermögens (WRV) eine besondere Bedeutung. Diese liefert im Vergleich zu den konventionellen Mahlgradprüfungen aufschlußreichere Meßergebnisse. Dies hängt damit zusammen, daß Altpapierstoffasern durch die Beanspruchung durch ein- oder mehrlagiges Durchlaufen von Papierherstellungs-, Trocknungs-, Verarbeitungs- und Gebrauchsprozessen in der Faserlänge verkürzt, in der Faseroberfläche verhornt und teilweise entfibriliert sowie in den Faserwandschichten nicht mehr intakt sind. Dadurch werden Quellfähigkeit und Faserbindungsvermögen herabgesetzt [3.99]. Diese Schädigungen wie auch die Reaktivierung der Altpapierstoffasern z. B. durch Heißaufschlagen [3.73] und/oder Mahlung [3.99] lassen sich gut durch die Bestimmung des WRV-Wertes erfassen. Blechschmidt und Mitarbeiter [3.99] fanden bei einer Anzahl verschiedener Altpapierstoffe mit Schopper-Riegler-Werten von 18 SR bis 56 SR, daß die WRV-Werte (Bild 3.57) für die Gesamtfaserstoffe und die Fraktion 50 im Bereich knapp über 100% bis etwa 140% liegen. Die WRV-Werte der Feinststoff-Fraktionen sind erheblich höher und erreichen WRV-Werte bis 280%. Die Einflüsse der Mahlung auf die Reaktivierung der Altpapierfasern werden durch die Verfolgung der ansteigenden WRV-Werte diskutiert [3.99].

3.10 Laborblattbildung
Preparation of laboratory sheets

Auch bei den Aufgaben der Laborblattbildung überwiegt das innerbetriebliche Interesse. Besondere Schwierigkeiten bereiten die bei der üblichen Laborblattbildung für Zellstoff (Abschn. 1.9) und Holzstoff (Abschn. 2.7) beschriebenen Verfahren und Methoden bei Anwendung auf Altpapierstoffe durch deren Feinststoff-, Feinstoff- und Füllstoffgehalt. Bei der Herstellung von Laborblättern ist der Verwendungszweck zu berücksichtigen: Sollen diese zur Ermittlung von Festigkeitseigenschaften dienen, ist der Füllstoffgehalt und evtl. die Füllstoffart [3.71] für eine Diskussion der Meßwerte unerläßlich. In derartigen Fällen ist evtl. das zuerst hergestellte Blatt auf den Füllstoffgehalt zu untersuchen und die Einwaage für die nachfolgend für Meßzwecke anzufertigenden Laborblätter auf gleiche Faserstoffdichte zu korrigieren. Zur Verhinderung von Stoffverlusten wurde die Blattbildung über Filtrierpapier empfohlen, das auf das Sieb in Blattbildungsgeräten eingelegt wird [3.89a].

Diese Arbeitsweise kann für optische Prüfungen einschließlich der Untersuchung der Reinheit und der Bestimmung von Ausbeuten aus Aufschlag-, Deinking- und Bleichversuchen zweckmäßig sein.

Für Betriebskontrollen bietet sich in diesem Zusammenhang eine Verbindung der Laborblattherstellung mit der Messung der Entwässerungsdauer an. Entsprechende Prüfmethoden sind bei der Prüfung von Zellstoff (Abschn. 1.8; 1.9) und Holzstoff (Abschn. 2.7) dargestellt.

Altpapierstoffe werden in zunehmendem Maße für die Herstellung von mehrschichtigen oder mehrlagigen Papier-, Karton- und Pappenstrukturen verwertet [3.100, 3.101]. Dabei interessiert vor allem der Einsatz von Altpapierstoffen in Mittelschichten oder Mittellagen.

Zur Herstellung derartiger Strukturen im Labor und zur voraussagenden Berechnung der zu erwartenden Festigkeitswerte sowie der optischen Eigenschaften gaben Blechschmidt und Mitarbeiter [3.100–3.102] entsprechende Anweisungen.

3.11 Prüfung der Laborblätter
Testing of laboratory sheets

Für die Prüfung von Laborblättern aus Altpapierstoff bestehen hinsichtlich arteigener Qualitätskriterien Prüfvorschriften, die an die Durchführung der für Altpapier bzw. Altpapierstoff spezifischen Prüfungen angeschlossen sind und die einen Teil derartiger Prüfungen darstellen.

Es handelt sich um folgende Kriterien:
- Splitter und Fremdbestandteile (s. Abschn. 3.61),
- Deinkbarkeit im Flotations-Deinkingverfahren (s. Abschn. 3.7),
- Deinkbarkeit im Wasch-Deinkingverfahren (s. Abschn. 3.7),
- Herstellung von Laborblättern mit einheitlicher Faserflächenmasse, z. B. 80 g/m^2, d. h. Korrektur der Einwaage für die Herstellung von Laborblättern auf „aschefreien" Stoffeintrag,
- Herstellung von Laborblättern einer Flächenmasse von 16 g/m^2 über Filtrierpapier im Blattbildner zur Prüfung auf Druckfarbenteilchen,
- Bestimmung der Ausbeuteverluste beim Deinking (s. Abschn. 3.7).

Für alle herkömmlichen Prüf- und Untersuchungsaufgaben sind die für Zellstoff und Holzstoff ausgearbeiteten Vorschriften und Geräte anwendbar. Dabei sollten die Eigenheiten von Altpapierstoffen berücksichtigt werden. Dies sind z. B. mehr oder weniger stark ausgeprägte Inhomogenitäten, Zusammensetzung aus verschiedenen Papiersorten, Gehalt an Füllstoffen, Streichpigmenten, Klebstoffen, Verunreinigungen, papiertechnisch nicht verwertbaren Altpapiersorten, produktionschädlichen Stoffen und anderen Fremdbestandteilen, die produktionstechnische Belastungen verursachen.

3.12 Prüfbericht und Bewertung von Altpapierstoffen
Test report and evaluation of recovered pulps

Zur praktischen Durchführung ist zu berücksichtigen, daß Altpapierstoffe wohl in den meisten Fällen der Papierherstellung nur eine der Faserstoffkomponenten darstellen. Für die innerbetriebliche Produktionskontrolle kommt es daher nicht allein auf die Erfassung von Qualitätskriterien des Altpapierstoffs, sondern auch auf die Qualitätskriterien des Ganzstoffs an.

Für derartige Aufgaben steht die Prüfung der Einflüsse von Altpapierstoffart und Altpapierstoffmenge sowie der anderen Stoffkomponenten im Vordergrund, um möglichst mit einem Minimum an Frischfaserhalbstoffen die vorgegebenen Zielwerte zu erreichen und deren Konstanz im Produktionsverlauf zu sichern.

Zur Vereinheitlichung eines Untersuchungsganges schlägt Blechschmidt eine „Einheitsmethode zur Gütebewertung von Altpapierstoffen" vor [3.103, 3.104a]. Diese soll ein weitgehend einheitliches Vorgehen bei der physikalischen Prüfung der Eigenschaften von Altpapier und Altpapierstoffen fördern. Die Methode umfaßt Vorschriften für folgende Kriterien [3.104a]:

Tabelle 3.17. Suspensions- und Blatteigenschaften verschiedener Altpapiersorten [3.17]

Altpapiersorte		Altpapier	Suspension			Laborblatt					
		Aschegehalt DIN 54371 %	Schopper-Riegler-Wert ZM V/7/61 SR	Faserlang-stoffge-halt ZM VI/1/66 %	Feinstoff-gehalt ZM VI/1/66 %	Rohdichte DIN 53105 g/cm^3	Reißlänge DIN 53112 m	Dehnung DIN 53112 %	Weiterreiß-arbeit DIN 53115 mNm/m	Rel. Berst-festigkeit ISO 2738 kPa	Spektraler Refle-xionsfak-tor DIN 53145 %
Gemischtes Altpapier											
$\bar{x}$		7	25	48	28	0,50	2450	2,1	1110	130	32
V	%	13	6	4	6	5	7	7	4	7	7
Kaufhausabfälle											
$\bar{x}$		7	24	53	26	0,50	2350	1,8	1160	135	28
V	%	29	14	7	16	2	8	31	8	7	10
Zeitungen											
$\bar{x}$		5	45	38	35	0,49	2200	0,9	850	118	43
V	%	21	5	9	9	2	9	9	8	10	5
holzhaltig weiße Späne											
$\bar{x}$		16	24	31	35	0,56	2250	1,7	770	125	79
V	%	18	7	8	9	5	8	5	17	12	1

$\bar{x}$ = Mittelwert; V = Variationskoeffizient; $n = 18$; ZM = Zellcheming-Merkblatt

- Lagerung des Altpapiers bzw. Altpapierstoffs,
- Bestimmung des Trockenmasseanteils,
- Vereinheitlichung des Feuchteanteils,
- Zerfaserung, Egalisierung, Verteilung,
- Bestimmung des Entwässerungswiderstandes,
- Bestimmung der Formmerkmale (Fraktionen und Faserlänge),
- Bestimmung des Wasserrückhaltevermögens,
- Laborblattherstellung,
- Angleichen der Proben an das Normalklima,
- Laborblattaufteilung,
- Prüfung der klimatisierten Blätter,
- Erfassung der Prüfwerte in einem einheitlichen Prüfprotokoll [3.104b].

Zur Charakterisierung von Altpapierstoffen liegen auch Vorschläge von Göttsching und Mitarbeitern [3.105] und von Phan-Tri [3.106] vor (vgl. Tabelle 3.17).

Für die Bewertung von Altpapiersorten und Altpapierstoffen interessieren aus Kostengründen hauptsächlich die papierfabrikatorisch zu verwertenden und bei der Altpapieraufbereitung anfallenden Rest- und Abfallstoffe [3.67a]. Dies betrifft z. B. den Feuchtigkeitsgehalt und die Feuchtigkeitsverteilung in einer Lieferung. Beispiele zeigen große Schwankungen, insbesondere bei mittleren und unteren Qualitätsklassen (vgl. Bilder 3.7–3.11).

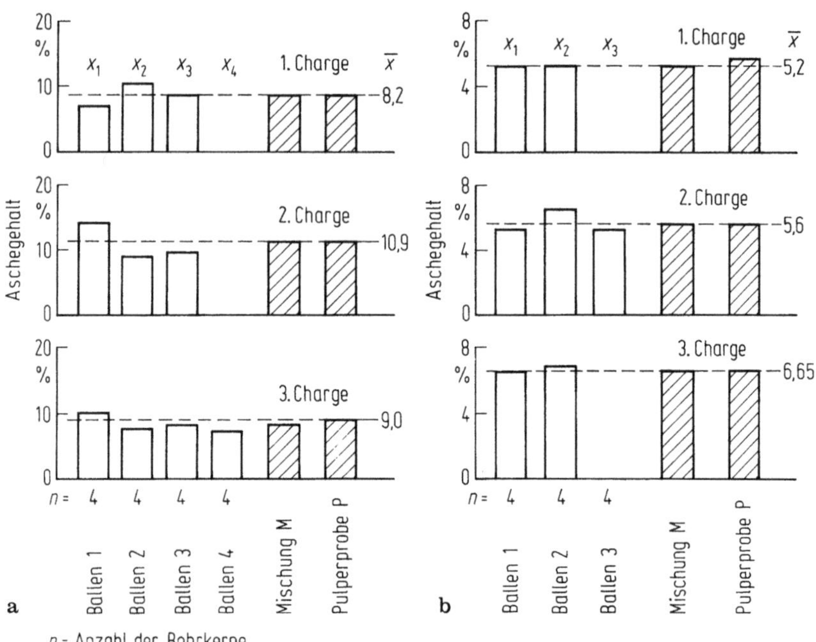

Bild 3.64a Aschegehalt von Kaufhausabfällen (B 19); **b** Aschegehalt von Wellpappenabfällen II (W 52)

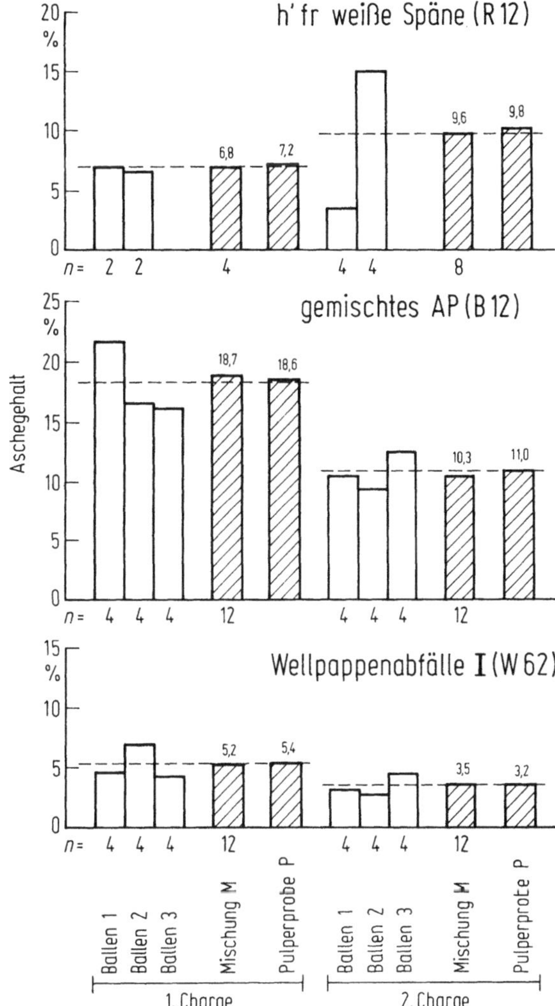

Bild 3.65. Aschegehalt verschiedener Altpapiersorten [3.17]

Füllstoffgehalte (Bilder 3.63–3.66 und Tabelle 3.18) interessieren in bezug auf die beim Deinking unvermeidlichen Stoff- und Füllstoffverluste.

Für den Hersteller von Druck- und Schreibpapieren kann der Füllstoffgehalt nützlich, im Gegensatz dazu für den Hersteller von hochfesten und steifen Packpapieren und Industriepapieren sowie für den Hersteller von Tissues und Hygienepapieren [3.109, 3.110] unerwünscht sein. Den Hersteller von Testliner und Wellenpapierqualitäten interessiert die Berstfestigkeit (Bild 3.67) und Steifigkeit, den Druckpapierhersteller dagegen mehr der Reflexionsfaktor sowie die Bedruckbarkeitseigenschaften (Tabelle 3.19).

Schließlich bestehen auch unterschiedliche Interessen an den anorganischen Bestandteilen (Tabelle 3.20), die den Betriebswasserkreislauf je nach den örtlichen Verhältnissen belasten können [3.111].

Tabelle 3.18. Aschegehalt verschiedener Altpapiersorten [3.18]

Altpapiersorte	Anzahl untersuchter Ballen	Aschegehalt		
		Mittelwert %	Minimum %	Maximum %
Untere Sorten				
Gemischtes Altpapier	34	14,0	8,0	25
Kaufhausabfälle	70	9,5	4,5	20
Mittlere Sorte				
Zeitungen	16	8,5	4,5	13
Bessere Sorten				
h'haltig weiße Späne	49	22,5	9,5	31
h'frei weiße Späne	35	7,5	3,0	16
Krafthaltige Sorten				
Wellpappenabfälle II	34	6,0	2,5	9,5
Wellppapenabfälle I	22	3,0	2,0	4,5

Tabelle 3.19

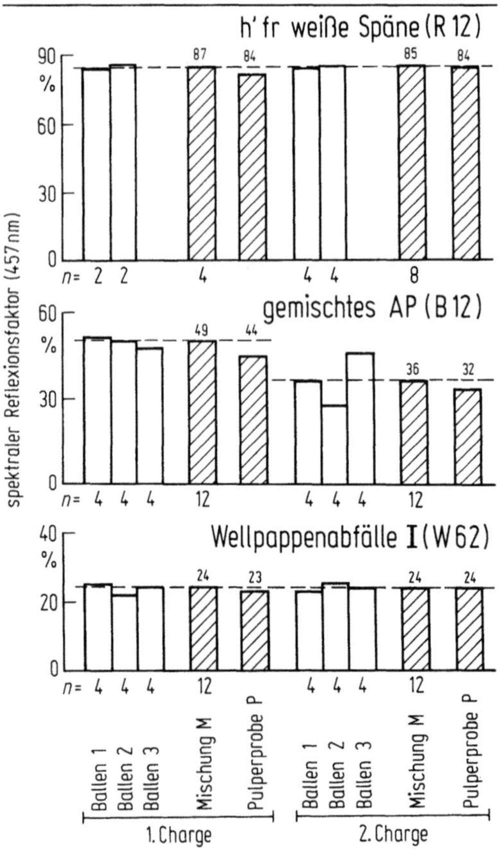

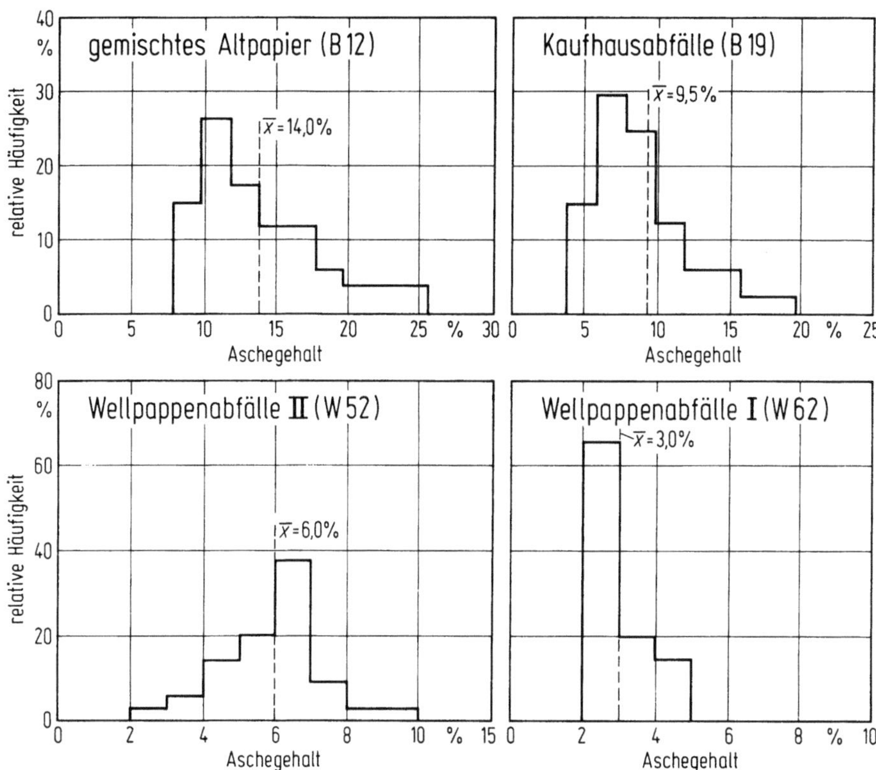

Bild 3.66. Relative Häufigkeitsverteilung des Aschegehaltes [3.18]

Tabelle 3.20. Chemische Eigenschaften verschiedener Altpapiersorten [3.17]

Altpapiersorte		aus Filterkuchen	aus Filterkuchen und Filtrat			aus dem Filtrat		
		Kationen					Anionen	
		Al g/kg	Fe g/kg	Mg g/kg	Ca g/kg	Na g/kg	SO$_4$ g/kg	Cl g/kg
Gemischtes Altpapier								
$\bar{x}$		33	0,5	3,0	14	2,0	5,5	1,5
V	%	27	55	18	15	30	9	15
Kaufhausabfälle								
$\bar{x}$		25	1,0	2,5	3,0	1,2	4,0	1,3
V	%	27	27	22	14	18	10	16
holzhaltig weiße Späne								
$\bar{x}$		60	1,5	2,0	3,5	0,8	6,0	0,5
V	%	21	32	29	5	24	6	–

$\bar{x}$ = Mittelwert; V = Variationskoeffizient; $n = 18$
Al: mit AAS nach HGA; Ca, Na, Mg, Fe: mit AAS mit Flamme; SO$_4$, Cl: mit Auto-Analyzer II

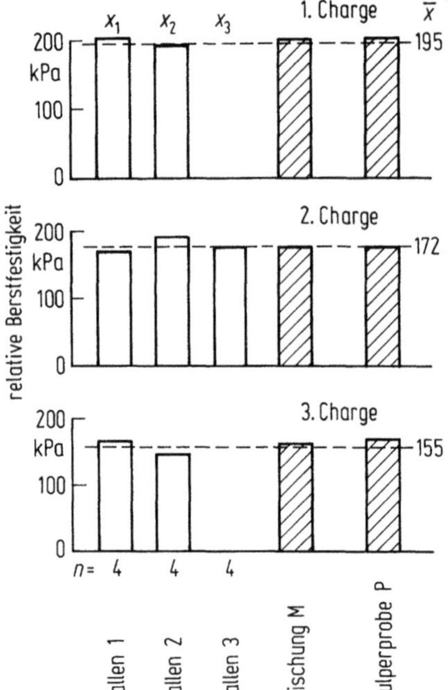

Bild 3.67. Relative Berstfestigkeit von Wellpappenabfällen II (W 52) [3.67]

Aus diesen Überlegungen folgt, daß eine allgemeine Gütebewertung von Altpapier und von Altpapierstoffen nicht ausreicht. Es ist ein Bezug von bestimmten ausgewählten Gütemerkmalen auf die herzustellende Papiersorte und die jeweiligen Fabrikationsverhältnisse und Fabrikeinrichtungen viel wichtiger und letztlich entscheidend [3,112–3.114].

Dies gilt insbesondere für die allerwichtigste Eigenschaft von Altpapier, den Beschaffungspreis und die Kosten für die Aufarbeitung und die Entsorgung von Abfall- und Reststoffen, sowie für die kostenbezogenen produktionsspezifischen Kostenfaktoren (Tabelle 3.18).

Für einen mit Flotations-Deinking ausgerüsteten Betrieb kann z. B. ein mit Flexodruckfarben bedrucktes Zeitungspapier [3.115] große Schwierigkeiten bereiten, während diese Altpapiersorte für einen Betrieb mit Wasch- oder Wasch-Flotations-Deinking problemlos zu verarbeiten sein kann. Sinngemäßes gilt für Büro- und Administrationspapiere [3.116, 3.117].

Die Zahl der Beispiele ließe sich vervielfachen. Für die Prüftechnik von Altpapier und Altpapierstoffen folgt daraus, daß es aus der Vielzahl der methodischen Möglichkeiten auf eine zweckentsprechende Auswahl, Modifizierung bzw. auch auf Neu- und Weiterentwicklungen von Prüfverfahren und Prüfgeräten ankommt.

Im Vordergrund des Interesses stehen bei der Altpapierprüfung Aufgaben in Verbindung mit der Entwicklung neuer Verfahren und Apparate (vgl. [3.118]), Prozeßsteuerung und der Qualitätssicherung, einschließlich der Sicherung der Recyclingfähigkeit von Altpapier durch Schaffung und Einsatz besser recyclingfähiger Druckfarben, Klebstoffe und sonstiger Hilfsstoffe der Papierverarbeitung und Papierverwendung.

4 Anhang
Annex

4.1 EN-Normen, die für die Prüfung von Halbstoffen herangezogen werden können (Stand Januar 1993)

Für eine Reihe von ISO-Normen ist 1992 das PQ-Verfahren[1] zur Überführung von ISO-Normen in EN-Normen eingeleitet worden. Diese ISO-Normen sind in Abschnitt A.2 durch einen Stern gekennzeichnet. Nach Herausgabe der entsprechenden EN-Normen werden die diesbezüglichen nationalen Regelwerke, die dem Normeninhalt der betreffenden EN-Normen entgegenstehen, in allen CEN-Mitgliedsländern zurückgezogen.

Die betroffenen DIN- und DIN-ISO-Regelwerke sind in Abschnitt A.1 durch einen Stern gekennzeichnet.

Für Altpapier befindet sich eine EN-Norm in Vorbereitung: pr EN 643[2] (1992), entspricht Entwurf DIN 6739, Teil 30 (9. 92) *Zellstoff, Papier und Pappe, Europäische Altpapier- und Standardsorten-Liste* (Vorschlag für eine Europäische Norm). Bezugsquelle: Beuth-Verlag, Burggrafenstr. 6, W-1000 Berlin 30

4.2 DIN-Normen, die für die Prüfung von Halbstoffen herangezogen werden können

Anmerkung Für eine Reihe von ISO-Normen ist für die europäische Normung das PQ-Verfahren[1] eingeleitet worden. Die betreffenden DIN-ISO- und DIN-Normen sind mit einem Stern in den folgenden Zusammenstellungen gekennzeichnet.

4.2.1 Probenahme, Probenvorbereitung, Trockengehaltsbestimmung, Reinheit

DIN-Nr.	Ausgabe	Titel
ISO 7213*	84.01	Zellstoff und Holzstoff; Probenahme für Prüfzwecke
54352*	77.10	Prüfung von Zellstoff; Bestimmung des Trockengehaltes von Zellstoffproben

---

[1] Primary Questionaire: 1. Umfrage in CEN für Annahme einer EN-Norm (hauptsächlich angewendet für Überführung von ISO- in EN-Normen).

[2] Preliminary EN-Norm: entspricht EN-Normentwurf.

DIN-Nr.	Aus-gabe	Titel
54351	77.11	Prüfung von Zellstoff; Bestimmung des Trockengewichts von Zellstoff in Ballen, Bestimmung auf Grund der Untersuchung von Einzelballen
54359	75.10	Prüfung von Zellstoff: Bestimmung der Stoffdichte von Faserstoffsuspensionen
54358 T 1	81.02	Prüfung von Zellstoffen; Herstellung von Laborblättern für physikalische Prüfungen; Rapid-Köthen-Verfahren
54370	81.12	Prüfung von Zellstoff, Papier und Pappe; Bestimmung des Glührückstandes
54362 T 1	82.07	Prüfung von Zellstoff; Bestimmung von Schmutz und Splittern; Prüfung am Laborblatt
53124	88.11	Papier, Pappe und Zellstoff; Bestimmung des pH-Wertes in wäßrigen Extrakten; ISO 6588: 1981 modifiziert
54373	89.09	Prüfung von Zellstoff, Papier und Pappe; Bestimmung des säureunlöslichen Anteils im Glührückstand
53114	90.09	Papier, Pappe und Zellstoff; Bestimmung der Leitfähigkeit von wäßrigen Extrakten; ISO 6587: 1980 modifiziert
54606 T 1	92.06	Prüfung von Papier; Kennzeichnung der Deinkbarkeit von bedrucktem Altpapier, Flotations-Deinking-Verfahren
54606 T 2	92.06	−; Wasch-Deinking-Verfahren

4.2.2 Halbstoffprüfung

DIN-Nr.	Aus-gabe	Titel
ISO 5267		
T 1 *	90.11	Zellstoff und Holzstoff; Prüfung des Entwässerungsverhaltens; Schopper-Riegler-Verfahren; Identisch mit ISO 5267/1, Ausgabe 1979
54360 *	77.11	Prüfung von Zellstoffen; Mahlen von Zellstoffen mit der Jokromühle im Laboratorium
54358 T 1	81.02	Prüfung von Zellstoff; Herstellung von Laborblättern für physikalische Prüfungen; Rapid-Köthen-Verfahren

4.2.3 Prüfung von Laborblättern

4.2.3.1 Mechanische Prüfungen

DIN-Nr.	Aus-gabe	Titel
53112 T 1	81.10	Prüfung von Papier und Pappe; Zugversuch am klimatisierten Proben
53132 *	81.10	Prüfung von Papier und Pappe; Bestimmung der Wasseraufnahme nach Cobb
53107	82.05	Prüfung von Papier und Pappe; Bestimmung der Glätte nach Bekk
54516	85.05	Prüfung von Papier und Pappe; Bestimmung des Spaltwiderstandes

DIN-Nr.	Aus-gabe	Titel
53 109	85.11	Prüfung von Papier und Pappe; Bestimmung des Abriebs nach dem Reibradverfahren
54 517	85.12	Prüfung von Papier und Pappe; Bestimmung der Naßdehnung
ISO 186*	82.09	Papier und Pappe; Probenahme für Prüfzwecke
ISO 187*	82.09	Papier und Pappe; Vorbehandlung der Proben
53 112 T 2	85.02	Prüfung von Papier und Pappe; Zugversuch an gewässerten Proben
ISO 287*	85.02	Papier und Pappe; Bestimmung des Feuchtigkeitsgehaltes nach dem Wärmeschrankverfahren
ISO 536*	85.02	Papier und Pappe; Bestimmung der flächenbezogenen Masse
ISO 2758*	86.12	Papier; Bestimmung der Berstfestigkeit; Identisch mit ISO 2758, Ausgabe 1983
53 105 T 1	77.12	Prüfung von Papier und Pappe; Bestimmung der mittleren Dicke von Einzelblättern, der Rohdichte und des spezifischen Volumens
53 141 T 2	77.07	Prüfung von Papier und Pappe, Bestimmung der Naß-Berstfestigkeit nach Müllen
53 115	77.12	Prüfung von Papier; Weiterreißprüfung nach Brecht-Imset
53 123 T 1	78.01	Prüfung von Papier und Pappe; Bestimmung der Biegesteifigkeit, Resonanzlängen-Verfahren
53 128*	78.01	Prüfung von Papier; Durchreißversuch nach Elmendorf
53 130	78.10	Prüfung von Papier und Pappe; Bestimmung der Feuchtdehnung
53 141 T 1*	79.04	Prüfungvon Papier und Pappe, Berstversuch; Bestimmung der Berstfestigkeit von Pappe nach Müllen
53 141 T 2	77.07	Prüfung von Papier und Pappe; Berstversuch, Bestimmung der Naß-Berstfestigkeit nach Müllen
53 120 T 2	79.08	Prüfung von Papier und Pappe; Bestimmung der Luftdurchlässigkeit, Verfahren für mittlere Luftdurchlässigkeiten nach Schopper
53 120 T 1	79.08	Prüfung von Papier und Pappe; Bestimmung der Luftdurchlässigkeit, Verfahren für mittlere Luftdurchlässigkeiten nach Bendtsen
53 106	81.05	Prüfung von Papier und Pappe; Bestimmung der Saughöhe
53 143	84.06	Prüfung von Papier, Bestimmung des Flachstauchwiderstandes an labormäßig gewelltem Papier

4.2.3.2 Optische Prüfungen

DIN-Nr.	Aus-gabe	Titel
53 146	79.03	Prüfung von Papier und Pappe; Bestimmung der Opazität
53 140	78.08	Prüfung von Papier und Pappe; Bestimmung von Normfarbwerten nach dem Dreibereichsverfahren
53 147	93.01	Prüfung von Papier; Bestimmung der Transparenz
53 145 T 1	92.04	Prüfung von Papier und Pappe; Meßgrundlagen zur Bestimmung des Reflexionsfaktors, Messung an nicht fluoreszierenden Proben
54 500	90.06	Prüfung Papier; Bestimmung der dichtebezogenen Lichtstreu- und Lichtabsorptionskoeffizienten von Faserstoffen und Papieren

4.3 ISO-Normen, die für die Prüfung von Halbstoffen herangezogen werden können. (Stand Dezember 1992)

4.3.1 Probenahme, Probenvorbereitung, Trockengehaltsbestimmung, Reinheit

ISO-Nr.	Ausgabe-jahr	Titel
7213*		Pulps − Sampling for testing
638*		Pulps − Determination of dry matter content
801/1		Pulps − Determination of saleable mass in lots − Part 1: Pulp baled in sheet form
801/2		Pulps − Determination of saleable mass in lots − Part 2: Pulps (such as flash-dried pulp) baled in slabs
801/3		Pulps − Determination of saleable mass in lots − Part 3: Unitized bales
4119*		Pulps − Determination of stock concentration (Rapid method)
186*	1985	Paper and board − Sampling to determine avarage quality
287*	1985	Paper and board − Determination of moisture content − Oven-drying method
2144	1987	Paper and board − Determination of ash
5350/1		Pulps − Estimation of dirt and shives − Part 1: Unbleached chemical pulps [638, 5263, 5269/1, 7213]
5350/2		Pulps − Estimation of dirt and shives − Part 2: Bleached chemical pulp
5350/3		Pulps − Estimation of dirt and shives. Part III: Bleached and unbleached pulps, reflected light
9284		Pulps, Fibre furnish analysis

4.3.2 Halbstoffprüfungen

4.3.2.1 Aufschlagen, Mahlung, Stoffdichte, Entwässerungsprüfung, Laborblattherstellung

ISO-Nr.	Ausgabe-jahr	Titel
4119	1978	Pulps, Determination of stock concentration
5267/1*	1979	Pulps − Determination of drainability − Part 1: Schopper-Riegler method [4119]
5267/2	1980	Pulps − Determination of drainability − Part 2: "Canadian Standard" freeness method [4119]
5263*	1979	Pulps − Laboratory wet disintegration [638, 4119]
5264/1	1979	Pulps − Laboratory beating − Part 1: Valley beater method [638, 4119, 5263]
5264/2*	1979	Pulps − Laboratory beating − Part 2: PFI mill method [638, 4119, 5263]
5264/3*	1979	Pulps − Laboratory beating − Part 3: Jokro mill method [638, 4119, 5263]

ISO-Nr.	Ausgabe-jahr	Titel
5269/1*	1979	Pulps – Preparation of laboratory sheets for physical testing – Part 1: Conventional sheet-former method [5263, 5264/1 or 5264/3]
5269/2*	1980	Pulps – Preparation of laboratory sheets for physical testing – Part 2: Rapid-Köthen method [4119, 5263, 5264/2]
5270*	1979	Pulps – Laboratory sheets – Determination of physical properties [5269/1 or 5269/2]

4.3.2.2 Künstliche Alterung

ISO-Nr.	Ausgabe-jahr	Titel
5630/1	1982	Paper and board – Accelerated ageing – Part 1: Dry heat treatment
5630/3	1986	Paper and board – Accelerated ageing – Part 3: Moist heat treatment at 80 degrees C and 65% relative humidity
5630/4	1986	Paper and board – Accelerated ageing – Part 4: Dry heat treatment at 120 or 150 degrees C

4.3.3 Prüfung von Laborblättern

4.3.3.1 Mechanische Prüfung

ISO-Nr.	Ausgabe-jahr	Titel
5651*	1989	Paper, board and pulps – Units for expressing properties
187*	1977	Paper and board – Conditioning of samples
534*	1988	Paper and board – Determination of thickness and apparent bulk density of apparent sheet density
535*	1976	Paper and board – Determination of water absorption – Cobb method
536*	1976	Paper and board – Determination of grammage
1924/1	1983	Papier and board – Determination of tensile properties – Part 1: Constant rate of loading method
1924/2*	1985	Paper and board – Determination of tensile properties – Part 2: Constant rate of elongation method
1974*	1985	Paper – Determination of tearing resistance
2493	1973	Paper and board – Determination of stiffness – Static bending method
2494	1974	Paper and board – Recommended procedure for the determination of roughness – Constant-pressure air-flow method
2758*	1983	Paper – Determination of bursting strength
2759*	1983	Board – Determination of bursting strength
3687	1976	Paper and board – Determination of air resistance (Gurley)
3689	1983	Paper and board – Determination of bursting strength after immersion in water (Revision of ISO 3689-1976)
3781	1983	Paper and board – Determination of tensile strength after immersion in water

ISO-Nr.	Ausgabe- jahr	Titel
5270	1979	Pulps, Laboratory sheets Determination of physical properties
5626	1978	Paper – Determination of folding endurance
5627	1984	Paper and board – Determination of smoothness (Bekk method)
5629	1983	Paper and board – Determination of bending stiffness – Resonance method
5634	1986	Paper and board – Determination of grease resistance
5635	1978	Paper – Measurement of dimensional change after immersion in water
5636/1	1984	Paper and board – Determination of air permeance (medium range) – Part 1: General method
5636/2	1984	Paper and board – Determination of air permeance (medium range) – Part 2: Schopper method
5636/3	1984	Paper and board – Determination of air permeance (medium range) – Part 3: Bendtsen method
5636/4	1986	Paper and board – Determination of air permeance (medium range) – Part 4: Sheffield method
5636/5	1986	Paper and board – Determination of air permeance (medium range) – Part 5: Gurley method
5637	1989	Paper and board – Determination of water absorption after immersion in water
8226/1	1985	Paper and board – Measurement of hygroexpansivity – Part 1: Hygroexpansivity up to a maximum relative humidity of 68%
8787	1986	Paper and board – Determination of capillary rise – Klemm method
8791/1	1986	Paper and board – Determination of roughness/smoothness (air leak methods) – Part 1: General method
9895	1989	Paper and board – Compressive strength – Short span test

4.3.3.3 Optische Prüfungen

ISO-Nr.	Ausgabe- jahr	Titel
2469	1977	Paper, board and pulps – Measurement of diffuse reflectance factor
2470	1977	Paper and board – Measurement of diffuse blue reflectance factor (ISO brigthness)
2471	1977	Paper and board – Determination of opacity (paper backing) – Diffuse reflectance method

Bezugsquelle: Beuth-Verlag, Burggrafenstr. 6, D-1000 Berlin 30

4.4 Zellcheming-Merkblätter (ZM) für die Untersuchung von Halbstoffen. (Stand Januar 1993)

Herausgeber und Bezugsquelle: Zelcheming, Berliner Allee 56, D-6100 Darmstadt

IV/31/91   Prüfung von Zellstoff, Bestimmung des Trockengewichts von Zellstoff in Ballen, Bestimmung auf Grund der Untersuchung von Einzelballen

IV/33/57	Bestimmung des Wasserrückhaltevermögens (Quellwertes) von Zellstoffen
IV/38/66	Bestimmung der Saughöhe von Zellstoffbogen in Wasser
IV/40/77	Prüfung von Zellstoff, Papier und Pappe, Bestimmung des Glührückstandes
IV/41/67	Prüfung von Zellstoff, Sulfatasche im Zellstoff
IV/42/67	Prüfung von Zellstoff, Bestimmung des Trockengehaltes von Zellstoffproben
IV/33/57	Bestimmung des Wasserrückhaltevermögens (Quellwertes) von Zellstoffen
V/1.1/86	Prüfung von Holzsstoffen für Papier, Karton und Pappe, Probenahme
V/1.4/86	Prüfung von Holzsstoffen für Papier, Karton und Pappe, gleichzeitige Bestimmung des Gehaltes an Splittern und Faserfraktionen (inkl. Bezugsquellenverzeichnis)
V/3/62	Einheitsmethode für die Festigkeitsprüfung von Zellstoffen (früher 103), C. Lagerung und Vorbereitung des Zellstoffes für die Festigkeitsprüfung
V/4/61	Einheitsmethode für die Festigkeitsprüfung von Zellstoffen (früher 104), D. Zerfaserung des Zellstoffes für die Festigkeitsprüfung im ungemahlenen Zustand (non beating test)
V/5/60	Einheitsmethode für die Festigkeitsprüfung von Zellstoffen (früher V/105), E. Mahlung des Zellstoffes
V/6/61	Einheitsmethode für die Festigkeitsprüfung von Zellstoffen (früher 106), F. Egalisierung des gemahlenen Stoffes und Mengenverteilung
V/7/61	Einheitsmethode für die Festigkeitsprüfung von Zellstoffen (früher 107), G. Prüfung des Entwässerungsverhaltens
V/8/76	Prüfung von Halbstoffen für Papier, Karton und Pappe, Herstellung von Prüfblättern aus Halbstoffen mit Hilfe des Rapid-Köthen-Gerätes
V/10/57	Einheitsmethode für die Festigkeitsprüfung von Zellstoffen (früher 110), K. Aufteilen und Schneiden der Prüfblätter
V/11/57	Einheitsmethode für die Festigkeitsprüfung von Zellstoffen (früher 111), L. Prüfung der klimatisierten Blätter auf Flächengewicht (Quadratmetergewicht), Dicke, Rohwichte (Raumgewicht), Trockengehalt
V/12/57	Einheitsmethode für die Festigkeitsprüfung von Zellstoffen (früher 112), M. Prüfung der klimatisierten Blätter durch Zugversuch, Berstversuch, Falzversuch, Weiterreißversuch
V/13/62	Einheitsmethode für die Festigkeitsprüfung von Zellstoffen (früher 113), N. Darstellung der Ergebnisse
V/14	Überwachung der Geräte zur Papierprüfung
V/18/62	Gravimetrische Bestimmung des Stippengehaltes von Stoffsuspensionen
V/19/63	Probenvorbereitung für die Weißgradmessung von Zellstoffen
VI/1/66	Prüfung von Holzstoffen (mit Kurzfassung)
VI/3	Begriffe und Bezeichnungen für den Formcharakter von weißem Holzschliff
Arbeitsblatt AXVI/1/80	Begriffe zur Charakterisierung von Sichtern
Arbeitsblatt AXVI/2/80	Begriffsbestimmung „Abfallpapier", „Altpapier", „Papierabfall"

4.5 SCAN-Regelwerke für die Untersuchung von Halbstoffen

Herausgeber: Svenska Pappers- och Cellulosaingeniörföreningen (SPCI)
Box 26089, S-100 41 Stockholm

4.5.1 Regelwerke für die Untersuchung von Zellstoffen

C 3:78	Pulp-Dry matter content
C 4:61	Pentosans in pulp
C 5:62	Sulphated ash in pulp

C 6:62	Ash in pulp
C 7:62	Dichlormethane extract of pulp
C 8:62	Ethanol extract of pulp
C 11 75	Pulp − ISO brightness
SCAN-C 17:64	Stock concentration
SCAN-C 18:65	Disintegration of chemical pulp for testing
SCAN-C 19:65	Drainability of pulp by the Schopper-Riegler method
SCAN-C 20:65	Floating tendency and swelling of pulp sheets
SCAN-C 21:65	Drainability of pulp by the Canadian Freeness method
SCAN-C 22:66	Copper number of pulp
SCAN-C 23:67	Beating of pulp in the Lampén mill
SCAN-C 24:67	Beating of pulp in the PFI mill
SCAN-C 25:76	Pulps − Laboratory beating − Valley beater
SCAN-C 26:76	Pulp − Preparation of laboratory sheets for physical testing
SCAN-C 27:76	Pulp − Light-scattering coefficient
SCAN-C 28:76	Pulp − Testing in physical properties of laboratory sheets
SCAN-C 31:77	Pulps − Initial wet web tensile strength, stretch and tensile energy absorption − 25 per cent dry matter content
SCAN-C 35:81	Pulps − Initial wet web tensile strength, stretch and tensile energy absorption after wet pressing − 35 per cent dry matter content
SCAN-C 36:84	Pulps − Stiffness and compression strength properties
SCAN-C 44:91	Gebleichte Zellstoffe − mit Wasser extrahierbare organische Chlorverbindungen

4.5.2 Regelwerke, die für die Untersuchung von Laborblättern im Rahmen der Halbstoffprüfung anwendbar sind

SCAN-P 1:61	Sampling of paper and paperboard from lots
SCAN-P 2:75	Paper and board − Conditioning of test samples
SCAN-P 3:75	Paper and board − ISO brightness
SCAN-P 4:63	Moisture in paper and paperboard
SCAN-P 5:63	Ash in paper and paperboard
SCAN-P 6:75	Paper and board − Grammage
SCAN-P 7:75	Paper and board − Thickness and apparent density
SCAN-P 8:75	Paper and board − Opacity and Y-value
SCAN-P 15:90	Pulps, papers and boards − Conductivity of aqueous extracts
SCAN-P 46:83	Paper and board − Compression strength − Short span test
SCAN-P 60:87	Air permeance − Bendtsen method
SCAN-P 64:90	Paper and board − Biegesteifigkeit − Resonance method

4.5.3 Regelwerke für die Untersuchung von Halbstoffen

SCAN-M 1:64	Stock concentration
SCAN-M 2:64	Disintegration of mechanical pulp for testing
SCAN-M 3:65	Drainability of pulp by the Schopper-Riegler-method
SCAN-M 4:65	Drainability of pulp by the Canadian freeness method
SCAN-M 5:76	Pulp − Preparation of laboratory sheets for physical testing
SCAN-M 6:69	Fibre fractionation of mechanical pulp in the McNett apparatus
SCAN-M 7:76	Pulp − Light-scattering coefficient
SCAN-M 8:76	Pulp − Testing the physical properties of laboratory sheets
SCAN-M 9:76	Mechanical pulp − Drainage time

SCAN-M 10:77	Mechanical pulp – Hot-disintegration
SCAN-M 11:77	Pulps – Initial wet web tensile strength, stretch and tensile energy absorption – 25 per cent dry matter content
SCAN-M 12:81	Pulps – Initial wet web tensile strength, stretch and tensile energy absorption after wet pressing – 35 per cent dry matter content
SCAN-M 13:83	Mechanical pulp – Shives content – PFI Mini-shive fractionator

4.5.4 Regelwerke für die Untersuchung von Flockenstoff

SCAN-C 32:78	Fluff – Heat treatment for ageing tests
SCAN-C 33:80	Fluff – Specific volume and absorption properties
SCAN-CM 37:85	Fluff – Knot content

4.5.5 Regelwerke genereller Methoden für allgemeine Anwendungen

SCAN-G 1:75	Pulp, paper and board – Reflectance factor – General procedure of measurement
SCAN-G 2:63	Statistical treatment of test results
SCAN-G 3:90	Pulps, papers and boards – Fibre furnish analysis – General procedure
SCAN-G 4:90	Pulps, papers and boards – Fibre furnish analysis – Staining procedures

4.6 TAPPI-Regelwerke für die Untersuchung von Halbstoffen (Stand 1992)

Herausgeber: TAPPI-Technical Association of the Pulp and Paper, Industry 15 Technology Park S., Atlanta, GA 30348-5113, USA

Bezugsquelle: TAPPI-Press, Anschrift wie oben

4.6.1 TAPPI-Official, Provisional and Historical Test Methods

om – Official Test Method (formerly os – Official Standard, m – Official Standard); pm – Provisional Test Method (formerly su – Suggested Method, rp – recommended practice, ts – Tentative Standard); cm – Classical Method; wd – Withdrawn Method (available upon request from Information Resources Administrator)

*Approved as American National Standard by the American National Standards Institute

T 200 om-89	(T 200 os-70)	Laboratory processing of pulp (beater method)
T 205 om-88*		Forming handsheets for physical test of pulp
T 251 cm-85	(T 251 pm-75)	Air permeability of porous papers, fabrics and pulp handsheets
T 259 om-88	(T 259 os-78)	Species identification of nonwood plant fibers
T 260 om-91	(T 260 pm-81)	Test of evaluate the ageing properties of bleached chemical pulps

T 261 pm-90		Fines fraction of paper stock by wet screening
T 262 pm-91		Preparation of mechanical pulps for testing
T 263 om-88	(formerly T 8 os-75)	Identification of wood and fibers from conifers
T 210 cm-86	(T 210 m-58)	Weighing, sampling and testing pulp for moisture
T 213 om-89	(T 213 os-77)	Dirt in pulp
T 216 wd-72	(T 216 os-47 combined with T 442)	Spectral reflectivity and color of pulp
T 217 wd-77	(T 217 os-48 combined with T 452)	Brightness of pulp
T 218 om-91	(T 218 os-75)	Forming handsheets for reflectance tests of pulp
T 219 wd-75	(T 29 os-54 replaced with T 253)	Bleach requirement of pulp
T 220 om-88	(T 220 os-71)	Physical testing of pulp handsheets
T 221 om-88*		Drainage time of pulp
T 224 wd-77	(T 224 su-78 became useful method 253)	Laboratory processing of pulp (ball or pebble mill method)
T 225 wd-82	(T 225 os-75 became useful method 258)	Laboratory processing of pulp (Kollergang method)
T 226 cm-82	(T 226 os-74)	Specific external surface of pulp
T 227 om-92	(T 227 os-58)	Freeness of pulp
T 231 cm-85	(T 231 su-70)	Zero-span breaking length of pulp
T 232 cm-85	(T 232 su-68)	Fiber length of pulp by projection
T 233 cm-82	(T 233 os-75)	Fiber length of pulp by classification
T 234 cm-84	(T 234 su-67)	Coarseness of pulp fibers by projection
T 239 wd-74	(T 239 su-67 became useful method 252)	Resistance of pulp of paper stock to disintegration (standard rpg)
T 240 om-88*		Consistency (concentration) of pulp suspensions
T 248 cm-85	(T 248 pm-74)	Laboratory beating of pulp (PFI mill method)
T 261 cm-90		Fines fraction of paper stock by wet screening
T 401 om-88		Fiber analysis of paper and paperboard
T 402 om-88	(T 402 os-70)	Standard conditioning and testing atmospheres for paper, board, pulp handsheets and related products
T 403 om-91	(T 403 os-76)	Bursting strength of paper
T 404 om-87	(T 404 om-82)	Tensile breaking strength and elongation of paper and paperboard (using pendulum-type tester)
T 410 om-88	(T 410 os-79)	Grammage of paper and paperboard (weight per unit area)
T 411 om-89	(T 411 om-83)	Thickness (Caliper) of paper, paperboard, and combined board
T 412 om-90	(T 412 su-69)	Moisture in paper
T 437 om-90	(T 437 pm-78)	Dirt in paper and paperboard
T 453 pm-85	(T 453 su-70)	Effect of dry heat on properties of paper
T 456 om-87*	(T 456 om-82)	Wet tensile breaking strength of paper and paperboard
T 457 wd-76	(T 457 os-46 combined with T 404)	Stretch of paper ad paperboard

T 481 wd-72	(T 481 sm-60)	Fiber orientation in paper (zero-span tensile strength)
T 502 om-89	(T 502 os-76)	Equilibrium relative humidity of paper and paperboard
T 522 om-90	(T 522 om-80)	Transparency of paper
T 524 om-92	(T 524 om-79)	Color of white and near-white paper and paperboard by L, a, b, 45°, O° colorimetry
T 525 om-86	(T 525 hm-85)	Brightness of pulp (diffuse illumination and 0° observation)
T 526 cm-85	(T 526 su-72)	Blister resistance of coated paper in heatset printing
T 527 su-92		Color of paper and paperboard in CIE Y, x, y, or Y, dominant wavelength and excitation purity
T 544 pm-85		Effect of moist heat on properties of paper and board

4.6.2 Useful methods

 17 Beating control (Simons stain)
211 Moisture content of entire bales of pulp by dielectric method
215 Dirt count of pulp
216 Moisture in pulp (lap)
218 Slivers in groundwood pulp
219 Differentiating poplar from spruce in groundwood (boil and stain)
220 Chemical pulp content of groundwood papers (chlorine consumption test)
221 Laboratory processing of pulp (plate refiner)
222 Hardness index of pulp (burst test method)
223 Determination of depositable material in pulp and the evaluation of chemical deposit control agents
231 Bleachability of old paper pulp (using bleach liquor)
232 Groundwood testing
233 Deinkability of high groundwood wastepaper
234 Brightness of slush pulp (pressed pad)
237 Moisture in pulp (web)
238 Shrinkage test of pulp sheets
239 Fiber bundles in baled flash dried pulp
240 Shive content of mechanical pulp (laboratory flat screen)
241 Shive content of mechanical pulp (von Alfthan shive analyzer)
242 Shive content of mechanical pulp (Sommerville fractionator)
252 Resistance of pulp or paper stock to disintegration (rpg)
253 Laboratory processing of pulp (ball or pebble-mill method)
256 Water retention value (WRV)
258 Laboratory processing of pulp (Kollergang method)
438 Brightness of paper
443 Iron particles in paper or paperboard
447 Moisture in paper (rapid oven)
448 Moisture in paper (Emerson dryer)
    Moisture in paper (Moisture register)
450 Moisture in paper (Sword hygrometer)
451 Capillarity test of paper
452 Moisture in paper (Dietert moisture teller)
453 Wet tensile strength of paper (wetting agent)

454 Wet tensile strength of paper (immersed in water)
455 Wet tensile strength of paper (methyl alcohol)
496 Ash in paper (oxygen and electric furnace)

4.7 ASTM-Regelwerke für die Untersuchung von Halbstoffen

Anmerkung
ASTM-Regelwerke sind vielfach identisch mit TAPPI-Regelwerken. Diese sind im Abschnitt 5.1 durch einen Stern hinter der Nummer des TAPPI-Regelwerkes gekennzeichnet. Aus Platzgründen muß auf eine listenmäßige Erfassung verzichtet werden. Eine Übersicht ist den jährlich erscheinenden Taschenbüchern zu entnehmen, z. B.: Annual book of ASTM standards. Vol. 15.09: Paper; packaging; flexible barrier materials, business copy products. (Band enthält auch Zellstoff) und Vol. 15.04: Soap; polishes; cellulose; leather; resilient floor coverings. Zu beziehen durch: American Soc. for Testing and Materials, 1916 Race St., Philadelphia, PA 19103, USA.

4.8 APPITA Methods (Australian Standard AS 1301), die für die Prüfung von Halbstoffen herangezogen werden können (Stand Dezember 1992)

Herausgeber: Australian and New Zealand Pulp and Paper industry, Technical Association (APPITA), Clunies Ross House 192, Royal Parade, Parkville, Victoria

Number	Title	Last Review
P1s-79	Basic Density of Wood Chips	1990
P200m-77	Determination of Moisture in Pulp for Calculation of the Delivered Mass of a Shipment	1990
202s-80	Laboratory Processing of Pulp-Lampen Mill Method	1991
P203s-80*	Forming Handsheets for Physical Testing of Pulp (Corrigendum – Nov. 1983) (Amendment Jan. 1986)	1990
P204m-56*	Dirt in Pulp	W
P205m-59	Drainage Time and Drainage Factor of Pulp	W
206s-88	Freeness of Pulp	1987
207s-89	Determination of Stock Concentration	1988
208s-89	Physical Testing of Pulp Handsheets	1988
209rp-89	Laboratory Processing of Pulp-PFI Mill Method	1989
214s-89*	Equipment for Preparation of Handsheets	1989
215s-89	Removal of Latency	1989
400m-91	Internal Tearing Resistance of Paper	1990
P401s-78*	The Sampling and Testing of Paper for Moisture Content	1990
P402rp-80	Statistical Audit of Test Results	1987
404s-81	Tensile Strength of Paper and Paperboard	1991
P405s-79*	Grammage of Non-Creped Paper and Paperboard (Amendment Feb. 1986)	1990
406m-86	Bending Quality of Paperboard	1991
407s-88*	Ring Crush Test	1987
P410m-56	Dirt in Paper	W

Number	*Title*	*Last Review*
411s-89	Water Absorptiveness of Paper and Paperboard (Cobb Test)	1987
414m-86*	Conditioning of Paper for Testing	1991
P415m-85	Standard Atmosphere for Paper Testing	1990
P416s-85	Determination of Temperature and Relative Humidity of Atmospheres for Paper and Paperboard Testing (Amendment Aug. 1987)	1990
P417m-73*	Sampling of Paper and Board for Testing	1986
P418s-78	Ash Content of Paper and Paperboard	1985
420s-89	Gurley Air Permeance of Paper	1989
421s-91	Determination of pH Value of Aqueous Extracts of Paper – Could Extraction Method (Amendment Jan. 1991)	1990
422s-91	Determination of the pH Value of Aqueous Extracts of Paper – Hot Extraction Method	1990
423rp-89	Folding Endurance of Paper	1988
426s-88	Thickness of Single Sheets of Paper, Paperboard and Corrugated Fibreboard	1987
427s-88	Bulking Thickness of Paper and Paperboard	1987
P428rp-73	Cracking Resistance of Paperboard	W
429s-89	Flat Crush Resistance of Corrugated Board	1991
434s-91	Crush Resistance of Corrugating Medium (Amendment Jan. 1991)	1990
436s-91	Measurement of Diffuse Reflectance Factor	1990
437s-89	Tensile Strength of Wetted Paper and Paperboard	1985
438s-89	Bursting Strength of Paperboard and Corrugated Fibreboard	1987
439s-91	Bendtsen Roughness of Paper and Paperboard	1989
440s-91	Bendtsen Air Permeance of Paper and Board	1988
441s-91	Sheffield Roughness of Paper	1990
442s-91	Water Absorption of Solid Fibreboard (Total Immersion)	1990
446s-92	Measurement of Diffuse Blue Reflectance Factor (Brightness) of Pulp, Paper and Paperboard	1991
447s-91	Sheffield Air Permeance of Paper	1990
448s-91	Tensile Strength of Paper and Paperboard (Constant Rate of Elongation Method)	1990
449s-92	Description of Crush Testing Equipment	1991
450rp-89	Compression Strength of Paper and Board – Short Span Test	1988
451rp-92	Fibre Furnish Analysis	1991
452rp-92	Determination of Weight Factors by the Comparison Method	1991
453s-91	Bending Resistance of Paper and Paperboard – Constant Rate of Deflection	1989
454s-92	Determination of Opacity (Paper Backing) Diffuse Reflectance Method	1991
455s-91*	Colour Measurement with a Diff/o Geometry Tristimulus Reflectometer	1992
456s-92	Determination of Conductivity of Aqueous Extracts of Paper Board and Pulps	1991

W – Withdrawn, s – Standard, m – Method, rp – Recommended practice, * – Being prepared for publication.

4.9 PTS-Methoden, die für die Prüfung von Halbstoffen herangezogen werden können

Herausgeber: Papiertechnische Stiftung PTS, D-80797 München, Heßstr. 130a

Prüfung von Altpapier: Kennzeichnung der Deinkbarkeit von bedrucktem Altpapier im Flotations-Deinking-Verfahren
PTS-RH: 010/87

Prüfung von Altpapier: Kennzeichnung der Deinkbarkeit von bedrucktem Altpapier im Wasch-Deinking-Verfahren
PTS-RH: 010/88

Halbstoffprüfung: Bestimmung der Abgabe von organischen Halogenverbindungen an das Wasser bei der Herstellung von Fasersuspensionen (AOX-Abgabe)
PTS-RH: 011/91

Pulp Testing: Determination of halogenated organic (AOX) emissions into the water during production of pulp suspensions
PTS-RH: 011/91

Halbstoffprüfung: Bestimmung des Gesamtgehaltes an organischen Halogenverbindungen (OX-Gehalt)
PTS-RH: 012/90

Pulp Testing: Determination of the total halogenated organics (OX-content)
PTS-RH: 012/90

Prüfung von Spleißband: Kennzeichnung der Redispergierbarkeit in Wasser
PTS-RH: 013/90

Testing of Splice Tape: Identification of redispersibility in water
PTS-RH: 013/90

Literatur
Literature

Allgemeine Literatur

Algar, W. H.: Effect of structure on the mechanical properties of paper. Consolidation of the paper web, Vol 2. Cambridge 1965

Blechschmidt, J.; Opherden A.: Altpapier-Faserstoff für die Papierindustrie. Kap. 5: Gütebewertung von Altpapierstoffen und altpapierhaltigen Papieren. Leipzig: VEB Fachbuchverlag 1979, S. 172–203

Blechschmidt, J.; Opherden, A.: Technologie der Holzstofferzeugung. Leizpzig: VEB Fachbuchverlag 1985

Bolam, F.: Fundamentals of papermaking fibres. Transactions of the Symposium held at Cambridge, September 1957, Kenley 1958

Casey, J. P. (ed.): Pulp and paper: Chemistry and chemical technology, Vol. III, 3rd ed. New York: John Wiley & Sons 1981

Clark, J. d'A.: Pulp technology and treatment for paper. San Francisco: Miller Freeman 1978; s. bes.: Surface phenomena, 87–105; Structure of wood and other fibers, 125–142; Bonding of cellulose surfaces, 145–159; Fibrillation and fiber bonding, 160–179; Properties of pulps, 181–200; Moisture content of pulp, 230–255; Nature and effects of beating, 257–280; Mill beating and refining, 281–316; Laboratory beating, 317–361; Test sheet making, 363–379; Hand sheet testing, 380–400; Fiber length, 402–436; Fiber coarseness, 438–449; Intrinsic fiber strength, 450–463; Cohesiveness, 465–487; Wet fiber compactability, 488–502; Drainage of water from pulp, 504–532; Surface measurements, 533–540; Wet-web strength, 541–558; Control of beating and refining, 560–567; Efficiency of refiners and systems, 569–578; Characterization and control of mechanical pulp, 579–601; Chemical and microscopical analysis, 603–613; Optical characteristics, dirt, and shives, 614–638; Raw materials for pulp, 639–663; Formulas for pulp properties, 680–698; Pulp and paper relationships, 699–710; Humidity and control rooms, 711–722; Tests and testing data, 723–732; Collections and filing of data, 733–738

Clark, J.: Pulp Technology. San Francisco: Miller Freeman 1985

Franke, W. et al.: Größen und Einheiten für die Papier- und Zellstoffindustrie auf der Grundlage des Internationalen Einheitensystems (SI). In: Schriften des Vereins der Zellstoff- und Papier-Chemiker und -Ingenieure, Darmstadt. Band 33. Darmstadt: Zellcheming 1978

Göttsching, L. (Hrsg.): Papier in unserer Welt. Düsseldorf: ECON 1990

Handbuch der Papier- und Pappenfabrikation, Band 1 bis 3; 2. Aufl. Niederwalluf: Dr. Martin Sändig, Verlagsabteilung T+W, 1971

Harders-Steinhäuser, M.: Faseratlas zur mikroskopischen Untersuchung von Zellstoffen und Papieren. Biberach: Staib 1974

Hoyer, D.: Handbuch der Karton- und Pappenherstellung. Leipzig: VEB Fachbuchverlag 1963

Iwanow, S. N.: Technologie der Papierherstellung. Leipzig: VEB Fachbuchverlag 1964

Jayme, G.; Harders-Steinhäuser, M.: Mikroskopie der Holz- und Pflanzenfasern. In: Handbuch der Mikroskopie in der Technik. Band V, Teil 2, Frankfurt a. M.: Umschau 1970

Keim, K.: Das Papier. 2. Aufl. Stuttgart: Otto Blersch 1956

Klemm, K. H.: Neuzeitliche Holzschlifferzeugung. Wiesbaden: Sändig 1957

Kollmann, F.: Technologie des Holzes und der Holzwerkstoffe. Berlin: Springer 1982

Korn, R.; Burgstaller, F. (Hrsg.): Handbuch der Werkstoffprüfung, 4. Band: Papier- und Zellstoff-prüfung. 2. Teil: Zellstoff- und Holzschliff-Prüfung. Berlin: Springer, 1953, S. 363–498

Krischer, O.: Die wissenschaftlichen Grundlagen der Trocknungstechnik. Berlin: Springer 2. Aufl. 1963

Kühn, M.; Liebert, B.; Rentrop, G.-H.: Papiersorten und ihre Verwendung. In: L. Göttsching (Hrsg.): Papier in unserer Welt. Düsseldorf: Econ 1990

Lehmann, H.; Richter, L.: Werkstoffe der Papierverarbeitung. Frankfurt/Main: Deutscher Fach-verlag 1979

Lehrbuch der Papier- und Kartonherstellung, 2. Aufl. Leipzig: VEB Fachbuchverlag 1986

Lehrbuch der Papier- und Kartonerzeugung. Leipzig: VEB Fachbuchverlag Leipzig 1989

Lengyel, P.; Morvay, S.: Chemie und Technologie der Zellstoffherstellung. Biberach/Riß: Staib 1973

Macdonald, R. R. (ed.): Pulp and paper manufacturing. Volume I: The pulping of wood, 2nd ed. New York: MacGraw-Hill 1969

Mark, R. E.; Murakami, K. (eds.): Handbook of physical and mechanical testing of paper and paperboard, vol. 1+2; New York: Dekker 1983

Nultsch, W.: Allgemeine Botanik. Stuttgart: Thieme 1965

Pearson, A. J.: A unified theory of refining. Pulp and Paper Technology Series, No. 6., Techn. Sec-tion CPPA, Montreal 1990, TAPPI, Atlanta 1990

Runkel, O. H.; Patt, K. F.: Halbzellstoffe. Rohstoffe – Chemie und Verfahrenstechnik – Wirt-schaftliche Bedeutung. Biberach: Staib 1958

Rydholm, S. A.: Pulping process. New York: Interscience Publishers 1965

Papiermacher-Taschenbuch, 5. Aufl. Heidelberg: Haeffner 1989

Sandermann, W.: Chemische Holzverwertung. München-Basel-Wien: BLV 1963

Placzek, L.: Produkte der Papierchemie – Anwendungssystematik. Heusenstamm: Keppler 1973

Schröter, H.: Die Holzschliffbleiche. Biberach: Staib 1976

Sieber, R.: Die chemisch-technischen Untersuchungs-Methoden der Zellstoff- und Papier-Indu-strie. Kap. 5: Die Untersuchung der Holzstoffe und der ungebleichten Holz- und Halmzellstof-fe. 2. Aufl. Berlin: Springer 1951, S. 373–530

Stephenson, J. N. (ed.): Manufacture and testing of paper and board. New York: McGraw-Hill 1953

Temming, H.; Grunert, H.: Temming, Linters. Peter Temming, Glückstadt 1966

Treiber, E. (Hrsg.): Die Chemie der Pflanzenzellwand. Springer: Berlin 1957

Trendelenburg, R.; Mayer-Wegeling, H.: Das Holz als Rohstoff. 2. Aufl. München: Hanser 1955

Weigl, J.: Elektrokinetische Grenzflächenvorgänge. Weinheim: Verlag Chemie 1977

Wultsch, F.; Weissmann, H.: Mahlungseigenschaften von gequollenen Zellstoffen. Graz: Akademi-sche Druck- und Verlagsanstalt 1959

Wurz, O.: Papierherstellung nach neuzeitlichen Erkenntnissen. Biberach/Riß: Staib 1965

Zellstoff und Papier. 4. Aufl. Leipzig: VEB Fachbuchverlag 1976

Spezielle Literatur

Kapitel 1

1.1   Cowand, W. F.: Fibre quality testing – the missing link between quality and process con-trol. Appita 42 (1989) 6, 449–451

1.2   Töppel, O.: Faserstoffanalysen für den Papiermacher. Papier 22 (1968) 1, 11–16; 2, 64–72

1.3   Töppel, O.: Nationale und internationale Normungsbestrebungen. Jahrb. Pap. Zellstoff-ind., Darmstadt: Roether, 1970–1971, 227-244

1.4   Ellefsen, Ø: Reviderte prøvemetoder for papir og masse. Norsk Skogind. 29 (1975) 12, 2–4

1.5   Sugden, E. A. N.: Holzeigenschaften und Zellstoffqualität. Pulp Pap. Mag. Can. 68 (1967) 6, T 273–T 279

1.6   Runkel, R.: Faserholzbeschaffenheit und Papierqualität. Wochenbl. Papierfabr. 91 (1963) 19, 957–967

1.7   Morud, B.: Papermaking properties of hardwood pulps. Norsk. Skogind. 26 (1972) 2, 30

1.7a   Kärenlampi, P.: Spruce pulpwood quality parameters. Pap. Puu 74 (1992) 807–812

1.7b   Barbe, M.C.; Dessureault S.; Janknecht, S.: Aspen pulping technologies for market pulp mills. Sterling Publication Internat., London (1992) 75–81

1.7c   Dunlop-Jones, N.; Jualing, H.; Allen, L.H.: An analysis of the acetone extractives of the wood and bark from fresh trembling Aspeln. Implications for deresination and pitch control. J. Pulp. Paper Sc. 17 (1991) 17, J60–J66

1.8   Chinchole, P.R.; Mehta, N.S.: Anatomische und chemische Charakteristiken indischer Laubhölzer mit speziellen Hinweisen auf ihre Eignung zur Zellstoffherstellung. Indian Pulp Pap. 21 (1966/67) 9, 567–575

1.9   Maddern, K.N.; French, J.: Papermaking properties of some Australian non-wood fibres. Appita 42 (1989) 6, 433–437

1.10   Vamos, G.: Etudes comparatives celluloses de paille de ble et de riz, ainsi que des celluloses de bois. Considerations sur leur emploi en papeterie. ATIP 9 (1955) 4/5, 129

1.11a Alcaide, L.J.; Parra, I.S.; Baldovin, L.: Pates, Cotton stalks. ATIP 45 (1991) 3, 108–111

1.11a Fahmy, Y.; Fadl, M.; Mansur, O.: Über die Festigkeit von Strohzellstoffen. Wochenbl. Papierfabr. 89 (1961) 5, 187

1.11b Felton, A.: Nonwood stock preparation – a system concept. TAPPI 59 (1976) 1, 112

1.12   Keppel, R.A.; Walker, R.D. jr.: Paper from inorganic fibers. I&EC product research and development 1 (1962) 2, 132–140

1.13   Kindler, W.A.: The development of a testing programm for synthetic pulp. TAPPI 58 (1975) 3, 103–106

1.14   Giertz, H.W.; Lobben, T.: Neuere Entwicklungen der Aufschlußverfahren und ihr Einfluß auf Zellstoff- und Papiereigenschaften. Pap. Technol 8 (1967) 3, T55–T60

1.15   Hartler, N.: Vergleich zwischen Sulfit- und Sulfatzellstoffen. Papier 18 (1964) 18, 633

1.16   Paszner, L.; Behera, N.C.: Beating behaviour and sheet strength development of coniferous organosolv fibers. Holzforschung 39 (1985) 1, 51–61

1.17   Enström, H.E.; Hovstad, O.B.; Ivnäs, L.: Festigkeit und Mahlverhalten von „flash-dried"-Zellstoffen. Pulp Pap. 41 (1967) 35, 24–31

1.18   McLellan, F.; Colodette, J.L.; Fairbank, M.G.; Whiting, P.: Factors affecting ambient thermal reversion of high-yield pulps. J. Pulp Pap. Sci. 16 (1990) 6, J173–J178

1.19   Keeney, N.H.; Reynolds, H.H.; Trageser, D.A.: Einfluß der (Elektronen)-Bestrahlung auf Prüfblätter. TAPPI 51 (1968) 12, 47A–49A

1.20   Teder, A.: Sven Papperstidn. 67 (1964) 317

1.21   Stockmann, L.; Teder, A.: Der Einfluß der Trocknung auf die Eigenschaften von Papierzellstoffen, Teil II: Der Einfluß der Hitzebehandlung auf die mechanischen Eigenschaften. Sven Papperstidn 66 (1963) 20, 822–832

1.22   Giertz, N.W.: Der Einfluß der Trocknung auf die Fasereigenschaften. Sven Papperstidn 66 (1963) 17, 641–645

1.23   Ceragioli, G.; Borruso, D.; Centola, G.: Veränderungen von Zellstoffeigenschaften durch die Trocknung. Sven Papperstidn 66 (1963) 16, 600–608

1.24   Higgins, H.G.; McKenzie, A.W.: Die Struktur und Eigenschaften von Papier. XIV: Der Einfluß der Trocknung auf Cellulosefasern und Fragen zur Erhaltung der Zellstoffestigkeit. Appita 16 (1963) 145–164

1.25   Dillen, S.; Popoff, T.; Theander: Die Alterung gebleichter Zellstoffe und ihr Einfluß auf den Gehalt an Extraktstoffen. Sven Papperstidn 71 (1968) 9, 377–380

1.26   Gluchowska, A.; Winczakiewicz, A.: Laboruntersuchungen über die Alterung von Sulfitzellstoffen. Prezglad Papierniczy 17 (1961) 5, 133–136

1.26a Gurnagul, N.; Page, D.H, Paice, M.G.: The effect of cellulose degradation on the strength of wood pulp fibres. Nord. Pulp Paper Res. (1992) 3, 152–154

1.27   Charnell, H.V. jr.: Pulp dirt count and evaluation. TAPPI 36 (1953) 8, 128–131

1.28   Söderhjelm, L.: Revised method for the estimation of impurities in pulp. Pap. Puu 56 (1974) 3, 188–190

1.29   Kyrlund, B.; Mäkinen, M.: Aspects on the visual determination of dirt and shives in pulp. Pap. Puu 51 (1969) 8, 601–640

1.30   Tistad, G.: Characterization or particles in pulp. Part 1. Optical determination of their size distribution. Sven Papperstidn. 77 (1974) 18, 685–688

1.31   Tistadt, G.: Characterization of particles in pulp. Part 2. Laboratory disintegration of fibre agglomerates. Sven Papperstidn 77 (1964) 18, 689–692

1.32   Ilvessalo-Pfäffli, M. S.; Laamanen, J.: Vom Holz stammende Verunreinigungen im Zellstoff. Pap. Puu 58 (1976) 9, 586–588, 591–592, 594–596, 598–606

1.33   Holik, H.: Die Stoffaufbereitung als aktuelle verfahrenstechnische Aufgabe. Papier 34 (1980) 10, 446–449

1.34   Holik, H.: Beitrag zum Verständnis des Auflösevorganges in der Stoffaufbereitung. Papier 38 (1984) 7, 305–310

1.35   Siewert, W.: Auflösetechnologie im Stoffdichtebereich um 15% und ihre Ergebnisse. Papier 38 (1984) 7, 313–319

1.36   Bach, R. M.: Energieeinsparung durch Auflösung bei hoher Konsistenz im Stofflöser. Wochenbl. Papierfabr. 112 (1984) 5, 150–152

1.37   Siewert, W. H.; Krebs, J.: Der BI-Pulper, ein neues Konzept zur Auflösung bei hoher Stoffdichte. Papier 41 (1987) 2, 49–55

1.38   Bähr, T.: Recent development in helical-rotor pulpers. TAPPI 64 (1981) 7, 43–46

1.39   Lamort, P.; Walsdorf, D.: Ergebnisse mit Hochkonsistenz-Stofflösern Helico und Trommel. Papier 36 (1982) 3, 127–131

1.40   Brecht, W.; Schmidt, A.: Die Auflösegeschwindigkeit von Halbstoffen und Papieren in Wasser. Wochenbl. Papierfabr. 83 (1955) 12, 471–475

1.41   Paasonen, P. K.: An examination of the defibrability of pulp. Pap. Puu 47 (1965) 9, 491–495

1.42   Hyam, K. A.; Geuley, M. F.: Das Aufschlagen von „flash-dried"-Holzstoffen. Pap. Technol. 9 (1968) 6, 502–507

1.43   Soszynski, R. M.: The apparent volumetric concentration of wood pulp fibres in suspension. Appita 42 (1989) 5, 362–363

1.44   Heikkurinen, A.; Levlin, J. E.; Paulapuro, H.: Principles and methods in pulp characterization – Basic fiber properties. Pap. Puu 73 (1991) 5, 411–417

1.45   Cumming, R. M.: The testing of stock preparation. Pap. Technol. 14 (1973) 2, 13–17

1.46   Hamer, R. J.: The characterisation of stock properties. Pap. Technol. (1974) Oct. 263–270

1.47   Haywood, G.: Effect of variations in size and shape of fibres on papermaking properties. Pulp Pap. Mag. Can. 51 (1950) 9, 77–89

1.48   Paavilainen, L.: Importance of particle size – fibre length and fines – for the characterization of soft-wood kraft pulp. Pap. Puu 72 (1990) 5, 516–526

1.49   Brecht, W.; Volk, W.: Apparative Verfahren der Faserlängen-Meßtechnik. Papier 12 (1958) 9/10, 196–200

1.50   Unger, E. W.: Ein Beitrag zur Bestimmung der Faserlänge von Papierfaserstoffen. Dissertation 1965, TU Dresden, Fakultät für Technologie

1.51   Unger, E. W.; Freund, F.: Neues zur Weiterentwicklung der Faserlängenanalyse am Projektionsbild. Zellst. Pap. 24 (1975) 5, 143–146, 160

1.52   Montigny, R. de; Zborowski, P.: The rapid measurement of an index of fibre length. Part 1. description of the test method. Pulp Pap. Mag. Can. 45 (1946) Conv. Issue, 99–106

1.53   Kilpper, W.: Ein meßtechnisches Kriterium für die Faserkrümmung. Papier 1 (1947) 1/2, 21–25

1.54   Schmut, R.: Faserfraktionierung und Papiereigenschaften. Pulp Paper Mag. Canada 60 (1959) 11, 90, 92, 94, 123 (Vergleich McNett, Clark und Brecht-Holl-Fraktioniergeräte)

1.55   Ullman, U. O.; Billing, O.; Jonsson, A.: Fiber classification as a method of characterizing pulp. Pulp Pap. Mag. Can. 69 (1968) 9, 69

1.56   Arlov, A. P.: Beater performance as studied by means of fibre fractionation experiments. Nor. Skogind. 13 (1959) 12, 474–481

1.57   Tasman, J. E.: The fiber length of Bauer-McNett screen fractions. TAPPI 55 (1972) 1, 136–138

1.58 Wilson, J. W.: Fibre technology – I Fibre length mensuration. A comprehensive history and new method. Pulp Pap. Mag. Can. 55 (1954) 4, 84–91

1.59 Kane, M. W.: The determination of average fiber length. TAPPI 39 (1956) 7, 478–480

1.60 Buckland, N. J.; Mathieson, C. J.: Faserlängenindex, ein Maß der Zellstoffqualität während der Stoffaufbereitung. Pulp Pap. Mag. Can. 58 (1957) 1, 113–120

1.61 Clark, J. d'A.; Reed, A. E.: An instrument for rapid fractionation of pulp. TAPPI 33 (1950) 6, 294

1.62 Ilvessalo-Pfäffli, M. S.: The disintegration of pulp for fibre length measurements. Nor. Skogind. 14 (1960) 6, 1–6

1.63 Andersson, O.: An investigation of the Hillbom and Bauer McNett fibre classifiers. Sven Papperstidn. 56 (1953) 18, 704–709

1.64 Johnsson, B.; Gavelin, G.: Investigation of the Imset pulp tester. Sven Papperstidn. 62 (1959) 32–36

1.65 Levlin, J. E.: On the suitability of the McNett classifier for the fibre-length classification of pulp. Pap. Puu 64 (1982) 4, 213–226, 236

1.66 Brady, C. T.; Berzins, A.; Clark J. d. 'A.: A rapid simplified method for determining the coarseness of pulp. TAPPI 39 (1956) 1, 40–43

1.67 Kajaani LC-100, consistency transmitter, Schrift 0,0 60 1,5

1.68 Kajaani Electronics, Finnland: Comparison of mechanical classifiers to Kajaani fiber analyzer. S 20 03.0, 1986

1.69 Kajaani fiber analyzer in refing of chemical pulp, S 20 06,0, 1986

1.70 Janin, G.; Ory, J. M.; Dumas, D.; Lavisci, P.: Colorimetrie de la pate ecrue, mesure automatique de la longueur des fibres avec l'appareil Histofibre. ATIP 43 (1989) 2, 63–74

1.71 Dion, P. L.; Brodeur, P.; Garceau, J. J.; Chen, R.: Characterisation acousto-optique des fibres: Nouveaux resultats. J. Pulp Pap. Sci. 14 (1988) 6, J 141–J 144

1.72 Nordman, L.; Aaltonen, P.: Untersuchungen über einige Methoden zur Charakterisierung des Mahlungszustandes des Stoffes. Papier 14 (1960) 10a, 565–574; (bezieht sich auf Valley-Mahlung)

1.73 Nederveen, G. van: Über die Beurteilung des Mahlzustandes von Zellstoffen. Papier 12 (1958) 11/12, 267–273

1.74 Kerekes, R. J.: Characterization of pulp refiners by a C-factor. Nordic Pulp Paper Res. 5 (1990) 1, 3–8

1.75 Kane, M. W.: Der Einfluß der Mahlung auf die Faserlängen-Verteilung. Pulp Pap. Mag. Can. 60 (1959) 10, 308–315

1.76 Kane, M. W.: Mahlung, Faserlängenverteilung und Zugfestigkeit. Pulp Pap. Mag. Can. 60 (1959) 12, T 359–T 365

1.77 Nordmann, L. S.; Niemi, J. A.: Bestimmung der Faserlängenhäufigkeit in Zusammenhang mit der Erforschung des Mahlprozesses. TAPPI 43 (1960) 3, 260–266

1.78 Winezkaja, E. J.: Adsorptionsmethode zur Ermittlung der spezifischen Oberfläche der Zellstoff-Suspension im Prozeß der Mahlung. Bum. Prom. (russ.) 33 (1958) 4, 6–9

1.79 Alfthan, Georg v.: A sensitive apparatus for rapid determination of beating degree. Pap. Puu 58 (1976) 6–7, 409–412, 415–418

1.80 Henry, F.; Brandt, A.; Noe, P.: A study of beaten pulps by microwave spectrometry. PTI Dec. 1987, 722–726

1.81 Levlin, J. E.: Characterization of the beating result. Internat. Symposium on Fundamental concepts of Refining, Appleton 1980-09-16/18

1.82 Hentola, Y.; Sihtola, H.: Der Einfluß der Mahlung auf den Weißgrad von Zellstoff. Pap. Puu 45 (1961) 9, 503–504

1.83 Chehata, A.: Die Wirkung verschiedener Labor-Mahlgeräte auf einige Papiereigenschaften. Papier 29 (1975) 48–54

1.84 Baumgarten, H. L.: Theorie und Wirkung der Zellstoffmahlung und anderer Faserumformprozesse. Papier 31 (1977) Nr. 10A, V 108–V 117

1.85 Atack, D.: Advances in beating and refining. Fiber – water interactions and papermaking, transaction of the symposium held at Oxford, Sept. 1977 The British Paper and Board Industry Federation, London

1.86   Ebeling, K.: A critical review of current theories for the refining of chemical pulps. Internat. Symp. on Fundamental Concepts of Refining, 1980-09-16-18, Appleton, USA

1.87   Ende, H. vom: Die Mahlung und ihre Einflußgrößen. Der Papiermacher, 137–143 (1984) 10, 137–143

1.88   Noe, P.: Pâtes chimiques – effets du raffinage. ATIP 41 (1987) 1, 27–34

1.89   Blechschmidt, J.; Naujock, H.-J.: Neue Erkenntnisse bei der Mahlung von Faserstoffen – insbesondere Altpapierstoff. Zellst. Pap. 36 (1987) 1, 6–10

1.90   Hietanen, S.; Ebeling, K.: Fundamental aspects of the refining process. Paperi ja Puu 72 (1990) 2, 158–170; A new hypothesis for the mechanics of refining. Pap Puu 72 (1990) 2, 172–179

1.91   Jonas, K.G.: Festigkeitsbestimmung von Zellstoffen. Papierfabrikant 28 (1930) 8, 800–805

1.92   Jonas, K.G.: Die Jokro-Mühle. Papierfabrikant 21 (1935) 25, 359

1.93   Kenworthy, J.W.: Maling av cellulose i laboratoriemølle. Nor. Skogind. 8 (1954) 3, 103–105 (betr. Jokromühle)

1.94   Ekstam, T.: Investigations on beating with the „Jokro-Mühle". Pap. Puu 11 (1957) 6, 309–316

1.95   Kleinert, R.: Aufwertung der Jokromühle als Standardmahleinrichtung im Labor. Zellst. Pap. 28 (1979) 9, 261–266

1.96   Rothschild, H.A.; Ely-A.; Poppe, F.: Paper Trade J. 89 Nr. 14 (1929); TAPPI Sect. 140 (1929)

1.97   Ekstam, T.: Jämförande malningsförsok med en fabriksholländare och nägra laboratoriemalningsaggregat. Sven Papperstidn. 53 (1950) 16, 484–491

1.98   Ekstam, T.: The valley-beater in pulp testing. Pap. Puu 48 (1966) 9, 511–518

1.99   Ekstam, T.: Comparative beating investigation with different laboratory beating apparatus for pulp evaluation. Pap. Puu 35 (1953) 11, 413–428; 12, 475

1.100   Dinger, F.: The 80-grit touch-up method for maintaining calibration for the Valley beater. TAPPI 39 (1954) 10, 183 A

1.101   Poole, V.H.: A method of grinding and calibration for the Valley-beater. TAPPI 43 (1960) 3, 248 ff

1.102   Brandon, C.: Precision of the Tappi standard beater test. TAPPI 41 (1958) 9, 129

1.103   Nederveen, A.; Guan, H.; Royen, H. von: Comparative beating tests. Papierwereld 13. 5, 119, 129, 134 a

1.104   Hughes, F.P.: The laboratory processing of pulp in small beaters. Pulp Pap. Mag. Can. 69 (1968) 11, 86–90

1.105   Wultsch, F.; Schmut, R.: Kritische Untersuchungen an Faserprüfgeräten. Wochenbl. Papierfabr. 89 (1961) 11/12, 523

1.106   Nederveen, G. van: Das Mahlen von Papierfasern in Laborgeräten. Pap. Puu 44 (1962) 4a, 159–172

1.107   Cotrall, L.G.: Comparative beating investigation with different laboratory apparatus. World's Pap. Trade Rev. (1964-12-16) 2071

1.108   Thomas, B.B.: Einflüsse von Elektrolyten bei Mahlung im Valley-beater. TAPPI 43 (1960) 447

1.109   Lampén, A.: Quality control in the sulphite mill. Pulp Pap. Mag. Can. 26 (1928) 19, 629 (Zellstoff und Papier 8 (1928) 289

1.110   Murphy, D.C.: Beating action of the Lampén mill. Appita 8 (1954) 164

1.111   Cohen, W.E.: The Lampén mill in Australia. Appita 2 (1948) 2, 84, 174

1.112   Anon.: Lampén mill evaluation of TAPPI reference pulp. Report issued by Appita Testing Committee. Appita 16 (1962) 2, XXXIV–XXXVIII

1.113   Lampher, A.J.: The comparison of mill and laboratory beaters. Appita 2 (1948) 135, 175

1.114   McKenzie, A.W.: A comparision of the Lampén and PFI mills. Appita 37 (1983) 1, 53–59

1.115   Stephansen, E.: Beating of cellulose. 3.rd congress of Nordic Paper and Cellulose Engineers, Kopenhagen 1947, 207–227

1.115a Stephansen, E.: Beating of cellulose. Nor. Skogind. 2 (1947) 207

1.116   Nederveen, G. van: Raffinages comparatifs des pates a papier. Papeterie (1959) 11, 755–767

1.117   Dahm: Paper Techn. 9 (1968) 497, Nor. Skogind 20 (1966) 435

1.118   Watson, A. J.; Philipps, F. H.; Bain, R. B.: Beating characteristics of the PFI-Mill. 2. Radiata pine pulp. Appita 17 (1963) 6, 157–165

1.119   Arlov, A. P.; Hauan, S.: Beating at high consistencies in the PFI mill. Nor. Skogind. 19 (1965) 7, 267–277

1.120   Sjöström, H.: Sven Papperstidn. 66 (1968) 718

1.121   Young, J. L.; Philips, F. H.: Beating characteristics of the PFI mill. IV. the precise measurements of clearance between beating surfaces. Nor. Skogind. 20 (1966) 9, 345–351

1.122   Watson, A. J.; Phillips, F. H.: Beating characteristics of the PFI mill. III. observation relating to the beating mechanism. Appita 18 (1964) 2, 84–103

1.123   Watson, A. J.; Phillips, F. H.; Bain, R. B.; Venter, J. S. M.: Beating at high stock concentrations in the PFI mill. Appita 20 (1966) 2, 47–61

1.124   Abadie-Maumert, F. A.: Raffinage moyenne concentration. Le Nouveau raffineur du P. F. I. ATIP 41 (1987) 2, 69–76

1.125   Watson, A. J.; Phillips, F. H.; Cohen, W. E.: Beating characteristics of the PFI-mill I. Eucalypt pulp. Appita 16 (1962) 2, 71–89

1.126   Abadie Maumert, F. A.: Raffinage des pates d'eucalyptus, experiences du PFI. ATIP 41 (1987) 1, 19–26

1.127   Hughes, F. P.: A comparison of the performance of the Valley beater and PFI laboratory beaters. Pulp Pap. Mag. Can. 71 (1970) 16, 75–60

1.128   Arjas, A.; Huuskonen, J.; Ryti, N.: Principles of the evaluation of the performance of a Beating-machine and of the beating result. Part I: Pap. Puu 52 (1970) 4, 269–271, 273–276, Part II: 52 (1970) 6, 379–391

1.129   Major, F. W.; Lawford, W.: Pulp evaluation with PFI-mill. Pulp Pap. Mag. Can. 63 (1962) 3, T 175–T 180

1.130   Tam Doo, P. A.; Kerekes, R. J.: The effect of beating and low-amplitude flexing on pulp fibre flexibility. J. Pulp Pap. Sci. 15 (1989) J36–J42

1.131   Wultsch, F.; Flucher, W.: Der Escher-Wyss-Kleinrefiner als Standard-Prüfgerät für moderne Stoffaufbereitungsanlagen. Papier 12 (1958) 13/14, 334–342

1.132   Mack, H.; Patt, K.: Über die Mahlung von Zellstoffen, insbesondere von Halbzellstoffen in Laboratoriumsgeräten, darunter in einem Laboratoriumsscheibenrefiner. Wochenbl. Papierfabr. 89 (1961) 21, 1021–1026

1.133   Brecht, W.; Siewert, W.: Zur theoretisch-technischen Beurteilung des Mahlprozesses moderner Mahlmaschinen. Papier 20 (1966) 1, 4–14

1.134   Stark, J.: Entwicklungen auf dem Gebiet der Stoffmahlung. Voith Forschung u. Konstruktion, Heft 16 (Mai 1967) Sonderdruck 1777

1.135   Bähr, T.; Konold G.: Beitrag zur Auswahl von Mahlmaschinen (Flachkegel-, Steilkegel- und Scheibenrefiner). Wochenbl. Papierfabr. 96 (1968) 18, 639–648

1.135 a   Baker, C. F.: A quantitative method of pulp evaluation – pilot plant refiner. Paper Technol. (1991) July, 38–41; – Refiner review – changes in refining practice with new sources of fibre. Sterling Publication Internat., London (1992) 95–99

1.136   Brecht, W.; Siewert, W.: Entwicklung eines Kleinrefiners zum standardisierbaren Mahlgerät des Laboratoriums. Papier 18 (1964) 10A, 639–645

1.137   Brecht, W.; Siewert, W.: Technologischer Wirkungsvergleich von messergarnierten Mahlmaschinen unterschiedlicher Bauart. Papier 20 (1966) 6, 301–311

1.138 a   Siewert, W.; Selder, H.: Die Zellstoffprüfung mit dem neuen Escher-Wyss-Laborrefiner. Wochenbl. Papierfabr. 102 (1974) 11/12

1.138 b   Sepke, P. W.; Pott, U.; Meltzer, F. P.: Mill oriented lab refining for routine furnish control and development. Paper Technology 33 (1992) 7, 30–34

1.139 a   Brecht, W.: Eine Vergleichsgrundlage zur Beurteilung messergarnierter Mahlmaschinen. Zellst. Pap. 16 (1967) 6, 170–176

1.139 b   Brecht, W.: A method for the comparative evaluation of bar-equipped beating devices. TAPPI 50 (1967) 7, 40A–44A

1.140   Brecht, W.: Aspekte der Zellstoffmahlung im Laboratorium. Wochenbl. Papierfabr. 92 (1964) 23/24, 707–716

1.141   Wiseman, R. A.; Smith, H. A.: Verwendung des Bauer-McNett-Laborrefiners bei der Beurteilung von Zellstoffen. TAPPI 47 (1964) 9, 180A–183A

1.142   Charuel, R.; Roux, J. C.; Agostini, F. de; Rousselle-Manuel, C.: Influence de la géométrie des lames sur le raffinage des pâtes chimiques. ATIP 42 (1988) 4, 153–160

1.143   Stationwala, M. I.; Atack, D.; Karnis, A.: Effect of refinerplate design on pulp fractionation and strength development. J. Pulp Pap. Sci. 14 (1988) 6, J133–J140

1.144   Levlin, J. E.: Über die Bedeutung der Mahlweise bei der Mahlung verschiedener Zellstofftypen. Papier 30 (1976) 10A, V33–V42

1.145   Stiphout, M. M. J. van: Grundlegende Untersuchung über die Wirkung der Refinerart auf Cellulosefasern. TAPPI 47 (1963) 2, 189A–191A

1.146   Gabl, H.: Untersuchungen über die Vorgänge in der Mahlzone von Kegelrefinern durch Messung von Messerabständen. Wochenbl. Papierfabr. 109 (1981) 18, 665–668

1.147   Hoppe, H. Q.; Jörn, J.: Einfluß der spezifischen Kantenbelastung und Refinerdrehzahl auf den spezifischen Mahlarbeitsbedarf. Wochenbl. Papierfabr. 112 (1984) 18, 666–671

1.148   Brown, K. J.: Einfluß der Stoffdichte in einem Labormahlgerät auf die Mahlungsgeschwindigkeit und die Zellstoffeigenschaften. TAPPI 51 (1968) 12, 67A–70A

1.149   Peakes, D. E.: Kombinierte Hoch- und Niedrig-Stoffdichtemahlung von gebleichten Sulfatzellstoffen. TAPPI 60 (1967) 9, 38A–42A

1.150   Ebeling, K.; Balac, J. P.: High consistency refining. Pap. Puu 48 (1966) 4a, 121–128

1.151   Sundholm, J.; Heikkurinen, A.; Mannström, B.: The role of rate of rotation and impact frequency in refiner mechanical pulping. Pap. Puu 70 (1988) 4, 446–451

1.152   Levlin, J. E.: Constant vs. variable load during refining. Pap. Puu 63 (1981) 4a, 253–256

1.153   Musselmann, W.: Die Möglichkeiten der Beeinflussung des Mahlergebnisses. Wochenbl. Papierfabr. 97, 739–745 (1979) Nr. 19

1.154   Jensen, W.; Nordmann, L.; Niemi, J.: Mahlung von Zellstoffmischungen. ATIP (1958) 6, 177–184

1.155   Göttsching, L.; Nordmann, L.: Mahlungsuntersuchungen unter Verwendung von ungebleichten Birken- und Kiefersulfatzellstoffen. Papier 20 (1966) 1, 14–22

1.156   Levlin, J. E.: Some differences in beating behaviour between softwood and hardwood pulps. Internat. Symposium on Fundamental Concepts of Refining, Appleton, 1980-09-16/18

1.157   Kibblewhite, R. P.: Refining behaviours and fibre characteristics of kraft pulps of yield 49 to 67 percent. Appita 42 (1989) 5, 364–371

1.158   Miles, K. B.; Karnis, A.: The response of mechanical and chemical pulps to refining. TAPPI 74 (1991), 157–164

1.159   Bauchayer, H.: Der Einfluß der getrennten und gemischten Mahlung von Laub- und Nadelholzzellstoffen. Sven Papperstidn 66 (1963) 17, 633–604

1.160   Arlov, A. P.: Das Mahlen und Mischen von gebleichten Nadel- und Laubholzzellstoffen. Sven Papperstidn 66 (1963) 9, 333–342

1.161   Levlin, J. E.; Jokisalo, H.; Westergård, S.: On optimization by means of beating of the amount of birch pulp in papermaking furnishes. Pap. Puu 63 (1981) 11, 697–698, 701–701, 705–706

1.161   Perekalski, N. P.; Filatenkow, W. F.: Über den Einfluß der Zusätze hochmahlbarer Faserstoffe auf den Prozeß der Mahlung und die mechanischen Eigenschaften des Papiers. Bum. Prom. (russ) 34 (1959) 11, 2–5

1.162   Levlin, J. E.: Material losses during defibration and beating of high yield pulps. Fibrewater Interactions in Papermaking Transaction of Symposium Oxford 1977, 299–306

1.162a   Robertson, R. A.: Evaluation of the performance of a fractionator using fiber length data. TAPPI 1992 Papermakers Conf., TAPPI Press, Atlanta 1992, 13–20

1.162b   Paavilainen, L.: The possibility of fractionating softwood sulfate pulp according to cell wall thickness. APPITA 45 (1992) 5, 319–326

1.163   Levlin, J. E.: Effects of beating on the papermaking properties of high yield pulps. Trans. Techn. Section 81 (1980) 12, TR94–98

1.164   Davison, R. W.; Putman, S. T.; Mashburn, R. T.; Ware, H. O.: Ein neues Verfahren zur Erfassung der Einflüsse von Zusatzstoffen, der benutzten Faserrohstoffe und der Mahlverfahren auf die erzielbaren Festigkeitseigenschaften. TAPPI 40 (1957) 7, 499–506

1.165   Valtschev, V.; Ivanova, N.: Chemische Hilfsmittel für die Faserstoffmahlung. Zellst. Pap. 36 (1987) 6, 212–214

1.166 Milichovsky, M.: Chemische Aspekte der Mahlung von Zellstoff. Zellst. Pap. 38 (1989) 1, 17–23. A new concept of chemistry refining processes. TAPPI 73 (1990) 10, 221–231

1.167 Corson, S. R.: Aspects of mechanical pulp fibre separation and developmemt in a disc refiner. Pap. Puu 71 (1989) 7, 801–814

1.168 Atack, D.; Stationwala, M. I.; Huusari, E.; Ahlqvist, P.; Fontebasso, J.; Perkola, M.: High-speed photography of pulp flow patterns in a 5 MW pressurized refiner. Pap. Puu 71 (1989) 6, 689–695

1.169 Hietanen, S.: The role of fiber flocculation in chemical pulp refining. Pap. Puu 73 (1991) 3, 249–259

1.170a Hietanen, S.: Development of a fundamentally new refining method, Part 1. Basic design considerations. Pap. Puu 72 (1990) 9, 874–882

1.170b Hietanen, S.: Development of a fundamentally new refining method, Part 2. Operating conditions of the new refiner. Pap. Puu 73 (1990) 10, 952–961

1.171 Hietanen, S.: Effect of control variables and length of refining zone on the refining result with a new pilot refiner. Pap. Puu 73 (1991) 1, 52–61

1.172 Stationwala, M. I.; Atack, D.; Wood, J. R.; Wild, D. J.; Karnis, A.: The effect of control variables on refining zone conditions and pulp properties. Pap. Puu 73 (1991) 1, 62–69

1.172a Lawford, W. H.: Chemical pulp evaluation using a 30-cm laboratory disc refiner. It is an alternative to PFI testing. Pulp Paper Can. 93 (1992) 2, 16–19

1.172b Daub, E.; Jühe, H. H.; Klauß, E.; Werthschulte, F.: Zellstoffmahlung im Technikumsmaßstab als praxisnahe Methode der Zellstoffbeurteilung. 10. PTS-PTI-Symposium „Chemische Technologie der Papierherstellung“, 15.–18. 9. 1992, München, PTS-München

1.173 Hauan, S.: Schopper-Riegler-Gerät. Modifiziert vom SCAN-Test-Komitee. Sven Paperstidn 67 (1964) 8, 325–328

1.173a Biermann, C. J.; Hull, J. L.: Replacement of the Canadian Standard freeness and temperature and consistency correction tables with equations suited to computer use. TAPPI 75 (1992) 245–246

1.174 Jacquelin, G.: Influence des propriétés de surface de fibres papetières sur le comportement de la pâte et du papier. Sven Papperstidn. 66 (1963) 801–811

1.175 Greve, T.; Pachniewski, J.; Göttsching, L.: Schopper-Riegler-Messung und Wasserqualität. Wochenbl. Papierfabr. 115 (1987) 493–496, 498

1.176a Jayme, G.; Panda, A.: Wege für die Schnellbestimmung des Wasserrückhaltevermögens von Zellstoffen. Wochenbl. Papierfabr. 93 (1965) 11/12, 384–390

1.176b Skaugen, L.: Undersøkelser av feilkilder ved Schopper-Riegler malegradsprøver. Nor. Skogind. 6 (1953) 4, 118ff

1.177a Kaunonen, A.; Luukonen, M.: Practical experiences of the use of a continuous freeness measurement. TAPPI 1991 Internat. Mechanical Pulping Conf., TAPPI Press, Atlanta, 109–114

1.177a Jayme, G.; Büttel, H.: Über die Bestimmung und Bedeutung des Wasserrückhaltevermögens (des WRV-Wertes) verschiedener gebleichter und ungebleichter Zellstoffe. I. Überblick über die vorhandene Literatur. Papier 20 (1966) 7, 357–365

1.177b Brandon, C. E.: Repeatability of Canadian standard freeness test TAPPI 58 (1975) 12, 126

1.178a Clark, J. d'A.: TAPPI 37, 140 A (Nr. 3) (1954)

1.178b Colombo, H.: Untersuchung von Faserstoffen bei hoher Ausmahlung. Österr. Pap. 62 (1956) 1, 11–17

1.179 Paasonen, P. K.: On the evaluation of beating. Pap. Puu 46 (1964) 11, 679–684

1.180 Becker, R. J.: The Canadian standard freeness test versus a drainage time test for highly refined stock. TAPPI 36 (1953) 12, 158 A–161 A

1.181 Hrubesky, C. E.; Perto, J. J. jr.: Evaluation of the SFMC-TAPPI drainage time tester. TAPPI 37 (1954) 10, 425–427

1.182 Yong, A. de: The physical behaviour of paper pulps. a. An instrument for recording drainage rate date with a standard handsheet machine. Appita 12 (1959) 5, 167–172

1.183 Alfthan, G. v.: A new apparatus for drainage measurements. Pap. Puu 42 (1960) 4, 287–292

1.184 Alfthan, G. v.: Ein Gerät zur kontinuierlichen Messung der Entwässerungseigenschaften von Holzstoff. Pap. Puu 44 (1962) 4a, 241–248

1.185   Alfthan G. von: A sensitive apparatus for rapid determination of the beating degree. Pap. Puu 6/7 (1976) 409−418

1.186   Harman, G.L.: Kontinuierliche Messung und Reglung der Entwässerungsfähigkeit. TAPPI 44 (1961) 10, 168A−171A

1.187   Höpner, T.; Jayme, G.; Ulrich, J.C.: Bestimmung des Wasserrückhaltevermögens (Quellwertes) von Zellstoffen. Papier 9 (1955) 476

1.187a Ottestam, C.; Engstrand, P.; Htun, M.; Sjögren, B.; Ölander, K.: A modified WRV method for measuring the swelling properties for mechanical pulps. TAPPI 1991 International Mechanical Pulping Conf., TAPPI Press, Atlanta, 87−89

1.188   Jayme, G.: Über die Bestimmung und Bedeutung des Wasserrückhaltevermögen (WRV-Wert) verschiedener gebleichter Zellstoffe. Papier 20 (1966) 7, 357−366

1.189   Jayme, G.: Bestimmung und Bedeutung der Kristallinität der Cellulose. Cellulose Chem. Technol. 9 (1975) 477−492 (WRV-Anwendungen)

1.190   Jayme, G.; Raffael, E.: Über ein genaues Verfahren zur Bestimmung der Mercerisierbarkeit von Cellulosen auf der Basis von WRV-Messungen. Papier 24 (1976) 4, 181−186

1.190a Hietanen, S.: The role of fiber flocculation in chemical pulp refining. Pap. Puu 73 (1991) 3, 249−259

1.191   Nippe, W.; Oehlmann, H.: Unter welchen Bedingungen ist es möglich, aus dem Wasserrückhaltevermögen nach Jayme von ungemahlenen Zellstoffen auf ihre spezifische Quellfähigkeit zu schließen? Papier 23 (1969) 5, 276−282

1.192   Andrews, C.M.; Oberg, A.G.: Die Messung der Quellung von Cellulose durch die Retention von Propanol-2. Textile Res. J. 33 (1963) 5, 330−332

1.193   Aldrich, L.C.: Die Einwirkung verschiedener Variabeln auf das Ergebnis der Mahlgradprüfung nach Williams. TAPPI 41 (1958) 8, 453−459

1.194   Goldsmith, V.; Yong, J. de; Higgins, H.G.: Das physikalische Verhalten von Papierzellstoffen. II. Die Abhängigkeit der Entwässerungs- und Fließ-Eigenschaften vom Mahlgrad. Appita 12 (1959) 6, 185−200

1.195   Borruso, D.; Ceragioli, G.: Misura des grade di rigonfiamento delle paste da carta: valore di ritienzione d'acqua. La Carta (1960) 95−196

1.196   Szwarcsztajn, E.; Przybysz, K.: Investigations of water retention value (WRV) of beaten cellulose fibres. Cellulose Chem. Technol. 9 (1975) 597−607

1.197   Ellis, E.R.; Jewett, K.B.; Smith, K.A.; Ceckler, W.H.; Thompson, E.V.: Water retention ratio and its use to study the mechanism of water retention in paper. J. Pulp Pap. Sci. 9 (1983) TR12−TR15

1.198   Ström, G.; Kunnas, A.: The effect of cationic polymers on the water retention value of various pulps. Nordic Pulp Pap. Res. J. 6 (1991) 1,12ff

1.199   Eaton, C.K.; Janes, R.L.: The effects of internal sizing. TAPPI 1992 Papermakers Conf. 197−215

1.200   Ludwig, H.G.; Eisner, K.D.; Deutschmann, H.: Faserstoffbewertung durch Schnellbestimmung des Wasserrückhaltevermögens. Zellst. Pap. 25 (1976) 2, 44−47

1.201   Schütt, C.: Forming test sheets in the laboratory. I. A review of literature. Paperi ja Puu 46 (1964) 4a, 167−177; 180−181; 183−188; 190−192; II. 4, 315−328; 330−332

1.202   Possaner von Ehrenthal, B.; Unger, E.: Theoretische Grundlagen für die Festigkeitsprüfung von Zellstoffen. Papierfabrikant 37 (1939) 17, 141−145; 18, 151−156

1.203   Felsch, W.: Die Blattbildung im Labor − Bedingungen und Vorgänge. Papiermacher (1989) 6, 86−90

1.204   Knittweis, H.-J.: Blattbildung − Theoretische Aspekte und Praktische Erfahrungen − Einführung. Wochenbl. Papierfabr. 106 (1978) 1, 19−20

1.205   Krause, T.; Schempp, W.: Physikalisch-chemische Faktoren der Blattbildung. Wochenbl. Papierfabr. 106 (1978) 1, 21−27

1.206   Kallmes, O.: Über die Grundlagen der Formation, der Struktur und der Eigenschaften von Papier. Papier 35 (1981) 10A, V56−V73

1.207   Auhorn, W.: Blattbildung, Entwässerung, Trocknung − verbessert durch die Chemie. Wochenbl Papierfabr 110 (1982) 5, 155−162

1.208   Brecht, W.; Weidenmüller, R.: Eignungsvergleich der deutschen mit der amerikanischen und britischen Laboratoriums-Blattbildungsmethode. Papier 21 (1967) 6, 310−315

1.209 Springer, E. L.; Nordmann, L.; Virkola, N. E.: Faktoren, die die dynamischen Eigenschaften von Kiefern-Sulfatzellstoff beeinflussen. TAPPI 47 (1964) 8, 463–467

1.210 Watson, A. J.; Marfleet, M.; Cohen, W. E.: Beziehungen zwischen Flächengewicht und Festigkeitseigenschaften von Laborblättern am Beispiel von Eucalyptus regnans. Appita 10 (1956) 10, 272

1.211 Malmberg, B.: Relationships between properties of laboratory handsheets pressed with different wet pressures. Sven Papperstidn. 73 (1970) 334–337

1.212a Teder, A.: Der Einfluß der Trocknung auf die Eigenschaften von Papierzellstoffen. Teil 4: Der Einfluß der Oxidation. Sven Papperstidn. 67 (1964) 8, 317–324

1.212b Palmer, E. R.: Modification of the British standard sheet machine. Pap. Technol. Ind. (1975) 325–329

1.213a Nordman, L.; Hirvonen, P.; Levlin, J. E.; Ebeling, K.: Einfluß der Trocknungsverhältnisse auf einige Papiereigenschaften. Papier 34 (1980) 6, 219–225

1.213b Kallmes, O. J.; Ayer, J. A.: New automatic system developed for handsheet production in labs. Pulp Pap. (1975) 7, 122–125

1.214a Göttsching, L.; Rhodius, D.: Der Trocknungsverlauf von Papier und Pappe in Abhängigkeit von trocknungstechnischen und papiertechnologischen Parametern. Papier 31 (1977) 10, 419–427; 31 (1978) 2, 49–58; 32 (1978) 6, 234–242

1.214b Kalmes, O. J.; Ayer, J. A.: Semiautomatic system developed for handsheet production in labs. Pulp Pap. 50 (1976) 2, 46–48

1.215 Semi-automated standard pulp evaluation apparatus No. 255/SA. Fa. Messmer, Oxford Str., London (1991)

1.216 PFI Sheet Former, The Norwegian Pulp and Paper Research Institute, Vinderen N 0319 Oslo 3, Norwegen

1.217 Schütte, C.: Forming test sheets in the laboratory II. Pap. Puu 46 (1964) 4, 315–328, 330–332

1.218 Koon, C. M.; Niemeyer, D. E.: The influence of certain variables im forming brightness handsheets. Pap. Trade J. 114 (1942) 5, 30

1.219 Heintze, H. U.: The measurement of dirt in recycled fine papers. Pulp Pap. Can. 93 (1992) 10, 51–54

1.220 Valeur, C.: Formation of laboratory brightness sheets from fully bleached pulps. Sven Papperstidn. 57 (1954) 21, 789–800

1.221 Baetke, F.: Die Praxis der Weißgradmessung von Zellstoffen. Papier 15 (1961) 287–295

1.222 Toroi, M.: The preparation of fibre orientated sheets on a laboratory scale. Pap. Puu 41 (1959) 5, 271–273, 275–279

1.223 Sauret, G.: Appareil de laboratoire permettant l'obtention de papiers anisotropes. ATIP 16 (1962) 6, 446–454

1.224 Law, K. N.; Blatatinecz, J. J.; Garceau, H. H.: A technique for making oriented fiber sheet. TAPPI 57 (1974) 12, 153–154

1.225 Moller, K.; Norman, B.; Wahren, D.: Anisotropic laboratory handsheets with approximately the same formation as industrial fourdrinier paper. TAPPI 59 (1976) 9,132ff

1.226 Ryti, N.; Aaltonen, P.; Pertialla, T; Talya, M.: Device for the production of fiber oriented laboratory handsheets. Pap. Puu 51 (1969) 3, 207

1.227 Sauret, G.: Comparison of industrial papers and papers obtained with a dynamic handsheet machine. Int. Symp. Pap. Pulp Characterization, Ronneby, Schweden 1971

1.228 Noe, P.; Chevalier, J.: Un nouvel appareil des caractérisation des pâtes. La formette d'égouttage du C. T. P. ATIP 43 (1989) 9, 473–483

1.229 Norman, B.: An investigation of the mass distribution in paper sheets. Sven Papperstidn. 78 (1975) 8, 285

1.230 Silvy, J.; Conty, D.; Arconda, E.: La microstructure du papier. ATIP 45 (1991) 3, 115–123

1.231a Moller, K.; Norman, B.: An evaluation of the STFI dynamic sheetformer. STFI-Mitt. Serie B Nr. 361 (PA 88), Stockholm 1976

1.231b Persson, T.; Österberg, L.: A laboratory apparatus for pulsed drainage. Sven Papperstidn. 72 (1969) 25, 446–452

1.232 Lafond, J.; Arendt, T.: Dynamic sheet former is useful in forming fabric design, application. Pulp Pap. USA (1989) 8, 127–131

1.232a Minter, S.: Delamination as a sheet splitting method. TAPPI 1992 Papermakers Conf., TAPPI Press, Atlanta 1992, 81–85

1.233 Trepanier, R. J.: Dynamic forming. Parameters for making orientated sheets in the laboratory. Ann. Meeting of Noram Quality Control & Research Equipment 1988, Pointe Claire, Can.

1.234a Schmutzpunktmeßgerät Dot-Counter 2,0. Fa. Cocap bv, Rijksweg 13, NL 6085 AC Horn, Niederlande

1.234b Jordan, B. D.: Is line-scan analysis of formation flawed? TAPPI 67 (1984) 11, 118–119

1.234c Jordan, B. D.; Nguyen, N. G.; Bidmade, M. L.: Dirt counting with image analysis. Pulp Pap. Mag. Can. 84 (1983) 6, 60–64

1.234d Jordan, B. D.; Nguyen, N. G.: Specific perimeter – a graininess parameter for formation and print-mottle textures. Pap. Puu 68 (1986) 6/7, 476–482

1.234e Trepanier, R. J.: Counting dirt, Normal quality control and research equipment. Ltd. Test Methode Committee meeting at CPPA Annual Meeting: January 1986

1.234f Trepanier, R. J.: A user-friendly image analysis system for the routine analysis of paper formation, dirt speck content and solid print non-uniformity. TAPPI-Process and Product quality Division Symposium, Canada, October 1989, 79–84

1.234g Jordan, B. D.; Nguyen, N. G.: Dirt counting with microcomputers. J. Pulp Pap. Sci. 11 (1985) 3, J73–J77

1.234h Jordan, B. D.; Nguyen, N. G.: Emulation the TAPPI dirt count with a microcomputer. J Pulp Pap. Sci. 14 (1988) 1, J16–J19

1.234i Unger, E. W.; Sawall, U.: Messung und Bewertung optischer Eigenschaften von Papier im Auf- und Durchlicht. Zellst. Pap. 38 (1989) 6, 214

1.235 Higgins, H. G.; Young, J. de: The primary effects and their influence on pulp and paper properties. In: Formation and structure of paper. Transaction of the Symposium Oxford 1961, Techn. Sect. British Paper and Board Makers, 1962

1.236 Duncker, B.; Nordman, L.: Mechanische Eigenschaften von Einzelfasern. Sven Papperstidn. 71 (1968) 5, 165–177

1.237 Richter, G. A.: Einige Beiträge zu Papierbildungseigenschaften von Zellstoffen. TAPPI 41 (1958) 12, 776–795

1.238 Dinwoodle, J. M.: Zusammenhänge zwischen Fasermorphologie und Papiereigenschaften; eine Literaturübersicht. TAPPI 48 (1965) 8, 441–447

1.239 Jayme, B. A.: Mechanische Eigenschaften von Holzfasern. TAPPI 42 (1959) 6, 461–467

1.240 Hartler, N.; Kull, G.; Stockman, L.: Bestimmung der Faserfestigkeit durch Messung der Einzelfasern. Sven Papperstidn. 66 (1963) 8, 301–308

1.241 Samuelsson, L. G.: Stiffness of pulp fibers, 2. The effect of mechanical treatment. Sven Papperstidn. 67 (1964) 23, 943–948

1.242 Tamolang, F. N.; Wangaard, F. F.; Kellogg, R. M.: Einzelfaserfestigkeit und Zellstoffeigenschaften in Laubholzzellstoffen. TAPPI 52 (1968) 1, 19–25

1.243 Smith, M. K.; Morton, D. H.: Techniques for measurement of individual fibre properties. A comparison of pulp fibres from pinus radiata and pinus elliotti. Appita 21 (1968) 5, 154–163

1.244 Page, D. H.; El-Hosseiny, F.; Winkler, K,: Bain, R.: The mechanical properties of single wood-pulp fibres. Part I. a new approach. Pulp Pap. Mag. Can 73 (1972) 8, T 198–T 212

1.245 El-Hosseiny, F.; Page, D. H.: The mechanical properties of single wood pulp fibres: Theories of strength. Fibre Sci. Technol. 8 (1975) 21–31

1.246 Page, D. H., El-Hosseiny, F.; Winkler, K.: Behaviour of single wood fibres under axial tensile strain. Nature 229n, 5282, 252–253 (1971)

1.247 Kim, C. Y.; Page, D. H.; El-Hosseiny, F.; Lancaster, A. P. S.: The mechanical properties of single wood pulp fibers. III. The effect of drying stress on strength. J. Appl Polymer Sc. 19 (1975) 1549–1561

1.248 Kerekes, R. J.; Tam Doo, P. A.: Wet fibre flexibility of some major softwood species pulped by various processes. 71st Ann. Meeting SCPP, Techn. Sect. Montreal, 1985-01-29-30, Preprints A, A 45–A 50

1.249 Hattula, T.; Niemi, H.: Sulphate pulp fibre flexibility and its effect on sheet strength. Pap. Puu 70 (1988) 4, 356–361

1.250   Einspahr, D. W.: Zusammenhänge zwischen Faserdimensionen und Faser- und Prüfblatt-
        festigkeiten. TAPPI 47 (1964) 4, 180−183
1.251   Kellogg, R. M.; Wangaard, F. F.: Der Einfluß der Faserfestigkeit auf die Blatteigenschaften
        von Laubholzzellstoff. TAPPI 47 (1964) 6, 361−367
1.252   Clark, d'A. J.: Components of the strength qualities of pulps. TAPPI 56 (1973) 7,
        122−125
1.253   Gruber, E.; Ezzat, S.; Schurz, J.: Zellstoff-Eigenschaften und Faserlänge. I. Zusammen-
        hänge zwischen Faserlänge, Zusammensetzung, Aufbau und Eigenschaften. Papier 28
        (1974) 10A, V8−V24
1.254   Valley, R. B.; Morse, T. H.: Messung der Faserlänge mit dem modifizierten Coulterteilchen-
        meßgerät. TAPPI 48 (1965) 6, 372−376
1.255a Watson, A. J.; Dadswell, H. E.: Influence of fibre morphology on paper properties. 3.
        Length: diameter (L/D) ratio. Appita 17 (1964) 5, 146−156
1.255b Duncker, B.; Nordman, L.: Bestimmung der Einzelfaserfestigkeit. Pap. Puu 47 (1965) 10,
        539−551
1.255c Matolcsy, G. A.: Correlation of fiber dimensions and wood properties with the physical
        properties of kraft pulp of Abies balsamea L (Mill.). TAPPI 58 (1975) 4, 136−141
1.256   Tmolang, F. F.; Wangaard, F. F.; Kellogg, R. M.: TAPPI 51 (1968) 19
1.257   Helle, T.: Faserfestigkeit − Bindungsfestigkeit − Papierfestigkeit. Nor. Skogind. 19 (1965)
        357−363
1.258   Giertz, H. W.; Lobben, T.: Pap. Technol. 8 (1967) T 55
1.259   Hunger, G.: Hemizellulosen in der Papierherstellung. Papier 37 (1983) 12, 582−591
1.260   Sukhov, D.; Zhilkin, A. N.; Valow, P. M.; Terentiev, O. A.: Cellulose structure in relation
        to paper properties. TAPPI 74 (1991) 3, 201−204
1.261   Makkonen, H.: Der Einfluß der Hemicellulosenzusammensetzung auf die papiertechni-
        schen Eigenschaften von Zellstoffen. Sven Papperstidn. 69 (1966) 17, 566−572
1.262   Paasonen, P. K.: Über die initiale Naßfestigkeit von Zellstoffen. Pap. Puu 50 (1968) 11,
        655−660
1.263   Maron, R.; Alexander, S. D.: Die Eigenschaften der einzelnen Faserfraktionen von Zell-
        stoff und Holzschliff. III. Vergleich zwischen Pappel- und Fichtenzellstoff. TAPPI 47
        (1964) 11/I, 704−710
1.264   Forgacs, O. L.; Mason, S. G.: Die Biegsamkeit von Holzstoff-Fasern. TAPPI 41 (1958) 11,
        695−704. (Couette-Apparat) Rotationsviskosimeter
1.265a Robertson, A. A.; Meindersma, E.; Mason, G.: Die Messung der Faserbiegsamkeit. Pulp
        Pap. Mag. Can. 62 (1961) 1, T3−T10
1.265b Retualeinen, E.: Faserbindungskräfte in papiernen Flächengebilden. Zellst. Pap. 38 (1989)
        6, 208−214
1.266   Samuelson, L. G.: Steifigkeit von Zellstoffasern, Teil 1: Vergleich von Zellstoffasern, Teil
        I: Vergleich der Steifigkeit ungemahlener Sulfit- und Sulfatzellstoffasern aus Fichtenholz.
        Sven Papperstidn. 67 (1964) 22, 905−910; Teil 2: Der Einfluß der mechanischen Behand-
        lung. Sven Papperstidn. 67 (1964) 23, 943−948
1.267   Bergman, J.; Takamura, N.: Der Zusammenhang zwischen dem Schubmodul von Faser-
        netzwerken und der Steifigkeit von Einzelfasern. Sven Papperstidn. 68 (1965) 20, 703−710
1.268   Nisser, H. G.: Beziehungen zwischen dem Einzelfaserzustand und verschiedenen Eigen-
        schaften des Papiers. Dissertation Darmstadt 1962
1.269   Nisser, H.; Brecht, W.: Zwei neue Meßkriterien von aufgeschwemmten Fasern zur Beurtei-
        lung der Blattfestigkeit. Sven Papperstidn. 66 (1963) 2, 37−41
1.270   Thalen, N.; Wahren, D.: Schubmodul und maximale Schubspannung einiger Papierzell-
        stoffe. Sven Papperstidn. 67 (1964) 7, 259−264
1.271   Schniedwind, A. P.; Memeth, L. J.; Brink D. L.: Faser- und Zellstoffeigenschaften. I.
        Schubspannung von Einzelfaserkreuzungen. TAPPI 47 (1964) 2, 244−248
1.272   Alexander, S. D.; Marton, R.; McGovern, S. D.: Einfluß der Mahlung und des Naßpressens
        auf Faser- und Blatteigenschaften. I. Einzelfasereigenschaften. TAPPI 51 (1968) 6,
        277−283
1.273   Britt, K. W.: Beobachtungen an der Faser-zu-Faser-Bindung im Papier. TAPPI 46 (1963)
        12, 154A−159A

1.274   Thalen, N.; Wahren, D.: Mischungs- und Mahlungsexperimente an Fasernetzwerken. Sven Papperstidn. 71 (1968) 20, 744–750

1.275   Boesen, C. E.: Die Oberfläche von Zellstoffasern und eine Methode zu ihrer Bestimmung. Sven Papperstidn. 71 (1968) 7, 278–287

1.276a Kallmes, O.; Bernier, G.: Die Struktur von Papier. IV. Die freie Faserlänge. TAPPI 46 (1963) 2, 108–114

1.276b Ullman, U.; Billing, O.; Jonsson, A.: Fibre classification as a method of characterizing pulp. Pulp Pap. Mag. Can. 69 (1968) 9, T69–T83

1.276c Öhrn, O. E.: A fibre length measuring gauge with an "easy to use" mesuring probe. Sven Papperstidn. 72 (1969) 20, 667–668

1.277   Jayme, G.: Neue Beiträge zur Entstehung der Blattfestigkeit. Papier 15 (1961) 10A, 581–600

1.278   Emerton, R. W.: The specific external surface of fibre – some theoretical considerations. Pulp Pap. Mag. Can. 56 (1955) 65, 68

1.279   Thode, E. P.; Ingmanson W. L.: Factors contributing to the strength of a sheet of paper. I. External specific surface and swollen specific volume. TAPPI 42 (1959) I, 74

1.280   Campell, N. F.: The surface area of wood pulp. The Papermaker, London, 150 (1962) 2, 53–57, 61

1.281   Laisu, X.; Qiufeng, S.; Jianyong, L.; Yong, Z.; Yanquan, L.: Specific surface and specific volume of the sulfite reed pulp beating at various consistencies. TAPPI 74 (1991) 2, 223–225

1.282   Winkler, F.; Götze, W.; Hamann, G.: Dichtebestimmung an Faserstoffen. II. Bestimmungsverfahren – Möglichkeiten und Grenzen. Faserforsch. Textiltech. 19 (1968) 3, 102–110

1.283   Wagner, E. F.: Die innere und äußere Oberfläche von textilen Fasern. Melliand Textilber. 50 (1969) 9, 1075–1081

1.284   Allen, G. G.; Ko, Y. C.; Ritzenthaler, P.: The microscopy of pulp. The nature of pore size distribution. TAPPI 74 (1991) 3, 205–214

1.285   Allan, G. G.; Balaban, C.; Bellefeuille-Williams, C. I.: The microporosity of pulp. A key to new markets. TAPPI 74 (1991) 1, 83–84

1.286   Jacquelin, G.: Cohesion des réseaux fibreux papetiers en milieu humide. ATIP 20 (1966) 4, 153–163

1.287   Teder, A.: Elektronenmikroskopische Untersuchungen über Veränderungen der Blattstruktur von Zellstoffen beim Befeuchten. Sven Papperstidn. 67 (1964) 10, 421

1.288   Andersson, O.; Holmström, C.: Der Einfluß der Wasserentfernung auf die Festigkeitseigenschaften. Sven Papperstidn. 66 (1963) 17, 646–649

1.289   Östberg, G.; Salmen, L.: Effects of fibrillation of wood fibers on their interaction with water. Nordic Pulp Pap. Res. J. 6 (1991) 1, 23–26

1.290   Östberg, G.; Salmen, L.; Fält, A.: The softening behaviour of different fibre wall layers. J. Pulp Pap. Sci. 16 (1990) 2, J58–J62

1.291   Jacquelin, G.: Der Einfluß der Oberflächeneigenschaften auf das Verhalten von Zellstoff und Papier. Sven Papperstidn. 66 (1963) 20, 801–811 (Elektronegativ der Fibrillen, SR-Wert)

1.292   Malmberg, B.: Zusammenhänge zwischen den Eigenschaften von Laborblättern. Teil 3: Maximale Faserbindung. Sven Papperstidn. 68 (1965) 10, 363–368, T1; 67 (1964) 69, T2.67 (1964) 617

1.293   Nissan, A. H.: Eine Erklärung des Mahlvorgangs auf Grund der Wasserstoffbindungstheorie der mechanischen Festigkeit von Zellstoffblättern. TAPPI 41 (1958) 3, 131–134

1.294   Noe, P.: Le raffinage des pates chimiques. Revue bibliographique. ATIP 38 (1984) 1, 19–26

1.295   Wultsch, F.; Schmut, R.: Mahlprozeß, Zwischenfaserbindung und Papierfestigkeit. TAPPI 44 (1961) 1, 38–42

1.296   Soletschnik, N. J.; Alikin, W. P.: Die Fragen der Deformation und der Mahlung von technischen Zellstoffen. Bum. Prom. (russ) 34 (1959) 12, 7–8

1.297   Giertz, H. W.: The effects of beating on individual fibres. In: Fundamental of papermaking fibres. Transactions Symposium, Cambridge 1957

1.298   Giertz, H.W.: Ännu ett sätt att se på malningsprocessen. Nor. Skogind. 18 (1964) 7, 239–244, 246–248

1.299   Page, D.H.; Grace, de J.H.: Delamination of fiber walls by beating and refining. TAPPI 50 (1967) 10, 489–495

1.300   Mohlin, U.B.; Cellulose fibre bonding. Part 3: The effect of beating and drying on interfibre bonding. Sven Papperstidn. 78 (1975) 9, 338–341

1.301   Bridge, N.K.; Hamer, R.J.: Beating and basic fibre properties. Pap. Technol. Ind. 18 (1977) 2, 37–44

1.302   Levlin, J.E.; Jousimaa, T.: The response of different fibre raw materials to refining. PIRA conference on advances in refining technology. Birmingham, 1986

1.303   Mohlin, U.B.; Alfredsson, C.: Fibre deformation and its implications in pulp characterization. Nordic Pulp Pap. Res. J. 5 (1990) 4, 172–179

1.304   Mohlin, U.B.; Alfredsson, C.: Fibre deformation and its implications in pulp characterization. Nordic Pulp Pap. Res. J. 5 (1990) 4, 172–179

1.305   Wong, B.M.; Reeve, D.W.: Diffusion in fibre beds. J. Pulp Pap. Sci. 16 (1990) 3, J72–J76

1.306   Jayme, G.; Büttel, H.: Charakterisierung von Zellstoffen durch hochdifferenzierte Auswertung von Festigkeitsprüfungs-Protokollen. Papier 18 (1964) 18, 624–632

1.307   Jousimaa, T.; Levlin, J.E.: The reproducibility of physical pulp testing. Pap. Puu 67 (1985) 4, 249, 251–253

1.308   Tröger, H.: Über die Reproduzierbarkeit der Einheitsmethode für die Zellstoff-Festigkeitsprüfung. Zellst. Pap. 9 (1960) 6, 219–226

1.309   Ryti, N.: Principles of paper pulp characterization strategy. Pap. Puu 53 (1971) 2, 729–734

1.310   Levlin, J.E.: The characterization of papermaking pulps. TAPPI 58 (1975) 1, 71–74

1.311   Ryti, N.; Aaltonen, P.: Method for evaluating paper pulps for a certain end product. Pap. World Res. Developm. (1976) 42, 33, 29, 56

1.312   Paulapuro, H.; Ryti, N.: Pulp characterization for process control purposes. Pulp Pap. Mag. Can. 77 (1976) 6, 103–111

1.313   Levlin, J.E.; Paulapuro, H.: Characterization strategies for papermaking pulps. Pap. Puu 69 (1987) 5, 410–416

1.314   Mohlin, U.B.: Massans kvalitet bestämmer papperets funktion. Sven Papperstidn. 90 (1987) 11, 14–29

1.315a Steenberg, B.: Beating and the mechanical properties of paper. A critical review

1.315b Steenberg, B.: Mahlungsvorgänge. Neue Betrachtungen. Papier 33 (1979) 10A, V141–V149

1.316   Milichowsky, M.: Chemische Aspekte der Mahlung von Zellstoff. Zellst. Pap. 38 (1983) 1, 17–23

1.317   Brecht, W.; Weidenmüller, R.: Eignungsvergleich der deutschen mit der amerikanisch-britischen Laboratoriums-Blattbildungsmethode. Papier 21 (1967) 6, 314 (Abb. 4 und 5)

1.318   Pierrard, J.M.: Presente e futuro delle materie prime fibrose nell'industria cartaria. Ind. della Carta 30 (1992) 7, 387–394

1.319   Sullivan, B.W.: Einlehner abrasion testing of pigments. TAPPI 1992 Papermakers Conf., TAPPI Press, Atlanta, 527–531

Kapitel 2

2.1   Montmorency, W.H. de: Zusammenhänge zwischen Holzeigenschaften und Holzschlifferzeugung. Pulp Pap. Mag. Can. 66 (1965) 6, 325–348

2.2   Gavelin, G.: Wood the raw material for mechanical pulp production. Pap. Trade J. 150 (1966) 6, 80–82

2.3   Unger, E.; Blechschmidt, J.: Die Beurteilung von Faserholz für die Holzschlifferzeugung mit Hilfe eines Laborschleifers. Zellst. Pap. 15 (1966) 6, 169–178

2.4   McMillin, C.W.: Holzcharakteristiken, die die Eigenschaften von Prüfblättern aus Loblollykiefern-Refinerschliff beeinflussen. TAPPI 51 (1968) r, 51–56

2.5   McMillin, C. W.: Quality of refiner groundwood pulp as related to handsheet properties and gross wood characteristics. Wood Sci. Technol. (1969) 3, 287

2.6   Blechschmidt, J.: Die Eignung verschiedener Holzarten für die Holzschlifferzeugung. Zellst. Pap. 19 (1970) 9, 268−275

2.6a   Blechschmidt, J.; Bloszfeld, O. Bäurich, C.; Engert, P.; Graf, M.; Wurdinger, S.: Eigenschaften von CTMP aus einheimischen Holzarten (Teil II). Zellstoff u. Papier 37 (1977) 2, 43−46

2.7   Jackson, M.: High yield pulps from Canadian hardwoods. Nord. Pulp Pap. Research J. 3 (1988) Spec. Issue, 40−45

2.7a   Kärenlampi, P.: Spruce wood fiber properties and mechanical pulps. Pap. Puu 74 (1992) 8, 650−664

2.7b   Corson, S. R.: Wood characteristics influence pine TMP quality. TAPPI 1991 International Mechanical Pulping Conf., TAPPI Press, Atlanta, 243−256

2.7c   Heitner, C.; Argyropoulos, D. S.; Miles, K. B.; Karnis, A.: Alkaline sulphite ultrahigh-yield pulping of aspen chips − a comparison of steam explosion and conventional chemimechanical pulping. TAPPI 1991 International Mechanical Pulping Conf., TAPPI Press, Atlanta, 151−164

2.7d   Banham, P. W.; Maughan, S. E.; Ash,. G. H.; Johnson, L. B.: Low energy commercial high yield pulp from Eucalypts. TAPPI 1991 International Mechanical Pulping Conf., TAPPI Press, Atlanta, 137−149

2.7e   Sferrazza, M. J.; Bohn, W. L.; Santini, J. L.: Alkaline peroxide mechanical pulping of high density hardwoods. TAPPI 1991 International Mechanical Pulping Conf., TAPPI Press, Atlanta, 165−170

2.7f   Zanuttini, M. A.; Christensen, P. K.: Effects of alkali charge in bagasse chemimechanical pulping, Part I. APPITA 44 (1991) 3, 191

2.7g   Heikkurinen, A., Vaarasalo, J.; Karnis, A.: Effect of initial defibrization on the properties of refiner mechanical pulp. TAPPI 1991 International Mechanical Pulping Conf., TAPPI Press, Atlanta, 303−319

2.7h   Hill, J.; Saarinen, K.; Stenros, R.: On the control of chip refining systems. TAPPI 1991 International Mechanical Pulping Conf., TAPPI Press, Atlanta, 235−241

2.7i   Kappel, J., Calderon, P.; Stark, H.: Resin removal from mechanical pulps. TAPPI 1991 International Mechanical Pulping Conf., TAPPI Press, Atlanta, 185−190

2.7j   Kärenlampi, P.: Wood moisture content in grinding. Pap. Puu 74 (1992) 4, 328−336

2.8   Giese, E.: Grundsatzerkenntnisse bei der Herstellung mechanischer Holzstoffe. Papier 22 (1968) 10 A, 721−726

2.9   Beath, L. R.; Neill, M. T.; Masse, F. A.: Latenz bei Holzschliffen. Pulp Pap. Mag. Can. 67 (1966) 10, 423−430

2.10   Jones, H. W. H.: Auftreten und Entfernen von Schleifenbildung und Kräuselung in Holzschliffasern in bezug auf Papiereigenschaften. Pulp Pap. Mag. Can. 67 (1966) 6, 282−291

2.11   Htun, M. Q.; Engstrand, P.; Salmen, L.: The implication of ligninsoftening on latency removal to mechanical and chemimechanical pulps. J. Pulp Pap. Sci. 14 (1988) 5, J 109−J 113

2.12a Blechschmidt, J.: Zum Latenzverhalten von Holzstoffen. Zellst. Pap., Leipzig 25 (1976) 10, 293−298

2.12b Blechschmidt, J.; Fritzsching, H.: Latenzverhalten von CTMP. Zellst. Pap. 37 (1988) 5, 188−190

2.13   Klemm, K. H.: The interpretation of groundwood production by fiber technology. Pulp Pap. Mag. Can. 56 (1955) 12, 178

2.14   Goring, D. A. J.: Die thermische Erweichung von Lignin, Hemicellulose und Cellulose. Pulp Pap. Mag. Can. 64 (1963) 12, 517−527

2.15   Luhde, F.: Der Aufschluß des Holzes beim Schleifverfahren und beim Hackschnitzel-Refinerverfahren. Papier 16 (1962) 11, 655−663

2.16   Gavelin, G.: Probleme der Holzschliffqualität. Pap. Trade J. 150 (1966) 16, 50−53

2.17   Birkeland, S.: Neues aus der Herstellung und Prüfung mechanischer Holzstoffe. Papier 23 (1969) 10A, 705−711

2.18   Gavelin, G.: Aspekte des thermomechanischen Stoffs. 1. Herstellung und Eigenschaften des Stoffs. Sven Papperstidn. 77 (1974) 6, 189−196

2.19   Holzhey, F. jr.: Aktuelle Fragen zur Holzstofferzeugung, Holzschliff-Refinerholzstoff. Papier 29 (1975) 10A, V120–V127

2.20   Giertz, H.W.: Neue Holzstoff-Varianten. Papier 28 (1974) H10A, V137–V143

2.21   Blechschmidt, J.: Vergleich der Verfahren der Holzstoff-Erzeugung. Zellst. Pap. 24 (1975) 335–338, 367–370

2.22   Steinbeis, B.: Herstellung der Holzstoffe. Papier 37 (1983) 10A, V115–V120

2.23   Doucet, C.: Le développement des pâtes chémicothermomécaniques, leurs charactéristiques et leurs utilisation. ATIP 43 (1989) 321–337

2.24   Kilpper, W.: Holzschliff und Füllstoff in ihrer Wirkung auf einige Eigenschaften von Druckpapieren. Papier 23 (1969) 7, 365–369

2.25   Mannström, B.: Einfluß der Holzschliffqualität auf Verdruckbarkeit und Bedruckbarkeit. TAPPI 55 (1972) 4, 551–555

2.26   Giertz, H.W.: Basic differences between mechanical and chemical pulps. Proc. Int. Mech. Pulp Conf., Stockholm 1973

2.27   Süss, H.U.; Eul, W.: Hochgebleichter CTMP – ein Zellstoffersatz? Wochenbl. Papierfabr. 114 (1986) 9, 320–325

2.28   Giertz, H.W.: Neue Holzstoff-Varianten. Papier 28 (1974) 10A, V137–V143

2.29   Doucet, C.: Le développement des pâtes chémicothermomécaniques; leurs caractéristiques et leurs utisations, ATIP 43 (1989) 321–337

2.30   Weidhaas, A.G.: Refiner-Holzstoff im praktischen Einsatz. Wochenbl. Papierfabr. 100 (1972) 9, 303–308

2.31   Weidenmüller, J.: Ligninreiche Faserstoffe für Druckpapiere – physikalisch-technologische Eigenschaften und Anforderungen. Wochenbl. Papierfabr. 104 (1976) 15, 556–567

2.32   Seehofer, J.: Anforderungen an die Holzstoffe. Papier 37 (1938) 10A, V126–V114

2.33   Westman, L.: Bleached CTMP as a middle layer in fine papers. Intern. Mech. Pulping Conf. Stockholm 1985-05-6/10, Proc. 258–262

2.34   Sundholm, J.; Mannström, B.: Pilot plant studies on the relation between mechanical pulp characteristics and critical properties of uncoated magazine paper. Pap. Puu 67 (1985) 11, 662–668

2.35   Paulapuro, H.; Sundholm, J.: Suitability of CTMP for different paper and board grades – A critical review. Mechanical Pulps – Their technology and use. Pira Conf. 1985-02-28, Leatherhead, Surey

2.36   Anon.: Mechanical pulp survey. All grades enjoy healthy growth. Pulp Pap. Int. 32 (1990) 6, 24–26

2.37a Göttsching, L.: Holzstoff und Umwelt. Papier 37 (1983) 10A, V126–V129

2.37b Paris, U.; Philipp, J.: Das CTMP-Verfahren – eine Schlüsseltechnologie für Verbesserungen in Betriebswirtschaft und Umweltschutz. Zellst. Pap. 39 (1990) 1, 4–8

2.38a Karnis, A.; Kerr, R.B.; Forgacs, O.L.: Mechanical pulp mill control systems. I. The measurement of fiber length. Pulp Pap. Mag. Can. 73 (1972) 12, 64

2.38b Cowan, W.F.: Wet pulp characterization be means of specific surface, specific volume and compressibility. Pulp Pap. Mag. Can. 71 (1970) 9, 63

2.38c Analytical Characteristics of mechanical pulps; Eigenschaftsanalysen von Holzstoffen; Scandinavien Producers of Market Mechanical Pulp, (dreisprachig) (ohne Orts- und Datumsangabe) 15 Tabellen

2.39   Alexander, D.K.: Automatische Prozeßsteuerung für Holzschleifer (Der „Camel"-Prozeß). Pulp Pap. Mag. Can. 74 (1973) 2, 77–84

2.40   Garceau, J.J.; Jones, H.W.H.: Characteristics of refiner wood pulp by operation parameters. Trans. Techn. Sect. C.P.P.A. 1 (1975) 1, 28

2.41   Venkatesh, V.; Edwards, L.L.: Prediction of mechanical pulp handsheet and drainage properties for use in mill control and design. Sven Papperstidn. (1977) 422–430

2.42   Bergström, J.; Hellström, H.; Steenberg, B.: Analyse der veränderlichen Bedingungen beim Schleifprozeß. Sven Papperstidn. 60 (1957) 11, 409–411

2.43   Levlin, J.E.; Jousimaa, T.: New Pulps require new refining techniques. Pap. Technol. Ind. (1988) 9, 304–312

2.44   Hietanen, S.: Comparison of a new refiner with a conventional refiner. Pap. Puu 73 (1991) 2, 141–152

2.45 Affleck, R.: Schleifen von starkem Rundholz in Great-Northern-Schleifern. TAPPI 47 (1964) 1, 30–39

2.46 Stevenson, S.: The name is mechanical pulping – please check the definition. Pulp Pap. Can. 85 (1984) 11, 23

2.47 Blechschmidt, J.: Zur Ordnung der Verfahren der mechanischen Zerfaserung von Holz. Zellst. Pap. 37 (1988) 212–213

2.48 Brecht, W.; Schanz, D.: Versuch zur Kennzeichnung von Holzschliff-Feinstoffen durch Ermittlung ihrer spezifischen Oberfläche. Wochenbl. Papierfabr. 85 (1957) 23, 891–898

2.49 Robertson, A.A.; Mason S.G.: Pulp Pap. Mag. Can. CPP 36 (1950) 174

2.50 Marton, R.; Robie, J.O.: Characterization of mechanical pulps by a settling technique. TAPPI 52 (1969) 12, 2400

2.51 Ruck, M.; Ruck, H.: Elektronenoptische Untersuchungen an Holzschliff-Feinstoffen, Teil 1. Papier 14 (1960) 9, 499–408

2.51a Ruck-Florjančič, M.; Ruck, H.: Teil 2: Papier 15 (1961) 12, 715–725

2.52 Brandal, J.; Lindheim, A.: Einfluß der Extraktstoffe des Holzschliffs auf die Faserbindung. Pulp Pap. Can. 67 (1966) 10, 431–435

2.53 Ekman, R.; Eckerman, C.; Holmbom, B.: Studies on the behavior of extractives in mechanical pulp suspensions. Nord. Pulp Pap. Research J. 5 (1990) 2, 96–102

2.54 Brecht, W.: Holzschliff und chemischer Schliff aus europäischem Pappelholz. TAPPI 42 (1959) 8, 664–669

2.55 Marton, R.; Alexander, S.D.; Brown, A.F.; Sherman, C.W.: Morphologisch bedingte Grenzen der Qualität von Laubholzschliff. TAPPI 48 (1965) 7, 395–398

2.56 McMillis, C.W.: Aspects of fiber morphology affecting properties of handsheets made from Loblolly pine refiner groundwood. Wood Sci. Technol. 3 (1969) 2, 139–149

2.57 Vecchi, E.: Qualitätskontrolle von Pappelschliff: Faktoren, die mit der strukturellen Zusammensetzung des Schliffs zusammenhängen. TAPPI 52 (1969) as, 2390–2399

2.58 Heldal, N.; Hauan, S.; Brandal, J.: Einfluß der Lagerung auf die Festigkeitseigenschaften von Holzschliff. Nor. Skogind. 17 (1963) 5, 168–177

2.59 Hill, J.; Eriksson, L.: Mechanical pulping processes evaluated by an optical device. Proc. Int. Mech. Pulp Conf. 1975, Stockholm

2.60 Brecht, W.; Holl, M.: Schaffung eines Normalverfahrens zur Gütebeurteilung von Holzstoffen. Papierfabrikant 37 (1939) 10, 74–86

2.61 Brecht, W.; Zippel, F.: Die Ermittlung des Stippengehaltes von Faserstoffsuspensionen. Wochenbl. Papierfabr. I:84 (1956) 18, 727–731; II. 84 (1956) 19, 767–770, III, 84 (1956) 20, 807–810

2.62 Brecht, W.; Weidhaas, A.: Beziehungen beim Sortierprozeß von Holzschliff. TAPPI 45 (1962) 5, 383–390

2.63 Hauan, S.; Gaure, K.: The PFI-Micro shive fractionator. Nor. Skogind. 22 (1968) 5, 155

2.64 Norberg, P.H.: The dimensions of shives and fibers in different stages of a groundwood screening system. Proc. Int. Mech. Pulp. Conf. Stockholm 1973

2.65 Hoydahl, H.E.; Hauan, S.: Mini shives in mechanical pulps. Nor. Skogind. 26 (1972) 3, 62

2.66 MacMillan, F.A.; Farrell, W.R.; Booth, K.G.: Shives in newsprint. Their detection measurement and effects on paper quality. Pulp Pap. Mag. Can. 66 (1965) 7, 361

2.67 Sears, G.R.; Tyler, R.F.; Denzer, C.W.: Shives in newsprint, the role of shives in paper web breaks. Pulp Pap. Mag. Can. 66 (1965) 7, T351

2.68 Johnsson, E.; Höglund, H.; Tistad, G.: Determination of dangerous shives. Proc. Int. Mech. Pulp Conf. Stockholm 1973

2.69 Alfthan, G.V.v.: A new shives analyzer. Pulp Pap. Mag. Can. 66 (1965) 4, T229

2.70 Brecht, W.; Holle, D.: Eignungsuntersuchung des „von Alfthan-Splitteranalysators" für die Prüfung von Schliffsuspensionen. Wochenbl. Papierfabr. 94 (1966) 11/12, 363–368

2.71 Karnis, A.; Atlan, R.S.: Use of the Alfthan shive analyzer in pulp screening and cleaning studies. Pulp Pap. Mag. Can. 68 (1967) 8, T359

2.72 Stephens, J.R.; Pearson, A.J.; Chaffey, A.M.: Mil investigations with the von Alfthan shive analyzer. Appita 24 (1971) 5, 325

2.73 Breunig, A.: Die Splittergehaltsbestimmung von Holzstoffen. Wochenbl. Papierfabr. 106 (1978) 11/12, 417–425

2.73a ZM-Merkblatt IV/37/63, Teil 2. Bestimmung der Kappa$_j$-Zahl von Halbzellstoffen (zurückgezogen). Vgl. Jayme, G., Jerratsch, H. J.: Die Kappa$_j$-Methode, eine modifizierte Kappazahl-Bestimmung für Halbzellstoffe über 70% Ausbeute. Das Papier 14 (1960) 718–723

2.74 Breunig, A.: Derzeitiger Stand bei der Splittergehaltsbestimmung und Faserfraktionierung von Holzstoffen mit der Gerätekombination Haindl-Fraktionator+McNett-Gerät. Wochenbl. Papierfabr. 108 (1980) 11/12, 397–404

2.75 Breunig, A.: Neue Erkenntnisse bei der qualitativen und quantitativen Ermittlung der Faserstoffzusammensetzung von Papieren. Papier 37 (1983) 10, 473–481

2.76 STFI-Splitter-Analysator: (Siehe Literaturverzeichnis 1.229–1.233)

2.77 Giese, E.: Witschel, Ein neues Verfahren zur Stippengehaltsbestimmung. Zellst. Pap. 10 (1960) 11, 418–421

2.78 Hill, J.; Höglund, H.; Johnsson, E.: Evaluation of screens by optical measurements. Prod. Int. Mech. Pulp Conf. San Francisco 1975

2.79 Colley, J.: A new method for assessing the mini-shive content of mechanical pulps. Appita 30 (1977) 1, 307

2.80 Palmer, D. E.: Measurement of groundwood pulp quality using a modified Bauer-McNett classifier. Appita 27 (1974) 6, 424

2.81 Unger, E. W.; Heinemann, S.; Blechschmidt, J.; Steinert, T.: Bewertung des granulometrischen Zustandes von Holzstoffen über Siebanalyse mit logarithmisch gestufter Prüfsiebreihe. Zellst. Pap. 31 (1982) 2, 67–70

2.82 Giese, E.; Link, D.: Neue Erkenntnisse bei der Erforschung des Feinstoffs in Holzschliff. Zellst. Pap. 6 (1957) 9, 269–279

2.83 Marton, R.; Alexander, S. D.: Eigenschaften von Faserfraktionen aus Zellstoff und Holzschliff. 1. Nadelhölzer. TAPPI 46 (1953) 2, 65–70

2.84 Law, K. N.; Garceau, J. J.: Relations between freeness and fibre fractions of groundwood pulps. Appita 29 (1976) 6, 437–439

2.85 Garceau, J. J.; Law, K. N.: Optimum combinations for groundwood fractions for maximum sheet strength. Proc. Int. Mech. Pulp Conf. San Francisco 1975

2.86 Corson, S. R.; Uprichard, J. M.: Rapid prediction of fibre size distributions of Pinus radiata mechanical pulps. Appita 27 (1974) 1, 272–278

2.87 Clark, J. d'A.: Freeness fallacies and facts. Sven Papperstidn. 73 (1970) 3, 54

2.88 Greve, T.; Pachniewski, J.: Göttsching, L.: Schopper-Riegler-Messung und Wasserqualität. Wochenbl. Papierfabr. 115 (1987) 493–496, 498

2.89a Brauns, O.: The relation between freeness and the strength of groundwood pulps. Sven Paperstidn. 64 (1961) 18, 662

2.89b Paterson, H. A.: Groundwood quality expressed by freeness and bursting strength. Tech. Sect. Prod. C. P. P. A. (1936) 50

2.90 Unger, E. W.; Heinemann, S.: Beitrag zur Charakterisierung des Bindungsvermögens von Faserstoffen über den Filtrationswiderstand. Zellst. Pap. 34 (1985) 2, 55–58

2.91 Wells, F. L.; Stumpf, R. W.: The 60/80 fines test a practical fractionation of mechanically refined pulp. TAPPI 49 (1966) 8, 353–356

2.92 Heerensperger, B. D.: Die fraktionierte Entwässerungsprüfung als Maß für die Qualität des Holzschliffs. TAPPI 49 (1966) 8, 94A–97A

2.93 Manson, D. W.; Mardon, J.: Eine Untersuchung über die Entwässerung holzschliffhaltiger Fasersuspensionen mit Hilfe eines verbesserten A. P. P. Blattbildners. Pulp Pap. Mag. Can. 63 (1962) 5, T259–266

2.94 Yaraskavitch, I. M.; Allen, L. H.; Heitner, C.: Effects of degree of sulphonation on the retention and drainage of TMP, CTMP and CMP. J. Pulp Pap. Research 16 (1990) 5, J87–K93

2.95 Weishaupt, K.: Die Korrektur der initialen Naßzugfestigkeit von Holzschliff nach dem Trockengehalt. Wochenbl. Papierfabr. 85 (1957) 15, 627–630

2.96 Herwig, G.: Effect of groundwood pulp quality on wet end efficiency on a paper machine. Pulp Pap. Mag. Can. 59 (1958) 10.130

2.97 Brecht, W.; Erfurt, H.: Naßfestigkeit von Zellstoff und Holzschliffen verschiedener Formzahlen. TAPPI 42 (1959) 12, 959–968

2.98   Laurilla, P. S.; Cutshall, K. A.; Mardon, J.: Groundwood wet web strength. Pulp Pap. Mag. Can. 74 (1973) 8, T 272

2.99   Garceau, J. J.; Law, K. N.: Wet-web strength of groundwoods. Sven Papperstidn. 19 (1976) 7, 219

2.100   Nyblom, L.; Levlin, J. E.: The initial wet strength of furnishes containing different mechanical pulps. TAPPI 64 (1981) 3, 81−85

2.100a   Strand, B. C.; Mokvist, A.: Ferritsius, O.; Sköld, H.; Jämte, J.: On-line prediction of mechanical pulp strength and optical properties. J. Pulp Paper Sc. 18 (1992) J176−J181

2.100b   Corson, S. R.; Richardson, J. D.; Murton, K. D.; Foster, R. S.: Light scattering coefficient of radiata pine mechanical pulps varies with wood and process type. APPITA 44 (1991) 3, 184−190

2.101   Brecht, W.; Maier, E.; Volk, W.: Das optische Verhalten von Holzschliff und Holzzellstoff bei Veränderung der Stoffschmierigkeit (°SR) in neuer Darstellungsweise. Papier 18 (1964) 7, 298−307

2.102   Gupta, V. N.; Mutton, D. B.: Die Farbe von Holz und Holzschliff. Pulp Pap. Mag. Can. 68 (1967) C, 107−114

2.103   Lee, J.; Balatincecz, J. J.; Whiting, P.: The optical properties of eight eastern Canadian wood species. Part I. The inherent optical properties of the wood. J. Pulp Pap. Sci. 14 (1988) 6, J145−J150

2.104   McLellan, F.; Colodette, J. L.; Fairbank, M. G.; Whiting, P.: Factors affecting ambient thermal reversion of high-yield pulps. J. Pulp Pap. Sci. 16 (1990) 6, J173−J179

2.105   Loras, V.; Hauan, S.; Brandal, J.: The influence of disintegration of strength and optical properties of groundwood pulp. Nor. Skogind. 18 (1964) 2, 1−7

2.106   Nordman, L.; Levlin, J. E.: Einfluß der Trocknung auf die optischen Eigenschaften von Holzstoff. Papier 29 (1975) 4, 174−180

2.107a   Loras, V.: Die Bleiche und Stabilisierung des Weißgrades von „flash-dried"-Holzschliff. Pulp Pap. Mag. Can. 69 (1968) 2, 49−55

2.107b   Janson, J.; Forsskahl, I. A.: Farbveränderungen der Holzstoffe und Erhöhung der Beständigkeit infolge von Lichteinwirkung. Zellst. Pap. 38 (1989) 2, 47−50

2.107c   Forsskåhl, I.; Janson, J.: Photostabilization of mechanical pulps from spruce and aspen by treatment with polyethylene glycol. Pap. Puu 74 (1992) 7, 553−559

2.107d   Holmbom, B.; Ekman, R.; Eckerman, C.: Degradation products formed during light and heat treatment of spruce groundwood. J. Pulp Paper Sc. 18 (1992) 4, J146−J151

2.108   Brecht, W.; Klemm, K.: The mixture of structures in a mechanical pulp as a key to the knowledge of its technological properties. Pulp Pap. Mag. Can. 54 (1953) 1, 73

2.109   Marton, R.: Faserstruktur und Eigenschaften von verschiedenen Holzschliffen. TAPPI 47 (1964) 1, 205−208

2.110   Gavelin, G.: Messung der Holzstoffqualität. Pap. Trade J. 150 (1965) 13, 44−49; 15, 43−49

2.111   Vecchi, E.: Quality control of poplar groundwood: factors related to the structural composition of the pulp. TAPPI 52 (1969) 12, 2390

2.112   Wurster, K.; Baumgarten, H. L.: Erfassung der Merkmale von Holzstoffen für verschiedene Papier- und Kartonqualitäten mittels herkömmlicher und neuerer Untersuchungsmethoden. PTS, Forschungsbericht 03/84

2.113   Law, K. N.; Garceau, J. J.; Kokta, B. V.: Characterization of mechanical pulps by thermal methods. TAPPI 58 (1975) 5, 98

2.114   Garceau, J. J.; Law, K. N.: Koran, Z.; Toubal Seghir B.: Characterisation de la pate mecanique. AT. ATIP 31 (1977) 255−264

2.115   McKenzie, A. W.; Williams, M. D.; McHenry M.: Laboratory evaluation of high-yield pulps. Appita 43 (1990) 1, 29−33

2.116   Reiner, P. L.; Jackson, M.: An approach to groundwood characterization using ultrasonics. Proc. Int. Mech. Pulp. Conf. Stockholm 1973

2.117   Atack, D.; Forgacs, O. L.: The evaluation of groundwood for newsprint production. Pulp Pap. Mag. Can. 62 (1961) 3, T 187

2.118   Ullman, U.: Qualitätskontrolle von Holzschliff, Wechselbeziehung zwischen Papiereigenschaften und Schliffeigenschaften. TAPPI 52 (1969) 5, 834−838

2.119   Paulapuro, H.; Laamanen, J.: Papermaking properties of mechanical pulps. 19th Internat. Symp., Miami Univ. 1988-05-16-19, TAPPI – Paper Physics Seminar, 1–118

2.120   Veal, M. A.; Jackson, M.: A review for characterization of mechanical pulp for paper making. TAPPI 1985 Pulping Conference, Lollywood, Florida, USA 1985-11-2/7

2.120a Pasanen, K.; Peltonen, E.; Haikkala, P.; Liimatainen, H.: Experiences in using super pressure groundwood (PGW-S) in Myllykoski SC-paper mill. TAPPI 1991 International Mechanical Pulping Conf., TAPPI Press, Atlanta, 115–121

2.120b Johnson, R. W.; Bird, A.: CTMP in fine papers: Impact of CTMP on permeance of alkaline papers. TAPPI 1991 International Mechanical Pulping Conf., TAPPI Press, Atlanta, 267–273

2.120c Corson, S. R.: Preferred characteristics of mechanical pulps for printing grades. APPITA 45 (1992) 2, 121–124

2.120d Johnson, R. W.: CTMP in fine papers: On-machine surface treatment for improved brightness stability. TAPPI 1991 International Mechanical Pulping Conf., TAPPI Press, Atlanta, 275–283

2.120e Ionides, G. N.; Long, D.: A review of groundwood printing papers – meeting the challenges of the 90s! Pulp Paper Can. 93 (1992) 8, 20–23

2.120f Retulainen, E.: Strength properties of mechanical and chemical pulp blends. Pap. Puu 74 (1992) 5, 419–426

2.120g Wood, J. R.; Karnis, A.: Linting propensity of mechanical pulps. Pulp. Paper Can. 93 (1992) 7, 17–24

2.121   Jones, H. W. H.: The interdependence of properties in mechanical pulps. Pulp Pap. Mag. Can. 53 (1962) 13, 92

2.122   Mohlin, U. B.; Wennberg, K.: Some aspects of the interaction between mechanical and chemical pulps. TAPPI 67 (1984) 1, 90–93

2.123   Ritala, R.: Geometrical scaling analysis of a fibre network: Effect of reinforcement pulp. Nord. Pulp Pap. Research J. 2 (1987) Spec. Issue 15–18

2.124   Seth, R. S.; Page, D. H.: Fiber properties and tearing resistance. TAPPI 111 (1980) 8, 103–107

2.125   Clark, J. d'A.: Characterization and control of mechanical pulp. In: Clark J. d'A.: Pulp technology and treatment for paper. San Francisco: Miller Freeman 1978, p. 579–601; 556–558

2.126   Forgacs, O. L.: Die Charakterisierung auf mechanischem Weg hergestellter Holzstoffe. Pulp Pap. Mag. Can. 64 (1963) Conv. Nr. S, T89–T118

2.127   Kindler, W.; Clark, J. d'A.: Rapid procedure for finding length and slenderness (L- and S-factors) for mechanical pulps. TAPPI 49 (1966) 7, T13

2.128   Defelice, V. N.: Application of Forgacs' tests to groundwood control and evaluation. Proc. Int. Mech. Pulp Conf. Woodland, 1964, USA

2.129   Kraske, W. Q.: The Forgacs' procedure for groundwood evaluation. TAPPI 50 (1967) 8, T13, 159A

2.130   Garceau, J. J.; Lavallee, H. C.; Law, K. N.; Lo, S. N.: Beyond 'L' and 'S'. Pulp Pap. Mag. Can. 76 (1975) 3, T67

2.131   Mannström, B.: On the characterization and quality control of mechanical pulp. Pap. Puu 49 (1967) 4a, 137–143, 145,–146

2.132   Mannström, B.: Charakterisierung des Refiner-Holzstoffes. Papier 26 (1972) 10A, 657–664

2.133   Clark, J. d'A.: Components of the strength qualities of pulps. TAPPI 56 (1973) 7, 122

2.134   Clark, J. d'A.: s. [2.125, S. 601]

2.135   Blechschmidt, J.; Paris, U.: Beitrag zur Qualitätsbewertung von Holzschliffen. Zellst. Pap. 23 (1974) 1, 113–118

2.136   Robertson, A. A.; Mason, S. G.: The specific surface of fibers – its measurement and application. TAPPI 33 (1950) 403–409

2.137   Unger, E. W.; Heinemann, S.: Vergleichende Untersuchungen verschiedener Methoden zur Bewertung der spezifischen Oberfläche aus der Suspension. Zellst. Pap. 32 (1983) 4, 154–156

2.138   Mohlin, U. B.; Alfredsson, C.: Fibre deformation and its implications in pulp characterization. Nord Pulp Research J. 5 (1990) 4, 172–179

2.139   Ölander, K.; Salmen, L.; Htun, M.: Relation between mechanical properties of pulp fibers and the activation energy of softening as affected by sulfonation. Nord. Pulp Pap. Research J. 5 (1990) 2, 60–64, 82

2.139a   Ölander, K.; Grén, U.; Htun, M.: Specific surface area – an important property of mechanical pulps. TAPPI 1991 International Mechanical Pulping Conf., TAPPI Press, Atlanta, 81–86

2.140   Levlin, J. E.: On the use of chemi-mechanical pulps in fine papers. Internat. Mechanical Pulping Conf. Helsinki 1989: Mechanical Pulp – responding to the end product demands. Reprints, 107–118

2.141   Höglund, H.: Modifizierter TMP für Zeitungsdruckpapier. Int. Holzstoffkonf. Helsinki 1977

2.142   Blechschmidt, J.; Bloszfeld, O.; Bäurich, C.; Engert, P.; Graf, M.; Wurdinger, S.: Eigenschaften von CTMP aus einheimischen Holzarten. a Teil 1: Zellst. Pap. 37 (1988) 1, 4–6; b Teil 2: Zellst. Pap. 37 (1988) 2, 43–46

2.143   Blechschmidt, J.; Zacher, J.; Fritzschning, H.: Spezielle Eigenschaften von CTMP als Faserstoff für die Papiererzeugung. Zellst. Pap. 39 (1990) 3, 84–89

2.144   Blechschmidt, J.; Fritzschning, H.: Einsatzmöglichkeiten von CTMP. Zellst. Pap. 37 (1987) 1, 7–10

2.145   Blechschmidt, J.; Wurdinger, S.; Graf, M.; Engert, F.: CTMP aus einheimischen Holzarten, Teil 1 und Teil 2. Zellst. Pap. 38 (1989) 1, 8–13, 38 (1989) 43–46

2.146   Litovski, S.; Lasheva, V.: Herstellung von CMP aus Pappelholz. Zellst. Pap. 38 (1989) 4, 122–123

2.147   Blechschmidt, J.; Blossfeld, O.; Fritzsching, H.: Eignung spezieller Pappelsorten für Hochausbeutefaserstoffe. Zellst. Pap. 38 (1989) 5, 165–167

2.148   West, L.: Bleached CTMP as a middle-layer in fine paper. Internat. Mech. Pulp. Conf. 1985: Proc. Stockholm 1985-05-6-10, 258–262

2.149   Brill, J. W.: New Scandinavian fluff test methods. TAPPI 66 (1983) 11, 45–48

2.150   Hauan, S.; Hødahl, H. E.; Lorås, V.; Bøhmer, E.: Die Entwicklung von thermomechanischem Holzstoff. Papier 29 (1957) 7, 269–274

2.151   Blechschmidt, J.; Opherden, A.: Technologie der Holzstofferzeugung. Leipzig: VEB Fachbuchverlag 1985

Kapitel 3

3.1   Holzhey, G.; Kibat, K. D.: Bedeutung des Altpapiereinsatzes für die Papierindustrie heute und in der Zukunft. Wochenbl. Papierfabr. 116 (1988) 6, 217–223

3.1a   Holzhey, G.: Die Rohstoffbasis der deinkenden Papierindustrie, Altpapiermarkt und Gesetzgebung. 5. PTS-PTI-Deinking-Symposium 1992, PTS München, 1

3.2   Veverka, A.: Economic favor increased use of recycled fiber in most furnishes. Pulp & Pap. USA 65 (1990) 9, 97–104

3.3   Anon.: Ein Leistungsbericht der deutschen Zellstoff- und Papierindustrie. 500 Jahre Papier in Deutschland 1390–1990. VDP Verband Deutscher Papierfabriken, Bonn: März 1990

3.3a   Anon.: Annual Review, Germany. Pulp. Paper Int. 34 (1992) 7, 39

3.4   Baumgarten, H. L.: Papierrecycling und Umweltschutz. Kultur und Technik 14 (1990) 2, 24–29

3.5   Anon.: Recycling, Papier im Kreislauf. VDP Verband Deutscher Papierfabriken, Bonn: Schrift 028520 (ohne Jahresangabe)

3.6   Göttsching, L.: Recycling in der Papierindustrie. Wochenbl. Papierfabr. 103 (1975) 19, 687–697

3.6a   Ellis, R. L.; Sedlachek, K.: Recycle vs. virgin fiber characteristics: A comparison TAPPI 1992 Papermakers Conf., TAPPI Press, Atlanta, 379–389

3.7   Töppel, O.: Der städtische Forst – Altpapier sammeln, ein Beitrag zur Umweltentlastung und Umweltsicherung. Ro 1983, 44–47, 1984, 43–46

3.8   Göttsching, L.; Stürmer, L.: Altpapiereinsatz in der Papierindustrie der Bundesrepublik Deutschland, Auswertung einer Umfrage, Teil II. Papier 32 (1978) 8, 359–366

3.9   Baumgarten, H. L.: Technik des Altpapiereinsatzes heute und morgen. Dtsch. Papierwirtsch. (1984) 1, 81–92

3.10   Grossmann, H.: Some techno-economic considerations concerning the production and use of waste paper pulp. In: New developments in wastepaper processing and use. Pira, Paper and Board Division Conf., 1989-02-28, Vol. 1. Session 2, paper 12, Pira 1989

3.10a   Sudan, J.: Stand und Perspektiven der Altpapiererfassung. 5. PTS-PTI-Deinking-Symposium 1992, PTS München, 2

3.10b   Raven, A.; von, Uutela, E.: Trends im Einsatz von Deinkingsstoff – ein Vergleich zwischen Nordamerika und Westeuropa. 5. PTS-PTI-Deinking-Symposium 1992, PTS München, 3

3.10c   Montola, K.: Waste market pulp/Producer's view. TAPPI 1991 International Mechanical Pulping Conf., TAPPI Press, Atlanta

3.10d   Kibat, K. D.: Faserholz und Altpapier – gegenwärtige Situation und Entwicklungstendenzen, 40. Zellstoff & Papier 1991, 118–127

3.10e   Moore, G. K.: Factors in recyclability of paper and paperboard. TAPPI 1992 Papermakers Conf., TAPPI Press, Atlanta, 439–444

3.11   Putz, H. J.; Göttsching, L.: Über die durch gelöste Substanzen verursachte Belastung des Fabrikationswassers bei der Papierherstellung. Papier 37 (1983) 7, 307–318

3.11a   Richardson, D. E.; Mineely, P. J.; Pettit, P. R.; Ash, G. H.; Harden, P. E.; Parsons, T.: The environmental impact of deinking: a pilot study. APPITA 45 (1992) 5, 314–318

3.11f   Papier 1992. Ein Leistungsbericht der deutschen Zellstoff- und Papierindustrie. Herausgeber: VDP Bonn 1992 (s. S. 32, 33, 40, 41, 45, 46 und 59)

3.12   Zellcheming Arbeitsblatt A XVI/2/80 Begriffsbestimmung „Abfallpapier", „Altpapier", „Papierabfall"

3.13   ISO 4046 Paper, board pulp and related terms – Vocabulary. Bilingual edition (11.78)

3.14   DIN 6730 Papier und Pappe, Begriffe

3.15   Göttsching, L.; Stürmer, L.: Physikalische Eigenschaften von Sekundärfaserstoffen unter dem Einfluß ihrer Vorgeschichte, Teil III. Einflüsse der Papierherstellung. Wochenbl. Papierfabr. 107 (1979) 3, 69–76

3.16   Anon.: Altpapier; Liste der Deutschen Standardsorten und ihre Qualitäten. Hrsg. Verband Deutscher Papierfabriken VDP, Bonn und Bundesverband Papierrohstoffe, Köln (ohne Jahreszahl)

3.17   Phan-Tri, D.; Göttsching, L.: Eingangskontrolle von Altpapier; Teil 1: Probenahme aus Altpapierballen mit dem IfP-Kernbohrer. Wochenbl. Papierfabr. 112 (1984) 6, 167–174

3.18   Phan-Tri, D.; Göttsching, L.: Eingangskontrolle von Altpapier, Teil 2. Stoffliche Zusammensetzung. Wochenbl. Papierfabr. 113 (1985) 10, 343–356

3.19   Blaschke-Hellmessen, R.; Blechschmidt, J.; Neujock, H. H.: Mikrobielle Einflüsse bei der Lagerung von Altpapierstoffen. Zellst. Pap. 35 (1985) 5, 167–171

3.20   Fähnrich, P.; Irrgang, K.; Rütten, B.; Schimz, K. L.: Abbau von Cellulose in cellulosehaltigem Material durch Mikroorganismen sowie durch mikrobielle Enzymsysteme. Papier 35 (1981) 10A, V1–V9

3.21   Philipp, B.; Dan, D. C.; Jacopian, V.: Untersuchungen zum Einfluß der chemischen und physikalischen Struktur des Substrats auf den enzymatischen Abbau der Cellulose. Zellst. Pap. 29 (1980) 1, 7–12

3.22   Neumann, J.: Feuchtigkeitsbestimmung von Altpapier, Marktpartner suchen nach einem wirtschaftlichen Meßverfahren. VDI-Nachrichten (1981) 10.03f

3.23   Beck, L.: Verfahrenstechnische Mängel heutiger Altpapieraufbereitungen und Forderungen an Technik, Entwicklung und Verarbeitung. Wochenbl. Papierfabr. 104 (1976) 39–42

3.24   Lornie, M. G.; Musselmann, K.: The fundamental principles of defibering and dispersion of waste paper. Pap. Technol. 19 (1978) 5, 154–160

3.25   Bähr, Th.: Auflösung von Altpapier bei hoher Stoffdichte. Wochenbl. Papierfabr. 109 (1981) 23/24, 927–930

3.26   Musselmann, W.: Die Sortierung von Altpapierstoffen nach Auflösung bei hoher und mittlerer Stoffdichte – Abscheidung spezifisch leichter und klebender Verunreinigungen. Wochenbl. Papierfabr. 109 (1981) 23/24, 931–936

3.27 Hoffmann, J.; Vireä, S.: Technologische und betriebliche Erfahrungen bei der Auflösung von Altpapier mit dem Fibreflow-System. Wochenbl. Papierfabr. 111 (1983) 6, 177–180

3.28 Bähr, T.; Musselmann, W.: Halbtrockene und nasse Entstippung von unsortiertem Altpapier. Wochenbl. Papierfabr. 93 (1965) 13, 522–535

3.29 Mickley, G.: Entstippung bei niederen und hohen Stoffdichten. Wochenbl. Papierfabr. 93 (1965) 13, 512–520

3.30 Blechschmidt, J.; Opherden, A.: Altpapier-Faserstoff für die Papiererzeugung. Leipzig: VEB Fachbuchverlag, 1979, S. 176–178

3.31 Baumgarten, H. L.: Probleme durch Kleber. Papier 38 (1984) 10A, V 121–V 125

3.32 Ortner, H.; Pfalzer, L.: Verfahrenstechnische Lösungen zur Abtrennung klebender Verunreinigungen. APR (1983) 24/25, 702–710

3.33 Bernhart, W. J.: Vermeidung klebender Verunreinigungen durch frühzeitige mechanische Ausscheidung. APR (1984) 16. 434–437

3.34 Eisenschmid, K.: Praktische Erfahrungen bei der Reinigung des Altpapiers von klebenden Verunreinigungen. APR (1984) 14, 390–391

3.35 Wilken, R.; Strauß, J. S.: Grundlegende Untersuchungen über klebende Verunreinigungen im wiederverwendeten Altpapier. APR (1984) 11/12, 292–307

3.36 Weigl, J.; Mix, K.; Tolle, M.: Grundlegende Untersuchungen über klebende Verunreinigungen im wiederverwendeten Altpapier, Teil 1: Arten und Untersuchungen von Störungen. APR (1985) 9, 208–216

3.37 Sulzer-Escher-Wyss, Ravensburg, Farbtafel „Bestimmung der klebenden Bestandteile in AP-Faserstoffen" (24. 139,32(9)RDhf 20)

3.38a Phan-Tri, D.; Großmann, H.: Entwicklung und Erprobung einer Labormethode zur Kennzeichnung der Redispergierbarkeit von Klebstoffen bei der Aufbereitung von Altpapier. PTS-Forschungsbericht Nr. 05 (1987)

3.38b Phan-Tri, D.; Großmann, H.: Charakterisierung der Abtrennbarkeit von nichtdispergierbaren klebenden Verunreinigungen in Altpapier. Forschungsbericht Nr. 6405 (1987)

3.39 Phan-Tri, D.; Großmann, H.: Ermittlung des durch organische Lösemittel aus Papierstoffsuspensionen extrahierbaren Anteils als Summenparameter zur Kennzeichnung ihres Gehaltes an klebenden Verunreinigungen. BAY-4-86/87; PTS-Forschungsbericht Nr. 05 (1988)

3.39a Biza, P.; Lippert, G. V.: Problematik der Stickiebestimmung im Deinkstoff. 5. PTS-PTI-Deinking-Symposium 1992, PTS München, 23

3.40 Esterbauer, H.; Hönig, H.; Stark, H.: Methode zur Analyse von klebenden Verunreinigungen in Altpapier verarbeitenden Betrieben. APR (1984) 9, 210–220

3.41 Göttsching, L.; Putz, H. J.: Das IfP im Jahre 1990, Teil: Deinking. Wochenbl. Papierfabr. 119 (1991) 2, 39–40

3.42 Kübler, R.: Anforderungen an die Druckfarbe im Offsetdruck. Papier 38 (1984) 10A, V 82–V 85

3.43 Kübler, R.: Bestandteile von Hochdruck- und Offsetdruckfarben und ihre Deinkbarkeit. Wochenbl. Papierfabr. 110 (1982) 8, 263–265

3.44 Larsson, L. O.; Busk, H.: Muß es schwierig sein, die Druckfarbe aus Zeitungs-Altpapier zu entfernen? Wochenbl. Papierfabr. 113 (1985) 16, 573–577

3.45 Baumgarten, H. L.; Doblanzki, P.: Einfache Versuche mit Druckfarbe und Druckpapier im Zusammenhang mit dem Deinking-Prozeß. Wochenbl. Papierfabr. 111 (1983) 10, 349–352

3.46 Weigl, J.; Scheidt, W.; Phan-Tri, D.; Großmann, H.: Zum Einfluß der Deinkbarkeit von Druckprodukten. 3. PTS-Deinking-Symposium (1987)

3.47 Bechstein, G.: Einsatz von deinktem Altpapierstoff für Druckpapiere. Zellst. Pap. 25 (1967) 3, 82–86

3.48 Ortner, H.: Dispergierung – Eine Möglichkeit zur Qualitätsverbesserung von deinkten Stoffen, insbesondere bei Einsatz von offsetbedruckten Tageszeitungen. Wochenbl. Papierfabr. 105 (1977) 23/24, 981–986

3.49 Clewley, J. A.; Beyer, M. van: Über das Deinken von Flexodruckzeitungen. 3. PTS-Deinking-Symposium (1987)

3.50 Grossmann, H.; Baumgarten, H. L.: Über die Deinkbarkeit von Tageszeitungen. Wochenbl. Papierfabr. 118 (1990) 6, 217–220

3.51 Baumgarten, H. L.; Großmann, H.; Weigl, J.: Deinking – Entwicklungsstand einer Schlüsseltechnologie für die Altpapierverwertung. Papier 42 (1988) 10 A, V 166–V 177

3.52 Berndt, W.: Einflußgrößen beim Deinkingprozeß. Papier 28 (1974) 10 A, V 24–V 29

3.53 Opherden, A.; Ramatschi, C.; Brüning, F.: Neue Erkenntnisse beim Deinkingsprozeß. Zellst. Pap. 34 (1985) 6, 219–221

3.54 Ortner, H.; Schweiss, P.: Neue Flotations-Deinkingsverfahren und -Maschinen. Wochenbl. f. Papierfabrikat. 110 (1985) 18, 691–694

3.55 Beurich, H. G.: Die Wirkung von Peroxid-Stabilisatoren und Komplexbildnern beim Deinking-Prozeß. Wochenbl. Papierfabr. 113 (1985) 18, 691–694

3.56 Blechschmidt, J.; Naujock, H. J.; Ackermann, C.: Ausgewählte Einflüsse auf den Deinking-Effekt. Zellst. Pap. 36 (1987) 215–217; 37 (1988) 1, 20–24

3.57 Carr, W. F.: New trends in deinking technology. Removing difficult inks from wastepaper. TAPPI 74 (1991) 2, 127–132

3.58 Joachimides, T.; Hache, M.: Bleaching deinked pulps. TAPPI 74 (1991) 1, 211

3.59 Pettit, P.: Post bleaching of deinked pulp for newsprint production. APPITA 45 (1992) 6, 385–388

3.60 Doblanzki, P.; Weigl, J.; Baumgarten, H. L.: Untersuchungen zur Ablösung der Druckfarbe vom Druckträger im Deinking-Prozeß. PTS-Deinking-Symposium 1981, Biberach: Staib 1982

3.61 Baumgarten, H. L.; Doblanzki, P.: Prüfung und Bewertung der Deinkbarkeit. PTS-Deinking-Symposium 1981, Biberach: Staib 1982

3.62 Baumgarten, H. L.; Doblanzki, P. Q.: Einfache Versuche mit Druckfarben und Druckpapier im Zusammenhang mit dem Deinking-Prozeß. PTS-Deinking-Symposium 1981, Biberach: Staib 1982; Wochenbl. Papierfabr. 111 (1983) 10, 349–352

3.63 Doblanzki, P.; Weigl, J.; Baumgarten, H. L.: Untersuchungen zur Ablösung der Druckfarbe vom Druckträger im Deinking-Prozeß. Wochenbl. Papierfabr. 111 (1983) 4, 115–121

3.64 Weidhaas, A. G.: Druckfarbenentzug und Stoffverluste in der Altpapieraufbereitungsanlage einer Zeitungsdruckpapierfabrik. Wochenbl. Papierfabr. 113 (1985) 11/12, 389–398

3.65 Grossmann, H.; Baumgarten, H. L.; Wawrzyn, H.: Über die Anreicherung von Verunreinigungen beim Recycling am Beispiel von Altpapier. In: SITPP Progress '90. 1990-09-25/28 Lodz, Conf. papers presented within the papermaking section. B. Lodz 1990, Paper 7 B

3.66 Baumgarten, H. L.; Wawrzyn, H.; Grossmann, H.: Impurities accumulation during material recycling on the example of waste paper. In. Eucepa Symposium 1989, Recycling of fibres and fillers in pulp and paper industry. Ljubljana, 19-10-23/27, The book of papers 1. Session 1–2, Paris, EUCEPA 1989

3.67 Michalitza, M.; Doblanzki, P.; Baumgarten, H. L.: Modellversuche über den Einfluß einiger drucktechnischer und papiertechnischer Parameter auf die Deinkbarkeit von Altpapier. PTS-Deinking-Symposium 1981, Biberach: Staib 1982. Wochenbl. Papierfabr. 110 (1982) 15, 533–538

3.67 a Grossmann, H.; Metz, A. M.: Zur Verwertung und Entsorgung der Reststoffe aus Deinkingsanlagen. 5. PTS-PTI-Deinking-Symposium 1992, PTS München, 6

3.67 a Olson, C. R.; Sutman, F. J.; Richman, S. K.: Deinking of laser-printed stock using chemical densification and forward cleaning. TAPPI 1992 Papermakers Conf., TAPPI Press, Atlanta, 229–238

3.67 b Longhini, D.; Hipolit, K.: Agglomeration and removal of electrostatic inks from postconsumer wastes. TAPPI 1992 Papermakers Conf., TAPPI Press, Atlanta, 181–185

3.67 c Carr, W. F.: New trends in deinking technology, Removing difficult inks from wastepaper. TAPPI 74 (1992) 2, 127–132

3.67 d Frank, E.: Untersuchungen zur Deinkbarkeit von Heatset-Drucken. /. PTS-PTI-Deinking-Symposium 1992, PTS München

3.68 Karneth, A.: Zukünftige Entwicklungen auf dem Deinkingssektor angesichts des steigenden Einsatzes wasserbasierender Flexodruckfarben in Nordamerika. 5. PTS-PTI-Deinking-Symposium 1992, PTS München, 26

3.69 Putz, H. J.; Göttsching, L.: Über die durch gelöste Substanzen verursachte Belastung des Fabrikationswassers bei der Papierherstellung. Teil III: Altpapieraufbereitung im Labor. Papier 37 (1983) 7, 307–319

3.70   PTS-Methode, Prüfung von Spleißband, Kennzeichnung der Redispergierbarkeit in Wasser, PTS-PR 252/90

3.71   Meltzer, K. P.: Probleme durch Calciumcarbonat. Papier 38 (1964) 10A, V 132 – V 136

3.72   Standard TGL 8-2009, Bestimmung des Ligningehaltes. In: Blechschmidt, J.; Opherden, A.: Altpapier-Faserstoff für die Papiererzeugung. Leipzig: VEB Fachbuchverlag 1979, S. 173 – 174

3.73   Blechschmidt, J.; Strauß, J.; Bäurich, C.: Veränderungen der Eigenschaftskennwerte von Altpapierstoffen bei der Zerfaserung im heißen Medium. Zellst. Pap. 26 (1977) 3, 67 – 72

3.74   Blechschmidt, J.; Klein, R.; Naujock, H. J.: Reaktivierung von Altpapierstoffen. Zellst. Pap. 33 (1984) 1, 27 – 32

3.75   Blechschmidt, J.; Klein, R.; Naujock H. J.: Fortschritte bei der Reaktivierung von Altpapierstoffen. Zellst. Pap. 33 (1984) 2, 56 – 61

3.76   Phan-Tri, D.; Haslinger, R.; Grossmann, H.: Untersuchung der Auflösewirkung der PTS-Laborauflösetrommel und verschiedener Laborhochstoffdichte-Pulper hinsichtlich der Zerfaserung von Altpapier und der Dispergierung der darin enthaltenen klebenden Verunreinigungen. Wochenbl. Papierfabr. 117 (1989) 18, 819 – 826

3.76a   Schneider, K. W.: Pulper considerations for waste paper operation. TAPPI 1992 Papermakers Conf., TAPPI Press, Atlanta, 217 – 228

3.77   Unger, E. W.; Freund, F.: Zur morphologischen Bewertung von Altpapierstoffen mit der Siebanalyse. Zellst. Pap. 25 (1976) 3, 76 – 82

3.78   Blechschmidt, J.; Naujock, H. J.: Neue Erkenntnisse bei der Mahlung von Faserstoffen – insbesondere Altpapier. Zellst. Pap. 36 (1987) 1, 6 – 10

3.79   Scudlik, R.; Göttsching, L.: Optimierung des Altpapier-Fraktionierprozesses als Maßnahme zur Verbesserung der Qualität von Sekundärstoff für die Herstellung von Verpackungspapier und Karton. EG-Bericht des IfP, Darmstadt 1986, (nicht veröffentlicht), 48 – 60

3.80   Prüfung von Altpapier. Kennzeichnung der Deinkbarkeit von bedrucktem Altpapier im Flotations-Deinking-Verfahren. PTS-Methode PTS-RH: 010/87, Januar 1987

3.80a   Ferguson, L. D.: Deinking chemistry, Part 1. TAPPI 75 (1992) 7, 75 – 83

3.80b   Olson, C. R.; Letscher, M. K.: Increasing the use of secondary fibre: an overview of deinking chemistry and stickies control. APPITA 45 (1992) 2, 125 – 130

3.81   Wurster, K.; Doblanzki, P.: Entwicklung und Standardisierung einer Labormethode zur Kennzeichnung der Deinkbarkeit von bedrucktem Altpapier im Flotationsverfahren, PTS-Forschungsbericht Nr. 2/87

3.81a   Hanecker, E.: Neue Forschungsergebnisse zur Druckfarbenentfernung durch Flotation. 5. PTS-PTI-Deinking-Symposium 1992, PTS München, 7

3.81b   Barassi, J.; Welsford, J.: Latest developments in deinking technology. APPITA 45 (1992) 5, 308 – 312

3.82   Huber, A. A.; Weigl, J.; Phan-Tri, D.: Wirkung einiger Deinking-Chemikalien und der Carbonathärte auf die Druckfarben-Entfernung durch Flotation. PTS Deinking Symposium 1985

3.83   Weigl, J.; Scheidt, W.; Phan-Tri, D.; Grossmann, H.: Zum Einfluß der Wasserhärte auf den Deinking-Prozeß. Wochenbl. Papierfabr. 117 (1989) 16, 733 – 738

3.84   Phan-Tri, D.; Huber, A. A.: Untersuchung der Alterung bedruckter Papiere im Hinblick auf ihre Deinkbarkeit. PTS-Forschungsbericht Nr. 2/85

3.85   Prüfung von Altpapier, Kennzeichnung der Deinkbarkeit von bedrucktem Altpapier im Wasch-Deinking-Verfahren. PTS-Methode PTS-RH: 010/88

3.86   Phan-Tri, D.; Großmann, H.: Entwicklung einer Labormethode zum Waschdeinking von bedrucktem Altpapier. Wochenbl. Papierfabr. 118 (1990) 1, 21 – 31

3.87   Larsson, A.; Stenius, P.; Ödberg, L.: Surface chemistry in flotation deinking. Part II: The importance of particle size. Sven Papperstidn. 87 (1984) 18, 165 – 169

3.88   Blechschmidt, J.; Naujock, H. J.: Zur physiologischen Wahrnehmbarkeit der optischen Inhomogenität deinkter Altpapierstoffe. Zellst. Pap. 35 (1986) 6, 202 – 204

3.89a   Blechschmidt, J.; Ackermann, C.: Labormethode zur Bestimmung der Melierungszahl M an deinkten Faserstoffen. Zellst. Pap. 36 (1987) 5, 172 – 174

3.89b   Blechschmidt, J.; Naujock, H. J.: Meßtechnische Bewertung der optischen Inhomogenität deinkter Altpapiere. Zellst. Pap. 36 (1987) 5, 168 – 171

3.90   McColl, M. A.; Taylor, C. J.: Image analyses techniques in recycled fibre. TAPPI 66 (1983) 8, 69−71

3.91   Fischer, S.: Schmutzpunktbestimmung mit Bildanalysengeräten. Wochenbl. Papierfabr. 114 (1984) 1, 15−18

3.92   Praast, H.; Greve, T.; Göttsching, L.: Der Bildanalysator und seine Möglichkeiten für die Papieranalytik. Papier 40 (1986) 4, 141−149

3.92a   Gray, R. T.; Simon, G. C.; Gibbon, D. L.; Adamsky, F. A.: An evaluation of modern image analysis techniques as applied to the deinking of paper. TAPPI 1992 Papermakers Conf., TAPPI Press, Atlanta, 247−254

3.92b   Julien Saint Amand, F.: Neuer Sensor ermöglicht on-line Schmutzpunkt-Messung in modernen Deinkingsanlagen. 5. PTS-PTI-Deinking-Symposium 1992, PTS München, 12

3.93   Göttsching, L.; Chareza, C.: 2.2 Bedruckbarkeits-Analytik. In: „Das IfP im Jahre 1990". Wochenbl. Papierfabr. 119 (1991) 2, 41−43

3.93a   Rihs, J.: Refining of recycled fibers for brown and white grades. TAPPI 1992 Papermakers Conf., TAPPI Press, Atlanta, 239−245

3.93b   Lumiainen, J.: Refining of recycled fibre − advantages and disadvantages? TAPPI 1992 Papermakers Conf., TAPPI Press, Atlanta, 187−196

3.94   Levlin, J. E.: On the beating of recycled pulps. EUCEPA Symposion recycled pulps, Preßburg, CSR, 1976

3.95   Blechschmidt, J.: Neue Erkenntnisse bei der Mahlung von Faserstoffen − insbesondere Altpapierstoff. Zellst. Pap. 36 (1987) 1, 6−10

3.96   Menges, W.: Faserfraktionierung und -behandlung. Papier 38 (1984) 10A, V 111−V 117

3.97   Musselmann, W.; Menges, W.: Konzept und Funktion einer Altpapier-Faserfraktionierungsanlage und Erfahrungen im praktischen Betrieb. Wochenbl. Papierfabr. 110 (1982), 11/12, 368−379

3.98   Menges, W.: Die Sortierung von Altpapier im Bereich mittlerer Stoffdichte, Teil 2: Betriebserfahrungen mit Contaminex und Turbosorter. Wochenbl. Papierfabr. 113 (1985) 11/12, 382

3.98a   Menges, W.: Pilotanlage zur Entwicklung einer AP-Stoffaufbereitung für Verbundpapiere mit Rückgewinnung der verwertbaren Verbundstoffe im Hause. PWA IP, Werk Redenfelden. Wochenbl. Papierfabr. 120 (1992) 22, 911−914

3.99   Blechschmidt, J.; Naujock, H. J.; Vogel, J.: Zur Charakterisierung von Papierfaserstoffen durch den WRV-Wert. Mahlung von Altpapierstoff. Zellst. Pap. 31 (1982) 2, 63−66

3.100   Blechschmidt, J.; Klein, H.; Tristram, H.: Mehrlagige papierne Flächengebilde mit hohem Anteil an Altpapierstoff. Zellst. Pap. 34 (1985) 6, 223−227

3.101   Blechschmidt, J.; Tristram, H.; Klein, R.: Rechnergestützte Konstruktion mehrlagiger papierner Flächengebilde. Wochenbl. Papierfabr. 115 (1987) 5, 601−608

3.102   Blechschmidt, J.; Klein, R.; Tristram, H.: Methode zur Berechnung des Weißgrades, der Opazität und der Kosten beliebiger ein- und mehrlagiger papierner Flächengebilde. Zellst. Pap. 34 (1985) 4, 139−140

3.103   Blechschmidt, J.; Ackermann, C.: Kenngrößen zur Charakterisierung der Altpapierverwertung in der Papierindustrie. Zellst. Pap. 36 (1987) 2, 52−54

3.104   Blechschmidt, J.; Opherden, A.: Altpapier − Faserstoff für die Papiererzeugung. a Einheitsmethode, Anhang S. 209−232; b Prüfprotokoll, S. 200. Leipzig: VEB-Fachbuchverlag 1979

3.105   Phan-Tri, D.; Göttsching, L.: Physikalische, chemische und mikrobiologische Charakterisierung verschiedener industrieller Altpapiersorten. Eur. Seminar über die technologische Entwicklung der Wiederverwendung von Papier und Pappe. Abschlußbericht Nr. 1, Brüssel 1983

3.106   Phan-Tri, D.: Charakterisierung von Altpapier. Wochenbl. Papierfabr. 109 (1981) 5, 144−147

3.107   Blechschmidt, J.; Naujock, H. J.; Arnhold, D.: Neue Erkenntnisse beim Einsatz von Altpapierstoff für die Papiererzeugung. Zellst. Pap. 34 (1985) 2, 64−66

3.108   Göttsching, L.; Stürmer, L.: Wochenbl. Papierfabr. 106 (1976) 801

3.109   Maier, J.: Künftige Einsatzmöglichkeiten von Altpapier zur Herstellung hochwertiger Tissuepapiere. 5. PTS-PTI-Deinking-Symposium 1992, PTS München, 29

3.110   Maier, J. H.: Heutiger Stand der Technik des Recyclings von Altpapier für Tissue, Karton und grafische Papiere, 40 Zellstoff & Papier 1991, 111−117

3.111   Munz, W.; Tillmann, O.; Eisenschmid, K.: Salzbilanzierung einer Altpapieraufbereitungsanlage. 5. PTS-PTI-Deinking-Symposium 1992, PTS München, 34

3.112   Fromson, D. A.; Rosling, M.; McLGrindlay, C.; Huston, J.: De-Inking and newsprint: Markets and quality. TAPPI 1991 International Mechanical Pulping Conf., TAPPI Press, Atlanta, 227−234

3.113   Letscher, M. B.: Newsprint deinking − a low cost approach. TAPPI 1992 Papermakers Conf., TAPPI Press, Atlanta, 31

3.114   Floccia, L.: Das Deinking von Altpapierstoffen in Frankreich unter besonderer berücksichtigung von Bleich- und Faserabtrennverfahren. 5. PTS-PTI-Deinking-Symposium 1992, PTS München, 25

3.115   Blechschmidt, J.; Knittel, A.; Strunz, A. M.: Der Druckfarbenentfernungsgrad beim Deinken von Zeitungen. 5. PTS-PTI-Deinking-Symposium 1992, PTS München, 9

3.116   Klein, R.: Zur Deinkbarkeit von Altpapieren aus Büro und Administration. 5. PTS-PTI-Deinking-Symposium 1992, PTS München, 8

3.117   Ackermann, C.; Putz, H. J.; Göttsching, L.: Aufbereitung von Altpapier für höherwertige grafische Papiere. 5. PTS-PTI-Deinking-Symposium 1992, PTS München, 16

3.118   McBride, D.: High-density kneading system offers alternative to conventional deinking. Pulp Paper USA (1992) 5, 149−152

Sachverzeichnis

Kursiv erscheinende Seitenzahlen beziehen sich auf Abbildungen und Tabellen

Abfallpapier 130
Alfthan-Gerät 79
Altpapier 125ff
-, Aschegehalt *174*
-, Aufschlagen 158
-, Ballen 138
-, Begriffe 129
-, Deinkbarkeit 174
-, Deinkbarkeits-Maßzahl 184
-, Dispergierbarkeit 153
-, Dispergierungszahl 151
-, Entwässerung 197
-, Extraktgehalt 153
-, Faserausbeute 144
-, Feuchtigkeitsgehalt 137
-, Flotations-Deinkingverfahren 175
-, Formcharakter 168
-, Formkennzeichnung 169
-, Grenzteilchengröße 190
-, Laborblattbildung 199
-, Lieferungen 137
-, Ligningehalt *174*
-, Mahlung 193
-, Melierungszahl 188
-, organische wasserlösliche Substanzen 155
-, Probenahme 133
-, Probenvorbereitung 158
-, Prüfbericht 200
-, Prüfung 128
-, Prüfung der Laborblätter 200
-, Rasterpunktstruktur 190
-, Reinheit 169
-, Reststippengehalt 161
-, Sedimentationsanalyse 171
-, Siebanalyse 172
-, Sorten 131
-, -, Feuchtigkeitsgehalt 140
-, Statistik 125
-, Stippen 169
-, Stoffdichte 167
-, Stoffzusammensetzung 158
-, Störstoffe 147

-, Trockengehaltsbestimmung 158
-, Trockengewicht 138
-, Wasch-Deinkingverfahren 181
Altpapierstoff 130, 170
APPITA Methods 218
Aqua-Boy *145*
ASTM-Regelwerke 218
Aufschlagen 10
-, Bedingungen 13
Aufschlaggerät 11
Aufschlußverfahren 4
Auswertung von Ergebnissen 66

Berstfestigkeit 54
Berstwiderstand 38
Biegsamkeit 53
Blattbildner, APP 85
-, dynamischer 50, 51, 91
-, konventioneller 45, 85, 91
Blattbildungsgeräte 38
Brecht-Holl-Gerät 78
Bruchdehnung, Laborblätter 54
Bruchkraft, Laborblätter 54

Canadian-Standard-Freeness-Verfahren 35, 84
Canadian-Standard-Freeness-Tester 36, *37*
CEN 3
Clark-Klassiziergerät 16, 83, 98
Coarseness 18
CTMP, Kennwerte *121*
Curl-Index 104

Deinkbarkeit, Altpapierpapier 174
Desintegration 10
Desintegrator 10, *11*
Drainometer *99*
Druckfarbenanteile, nicht dispergierbare 153
Druckfarbenteilchen 187

250   Sachverzeichnis

Druckpapier 118, *121*
Durchschnittspolymerisationsgrad 7

Egalisierung 34
Eigenfestigkeit 65
EN-Normen 207
Entstippung 12
Entwässerungsdauer 38
Entwässerungsverhalten 34
Escher-Wyss-Laborrefiner RL 27

Falzwiderstand 54
Farbort, Holzstoff 93
Faserabmessungen *56, 57*
- bindungen 63
- breite 19
- bündel 77
- feinheit 15, 18, *56, 57*
- fraktion 80
- länge 15, 18, 65
- längenverteilung *172*
- langstoff 38
- massen *56, 57*
- mikroskopie 171
- rohstoffe 4
- steifigkeit 63
- stoffdichte 14
Feinstoff 38
Fibrillierung 65
Flächenmasse 53
Flockenstoff 120
Fluff 120, *122*
Formcharakter 15
Formette dynamique 52
Fraktionierung 15

Glucomannan 63

Haindl-Fraktionator *81*
Halbstoffprüfung 2, 208
Handelsgewicht 5
Hemizellulosen 7
Holzart 4
Holzstoff 67ff
-, Aufschlagen 75
-, Begriffe 69
-, Bewertung 95
-, Brecht-Holl-Gerät 78
-, Entwässerungsverhalten 84
-, Farbort 93

-, Faserbündel 77
-, Faserfeinheit *105*
-, Faserfraktionen 80
-, Faserstoffzusammensetzung 88
-, Formcharakter 77
-, Formkennzeichnung 78
-, Güteanforderungen 115
-, Gütebewertung 100
-, initiale Naßfestigkeit 86
-, Laborblattbildung 89
-, Langfaserstoffanteil *105*
-, Lichtstreukoeffizient 93
-, Mahlung 89
-, mechanische Eigenschaften 91
-, Naßfestigkeits-Energieabsorption *105*
-, Opazität 93
-, optische Eigenschaften 92
-, Probenahme 74
-, Probenvorberitung 75
-, Prüfbericht 93, 123
-, Prüfung 69
-, -, Laborblätter 91
-, Reflexionsfaktor 92
-, Siebanalysenmethode 101
-, Sorten, vergleichende Bewertung 109
-, Splitter 77, 80
-, Stippen 77
-, Stoffdichtebestimmung 77
-, Trockengehaltsbestimmung 75
-, Wasserrückhaltevermögen 88
-, Weißgrad 92
Holzstoffarten 70

ISO 3
ISO-Normen 210

Jokro-Mühle 20, *21*, 22

Kantenbelastung 27
Kantenlänge 27
Kappa-Zahl 62
Karton 119, *121*
Kernbohrer *136*
Klassiergeräte 12, 16-18
Klimatisierung 52
Kräuselfaktor *166*

L-Faktor 99
Laborblattbildung 42
-, Altpapier 142

Laborblattbildung, Holzstoff 89
-, Zellstoff 42
Laborblätter 43
-, Berstfestigkeit 54
-, Bruchdehnung 54
-, Bruchkraft 54
-, Eigenschaften 48
-, Falzwiderstand 54
-, Herstellung, optische Untersuchungen 50
-, Klimatisierung 52
-, Masse 53
-, optische Eigenschaften 55
-, Prüfung 52, 91, 208
-, Reißlänge 54
-, Reinheit 55
-, Rohdichte 53
-, Trockengehalt 53
-, Weiterreißarbeit 54
Labormahlung 19
Labormühlen 20
Laborrefiner 26
Laborstofflöser 13
Lagerung, Proben- 6
Lampén-Mühle 20, 24
Latenz 104
Laubhölzer, Fasereigenschaften *57*
Lichtstreukoeffizient, Holzstoff 93
Lieferform 5
Lignin, Gehalt 63

Mahlarbeit 27
Mahlentwicklung 6
Mahlleistung 27
Mahlung 41
McNett-Klassiziergerät 16, 17, 83
Melierungszahl, Altpapier 188
Mengenverteilung 34

Naß-Nullreißlänge 65
Naßfestigkeit, initiale 63, 86
-, Prüfung *86*
Nadelhölzer, Fasereigenschaften 56
Null-Reißlänge 60, 65

Oberfläche, innere 65
Opazität, Holzstoff 93

Papierabfall 130
Papiersorten, Holzstoffe 115
Pappe 119
PFI-Mini-Shive-Fractionator 79

PFI-Mühle 20, 25
Poren 65
Probenahme 5
Probenvorbereitung 8
Produktionskontrolle 1
Produktkennzeichnung 1
Prüfbericht, Holzstoff 93
PTS-Auflösetrommel 159
PTS-Methoden 220

Quellung 7, 65
-, Vor- 9

Rapid-Köthen-Blattbildner 43, *44*, 91
Rapid-Köthen-Gerät 38, 85
Reflexionsfaktor, Holzstoff 92
Reißarbeit 54
Reißlänge, Laborblätter 54
-, Null- 60
Reinheit, Laborblätter 55
Reststippengehalt 161
RF-Wert 66

S-Faktor 99
SCAN-Regelwerke 213
Schmutz, Bestimmung 8
Schnittwinkel 27
Schopper-Riegler-Gerät *36*
Schopper-Riegler-Verfahren 35, 84
Schreibpapier 118, *121*
Schrumpfung 38
Schüttgut 136
Siebanalyse 15
Somerville-Gerät 80
Spleißbänder 156
Splitter 8, 77, 80
Steifigkeit, Fasern 63
STFI-Splitteranalysator 82
Stickies 147
Stippen 77
Stoffdichte 14
Störstoffe 147

TAPPI-Regelwerke 215
Tissues 120, *122*
Trockengehalt 9
Trocknung 7
Trocknungseinfluß 6

Ungehörigkeiten 131, 146, *147*
Unrat 131, 146, *147*

Valley-Holländer 22, *23*
Verholzung, nicht verholzende Pflanzen 4
Verunreinigungen, klebende 147
von Alfthan-Gerät 79
Vorquellung 9

Wasserrückhaltevermögen 20, 39, *117*
Weißgrad 6, 92

WRV-Wert 39, 194, 198

Zellarten *56, 57*
Zellcheming-Merkblätter 212
Zellstoffasern, Eigenfestigkeit 55
Zellstoffbogen, Schmutz/Splitter 8
Zellstoffwatte 120
Zerkleinerung 8